普通高等教育“十四五”规划教材

现代机械强度引论

（第2版）

陈立杰　何雪浤　王　雷　江铁强　编著

北　京
冶　金　工　业　出　版　社
2025

内 容 提 要

本书系统地介绍了现代机械强度的基本理论和方法。全书共分Ⅲ篇11章，第Ⅰ篇弹塑性理论基础及传统强度理论，包括弹性力学基础、几种常用的强度理论、塑性力学基础、工程实例分析；第Ⅱ篇疲劳强度理论，包括疲劳载荷与循环形变、疲劳强度理论、工程实例；第Ⅲ篇含裂纹体的强度理论，包括断裂力学基础、疲劳裂纹扩展、疲劳裂纹扩展寿命预测实例。内容由浅入深，循序渐进，理论联系实际。

本书可作为高等院校机械类专业研究生教材，也可供机械行业及相关领域的工程技术人员和研究人员参考。

图书在版编目（CIP）数据

现代机械强度引论 / 陈立杰等编著. -- 2版.
北京 : 冶金工业出版社, 2025. 5. -- (普通高等教育"十四五" 规划教材). -- ISBN 978-7-5240-0174-4

Ⅰ. TH114

中国国家版本馆 CIP 数据核字第 2025SA7422 号

现代机械强度引论（第2版）

出版发行 冶金工业出版社　**电　话** (010)64027926
地　址 北京市东城区嵩祝院北巷39号　**邮　编** 100009
网　址 www. mip1953. com　**电子信箱** service@ mip1953. com

责任编辑 郭冬艳　美术编辑 吕欣童　版式设计 郑小利
责任校对 梁江凤　责任印制 窦 唯

三河市双峰印刷装订有限公司印刷
2018年1月第1版，2025年5月第2版，2025年5月第1次印刷
787mm×1092mm 1/16；14. 75印张；358千字；224页

定价 40. 00 元

投稿电话 **(010)64027932** **投稿信箱** **tougao@cnmip. com. cn**
营销中心电话 **(010)64044283**
冶金工业出版社天猫旗舰店 **yjgycbs. tmall. com**

第2版前言

随着现代机械、航空航天等领域的飞速发展，传统的材料力学、工程力学及机械设计相关知识已无法满足实际工程中机械结构设计的需要，尤其对于结构服役安全性与可靠性要求较高的行业，如航空航天等，对机械设计整体水平提出了更高的要求，因而也促进了现代机械设计相关理论基础的发展。鉴于此，近年来许多高等院校已将现代机械强度理论作为高年级本科生及研究生的必修课，开展了相关的理论基础教学。

为培养行业人才，相关课程的教学重心已转向强化学生的基础理论与工程实践能力的培养。基于此，本书在第1版基础上，在理论基础知识传授及工程实践应用指导方面进行了诸多优化，每章内容均从概念入手，再引入机械强度的相关基本理论和计算方法。为了更好地引导学生掌握现代强度理论的精髓，达到学以致用的目的，针对其中的重点和难点，精心选编了例题、复习思考题及经典工程实际案例。本次修订特别注重了理论基础知识在经典工程实际案例中的应用，特别是针对航空结构中常见的典型疲劳失效问题，进行了详细分析与指导。

在本次修订中，保留了第1版的基本结构框架及绝大部分内容，增补内容主要呈现了理论基础知识在工程中的实际应用。全书主要增补内容为：

第Ⅰ篇中新增了第5章，介绍了典型工程实际问题的弹塑性分析方法，如匀速旋转盘弹塑性分析及塑性极限角速度计算等；

第Ⅱ篇中新增了第8章，通过实例给出工程实际中常常遇到的多轴疲劳及高温蠕变-疲劳等问题的具体分析方法；

第Ⅲ篇中新增了第11章，结合目前工程中常遇到的含腐蚀损伤材料的剩余疲劳寿命、高温环境下材料蠕变-疲劳裂纹扩展等实际问题，展开断裂力学理论基础及损伤容限设计方法在疲劳相关问题中的应用讲解。

与第 1 版相比，本书将经典的工程实际案例汇编至每篇的最后一章，每篇的结构安排均为先基础理论后方法讲解，给出一些不同研究领域的工程实际分析案例，并融入了现代机械强度理论的一些最新研究成果，如蠕变-疲劳交互作用寿命预测方法、预腐蚀疲劳寿命预测方法等。通过对本书基础知识的学习，可培养学生及工程技术人员解决工程实际问题的能力。

自 2018 年第 1 版出版以来，在多所高等院校多年的教学科研实践中得到了广泛的应用和检验。期间，我们收到了来自广大师生的宝贵反馈，更有许多热情的研究生为本书的完善给出了非常详细的修改建议，根据建议情况我们在此次修订中对全书进行了订正、补充和重新安排，做了许多有益的改进，在此对所有给予建议的读者诚挚地感谢。

本书为“东北大学研究生教育质量保障工程项目”资助项目，特此致谢。

由于编者水平所限，书中不妥之处，敬请广大读者批评指正。

编　者

2024 年 10 月

第1版前言

机械强度学是一门重要的应用基础学科，是所有机械类相关专业人员必备的理论知识。它是现代机械设计在实现其功能的前提下达到高质量、高水平、高可靠性要求的理论保障，在机械、航空航天、土木等工程领域的机械系统及材料结构的发展中起着十分重要的作用。

强度理论是判断材料在复杂应力状态下是否失效的理论。严格地说，强度理论包括狭义强度和广义强度两种涵义。狭义强度主要研究机械结构由于各种断裂破坏和变形过大导致的结构失效问题；广义强度研究内容十分广泛，包含：静强度、疲劳强度、刚度、稳定性、振动等可能引起结构破坏及功能失效的问题。本书的内容考虑到机械学科硕士研究生的学位课程总体设置情况，主要介绍狭义强度的相关内容。

全书共分三篇八章。绪论介绍了现代机械强度的一些基本概念，以及与传统机械强度理论的区别；第Ⅰ篇（第2~4章）概述应力应变分析的一些基本理论方法与六个常用的传统工程强度理论，是现代机械强度理论的基础；第Ⅱ篇（第5、6章）详述工程实际中常用的一些疲劳强度基本概念、理论和疲劳设计的总寿命估算方法；第Ⅲ篇（第7、8章）重点叙述疲劳设计的损伤容限方法中的断裂力学基础及其在描述疲劳裂纹扩展中的应用。每章内容均从概念入手，再引入机械强度的基本理论和计算方法。为了更好地引导读者掌握现代强度理论的主要内容，针对其中的重点和难点，精心选编了经典工程实际案例、例题和复习思考题。这样，通过本书的学习，不仅能够扎实地掌握机械强度学的基础知识，还能学会如何应用这些基本理论与方法解决工程实际问题，达到学以致用的目的。

本书经过多年教学科研实践和修改，融入了现代机械强度理论的一些最新研究成果。但由于作者水平所限，诚望广大读者对书中不足之处提出宝贵意见，使其更臻完善。

编　者
2017 年 8 月
于厦门大学，东北大学

目　录

第 I 篇　弹塑性理论基础及传统强度理论

第Ⅱ篇 疲劳强度理论

1 绪　　论

1.1 学习机械强度的目的和意义

机械强度学是机械工程中一门重要的应用基础学科。它以材料学、机械学和力学为基础，与光学、电学、磁学、声学等现代测试手段和计算机、信息处理及图像处理等高新技术相结合，是高度综合的工程技术学科。

现代机械所受的工况、载荷及环境条件越来越苛刻，所遇到的机械强度问题也越来越复杂。在材料生产、机械加工制造或服役过程中，机械零构件中不可避免地存在微观缺陷和裂纹。在研究其裂纹的产生、扩展及破坏机理时，常常需要固体力学的各个分支，如材料力学、弹性力学、塑性力学、计算固体力学、实验力学、细观力学、损伤力学、断裂力学等知识来进行分析研究。为满足机械零构件的定寿、延寿以及安全评估等需求，还必须采用随机理论、疲劳强度、统计分析及可靠性方面的知识。因此，在研究现代机械强度问题时，需要多种学科知识的综合应用。

机械强度理论具有基础学科和应用学科的双重性，应用范围非常广泛，如机械设计中的常规应力-应变分析、局部应力-应变分析、失效分析、故障诊断、安全监测、寿命评估以及结构的完整性分析等。

研究机械强度的最终目的是保证和提高机械产品的质量，消除机械产品服役中潜在的安全隐患，达到安全可靠、经济合理等要求。因此，机械强度学是现代化机械设计达到高质量、高水平的理论保障，是机械工程领域的科技人员必备的基础知识。

1.2 机械强度研究的内容

所谓强度，是指材料、机械零件和构件抵抗外力而不失效的能力。强度是机械设计过程中首先必须满足的基本要求，包括材料强度和机械结构强度两个方面的内容。狭义的强度是研究各种断裂和塑性变形过大的问题；广义的强度则包括了强度、刚度和稳定性，有时还包括机械振动问题。

1.2.1 材料强度

材料强度是指在不同的影响因素下，材料的各种力学性能指标。影响材料强度的因素包括材料的化学成分、加工工艺、热处理制度、应力状态、载荷性质、加载速率、温度和介质等。

在研究材料强度问题时，根据材料性质、载荷性质和环境条件等的不同，可以做不同的分类。

（1）按材料性质的不同，材料强度可分为脆性材料强度、塑性材料强度和带裂纹材料强度。

脆性材料强度研究的是脆性材料的强度问题。如铸铁等脆性材料，受载后几乎没有塑性变形就突然断裂。这种脆性材料的强度计算以强度极限 σ_b 为极限应力（极限应力即材料破坏时的应力）。

塑性材料强度研究塑性材料的强度问题。如软钢等塑性材料，在断裂前有较大的塑性变形，卸载后不消失，又称残余变形。塑性材料的强度计算以屈服极限 σ_s 为极限应力。对于没有明显屈服平台的塑性材料，取与0.2%的塑性变形相对应的应力作为名义屈服极限，用 $\sigma_{0.2}$ 表示，以此为强度计算的标准。

带裂纹材料强度是研究含裂纹体材料的强度问题，由断裂力学中的 K_C、K_{IC}、δ_C 或 J_C 等作为强度计算的断裂特性参数。

（2）按载荷性质的不同，材料强度又分为静强度、冲击强度和疲劳强度。

静强度指材料在静载荷下的强度，根据材料性质的不同，分别以屈服极限 σ_s 或强度极限 σ_b 作为强度计算的极限应力。

冲击强度指材料在冲击载荷下的强度，是金属材料抵抗冲击破坏的能力。冲击载荷在零件中产生的冲击应力除与零件的形状、体积和局部弹塑性变形等相关外，还同与其连接的物体的刚度相关。因此，冲击载荷作用下的强度计算比静载荷下的强度计算要复杂得多。一般情况下，在引入动载系数后，按静强度情况进行计算。另外，在冲击载荷下，材料的力学性能会发生改变。如结构钢在较低应变速率下力学性能无明显变化，但在较高的应变速率下，其强度极限和屈服极限将随冲击速度的增大而提高。

疲劳强度指材料在循环载荷作用下的强度。在循环载荷作用下，材料产生疲劳失效，通常以材料的疲劳极限 σ_r 作为强度计算的参数。

（3）按环境条件的不同，材料强度又分为高温强度、低温强度、腐蚀强度等。

1.2.2 结构强度

结构强度是指机械零件和构件的强度。结构强度计算涉及力学模型的简化、应力分析方法、材料强度、强度准则、寿命估算以及安全系数等问题。

在进行结构强度计算时，需要根据零件和构件的不同形状，有时将其简化为杆、杆系、板、壳、块和无限大物体等力学模型，不同的力学模型有不同的强度计算方法。研究可变形固体在外界因素作用下所产生的应力、应变、位移、破坏等问题，依赖于固体力学的各个分支，如材料力学、弹性力学、塑性力学、断裂力学、疲劳理论等。

研究对象按照物体形状可分为杆件、板壳、空间体、薄壁杆件四类。杆件是指零构件横截面的两个方向尺寸远小于长度方向尺寸的物体。板壳是指厚度远小于另外两个方向的尺寸的结构，表面为平面的称为板，表面为曲面的称为壳。薄壁杆件指杆件的横截面上的最大厚度远小于横截面上的特征尺寸（即横截面上的最大尺寸）。根据研究对象及计算精度要求不同，可以选择不同的方法进行计算。如对弹性梁的静强度的计算，应力分析中可以采用材料力学及弹性力学的方法进行，弹性力学方法可以给出更精确的结果。

循环载荷下零构件的强度问题（即疲劳强度），既与材料强度有关，又与零构件的尺寸大小、应力集中系数、表面状态、载荷谱形式等因素有关。在疲劳强度问题研究中，从载荷谱统计方法、应力-应变分析到疲劳寿命估算等方法，均与经典力学方法存在很大差异。

1.3　常规机械强度理论

随着科学和技术的不断发展和进步，人们对机械强度的认识也在不断深入。

人们最早认识到对机械零构件起破坏作用的外在因素就是外载荷，后来又提出了应力的概念。早期对强度的认识是：材料抵抗破坏的能力仅取决于材料本身的力学性质，并且只限于静强度破坏的情况。相应地发展了静载荷作用下的材料强度理论、屈服极限研究、弹塑性应力分析等，从而得到了材料力学、弹性力学、塑性力学等一系列学科理论知识，形成了传统的（也称为常规的）强度理论体系。

与现代机械强度理论比较而言，常规机械强度理论具有两个明显的特点：一是假设制造机械零构件的材料性能是均匀的、各向同性的、连续的实体；二是承受静载荷作用。

常规机械强度设计的计算步骤是：首先，由理论力学确定零构件所受外力；其次，根据固体力学各分支的相关知识计算其内力；再由机械原理和机械零件知识确定其结构形状和尺寸；最后，计算该零构件的工作应力或安全系数。

一般以公式表示，即：

零件计算工作应力
$$\sigma \leqslant [\sigma] \tag{1.1}$$
或　零件计算安全系数
$$n \geqslant [n] \tag{1.2}$$
式中，$[\sigma]$、$[n]$ 分别称为许用应力、许用安全系数。满足式（1.1）和式（1.2），则认为构件是安全的；反之则不安全。

对于塑性材料
$$[\sigma] = \sigma_s / [n]_s \tag{1.3}$$
式中，$[n]_s$ 为以屈服极限为基准的许用安全系数。

对于脆性材料
$$[\sigma] = \sigma_b / [n]_b \tag{1.4}$$
式中，$[n]_b$ 为以强度极限为基准的许用安全系数。

安全系数 n 考虑了实际结构中可能存在的缺陷和其他意想不到的或难以控制的因素（如计算方法及载荷估计的不准确性等），使所设计的机械零构件有足够的强度安全储备量，保证在最大工作载荷下，其工作应力不超过制造零构件材料的极限应力。

对于轴类零件，要求挠度不能过大，即刚度计算应满足：
$$f \leqslant [f] \tag{1.5}$$
式中，f 为零件的计算挠度；$[f]$ 为许用挠度，对于轴，$[f]=(0.0001\sim0.0005)l$，l 为轴的跨度。

对于受轴向载荷的柱、杆等零构件，要求工作时满足稳定性要求，即
$$n_{sw} \geqslant [n]_{sw} \tag{1.6}$$
式中，n_{sw} 为零件的弹性失稳安全系数；$[n]_{sw}$ 为许用失稳安全系数。

通常机械零构件的安全系数为 $n>1.0$，根据设计计算精度或安全性的要求的不同，取为 $[n]=1.0\sim10$。确定安全系数时，一般遵循如下原则：对重要零构件，$[n]$ 取大值；对非重要零构件，$[n]$ 取小值。对于航空航天等领域的一些关键零构件，因其在结构设计计算时考虑的综合因素较多，计算精度较高，因此安全系数取得比较低，但都必须满足

$n>1.0$ 的要求。

这种常规强度设计方法，虽然不适用于含缺陷材料、复合材料等材料，以及循环随机载荷条件，但由于经过长期的发展，已形成一套较为完整的体系，比较简便、实用，因而在工程中得到了广泛的应用，至今仍是一种应用广泛的工程计算方法，也是现代机械强度设计的基础。

1.4 现代机械强度理论

工程中，绝大多数机械设备在动载荷作用下工作，疲劳破坏普遍存在于各种机械之中。据统计，50%以上的机械零件的破坏属于疲劳断裂破坏。

19 世纪 40 年代，人们从火车轴的大量断裂事故中，了解到在交变应力作用下的疲劳破坏现象。德国工程师 Wöhler 首次进行了大量疲劳试验研究，提出了 *S-N* 曲线和疲劳极限的概念，奠定了疲劳研究的基础，开创了疲劳强度研究的新纪元。现代机械中，凡承受动载的零构件的强度设计均以疲劳强度理论为依据。疲劳强度理论已成为现代机械强度理论的主要内容，成为机械设计人员必须具备的基础知识。

20 世纪 20 年代，动力机械开始应用于高压、高温蒸汽等恶劣环境中，材料蠕变成为这些机械零构件的主要破坏形式之一。从此，蠕变以及蠕变与疲劳的交互作用成为强度问题中的一个重要研究领域。至今，关于先进高温材料的蠕变-疲劳交互作用下的安全评估方法、寿命预测方法等强度相关研究工作，仍是国际疲劳领域备受关注的学术前沿问题。

随着对疲劳和蠕变研究的深入，人们发现零件抵抗破坏的能力和时间有密切的关系。因此，强度问题又直接地和寿命的概念联系在一起。故一般情况下的强度计算也包括寿命计算。

在工程实践中，寿命计算结果分散性很大。这是因为，表征材料强度的参数都是由试验确定的，如强度极限、疲劳极限、表面状况、尺寸大小等疲劳设计相关数据都具有分散性。因此，出于安全性的考虑，为了在强度和寿命计算中把破坏概率限制在一定范围内，人们将概率统计与疲劳设计方法相结合，引入了可靠性的概念，出现了疲劳强度可靠性和疲劳寿命可靠性的学科分支。

人们还发现，零件应力分布不均匀对疲劳强度影响很大。因此，在应力-应变分析领域内发展起来局部应力-应变分析法的研究分支。这方面的研究主要集中在接触应力和零件几何形状不连续处的应力应变集中等方面。

20 世纪 40 年代，尤其是第二次世界大战中，飞机零构件的脆性断裂事故不断发生，断裂力学这门新学科逐渐引起人们的注意并取得快速发展。目前，断裂力学在零构件的脆性断裂、疲劳裂纹形成与扩展寿命方面有着广泛的应用。

由于部分机械零构件工作环境越来越恶劣，如高温、高压、腐蚀等环境，工作载荷大，变化频繁，且多数是随机载荷，制造零构件的材料也由过去主要是普通钢，发展到用高强度钢、超高强度钢、复合材料、陶瓷材料及非金属聚合物等，因此常规强度设计的理论和方法已远远不能满足现代机械使用的材料、工作条件及环境方面的要求，必须加以改进、发展和完善，故而形成了现代机械强度的设计理论和方法。

现代机械强度理论除了仍然要用到固体力学相关基础理论之外，还需要应用疲劳和断裂理论，利用现代测试技术手段及计算机技术对机械结构进行综合分析与计算，最终给出科学的强度设计计算指标，以满足工程的要求。

复习思考题

1-1 试述研究机械强度理论的目的和意义。

1-2 材料强度分为哪些不同的种类？

1-3 常规机械强度理论和现代机械强度理论的研究方法和内容有何不同？

第 I 篇

弹塑性理论基础及传统强度理论

2 弹性力学基础

弹性力学是固体力学的一个重要分支，广泛应用于机械、航空航天、土木工程等工程领域。它是研究弹性体在可能引起物体变形和产生内力的各种外部因素（外力、温度等）作用下而产生的内力状态和变形规律的一门科学。

对弹性理论的系统定量化研究可以追溯到 17 世纪。1678 年，Robert Hooke 首次提出了弹性体的受力与变形关系的概念。但是，直到 19 世纪，才开始形成弹性理论的主要数学基础。之后，在解决工程实际问题过程中，不断地发展完善了经典的弹性理论。为了满足航空、机械、土木等相关工程的需求，也开创了许多边缘分支和求解问题的新方法，如有限单元法、边界元法等数值计算方法，各向异性和非均匀体弹性理论、非线性弹性力学、辛弹性力学体系等。此外，塑性理论、黏弹性及黏塑性理论、复合材料力学、细观力学等固体力学分支，都是在弹性理论基础之上发展起来的。关于弹性理论发展更详细的论述，见文献［2］~［4］。

自 20 世纪以来，弹性力学已成为工程结构强度设计的一个重要理论基础。常见的工程结构，在一定载荷条件下，可以简化为弹性体，即在卸载后几何变形能够完全恢复的物体。绝对的弹性体是不存在的，但当去除外力后的残余变形很小时，即可把它当做弹性体处理，从而简化工程实际问题。

我们知道，任何一个弹性体都是空间物体，一般的外力都是空间力系。此时，应力和应变都是三个坐标的函数，这是一个空间问题。但在工程实际中，有些问题可以简化为平面问题，即应力与应变只是两个坐标的函数，而与第三个坐标无关。弹性力学中的平面问题包括平面应力和平面应变两类问题。

本章首先从弹性力学的基本假设出发，讨论空间问题的基本方程及应力-应变分析方法，再由空间问题的简化获得两类平面问题的基本方程。

2.1 弹性理论的基本假设

在应用弹性理论解决工程实际问题时，在一定条件下将研究对象看作弹性体，即在卸载后几何变形能够完全恢复的物体，这种理想模型中引入了如下的基本假设。

(1) 连续性假设：组成弹性体的物质是一种密实的连续介质，不留空隙地充满整个体积。

这样就可以认为弹性体在其整个体积内是连续的，并在整个变形过程中保持这种连续性，而不会发生开裂或破坏现象，弹性体空间内的点在变形前后是一一对应的关系。因此，在分析问题时，当把力学量表示为空间点坐标的函数时，基于此假设，则可利用微积分方法来处理连续介质问题。

实际上的物体并非连续体。固体物理学已证明：任何固体材料都是由大量原子组成的，原子之间并不是紧密靠在一起，而是有间隙地排列着。在此，与其他宏观力学理论一样，忽略材料的微观粒子及结构的影响。

(2) 弹性假设：假设在整个加卸载过程中，弹性体的载荷与变形之间存在一一对应的单值函数关系，当载荷卸除后，物体恢复其初始的形状和尺寸。

在物体变形量与几何尺寸相比可以忽略不计的小变形条件下，应变和位移导数间具有线性的几何关系。对大多数工程材料，当应力小于弹性极限时，应力-应变关系服从胡克定律，即材料为线弹性材料。

除上述两点基本假设外，本章在基本理论推导过程中，为了简化问题，进一步引入了下列假设：

(1) 均匀性假设：认为物体内处处具有相同的力学性能。

实际上，对金属而言，从微观结构性能来看，材料各晶粒的力学性能并不完全相同。但因晶粒无序地排列，材料的宏观力学性能是很多晶粒性能的统计平均值，可以认为物体中任意取出部分的性能是一样的。

(2) 各向同性假设：物体内沿任何方向力学性能都是相同的。

大多数金属材料是各向同性的，具有这种属性的材料称作各向同性材料。沿不同方向具有不同力学性能的材料称为各向异性材料，如复合材料、单晶合金和纤维织品等。

(3) 无初应力假设：物体在外力作用以前，其内部各点应力均为零。分析计算从无初应力状态出发，应力仅由载荷变化产生。

2.2 空间问题的基本方程

一定形状的物体在外界因素影响下（外力、温度、约束等），将产生内力或变形。工程实际中，零构件由于其结构和受力的复杂性，其中任意位置实际上都处于复杂的三维应力状态中。为了描述弹性变形体在三维空间中的力学变量及各变量之间的关系，本节在上述5个基本假设条件下，选择笛卡儿坐标系作为参考坐标系，讨论空间问题中关于位移、变形、力三类变量的基本方程和边界条件。

2.2.1 平衡方程

设在物体内任意一点 P 处取出一个微小的正六面体微元，其边长分别为 dx、dy、dz，如图 2.1 所示。其中，外法线方向与坐标轴同向的三个面称为*正面*，另外三个面外法向与坐标轴反向称为*负面*。

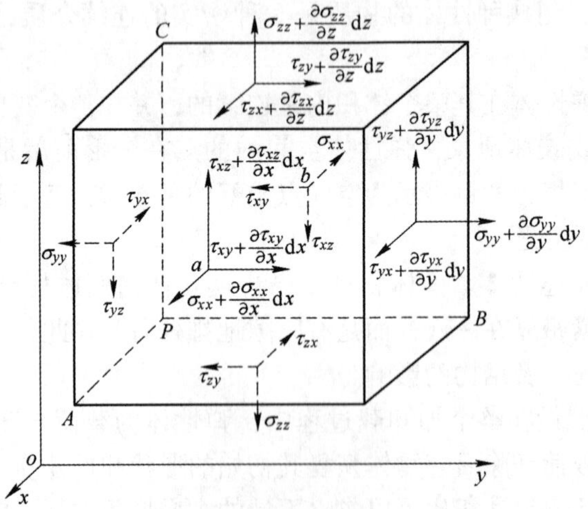

图 2.1 一般坐标系下空间问题的微元体

如果用应力符号 σ_{ij} 表示微元体上各个应力分量，其两个下标中，i 表示应力作用面的法线方向，j 表示应力的分解方向，则当 $i=j$ 时，应力分量垂直于作用面，表示*正应力*；当 $i\neq j$ 时，应力分量作用在面内，表示*剪应力*。并且规定：正面上与坐标轴 x_i 同向的应力为正；负面上与坐标轴反向的应力为正。

每个面上的应力总可以分解为：垂直于面的正应力和位于面内的剪应力。由于应用线性代数符号表示的方便性，体力沿三个坐标轴方向的分量 f_x、f_y、f_z 用 $f_i(i=1, 2, 3)$ 表示，并简化为作用在微元体的形心 C 处的集中力。设 $\sigma_{ij}(i, j=1, 2, 3)$ 为三个负面的应力分量，则正面上的应力分量相对于负面有一个增量。连续变形体受力时，其各点应力必然是坐标的连续函数。因此，微元体正面由于相对于负面位置的微小变化后，按泰勒级数展开并略去高阶小量后，正面上的应力可以表示为负面上的应力及其一阶导数项之和。以 σ_{xx} 和 τ_{xy} 为例，对正面上的应力进行泰勒级数展开，有：

$$\sigma_{xx}(x+dx, y)=\sigma_{xx}(x, y)+\frac{\partial\sigma_{xx}(x, y)}{\partial x}dx+\frac{1}{2}\frac{\partial^2\sigma_{xx}(x, y)}{\partial x^2}(dx)^2+\cdots \tag{2.1}$$

$$\tau_{xy}(x+dx, y)=\tau_{xy}(x, y)+\frac{\partial\tau_{xy}(x, y)}{\partial x}dx+\frac{1}{2}\frac{\partial^2\tau_{xy}(x, y)}{\partial x^2}(dx)^2+\cdots \tag{2.2}$$

略去二阶以上微量，得：

$$\sigma_{xx}(x+dx, y)\approx\sigma_{xx}(x, y)+\frac{\partial\sigma_{xx}(x, y)}{\partial x}dx \tag{2.3}$$

$$\tau_{xy}(x+dx, y)\approx\tau_{xy}(x, y)+\frac{\partial\tau_{xy}(x, y)}{\partial x}dx \tag{2.4}$$

同理，可得其他正面上的应力分量。

考虑微元体沿 x 方向的力平衡条件得：

$$\left(\sigma_{xx}+\frac{\partial\sigma_{xx}}{\partial x}\mathrm{d}x\right)\mathrm{d}y\mathrm{d}z-\sigma_{xx}\mathrm{d}y\mathrm{d}z+\left(\tau_{yx}+\frac{\partial\tau_{yx}}{\partial y}\mathrm{d}y\right)\mathrm{d}z\mathrm{d}x-\tau_{yx}\mathrm{d}z\mathrm{d}x+\left(\tau_{zx}+\frac{\partial\tau_{zx}}{\partial z}\mathrm{d}z\right)\mathrm{d}x\mathrm{d}y-\tau_{zx}\mathrm{d}x\mathrm{d}y+f_x\mathrm{d}x\mathrm{d}y\mathrm{d}z=0 \tag{2.5}$$

简化后得：

$$\frac{\partial\sigma_{xx}}{\partial x}+\frac{\partial\tau_{yx}}{\partial y}+\frac{\partial\tau_{zx}}{\partial z}+f_x=0 \tag{2.6a}$$

同理可得 y 和 z 方向的平衡条件：

$$\frac{\partial\tau_{xy}}{\partial x}+\frac{\partial\sigma_{yy}}{\partial y}+\frac{\partial\tau_{zy}}{\partial z}+f_y=0 \tag{2.6b}$$

$$\frac{\partial\tau_{xz}}{\partial x}+\frac{\partial\tau_{yz}}{\partial y}+\frac{\partial\sigma_{zz}}{\partial z}+f_z=0 \tag{2.6c}$$

式（2.6a）~式（2.6c）写成指标形式为：

$$\sigma_{ij,\,j}+f_i=0\quad(i,\ j=1,\ 2,\ 3) \tag{2.7}$$

式中，$\sigma_{ij,j}$的下标（，j）表示 σ_{ij}对 j 求偏导数。

考虑微元体的力矩平衡。对通过形心 C 平行于 z 方向的轴取矩，得：

$$(\tau_{xy}\mathrm{d}y\mathrm{d}z)\mathrm{d}x-(\tau_{yx}\mathrm{d}z\mathrm{d}x)\mathrm{d}y=0 \tag{2.8}$$

简化得：

$$\tau_{xy}=\tau_{yx} \tag{2.9a}$$

同理，对 x 和 y 方向的形心轴取矩，得：

$$\tau_{yz}=\tau_{zy};\ \tau_{zx}=\tau_{xz} \tag{2.9b}$$

这就是剪应力互等定理，即

$$\sigma_{ij}=\sigma_{ji} \tag{2.10}$$

由以上推导，式（2.6a）~式（2.6c）、式（2.9）即为空间问题的平衡方程。因此，在6个平衡方程中，未知应力参量有9个，为进一步求解，必须补充几何及物理方程。

2.2.2 几何方程

在载荷作用下，物体内各质点将发生位移。其中，除刚体平移和转动外，物体形状的变化称为变形，包括体积改变和形状改变。当弹性体发生变形时，其体内各点之间的相对位移发生了变化，而刚体运动时点之间的距离保持不变。在大多数问题中，物体内各点的变形是非均匀的。

2.2.2.1 位移

物体变形后，必须满足的基本几何条件是：位移 $\boldsymbol{u}$ 是位置坐标的连续函数。而要保证 $\boldsymbol{u}$ 是连续函数，各点的应变分量就不能是任意的。这种位移和应变的关系式即为几何方程。

为了量化变形，我们考查图2.2所示的一般情形，这里包括了应变变形和刚体位移，是一个一般的位移场。位移的指标形式及分量形式为 $\boldsymbol{u}=[u_1 \quad u_2 \quad u_3]^{\mathrm{T}}=[u \quad v \quad w]^{\mathrm{T}}$。

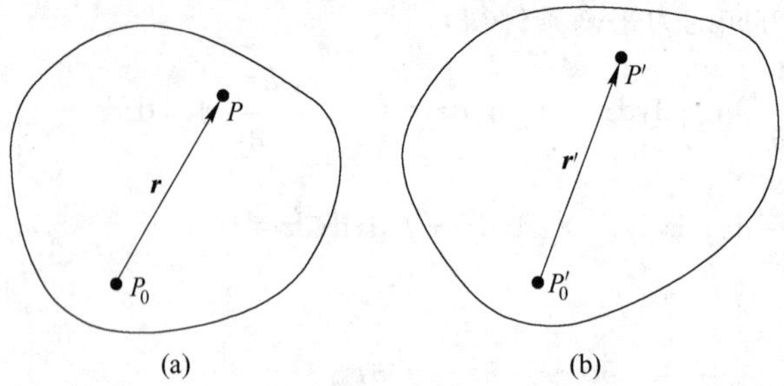

图 2.2 弹性体变形的一般情形

（a）变形前弹性体内的两质点及其矢量；（b）变形后弹性体内的两质点及其矢量

在未变形体的构形中，我们定义由相对位置矢量 $\boldsymbol{r}$ 连接两个相邻的质点 P_0 和 P。通过一个一般的变形，此两点映射到新的变形构形中的位置 P_0' 和 P'。这里，因为仅研究线弹性小变形的理论，变形前后的构形差异降低。分别定义 P_0 和 P 点的位移矢量为 $\boldsymbol{u}_0$ 和 $\boldsymbol{u}$。因为 P_0 和 P 为相邻点，我们可以用在 P_0 点的泰勒级数展开式来表达 $\boldsymbol{u}$ 的各个分量，且 $\boldsymbol{r}$ 的各分量（r_x，r_y，r_z）很小，可以略去高阶项，即得：

$$\left.\begin{aligned} u &\approx u_0+\frac{\partial u}{\partial x}r_x+\frac{\partial u}{\partial y}r_y+\frac{\partial u}{\partial z}r_z \\ v &\approx v_0+\frac{\partial v}{\partial x}r_x+\frac{\partial v}{\partial y}r_y+\frac{\partial v}{\partial z}r_z \\ w &\approx w_0+\frac{\partial w}{\partial x}r_x+\frac{\partial w}{\partial y}r_y+\frac{\partial w}{\partial z}r_z \end{aligned}\right\} \tag{2.11}$$

相对位置矢量 $\boldsymbol{r}$ 的变化可以表示为：

$$\Delta\boldsymbol{r}=\boldsymbol{r}'-\boldsymbol{r}=\boldsymbol{u}-\boldsymbol{u}_0 \tag{2.12}$$

并应用式（2.11），有：

$$\left.\begin{aligned} \Delta\boldsymbol{r}_x &=\frac{\partial u}{\partial x}r_x+\frac{\partial u}{\partial y}r_y+\frac{\partial u}{\partial z}r_z \\ \Delta\boldsymbol{r}_y &=\frac{\partial v}{\partial x}r_x+\frac{\partial v}{\partial y}r_y+\frac{\partial v}{\partial z}r_z \\ \Delta\boldsymbol{r}_z &=\frac{\partial w}{\partial x}r_x+\frac{\partial w}{\partial y}r_y+\frac{\partial w}{\partial z}r_z \end{aligned}\right\} \tag{2.13}$$

用指标的形式可记作：

$$\Delta\boldsymbol{r}_i=\boldsymbol{u}_{i,j}r_j \tag{2.14}$$

式中，$\boldsymbol{u}_{i,j}$ 为位移梯度张量，可表示为：

$$\boldsymbol{u}_{i,j}=\begin{bmatrix} \dfrac{\partial u}{\partial x} & \dfrac{\partial u}{\partial y} & \dfrac{\partial u}{\partial z} \\ \dfrac{\partial v}{\partial x} & \dfrac{\partial v}{\partial y} & \dfrac{\partial v}{\partial z} \\ \dfrac{\partial w}{\partial x} & \dfrac{\partial w}{\partial y} & \dfrac{\partial w}{\partial z} \end{bmatrix} \tag{2.15}$$

对张量 $\boldsymbol{u}_{i,j}$ 应用恒等变换将其分解成对称及反对称部分：

$$\boldsymbol{u}_{i,j}=\underbrace{\frac{1}{2}(\boldsymbol{u}_{i,j}+\boldsymbol{u}_{j,i})}_{\text{应变张量}}+\underbrace{\frac{1}{2}(\boldsymbol{u}_{i,j}-\boldsymbol{u}_{j,i})}_{\text{旋转张量}} \tag{2.16}$$

$$=\qquad \boldsymbol{\varepsilon}_{ij}\qquad + \qquad \boldsymbol{\omega}_{ij}$$

这表明在小变形条件下，相邻两点间相对位置矢量的变化可以表示为应变张量与旋转张量之和。

取 $r_i=\mathrm{d}x_i$，并结合式（2.12）、式（2.14）、式（2.16），得到常用的位移表达式：

$$\boldsymbol{u}_i=u_{0i}+\boldsymbol{\varepsilon}_{ij}\mathrm{d}x_j+\boldsymbol{\omega}_{ij}\mathrm{d}x_j \tag{2.17}$$

这一结果表明：应变变形与应变张量 $\boldsymbol{\varepsilon}_{ij}$ 相关，进而与位移梯度相关。

2.2.2.2 变形

图 2.3 说明了一个初始尺寸为 $\mathrm{d}x\times\mathrm{d}y$ 的矩形单元，考虑它在 x-y 平面上的变形行为，在变形后成为一个菱形，如虚线所示的图形，各参考角点的位移标注在图中。参考点 A 变形到 A' 点，x 方向的位移为 $u(x,\ y)$，y 方向的位移为 $v(x,\ y)$；B 点相应的位移为 $u(x+\mathrm{d}x,\ y)$ 和 $v(x+\mathrm{d}x,\ y)$。将 B 点的位移函数在 A 点位移处进行泰勒级数展开，并略去高阶小量，或直接应用式（2.11），得：

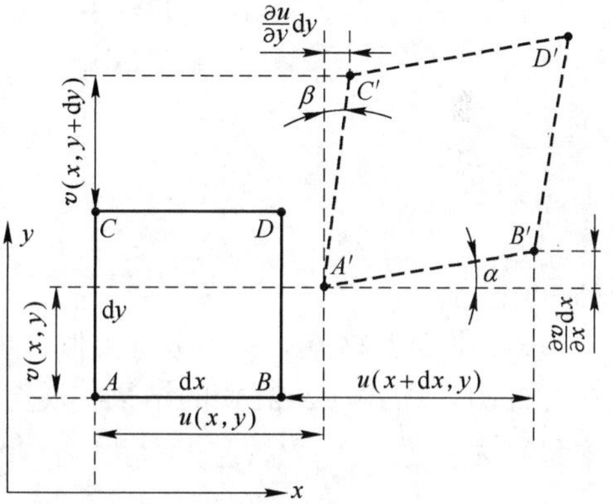

图 2.3 x-y 平面上的变形

$$\left.\begin{aligned}u(x+\mathrm{d}x,\ y)&\approx u(x,\ y)+\frac{\partial u}{\partial x}\mathrm{d}x\\ v(x+\mathrm{d}x,\ y)&\approx v(x,\ y)+\frac{\partial v}{\partial x}\mathrm{d}x\end{aligned}\right\} \tag{2.18}$$

同理，可得 C 点的位移的近似表达式：

$$\left.\begin{aligned}u(x,\ y+\mathrm{d}y)&\approx u(x,\ y)+\frac{\partial u}{\partial y}\mathrm{d}y\\ v(x,\ y+\mathrm{d}y)&\approx v(x,\ y)+\frac{\partial v}{\partial y}\mathrm{d}y\end{aligned}\right\} \tag{2.19}$$

物体在受力后，若知道过 A 点的任一线元的长度变化和方向的变化，即可确定物体变形后的形状。因而描述该物体变形包括两个方面：沿各个方向线元的长度变化（用正应变描述）与方向改变（用剪应变描述）。正应变以线元伸长为正，缩短为负；剪应变以两正交线元间的夹角减小为正，夹角增加为负。

根据正应变的定义，AB 在 x 和 AC 在 y 方向上的正应变（相对伸长量）为：

$$\left.\begin{aligned}\varepsilon_{xx}&=\frac{(A'B')_x-AB}{AB}\approx\frac{\frac{\partial u}{\partial x}\mathrm{d}x}{\mathrm{d}x}=\frac{\partial u}{\partial x}\\\varepsilon_{yy}&=\frac{(A'C')_y-AC}{AC}\approx\frac{\frac{\partial v}{\partial y}\mathrm{d}y}{\mathrm{d}y}=\frac{\partial v}{\partial y}\end{aligned}\right\}\tag{2.20}$$

式中，$(A'B')_x$、$(A'C')_y$ 分别为 $A'B'$ 在 x、$A'C'$ 在 y 方向的投影。

根据剪应变的定义，并应用小变形假设（$\alpha\approx\tan\alpha$，$\beta\approx\tan\beta$），AB 和 AC 夹角的改变量（即工程剪应变）为：

$$\gamma_{xy}=\alpha+\beta=\frac{\frac{\partial v}{\partial x}\mathrm{d}x}{\mathrm{d}x+\underbrace{\frac{\partial u}{\partial x}\mathrm{d}x}_{\text{高阶小量}\approx 0}}+\frac{\frac{\partial u}{\partial y}\mathrm{d}y}{\mathrm{d}y+\underbrace{\frac{\partial v}{\partial y}\mathrm{d}y}_{\text{高阶小量}\approx 0}}\approx\frac{\partial u}{\partial y}+\frac{\partial v}{\partial x}\tag{2.21}$$

显然，$\gamma_{xy}=\gamma_{yx}$。

与 x-y 平面上物体的变形考查类似，可以获得 y-z 和 x-z 平面上的应变表达式。很容易将式（2.20）和式（2.21）的结果扩展至三维，得到空间问题的应变-位移关系（或称几何方程）为：

$$\left.\begin{aligned}&\varepsilon_{xx}=\frac{\partial u}{\partial x},\quad \varepsilon_{yy}=\frac{\partial v}{\partial y},\quad \varepsilon_{zz}=\frac{\partial w}{\partial z}\\&\gamma_{xy}=\frac{\partial u}{\partial y}+\frac{\partial v}{\partial x},\quad \gamma_{yz}=\frac{\partial v}{\partial z}+\frac{\partial w}{\partial y},\quad \gamma_{zx}=\frac{\partial w}{\partial x}+\frac{\partial u}{\partial z}\end{aligned}\right\}\tag{2.22}$$

在张量弹性理论中，习惯使用式（2.16）中的应变张量 ε_{ij}，此时只需对工程剪应变部分作一个小的改动。将式（2.22）用应变张量的形式表示为：

$$\left.\begin{aligned}&\varepsilon_{11}=\frac{\partial u_1}{\partial x_1},\quad \varepsilon_{22}=\frac{\partial u_2}{\partial x_2},\quad \varepsilon_{33}=\frac{\partial u_3}{\partial x_3}\\&\varepsilon_{12}=\frac{1}{2}\left(\frac{\partial u_1}{\partial x_2}+\frac{\partial u_2}{\partial x_1}\right),\quad \varepsilon_{23}=\frac{1}{2}\left(\frac{\partial u_2}{\partial x_3}+\frac{\partial u_3}{\partial x_2}\right),\quad \varepsilon_{31}=\frac{1}{2}\left(\frac{\partial u_3}{\partial x_1}+\frac{\partial u_1}{\partial x_3}\right)\end{aligned}\right\}\tag{2.23}$$

其指标形式为：

$$\varepsilon_{ij}=\frac{1}{2}(u_{i,j}+u_{j,i})\tag{2.24}$$

这一应变-位移关系表明：如果已知三个位移函数 u、v、w，可通过式（2.22）求出确定的6个应变函数 ε_{xx}、ε_{yy}、ε_{zz}、γ_{xy}、γ_{yz}、γ_{zx}。但对于反问题，即已知应变分量，则不一定能唯一求出相应的位移分量，因为应变表达式积分后会出现积分常数。这些积分常数代表刚体位移，即使应变是确定的，若物体发生不同的刚体位移，则其各点位移也会不同。

由式（2.22）或式（2.23），6个应变分量通过6个几何方程与3个位移分量相联系。当求解位移时，因方程数目多于未知函数的数目，只有当应变量满足某种可积分条件或应变协调条件时，才能求得单值连续的位移场。关于几何协调方程与积分条件的详细论述参见文献［6］。

2.2.3 本构方程

材料的本构方程也称应力-应变关系或物理方程，这里只讨论不考虑热效应的线弹性本构关系。由材料力学知道：弹性模量 E、剪切模量 G、泊松比 μ 之间存在以下关系：

$$G = \frac{E}{2(1+\mu)} \tag{2.25}$$

由单向拉伸和纯剪切条件下的胡克定律，分别计算三个坐标平面上的正应力与剪应力所引起的应变，再应用迭加原理，得各向同性材料的**广义胡克定律**：

$$\left.\begin{aligned}
\varepsilon_{xx} &= \frac{1}{E}[\sigma_{xx} - \mu(\sigma_{yy} + \sigma_{zz})] \Rightarrow \varepsilon_{11} = \frac{1+\mu}{E}\sigma_{11} - \frac{\mu}{E}I_1 \\
\varepsilon_{yy} &= \frac{1}{E}[\sigma_{yy} - \mu(\sigma_{zz} + \sigma_{xx})] \Rightarrow \varepsilon_{22} = \frac{1+\mu}{E}\sigma_{22} - \frac{\mu}{E}I_1 \\
\varepsilon_{zz} &= \frac{1}{E}[\sigma_{zz} - \mu(\sigma_{xx} + \sigma_{yy})] \Rightarrow \varepsilon_{33} = \frac{1+\mu}{E}\sigma_{33} - \frac{\mu}{E}I_1 \\
\gamma_{xy} &= \tau_{xy}/G \Rightarrow \varepsilon_{12} = \frac{1+\mu}{E}\sigma_{12} \\
\gamma_{yz} &= \tau_{yz}/G \Rightarrow \varepsilon_{23} = \frac{1+\mu}{E}\sigma_{23} \\
\gamma_{zx} &= \tau_{zx}/G \Rightarrow \varepsilon_{31} = \frac{1+\mu}{E}\sigma_{31}
\end{aligned}\right\} \tag{2.26}$$

式中

$$I_1 = \sigma_{xx} + \sigma_{yy} + \sigma_{zz} = \sigma_{11} + \sigma_{22} + \sigma_{33} \tag{2.27}$$

I_1为第一应力不变量。在指标表示法中，在同一项中，当指标出现两次时，则表示要把该项在该指标的取值范围内遍历求和，因而 $I_1 = \sigma_{kk}$。采用指标形式，式（2.26）可以写作：

$$\varepsilon_{ij} = \frac{1+\mu}{E}\sigma_{ij} - \frac{\mu}{E}\sigma_{kk}\delta_{ij} \tag{2.28}$$

式中，δ_{ij}为一常用的特定指标表示法符号，称为 Kronecker deta。其定义为：

$$\delta_{ij} = \begin{cases} 1 & (i=j) \\ 0 & (i \neq j) \end{cases} = \begin{bmatrix} 1 & 0 & 0 \\ 0 & 1 & 0 \\ 0 & 0 & 1 \end{bmatrix} \tag{2.29}$$

将式（2.26）的前三个式子相加，得体积应变 Δ 为：

$$\Delta = \frac{(\sigma_{xx} + \sigma_{yy} + \sigma_{zz})(1-2\mu)}{E} = \frac{\sigma_{xx} + \sigma_{yy} + \sigma_{zz}}{3K} = \frac{I_1}{3K} \tag{2.30}$$

$\Delta = \varepsilon_{kk}$是第一应变不变量，与第一应力不变量间呈线弹性关系。

$$K = \frac{E}{3(1-2\mu)} \tag{2.31}$$

式中，K 称为体积弹性模量。

式（2.30）说明：体积应变等于平均正应力 $\sigma_{kk}/3$ 除以体积弹性模量。这与应力-应变关系的概念是一致的。

应用式（2.25）、式（2.30）、式（2.31），可从式（2.26）中解出：

$$\left.\begin{aligned}\sigma_{11}&=2G\varepsilon_{11}+\lambda\Delta=2G\left(\varepsilon_{11}+\frac{\mu}{1-2\mu}\Delta\right)\\\sigma_{22}&=2G\varepsilon_{22}+\lambda\Delta=2G\left(\varepsilon_{22}+\frac{\mu}{1-2\mu}\Delta\right)\\\sigma_{33}&=2G\varepsilon_{33}+\lambda\Delta=2G\left(\varepsilon_{33}+\frac{\mu}{1-2\mu}\Delta\right)\end{aligned}\right\}\tag{2.32}$$

式中

$$\lambda=\frac{\mu E}{(1+\mu)(1-2\mu)}=\frac{2\mu G}{1-2\mu}\tag{2.33}$$

弹性常数 G 和 λ 称为拉梅常数。从式（2.26）中后三个公式得到：

$$\left.\begin{aligned}\tau_{12}&=2G\varepsilon_{12}\\\tau_{23}&=2G\varepsilon_{23}\\\tau_{31}&=2G\varepsilon_{31}\end{aligned}\right\}\tag{2.34}$$

将式（2.32）和式（2.34）改写为指标式，或由式（2.28），均可得各向同性材料的应力-应变关系：

$$\sigma_{ij}=2G\varepsilon_{ij}+\lambda\Delta\delta_{ij}=2G\varepsilon_{ij}+\lambda\varepsilon_{kk}\delta_{ij}\tag{2.35}$$

2.2.4 变形协调方程

在研究弹性体变形时，认为物体在变形前后都是连续的，不会出现开裂或重叠现象，即从几何上讲应变是协调的。在此，对应变-位移关系式（2.23）或式（2.24），更详细地讨论其本质，从而获得保证位移连续性的一个必要的附加关系式。

如果定义位移具有连续性，位移 u、v、w 为单值，则由微分可求得应变场，但反之则不一定有解。在此只讨论积分域为单连通区域的情况，此时，当应变分量间满足应变协调关系时，可求出单值连续的位移场，而不需要再附加其他可积分条件。即弹性变形时，各相邻的小单元体必须是相互有联系的，变形满足某种关系来保证位移场的连续单值。

图 2.4 所示为一个二维的例子，来简单说明应变协调性的物理意义。首先，将一弹性体划分为一系列的小单元（a），在未变形的初始构形（b）中，各单元自然完好地接合在一起。当对每个单元体施加一任意的应变后，重构这一弹性体。情形（c）考虑相邻单元的应变间的关系，可以使弹性体的各相邻单元仍完好地接合，从而保证连续性，获得单值的位移。但对情形（d），部分单元间出现了开裂的现象，材料间出现了间隙。这种情形将产生一个非连续的位移场。

对于单值连续的位移场，位移分量对坐标的偏导数与求导次序无关，则式（2.24）对 x_k 和 x_l 求二阶偏导数得：

$$\varepsilon_{ij,kl}=\frac{1}{2}(u_{i,jkl}+u_{j,ikl})\tag{2.36}$$

为建立不同应变分量之间的关系，通过指标轮换，得到以下的附加关系：

$$\varepsilon_{kl,ij}=\frac{1}{2}(u_{k,lij}+u_{l,kij})\tag{2.37}$$

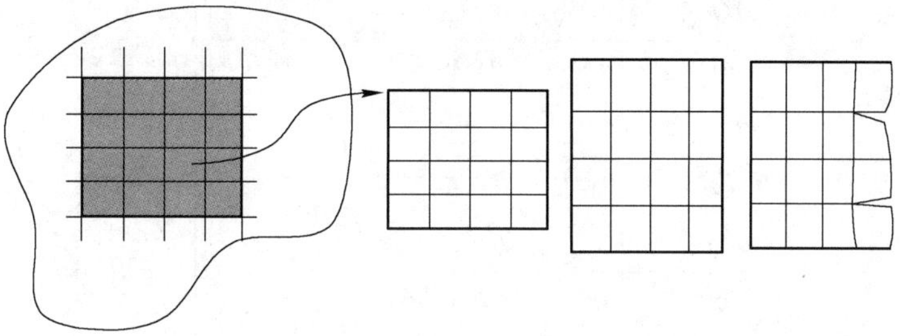

图 2.4 应变协调的物理解释

(a) 离散的弹性体; (b) 初始未变形体构形; (c) 连续位移协调的变形; (d) 不连续位移、不协调的变形

$$\varepsilon_{jl,ik} = \frac{1}{2}(u_{j,lik} + u_{l,jik}) \tag{2.38}$$

$$\varepsilon_{ik,jl} = \frac{1}{2}(u_{i,kjl} + u_{k,ijl}) \tag{2.39}$$

当位移场单值连续且存在三阶以上连续偏导数时，式(2.36)+式(2.37)-式(2.38)-式(2.39)，并应用偏导数与求导次序无关，得：

$$\varepsilon_{ij,kl} + \varepsilon_{kl,ij} - \varepsilon_{ik,jl} - \varepsilon_{jl,ik} = 0 \tag{2.40}$$

式（2.40）称为圣维南（Saint-Venant）相容方程。在数学上，这一恒等式是可由几何方程积分求解出单值连续位移场的充要条件（详细证明见文献［1］，［6］，［7］），即可积条件。这一表达式有 4 个自由指标，表示 81 个方程，但其中大多数方程是恒等或是等价关系，只有 6 个方程是有意义的。令 $k=l$，并用标量符号表示变形协调关系为：

$$\left.\begin{aligned}
&\frac{\partial^2 \varepsilon_{11}}{\partial x_2^2} + \frac{\partial^2 \varepsilon_{22}}{\partial x_1^2} = 2\frac{\partial^2 \varepsilon_{12}}{\partial x_1 \partial x_2}\\
&\frac{\partial^2 \varepsilon_{22}}{\partial x_3^2} + \frac{\partial^2 \varepsilon_{33}}{\partial x_2^3} = 2\frac{\partial^2 \varepsilon_{23}}{\partial x_2 \partial x_3}\\
&\frac{\partial^2 \varepsilon_{33}}{\partial x_1^2} + \frac{\partial^2 \varepsilon_{11}}{\partial x_3^2} = 2\frac{\partial^2 \varepsilon_{31}}{\partial x_3 \partial x_1}\\
&\frac{\partial^2 \varepsilon_{11}}{\partial x_2 \partial x_3} = \frac{\partial}{\partial x_1}\left(-\frac{\partial \varepsilon_{23}}{\partial x_1} + \frac{\partial \varepsilon_{31}}{\partial x_2} + \frac{\partial \varepsilon_{12}}{\partial x_3}\right)\\
&\frac{\partial^2 \varepsilon_{22}}{\partial x_3 \partial x_1} = \frac{\partial}{\partial x_2}\left(-\frac{\partial \varepsilon_{31}}{\partial x_2} + \frac{\partial \varepsilon_{12}}{\partial x_3} + \frac{\partial \varepsilon_{23}}{\partial x_1}\right)\\
&\frac{\partial^2 \varepsilon_{33}}{\partial x_1 \partial x_2} = \frac{\partial}{\partial x_3}\left(-\frac{\partial \varepsilon_{12}}{\partial x_3} + \frac{\partial \varepsilon_{23}}{\partial x_1} + \frac{\partial \varepsilon_{31}}{\partial x_2}\right)
\end{aligned}\right\} \tag{2.41a}$$

或写为：

$$
\left.\begin{aligned}
\frac{\partial^2\varepsilon_{xx}}{\partial y^2}+\frac{\partial^2\varepsilon_{yy}}{\partial x^2}&=\frac{\partial^2\gamma_{xy}}{\partial x\partial y}\\
\frac{\partial^2\varepsilon_{yy}}{\partial z^2}+\frac{\partial^2\varepsilon_{zz}}{\partial y^2}&=\frac{\partial^2\gamma_{yz}}{\partial y\partial z}\\
\frac{\partial^2\varepsilon_{zz}}{\partial x^2}+\frac{\partial^2\varepsilon_{xx}}{\partial z^2}&=\frac{\partial^2\gamma_{zx}}{\partial z\partial x}\\
\frac{\partial^2\varepsilon_{xx}}{\partial y\partial z}&=\frac{1}{2}\frac{\partial}{\partial x}\left(-\frac{\partial\gamma_{yz}}{\partial x}+\frac{\partial\gamma_{zx}}{\partial y}+\frac{\partial\gamma_{xy}}{\partial z}\right)\\
\frac{\partial^2\varepsilon_{yy}}{\partial z\partial x}&=\frac{1}{2}\frac{\partial}{\partial y}\left(-\frac{\partial\gamma_{zx}}{\partial y}+\frac{\partial\gamma_{xy}}{\partial z}+\frac{\partial\gamma_{yz}}{\partial x}\right)\\
\frac{\partial^2\varepsilon_{zz}}{\partial x\partial y}&=\frac{1}{2}\frac{\partial}{\partial z}\left(-\frac{\partial\gamma_{xy}}{\partial z}+\frac{\partial\gamma_{yz}}{\partial x}+\frac{\partial\gamma_{zx}}{\partial y}\right)
\end{aligned}\right\}\tag{2.41b}
$$

式（2.41b）是变形协调方程（也称变形相容条件）最常用形式，为二阶方程。其中，前三个式子分别表示三个坐标平面内的三个应变分量间的协调关系；后三个式子分别表示三个正应变与三个剪应变之间的协调关系。

2.2.5 边界条件和圣维南原理

2.2.5.1 边界条件

通过以上讨论，得到了空间问题的基本方程：平衡方程、几何方程、物理方程及变形协调方程，构成了一个偏微分方程组。当给出适当的边界条件时，就可以求解出其中的未知量。

弹性力学的边界条件包括：位移边界条件、应力边界条件和混合边界条件。

用 $\partial\Omega$ 标记变形体的几何空间 Ω 的边界曲面，则未知变量在 $\partial\Omega$ 上满足的条件可描述为指标形式：

$$
\begin{cases}
u_i=\bar{u}_i & (\partial_u\Omega)\\
n_j\sigma_{ij}=\bar{p}_i & (\partial_p\Omega)
\end{cases}\tag{2.42}
$$

其中，第一式为位移边界条件，$\bar{u}_i$ 为 $\partial_u\Omega$ 上给定的位移；第二式为应力边界条件，$\bar{p}_i$ 为 $\partial_p\Omega$ 上给定的面力。

亦可将式（2.42）表达为以下常用的形式：

$$
\text{位移边界条件：}\quad \left.\begin{aligned}u&=\bar{u}\\ v&=\bar{v}\\ w&=\bar{w}\end{aligned}\right\}\quad \text{在 }\partial_u\Omega\text{ 上}\tag{2.43}
$$

在应力边界问题中，弹性体在全部边界上所受的力都是已知的，可以转换为应力边界条件，即：

$$
\text{应力边界条件：}\quad \left.\begin{aligned}n_x\sigma_{xx}+n_y\tau_{xy}+n_z\tau_{zx}&=\bar{p}_x\\ n_x\tau_{xy}+n_y\sigma_{yy}+n_z\tau_{yz}&=\bar{p}_y\\ n_x\tau_{zx}+n_y\tau_{yz}+n_z\sigma_{zz}&=\bar{p}_z\end{aligned}\right\}\quad \text{在 }\partial_p\Omega\text{ 上}\tag{2.44}
$$

混合边界条件指物体的一部分边界具有已知位移，另一部分具有已知应力。或者在同一部分边界上既有位移边界条件又有应力边界条件。

2.2.5.2 圣维南原理

严格地说，物体的边界条件稍有不同，整个物体的应力、应变、位移等就会产生相应的变化。对于实际结构来说，通常无法给出详细的载荷分布规律，实际边界条件往往很难精确控制和确定。例如，表面受力条件下比较容易确定的是“静力等效力”，而其分布细节可能有多种。另外，对每个边界点逐点给定精确的应力边界条件也是不可能的，或者即便能够提出精确的边界条件也难以求解。因而，在求解力学问题时，一般采用圣维南原理来处理边界条件，以期找到一种合理的边界简化方法。

圣维南原理又称局部影响原理，也称为静力当量载荷的弹性等效原理，其描述如下：如果将作用在弹性体某一个不大的局部表面上的力系，用另一组作用在该局部的与它静力等效的力系所代替，那么这种载荷的重新分布只对载荷作用的局部位置的应力-应变状态产生明显的影响，当远离载荷作用局部位置时，影响将迅速衰减至可以忽略不计。

用钳子夹截一直杆，是阐明圣维南原理的一个生动的实例。如图 2.5 所示，杆在 A 处受钳夹紧以后，就等于在该处加了一对平衡力系，无论作用力的大小如何，在夹住部分 A 以外，几乎没有应力产生，甚至杆被钳子截断后，A 处以外几乎不受影响。这个例子生动地说明了圣维南原理的真实性。研究证明，影响区的大小，不会超过虚线所示的区域，大致与外力作用区的尺寸相当。

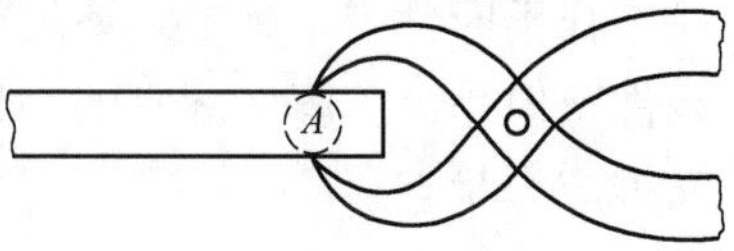

图 2.5 圣维南原理的一个实例

有了圣维南原理，在考虑边界条件时，就不必深究作用在构件局部区域上外载的具体分布情况，而可以直接从外载作用的效果上将外载简化。即放宽边界条件，仅在局部要求合力与合力矩等效即可，从而使问题易于求解。

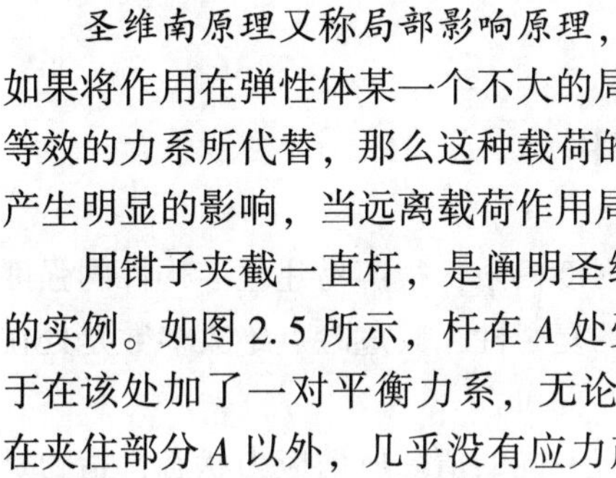

图 2.6 静力等效示意图

应用圣维南原理时，必须注意“静力等效”的条件。当用一个简化力系来代替复杂真实作用的力系时，这个简化力系必须是复杂真实作用的力系的静力等效力系，即主矢量（合力）和主矩（合力矩）都相同的力系。

为加深对圣维南原理的理解，掌握静力等效条件，现举一例进行讨论。如图 2.6（a）所示，一直杆两端截面形心处受到大小相等方向相反的拉力 P 的作用。

（1）如果将该直杆的一端或两端的拉力变换为静力等效力系，如图 2.6（b）或（c）所示，只在虚线画出的部分其应力分布有显著改变，其余部分所受的影响可以忽略不计。如果再将两端所受的拉力变换为均匀分布力系，其集度为 P/A（A 为直杆的横截面面积），如图 2.6（d）所示，仍然只有靠近杆两端虚线所示区域的应力受到显著影响。亦即在图 2.6 所示的四种情况下，离开直杆两端较远处的应力分布并没有显著的差别。因此，这几种变换都是静力等效的。

（2）如果在图 2.6 所示的直杆的两端面上作用的面力合力 P，不是作用于端面的形心，而是具有一定的偏心距离，那么作用在每一端面上的面力，不管其分布方式如何，它与作用于端面形心的面力 P 都不是静力等效的。这时的应力，与图示的四种情况下的应力相比，就不仅是在靠近两端附近处有差异，而且在整个直杆中都是不相同的。

在求解弹性力学问题时，可利用圣维南原理，等效地改变边界条件，以简单的静力等效力系代替真实作用的复杂力系，从而使问题大大简化，同时保证解具有足够的精度。例如，在图 2.6（d）所示的情况下，由于面力连续均匀分布，其边界条件显然比图 2.6(a)~(c)所示的情况简单，易于求解。而在图 2.6(a)~(c)情况下，由于面力不均匀非连续分布，甚至只知其合力为 P 而不知其分布方式，一般难以求解出应力或根本无法求解。根据圣维南原理，就可以将按图 2.6（d）所求得的解应用于前三种情况，在远离加载端时无显著误差。这一点已为理论分析和实际测量所证实。

2.3 应力分析

在单向受力情况下，通过测定材料的屈服极限和强度极限，很容易建立零构件的强度条件。但是，工程实际中的零构件由于其结构和受力的复杂性，其危险点绝大多数是处在三维应力状态。

变形体中任何一点处的应力在不同方向的平面上有不同的值。所谓应力状态，指的是任一点处的应力的大小和方向，以及不同平面上应力间的关系。了解一点处的应力状态，目的在于分析可以用来描述该点状态的应力量值，并由此建立与强度理论的联系。

2.3.1 应力张量和应力偏量

由材料力学知，分别有独立的六个应力分量和六个应变分量，用来表示一点处的应力状态和应变状态，可以用对称方阵的形式表示出来。在给定的受力情况下，各应力（应变）分量的大小与坐标轴的方向相关。而它们作为一个整体用来表示一点应力（应变）状态时，这一物理量则与坐标轴的选择无关。这样的一组量称为张量，用符号 $\boldsymbol{T}$ 表示。则应力张量 $\boldsymbol{T}_\sigma$ 及应变张量 $\boldsymbol{T}_\varepsilon$ 分别为：

$$\boldsymbol{T}_\sigma = \begin{pmatrix} \sigma_{xx} & \tau_{xy} & \tau_{xz} \\ \tau_{yx} & \sigma_{yy} & \tau_{yz} \\ \tau_{zx} & \tau_{zy} & \sigma_{zz} \end{pmatrix} \tag{2.45}$$

$$\boldsymbol{T}_\varepsilon = \begin{pmatrix} \varepsilon_{xx} & \frac{1}{2}\gamma_{xy} & \frac{1}{2}\gamma_{xz} \\ \frac{1}{2}\gamma_{yx} & \varepsilon_{yy} & \frac{1}{2}\gamma_{yz} \\ \frac{1}{2}\gamma_{zx} & \frac{1}{2}\gamma_{zy} & \varepsilon_{zz} \end{pmatrix} \tag{2.46}$$

在坐标变换时，张量按某种指定形式变化。张量可以相加、相减和相乘。两个张量相加或相减是指它们的对应分量相加或相减，这一点和矩阵的运算规律相同。

在 2.2.3 节本构方程的讨论中，曾经给出了第一应力不变量 I_1。定义：

$$\sigma_0 = \frac{\sigma_{xx} + \sigma_{yy} + \sigma_{zz}}{3} = \frac{I_1}{3} \tag{2.47}$$

为平均应力。又由式（2.30）可知，微元体的体积应变 Δ 正比于平均应力 σ_0。为了方便，将应力张量分解为应力球量（或称平均正应力张量）和应力偏量之和（如图 2.7 所示），即：

$$\boldsymbol{T}_{\sigma} = \boldsymbol{T}_{\sigma_0} + \boldsymbol{D}_{\sigma} \tag{2.48}$$

式中，$\boldsymbol{T}_{\sigma_0}$称为球形应力张量；$\boldsymbol{D}_{\sigma}$ 称为偏斜应力张量，或简称为应力球量和应力偏量：

$$\boldsymbol{T}_{\sigma_0} = \begin{pmatrix} \sigma_0 & 0 & 0 \\ 0 & \sigma_0 & 0 \\ 0 & 0 & \sigma_0 \end{pmatrix} \tag{2.49}$$

$$\boldsymbol{D}_{\sigma} = \begin{pmatrix} \sigma_{xx} - \sigma_0 & \tau_{xy} & \tau_{xz} \\ \tau_{yx} & \sigma_{yy} - \sigma_0 & \tau_{yz} \\ \tau_{zx} & \tau_{zy} & \sigma_{zz} - \sigma_0 \end{pmatrix} \tag{2.50}$$

或用指标表示为：

$$\sigma_{ij}^0 = \frac{1}{3}\sigma_{kk}\delta_{ij} = \sigma_0\delta_{ij} \tag{2.51}$$

$$\sigma_{ij}' = \sigma_{ij} - \frac{1}{3}\sigma_{kk}\delta_{ij} = \sigma_{ij} - \sigma_0\delta_{ij} \tag{2.52}$$

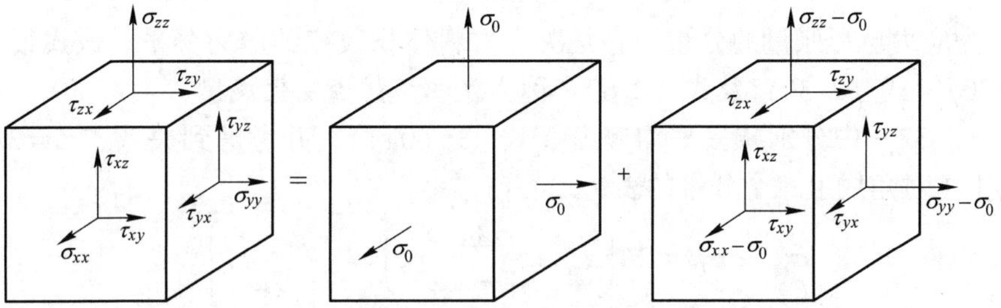

图 2.7　应力张量的分解

应力球量表示各向均匀受力状态（三向等拉或等压），有时也称静水压力状态。对各向同性材料，应力球量引起材料体积的变化；应力偏量则表示实际应力状态对其平均应力状态的偏离，它引起材料形状畸变。将原应力状态减去静水应力状态即可得到应力偏量状态，它引起材料的形状改变。

同样，应变张量 $\boldsymbol{T}_{\varepsilon}$ 也可以分解为球形应变张量 $\boldsymbol{T}_{\varepsilon 0}$和应变偏量 $\boldsymbol{D}_{\varepsilon}$：

$$\boldsymbol{T}_{\varepsilon} = \boldsymbol{T}_{\varepsilon 0} + \boldsymbol{D}_{\varepsilon} \tag{2.53}$$

$$\boldsymbol{T}_{\varepsilon 0} = \begin{pmatrix} \varepsilon_0 & 0 & 0 \\ 0 & \varepsilon_0 & 0 \\ 0 & 0 & \varepsilon_0 \end{pmatrix} \tag{2.54}$$

$$\boldsymbol{D}_{\varepsilon}=\begin{pmatrix}\varepsilon_{xx}-\varepsilon_0 & \frac{1}{2}\gamma_{xy} & \frac{1}{2}\gamma_{xz}\\ \frac{1}{2}\gamma_{yx} & \varepsilon_{yy}-\varepsilon_0 & \frac{1}{2}\gamma_{yz}\\ \frac{1}{2}\gamma_{zx} & \frac{1}{2}\gamma_{zy} & \varepsilon_{zz}-\varepsilon_0\end{pmatrix} \tag{2.55}$$

或用指标表示为：

$$\varepsilon_{ij}^0=\frac{1}{3}\varepsilon_{kk}\delta_{ij}=\varepsilon_0\delta_{ij} \tag{2.56}$$

$$\varepsilon'_{ij}=\varepsilon_{ij}-\frac{1}{3}\varepsilon_{kk}\delta_{ij}=\varepsilon_{ij}-\varepsilon_0\delta_{ij} \tag{2.57}$$

$$\varepsilon_0=\frac{\varepsilon_{xx}+\varepsilon_{yy}+\varepsilon_{zz}}{3} \tag{2.58}$$

把式（2.26）中的前三式相加，得到：

$$\varepsilon_{xx}+\varepsilon_{yy}+\varepsilon_{zz}=\frac{1-2\mu}{E}(\sigma_{xx}+\sigma_{yy}+\sigma_{zz}) \tag{2.59}$$

结合式（2.47）与式（2.58）有：

$$\sigma_0=\frac{E}{1-2\mu}\varepsilon_0 \tag{2.60a}$$

或

$$T_{\sigma_0}=\frac{E}{1-2\mu}T_{\varepsilon_0} \tag{2.60b}$$

式中，σ_0 为应力球形张量的分量，它是决定材料体积改变的应力分量。该式很容易转化为式（2.30）。式（2.30）及式（2.60）称为体积的弹性变化规律。

由式（2.32）中分别减去平均应力（式（2.60a）），并考虑到关系式 $\Delta=3\varepsilon_0$，得到应力偏量中主对角线上三个分量的表达式为：

$$\left.\begin{aligned}\sigma_{xx}-\sigma_0&=2G\left(\varepsilon_{xx}+\frac{3\mu}{1-2\mu}\varepsilon_0\right)-\frac{E}{1-2\mu}\varepsilon_0\\ \sigma_{yy}-\sigma_0&=2G\left(\varepsilon_{yy}+\frac{3\mu}{1-2\mu}\varepsilon_0\right)-\frac{E}{1-2\mu}\varepsilon_0\\ \sigma_{zz}-\sigma_0&=2G\left(\varepsilon_{zz}+\frac{3\mu}{1-2\mu}\varepsilon_0\right)-\frac{E}{1-2\mu}\varepsilon_0\end{aligned}\right\} \tag{2.61}$$

又因为 $E=2(1+\mu)G$，代入后简化，再加上式（2.26）中后三个式子，得：

$$\left.\begin{aligned}\sigma_{xx}-\sigma_0&=2G(\varepsilon_{xx}-\varepsilon_0)\\ \sigma_{yy}-\sigma_0&=2G(\varepsilon_{yy}-\varepsilon_0)\\ \sigma_{zz}-\sigma_0&=2G(\varepsilon_{zz}-\varepsilon_0)\\ \tau_{xy}&=2G\cdot\frac{1}{2}\gamma_{xy}\\ \tau_{yz}&=2G\cdot\frac{1}{2}\gamma_{yz}\\ \tau_{zx}&=2G\cdot\frac{1}{2}\gamma_{zx}\end{aligned}\right\} \tag{2.62}$$

式（2.62）中各项，除了材料的剪切模量 G 以外，为应力偏量和应变偏量的各个分量，故

$$D_{\sigma} = 2GD_{\varepsilon} \tag{2.63}$$

由于应力偏量及应变偏量都是与微元体形状畸变有关的，因此式（2.62）及式（2.63）称为形状的弹性变化规律。

2.3.2 任意平面上的应力

如图 2.8 所示，o 点是变形体中的任意一点。通过 o 点可以有无数多个不同方向的平面。如果任选一组互相垂直的三个平面作为坐标平面，则此三个平面的三条交线就是三个互相垂直的坐标轴 ox、oy 和 oz。在这三个坐标平面上，一般地各有三个应力分量：

$$\left.\begin{array}{llll} yoz\text{ 平面上：} & \sigma_{xx} & \tau_{xy} & \tau_{xz} \\ zox\text{ 平面上：} & \tau_{yx} & \sigma_{yy} & \tau_{yz} \\ xoy\text{ 平面上：} & \tau_{zx} & \tau_{zy} & \sigma_{zz} \end{array}\right\} \tag{2.64}$$

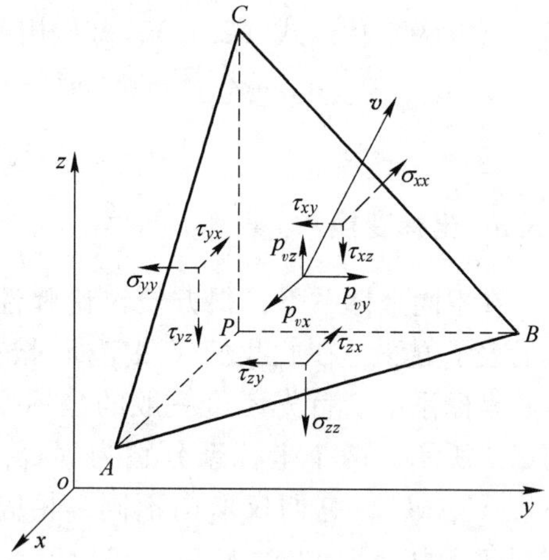

图 2.8 一点上的应力及斜平面上的应力

现在来求通过弹性体内某点 o 的任意一个平面上的应力。在 o 点附近做一微四面体单元 $PABC$，当斜面 ABC 无限趋近于 o 点时，就得到了所选定方向的平面。设平面 ABC 的外法向为 v，并用法线 v 与坐标轴间的夹角（方向角）或夹角的余弦（方向余弦）来规定 v 的方向。设法线 v 与坐标轴 x、y、z 的夹角余弦分别为 l、m、n，则有：

$$\cos(v,\ x) = l, \quad \cos(v,\ y) = m, \quad \cos(v,\ z) = n \tag{2.65}$$

或用指标记作

$$v = v_i e_i, \quad v_i = \cos(v,\ e_i) \tag{2.66}$$

式中，e_i 为坐标系的单位基向量。

由几何关系可知，
$$l^2 + m^2 + n^2 = 1 \tag{2.67}$$
或
$$v_i v_i = 1 \tag{2.68}$$

设平面 ABC 上的总应力为 p_v，该应力在 x、y、z 三个坐标轴方向的应力分量分别为 p_{vx}、p_{vy}、p_{vz}。根据受力平衡关系及几何关系，可求得斜平面上总应力的三个分量为：

$$\left.\begin{aligned} p_{vx} &= \sigma_{xx} l + \tau_{yx} m + \tau_{zx} n \\ p_{vy} &= \tau_{xy} l + \sigma_{yy} m + \tau_{zy} n \\ p_{vz} &= \tau_{xz} l + \tau_{yz} m + \sigma_{zz} n \end{aligned}\right\} \tag{2.69}$$

写成矩阵形式为：

$$[\boldsymbol{p}] = \begin{bmatrix} \sigma_{xx} & \tau_{yx} & \tau_{zx} \\ \tau_{xy} & \sigma_{yy} & \tau_{zy} \\ \tau_{xz} & \tau_{yz} & \sigma_{zz} \end{bmatrix} \begin{bmatrix} l \\ m \\ n \end{bmatrix} \tag{2.69a}$$

或
$$p_i^v = \sigma_{ji} v_j \tag{2.69b}$$

斜平面上的总应力 p_v 的大小为：

$$p_v = \sqrt{p_{vx}^2 + p_{vy}^2 + p_{vz}^2} \tag{2.70}$$

把总应力分解成与法线重合及与法线垂直的两个分量，它们分别为该平面上的正应力分量及剪应力分量。按照合力在某一方向上的投影等于各分力在该方向上的投影和，可得：

$$\sigma_v = p_{vx} l + p_{vy} m + p_{vz} n \tag{2.71}$$

将式（2.69）代入式（2.71），并应用剪应力互等定理得：

$$\sigma_v = \sigma_{xx} l^2 + \sigma_{yy} m^2 + \sigma_{zz} n^2 + 2(\tau_{xy} lm + \tau_{yz} mn + \tau_{zx} nl) \tag{2.72}$$

$$\tau_v = \sqrt{p_v^2 - \sigma_v^2} \tag{2.73}$$

2.3.3　坐标变换

在不同坐标系下，很方便讨论弹性变量及场方程的表示方法，在此我们仅限定所讨论的问题在笛卡儿坐标系下。首先考查一般的坐标变换问题。如图2.9所示，两个坐标系分别为（x_1，x_2，x_3）和（x_1'，x_2'，x_3'），它们仅取向不同，相应坐标系的单位基向量为$\{e_i\} = \{e_1, e_2, e_3\}$和$\{e_i'\} = \{e_1', e_2', e_3'\}$。令$Q_{ij}$表示$x_i'$轴与$x_j$轴的夹角余弦，对于一般的三维情形：

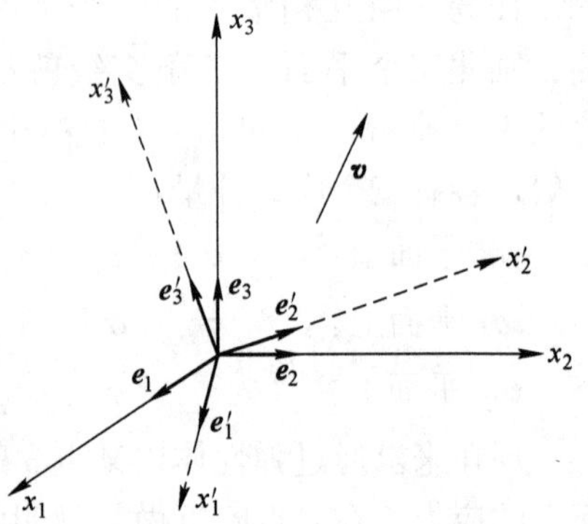

图2.9　笛卡儿坐标系的变化

$$Q_{ij} = \cos(x_i', x_j) = \begin{bmatrix} l_1 & m_1 & n_1 \\ l_2 & m_2 & n_2 \\ l_3 & m_3 & n_3 \end{bmatrix} \tag{2.74}$$

此时，在新的（x_1'，x_2'，x_3'）坐标系下的基矢量可用旧坐标系（x_1，x_2，x_3）下的基向量表示为：

$$\left.\begin{aligned} \boldsymbol{e}_1' &= Q_{11}\boldsymbol{e}_1 + Q_{12}\boldsymbol{e}_2 + Q_{13}\boldsymbol{e}_3 \\ \boldsymbol{e}_2' &= Q_{21}\boldsymbol{e}_1 + Q_{22}\boldsymbol{e}_2 + Q_{23}\boldsymbol{e}_3 \\ \boldsymbol{e}_3' &= Q_{31}\boldsymbol{e}_1 + Q_{32}\boldsymbol{e}_2 + Q_{33}\boldsymbol{e}_3 \end{aligned}\right\} \tag{2.75}$$

或指标形式

$$\boldsymbol{e}_i' = Q_{ij}\boldsymbol{e}_j \tag{2.76}$$

反之，旧坐标系下的基矢量在新坐标系下可表示为

$$\boldsymbol{e}_i = Q_{ji}\boldsymbol{e}_j' \tag{2.77}$$

因此，对任意一平面的法向量$\boldsymbol{v}$，在上述两个坐标系下可记作：

$$\boldsymbol{v} = v_i\boldsymbol{e}_i = v_i Q_{ji}\boldsymbol{e}_j' = v_i'\boldsymbol{e}_i' = v_j'\boldsymbol{e}_j' \tag{2.78}$$

由式（2.78）进一步得出

$$v_i' = Q_{ij} v_j \tag{2.79a}$$

类似有

$$v_i = Q_{ji} v_j' \tag{2.79b}$$

式（2.79）即为笛卡儿坐标系下一个矢量的各分量的坐标变换规律。坐标变换后，矢量本身不发生变化，只是各个坐标分量产生变化。

当坐标变换仅在两个正交坐标系间进行时，在这个变换或方向余弦矩阵 Q_{ij} 上加入了一些特定的限制。综合式（2.79）中的两个等式，可以得到

$$v_i = Q_{ji}v_j' = Q_{ji}Q_{jk}v_k \tag{2.80}$$

式（2.79）的变换规律可以应用于不同阶量的指标表示中。如果我们限制仅在笛卡儿坐标系间进行各阶量的变换，则对各阶量有如下关系：

$$\left.\begin{aligned}&0\text{ 阶：}\quad a' = a\\&1\text{ 阶：}\quad a_i' = Q_{ip}a_p\\&2\text{ 阶：}\quad a_{ij}' = Q_{ip}Q_{jq}a_{pq}\end{aligned}\right\} \tag{2.81}$$

应用式（2.81）中的2阶变换规律，则在给定一个坐标系下的应力时，它在另一新坐标系下的变换关系为：

$$\sigma_{ij}' = Q_{ip}Q_{jq}\sigma_{pq} \tag{2.82}$$

应用式（2.82）的表示方法，得

$$\left.\begin{aligned}
\sigma_{xx}' &= \sigma_{xx}l_1^2+\sigma_{yy}m_1^2+\sigma_{zz}n_1^2+2(\tau_{xy}l_1m_1+\tau_{yz}m_1n_1+\tau_{zx}n_1l_1)\\
\sigma_{yy}' &= \sigma_{xx}l_2^2+\sigma_{yy}m_2^2+\sigma_{zz}n_2^2+2(\tau_{xy}l_2m_2+\tau_{yz}m_2n_2+\tau_{zx}n_2l_2)\\
\sigma_{zz}' &= \sigma_{xx}l_3^2+\sigma_{yy}m_3^2+\sigma_{zz}n_3^2+2(\tau_{xy}l_3m_3+\tau_{yz}m_3n_3+\tau_{zx}n_3l_3)\\
\tau_{xy}' &= \sigma_{xx}l_1l_2+\sigma_{yy}m_1m_2+\sigma_{zz}n_1n_2+\tau_{xy}(l_1m_2+m_1l_2)+\tau_{yz}(m_1n_2+n_1m_2)+\tau_{zx}(n_1l_2+l_1n_2)\\
\tau_{yz}' &= \sigma_{xx}l_2l_3+\sigma_{yy}m_2m_3+\sigma_{zz}n_2n_3+\tau_{xy}(l_2m_3+m_2l_3)+\tau_{yz}(m_2n_3+n_2m_3)+\tau_{zx}(n_2l_3+l_2n_3)\\
\tau_{zx}' &= \sigma_{xx}l_3l_1+\sigma_{yy}m_3m_1+\sigma_{zz}n_3n_1+\tau_{xy}(l_3m_1+m_3l_1)+\tau_{yz}(m_3n_1+n_3m_1)+\tau_{zx}(n_3l_1+l_3n_1)
\end{aligned}\right\} \tag{2.83}$$

2.3.4 主应力及其方向

由式（2.45）及剪应力互等定理，应力张量为二阶对称张量。设应力张量 $\boldsymbol{T}_\sigma$ 在新、旧坐标系下所对应的矩阵分别为 $\boldsymbol{T}_\sigma'$ 和 $\boldsymbol{T}_\sigma$，则按式（2.82）有

$$\boldsymbol{T}_\sigma' = \boldsymbol{Q}\boldsymbol{T}_\sigma\boldsymbol{Q}^{\mathrm{T}} \tag{2.84}$$

从线性代数理论可知，存在一个坐标系 $\{\xi_1, \xi_2, \xi_3\}$ 使 $\boldsymbol{T}_\sigma'$ 成为对角形。即存在一个矩阵 $\boldsymbol{Q}$，使

$$\boldsymbol{Q}\boldsymbol{T}_\sigma\boldsymbol{Q}^{\mathrm{T}} = \begin{bmatrix}\sigma_1 & 0 & 0\\0 & \sigma_2 & 0\\0 & 0 & \sigma_3\end{bmatrix} \tag{2.85}$$

或记为

$$\sigma_{ij}n_j = \sigma_\lambda n_i \tag{2.86}$$

则由单位向量 $\boldsymbol{n}$ 确定的方向定义为张量 σ_{ij} 的主方向或特征向量，σ_λ 为张量 σ_{ij} 的主值或特征值，即主应力。此式可以重新表示为

$$(\sigma_{ij} - \sigma_\lambda\delta_{ij})n_j = 0 \tag{2.87}$$

这是一个关于未知量 n_j 的三个线性代数方程构成的齐次方程组。由线性代数知：该系统存在非零解的必要条件是系数矩阵行列式为0，即

$$\det[\sigma_{ij} - \sigma_\lambda\delta_{ij}] = 0 \tag{2.88}$$

行列式展开得到关于 σ_λ 的三次方程，即本征方程：

$$\det[\sigma_{ij}-\sigma_\lambda\delta_{ij}]=-\sigma_\lambda^3+I_1\sigma_\lambda^2-I_2\sigma_\lambda+I_3=0 \tag{2.89}$$

其中，

$$\left.\begin{aligned}
I_1&=\sigma_{ii}=\sigma_{xx}+\sigma_{yy}+\sigma_{zz}\\
I_2&=\frac{1}{2}(\sigma_{ii}\sigma_{jj}-\sigma_{ij}\sigma_{ij})=\begin{vmatrix}\sigma_{xx}&\sigma_{xy}\\\sigma_{yx}&\sigma_{yy}\end{vmatrix}+\begin{vmatrix}\sigma_{yy}&\sigma_{yz}\\\sigma_{zy}&\sigma_{zz}\end{vmatrix}+\begin{vmatrix}\sigma_{xx}&\sigma_{xz}\\\sigma_{zx}&\sigma_{zz}\end{vmatrix}\\
&=\sigma_{xx}\sigma_{yy}+\sigma_{yy}\sigma_{zz}+\sigma_{zz}\sigma_{xx}-\tau_{xy}^2-\tau_{yz}^2-\tau_{zx}^2\\
I_3&=\det[\sigma_{ij}]=\sigma_{xx}\sigma_{yy}\sigma_{zz}+2\tau_{xy}\tau_{yz}\tau_{zx}-\sigma_{xx}\tau_{yz}^2-\sigma_{yy}\tau_{zx}^2-\sigma_{zz}\tau_{xy}^2
\end{aligned}\right\} \tag{2.90}$$

由于上述本征行列式在合同变换下不变，因而，虽然每个应力分量都将随坐标变换而改变，但 I_1、I_2、I_3却是坐标变换下的不变量，分别称为第一、第二、第三应力不变量。通过本征方程，可以确定特征根 σ 的值，通常按其代数值的大小顺序排列 $\sigma_1\geqslant\sigma_2\geqslant\sigma_3$，称为第一主应力、第二主应力、第三主应力。此三个应力即为分别作用于三个相互垂直平面上的主应力值，并且在此三个平面上无剪切应力。关于主应力的不变性、实数性、正交性、极值性的具体论述及证明，参见文献［1］，［6］-［13］。

再将这些值带回方程（2.86），并考虑 $\boldsymbol{n}$ 为单位矢量的条件 $n_in_i=1$，从而可获得相应的主方向 $\boldsymbol{n}^{(k)}$，以其为法线的三个斜截面称为主平面，三个主平面的交线可以决定一组坐标系，称主坐标系。在此主坐标系中，应力不变量可表示为：

$$\left.\begin{aligned}
I_1&=\sigma_1+\sigma_2+\sigma_3\\
I_2&=\sigma_1\sigma_2+\sigma_2\sigma_3+\sigma_3\sigma_1\\
I_3&=\sigma_1\sigma_2\sigma_3
\end{aligned}\right\} \tag{2.91}$$

于是，在变形体的任一点上，总会有以下的关系：

$$\left.\begin{aligned}
I_1&=\sigma_1+\sigma_2+\sigma_3=\sigma_{xx}+\sigma_{yy}+\sigma_{zz}\\
I_2&=\sigma_1\sigma_2+\sigma_2\sigma_3+\sigma_3\sigma_1\\
&=(\sigma_{xx}\sigma_{yy}+\sigma_{yy}\sigma_{zz}+\sigma_{zz}\sigma_{xx})-(\tau_{xy}^2+\tau_{yz}^2+\tau_{zx}^2)\\
I_3&=\sigma_1\sigma_2\sigma_3\\
&=\sigma_{xx}\sigma_{yy}\sigma_{zz}+2\tau_{xy}\tau_{yz}\tau_{zx}-\sigma_{xx}\tau_{yz}^2-\sigma_{yy}\tau_{zx}^2-\sigma_{zz}\tau_{xy}^2
\end{aligned}\right\} \tag{2.92}$$

显然，应力状态在主平面坐标系中最为简单，其表达式（2.45）将变换为：

$$\begin{pmatrix}\sigma_1&0&0\\0&\sigma_2&0\\0&0&\sigma_3\end{pmatrix} \tag{2.93}$$

主应力具有以下几个重要性质：

（1）不变性。由于本征方程（2.89）的三个系数为不变量，因而其特征根（主应力）及其相应主方向都具有不变性。

（2）实数性。可以通过反证法证明，主应力在任何应力状态下都存在，即它只能是实数。

（3）正交性。当三个主应力互不相等时，它们必两两正交；当有一对相等时，在该对主应力作用的平面内，可任取两个相互正交的方向作为主方向；当三个主应力均相等时，在空间内任选三个相互正交的方向均可作为主方向。

（4）极值性。某点主应力中的最大或最小值，对应该点处任意截面上正应力的最大或最小值；某点处主应力的绝对值最大或最小时，该点的任意截面上全应力为最大或最小值；最大剪应力等于最大与最小主应力之差的一半，其方向与第一和第三主应力方向成45°。

例 2.1 已知一点的应力状态由如下应力分量确定，即

$$\sigma_{xx}=3,\ \sigma_{yy}=0,\ \sigma_{zz}=0,\ \tau_{xy}=1,\ \tau_{yz}=2,\ \tau_{zx}=1$$

试求应力不变量及主应力。

解： 由式（2.90）得 $I_1=3$，$I_2=-6$，$I_3=-8$，代入式（2.89）后，得

$$\sigma_\lambda^3-3\sigma_\lambda^2-6\sigma_\lambda+8=0$$

或

$$(\sigma_\lambda-4)(\sigma_\lambda-1)(\sigma_\lambda+2)=0$$

故主应力为

$$\sigma_1=4,\ \sigma_2=1,\ \sigma_3=-2$$

2.3.5 最大剪应力及其平面

在主坐标系下，设主应力 σ_1、σ_2、σ_3 的方向分别为 x、y、z 方向，则任一斜平面的正应力 σ_v 及剪应力 τ_v 可按式（2.72）和式（2.73）求出：

$$\left.\begin{aligned}&\sigma_v=\sigma_1 l^2+\sigma_2 m^2+\sigma_3 n^2\\&\tau_v=[\sigma_1^2 l^2+\sigma_2^2 m^2+\sigma_3^2 n^2-(\sigma_1 l^2+\sigma_2 m^2+\sigma_3 n^2)^2]^{\frac{1}{2}}\end{aligned}\right\}\tag{2.94}$$

从几何关系式（2.67）可知 $n^2=1-l^2-m^2$，代入式（2.94）的第二式中，得到一个以 l 和 m 为参数的剪应力 τ_v 的表达式：

$$\tau_v=\{l^2(\sigma_1^2-\sigma_3^2)+m^2(\sigma_2^2-\sigma_3^2)+\sigma_3^2-[(\sigma_1-\sigma_3)l^2+(\sigma_2-\sigma_3)m^2+\sigma_3]^2\}^{\frac{1}{2}}\tag{2.95}$$

此式对 l 和 m 求导，并令导数等于零，可以求得 τ_v 为最大和最小时的平面法线的方向余弦，即：

$$\left.\begin{aligned}&l\left[(\sigma_1-\sigma_3)l^2+(\sigma_2-\sigma_3)m^2-\frac{1}{2}(\sigma_1-\sigma_3)\right]=0\\&m\left[(\sigma_1-\sigma_3)l^2+(\sigma_2-\sigma_3)m^2-\frac{1}{2}(\sigma_2-\sigma_3)\right]=0\end{aligned}\right\}\tag{2.96}$$

满足上式的解有如下四种情况：

（1）$l=0$、$m=0$，由式（2.67）可得 $n=\pm1$，代入式（2.94）得 $\tau_v=0$。

（2）$l\neq0$、$m=0$，由式（2.94）的第一式可得 $(\sigma_1-\sigma_3)(1-2l^2)=0$。

由于 $(\sigma_1-\sigma_3)\neq0$，故有

$$l=\pm\frac{1}{\sqrt{2}}$$

$$n=\pm\frac{1}{\sqrt{2}}$$

用相同的方法可得：

（3）$l=0$，$m=n=\pm\frac{1}{\sqrt{2}}$。

（4）$n=0$，$l=m=\pm\frac{1}{\sqrt{2}}$。

最后得到如表 2.1 所示的六组方向余弦的解。在这些解所决定的平面上，剪应力达到极大或极小。

表 2.1 剪应力为极值的平面的方向余弦

l	0	0	±1	0	$\pm\sqrt{\frac{1}{2}}$	$\pm\sqrt{\frac{1}{2}}$
m	0	±1	0	$\pm\sqrt{\frac{1}{2}}$	0	$\pm\sqrt{\frac{1}{2}}$
n	±1	0	0	$\pm\sqrt{\frac{1}{2}}$	$\pm\sqrt{\frac{1}{2}}$	0
τ_v	0	0	0	τ_{23}	τ_{13}	τ_{12}

前三列三组方向余弦所决定的平面实际上就是主坐标系中的坐标平面，在该平面上剪应力均等于零。后三列三组方向余弦所决定的平面，其法线分别垂直于 x、y、z 轴，且平分其余两个坐标轴的射线。这些平面为最大剪应力平面（也称主剪应力平面，见图 2.10）。

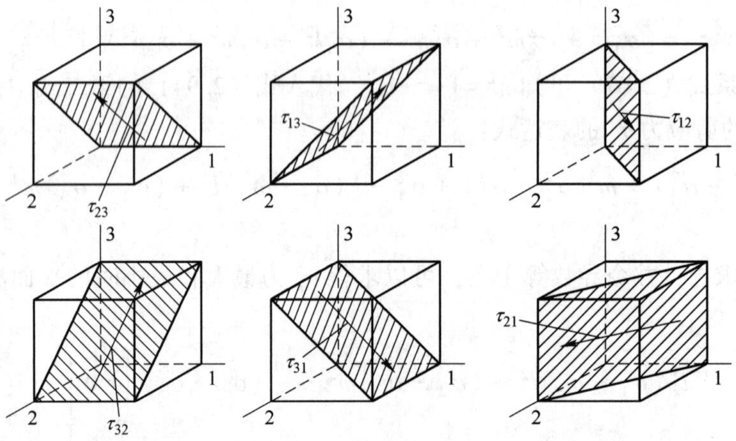

图 2.10 主应力坐标中最大剪应力作用平面

把后三组的方向余弦值代入式（2.94）中的第二式，可以求得最大剪应力（也称主剪应力）值如下：

$$\left.\begin{aligned}\tau_{12}&=\pm\frac{1}{2}(\sigma_1-\sigma_2)\\\tau_{23}&=\pm\frac{1}{2}(\sigma_2-\sigma_3)\\\tau_{31}&=\pm\frac{1}{2}(\sigma_3-\sigma_1)\end{aligned}\right\}\tag{2.97}$$

由于$\sigma_1>\sigma_2>\sigma_3$，所以$\tau_{31}$是绝对值最大的剪应力。

在主剪应力平面上还作用有正应力。将后三组方向余弦值代入式（2.94）第一式中，可分别求得：

$$\frac{1}{2}(\sigma_2+\sigma_3),\quad \frac{1}{2}(\sigma_3+\sigma_1),\quad \frac{1}{2}(\sigma_1+\sigma_2) \tag{2.98}$$

这就是主剪应力平面上的正应力值。

2.3.6 八面体应力

强度计算中涉及一点的应力状态时，常要用到八面体应力的概念。

图 2.11 表示主平面坐标系中 o 点处的一个微四面体，满足 $oA=oB=oC$ 的条件，即斜平面 ABC 在三个坐标轴上是等截距的。在 o 点周围的八个象限中，可以作出八个这样的等倾斜平面。这八个斜平面组成的几何形体称为等倾八面体，如图 2.12 所示。

以第一象限为例，此象限上等倾斜平面法线的方向余弦显然为：

$$l=m=n=\frac{1}{\sqrt{3}} \tag{2.99}$$

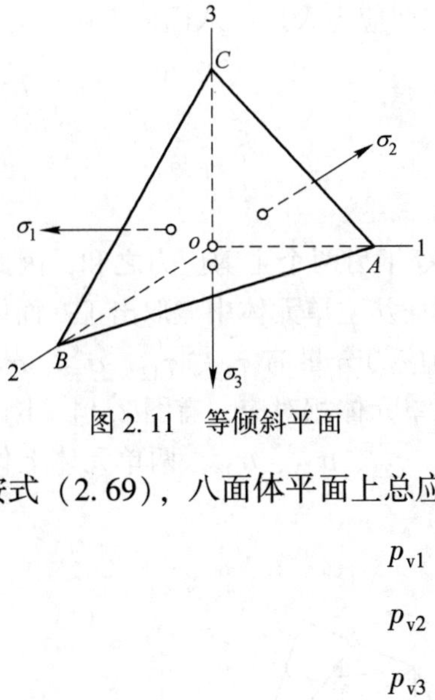

图 2.11 等倾斜平面

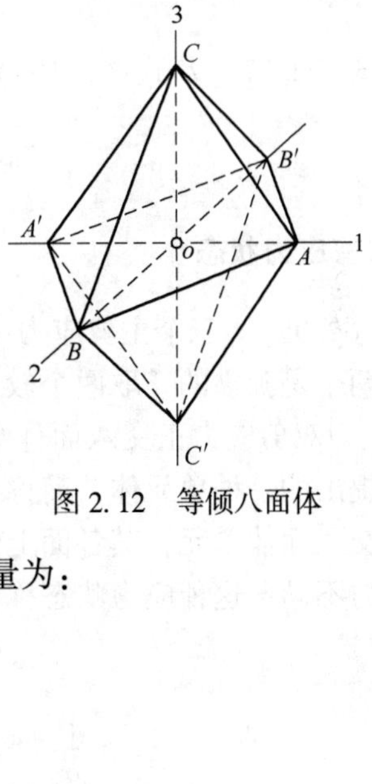

图 2.12 等倾八面体

按式（2.69），八面体平面上总应力的三个应力分量为：

$$\left.\begin{aligned} p_{v1}&=\sigma_1 l=\sigma_1/\sqrt{3}\\ p_{v2}&=\sigma_2 m=\sigma_2/\sqrt{3}\\ p_{v3}&=\sigma_3 n=\sigma_3/\sqrt{3}\end{aligned}\right\} \tag{2.100}$$

总应力为：

$$p_v=\sqrt{p_{v1}^2+p_{v2}^2+p_{v3}^2}=\frac{1}{\sqrt{3}}\sqrt{\sigma_1^2+\sigma_2^2+\sigma_3^2} \tag{2.101}$$

八面体平面上的正应力$\sigma_{oct}=\sigma_v$，按式（2.71）为：

$$\begin{aligned}\sigma_{oct}&=p_{v1}l+p_{v2}m+p_{v3}n=\sigma_1 l^2+\sigma_2 m^2+\sigma_3 n^2\\ &=\frac{1}{3}(\sigma_1+\sigma_2+\sigma_3)=\frac{I_1}{3}\end{aligned} \tag{2.102}$$

上式说明八面体平面上正应力等于该点处三个主应力的平均值，亦称平均正应力。

按式（2.73），可得八面体平面上的剪应力τ_{oct}为：

$$\tau_{oct}=\frac{1}{3}[(\sigma_1-\sigma_2)^2+(\sigma_2-\sigma_3)^2+(\sigma_3-\sigma_1)^2]^{\frac{1}{2}} \tag{2.103}$$

八面体应力的作用情况示于图 2.13，八个等倾斜平面上有着相同的应力。

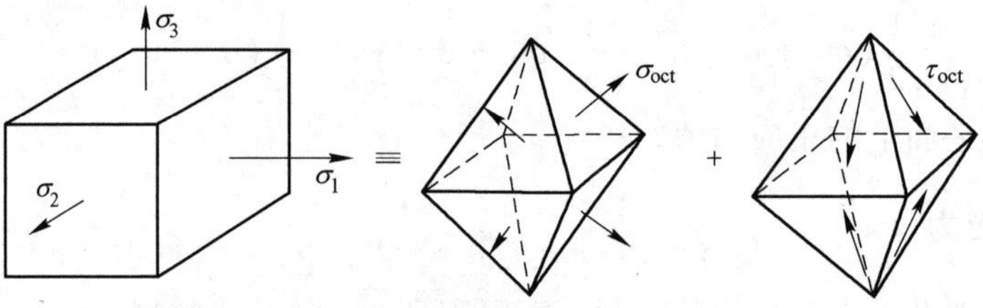

图 2.13　八面体应力 σ_{oct} 及 τ_{oct}

在一般的坐标系下，八面体正应力和八面体剪应力的公式分别为：

$$\sigma_{oct}=\frac{\sigma_{xx}+\sigma_{yy}+\sigma_{zz}}{3} \tag{2.104}$$

$$\tau_{oct}=\frac{1}{3}[(\sigma_{xx}-\sigma_{yy})^2+(\sigma_{yy}-\sigma_{zz})^2+(\sigma_{zz}-\sigma_{xx})^2+6(\tau_{xy}^2+\tau_{yz}^2+\tau_{zx}^2)]^{\frac{1}{2}} \tag{2.105}$$

对比式（2.97）及式（2.103），还可以写出用主剪应力表达的八面体剪应力为：

$$\tau_{oct}=\frac{2}{3}\sqrt{\tau_{12}^2+\tau_{23}^2+\tau_{31}^2} \tag{2.106}$$

2.3.7　双剪应力状态

由式（2.97），三个主剪应力中最大主剪应力恒等于另两个主剪应力之和，因此主剪应力只有两个是独立的。取两个较大的主剪应力的截面从主单元体中截取出正八面体。图 2.14（a）为双剪应力正交八面体单元，其各面上的应力分量有 τ_{13}、τ_{12}、σ_{13}、σ_{12}。这是俞茂宏提出的一种单元体，简称双剪单元体。与该单元体相对应，有图 2.14（b）所示的双剪正交八面体单元，其各面上的应力分量有 τ_{13}、τ_{23}、σ_{13}、σ_{23}，两单元体上作用的中间切应力不同，这种应力状态称为双剪应力状态。

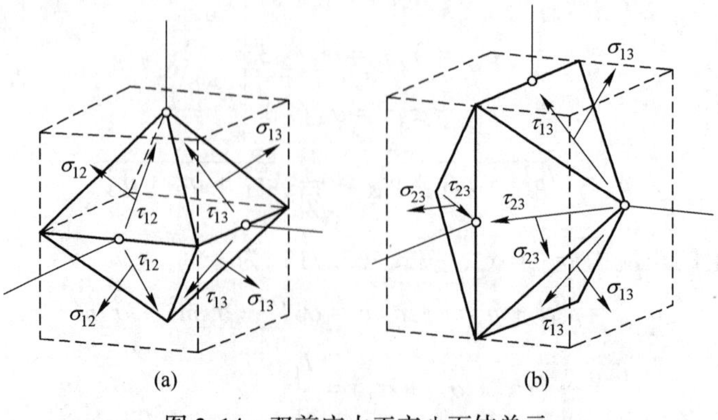

图 2.14　双剪应力正交八面体单元

在双剪理论概念基础上，采用两个主切应力之比作为应力状态参数，称为双剪应力状态参数，记：

$$第一双剪应力状态参数 \quad \mu_\tau = \frac{\tau_{12}}{\tau_{13}} = \frac{\sigma_1 - \sigma_2}{\sigma_1 - \sigma_3} \tag{2.107}$$

$$第二双剪应力状态参数 \quad \mu'_\tau = \frac{\tau_{23}}{\tau_{13}} = \frac{\sigma_2 - \sigma_3}{\sigma_1 - \sigma_3} \tag{2.108}$$

双剪应力状态参数 μ_τ 和 μ'_τ 具有简单明确的物理概念。将式（2.107）与式（2.108）相加，得

$$\mu_\tau + \mu'_\tau = 1 \tag{2.109}$$

当 μ_τ 从 1 到 0 变化时，相应地 μ'_τ 则从 0 到 1 变化。

与前述两个双剪单元体和双剪应力状态参数对应，定义两个双剪应力函数：

$$T_\tau = \tau_{13} + \tau_{12} = \sigma_1 - \frac{1}{2}(\sigma_2 + \sigma_3) \tag{2.110a}$$

$$T'_\tau = \tau_{13} + \tau_{23} = \frac{1}{2}(\sigma_1 + \sigma_2) - \sigma_3 \tag{2.110b}$$

双剪应力函数通过中间主切应力，反映了中间主应力 σ_2 对材料状态的影响。图 2.15 所示为双剪应力函数曲线。取双剪应力状态为横坐标，双剪函数的量纲归一的量为纵坐标。可见，双剪应力函数在该坐标系下为两条斜直线，当 $\mu_\tau = \mu'_\tau = 0.5$ 时，两个双剪函数相等；当 $\mu'_\tau < 0.5 < \mu_\tau$ 时，采用 T_τ 作为双剪函数；当 $\mu_\tau < 0.5 < \mu'_\tau$ 时，采用 T'_τ 作为双剪函数。因而，双剪函数分两个区间段，根据应力状态的不同，在采用双剪应力函数建立屈服条件时，可取 T_τ 和 T'_τ 中较大的一个来计算。

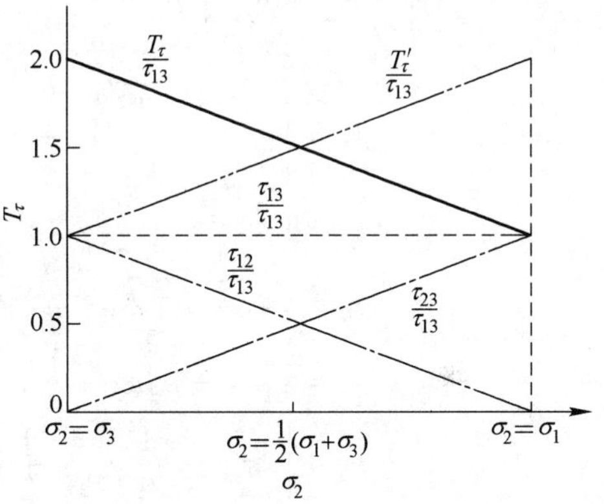

图 2.15　双剪应力函数曲线

2.4 应 变 分 析

类似于一点的应力状态，一点处的应变分量在不同坐标系中取不同的值，因此也可以导出有关应变分析的公式。一点处的应变状态可以用式（2.46）所示的应变张量 $\boldsymbol{T}_\varepsilon$ 来表示。

在研究一点的应力状态时，我们得到了三个互相垂直的没有剪应力作用的平面，即主应力平面，沿这些平面的法线方向（主方向）的应力为主应力。同样，在应变分析时，也可以找到三个互相垂直的平面，在这些平面上没有剪应变，这样的平面称为主应变平面，对应于平面法线方向（主方向）的正应变称为主应变。

设应变张量 $\boldsymbol{T}_\varepsilon$ 在新、旧坐标系下所对应的矩阵分别 $\boldsymbol{T}'_\varepsilon$ 和 $\boldsymbol{T}_\varepsilon$，则按式（2.84）有

$$\boldsymbol{T}'_\varepsilon = \boldsymbol{C}\boldsymbol{T}_\varepsilon\boldsymbol{C}^{\mathrm{T}} \tag{2.111}$$

存在一个坐标系 $\{\zeta_1, \zeta_2, \zeta_3\}$ 使 T'_ε 成为对角形，即

$$CT_\varepsilon C^{\mathrm{T}} = \begin{bmatrix} \varepsilon_1 & 0 & 0 \\ 0 & \varepsilon_2 & 0 \\ 0 & 0 & \varepsilon_3 \end{bmatrix} \tag{2.112a}$$

或记为

$$\boldsymbol{\varepsilon}_{ij} n_j = \varepsilon_\lambda n_i \tag{2.112b}$$

则，由单位向量 $\boldsymbol{n}$ 确定的方向定义为张量 $\boldsymbol{\varepsilon}_{ij}$ 的主方向或特征向量，ε_λ 为张量 $\boldsymbol{\varepsilon}_{ij}$ 的主值或特征值，即主应变。式（2.112b）可以重新表示为

$$(\boldsymbol{\varepsilon}_{ij} - \varepsilon_\lambda \delta_{ij}) n_j = 0 \tag{2.113}$$

这个齐次方程组存在非零解的必要条件是系数矩阵行列式为0，即

$$\det[\boldsymbol{\varepsilon}_{ij} - \varepsilon_\lambda \delta_{ij}] = 0 \tag{2.114}$$

行列式展开得到本征方程：

$$\det[\boldsymbol{\varepsilon}_{ij} - \varepsilon_\lambda \delta_{ij}] = -\varepsilon_\lambda^3 + J_1 \varepsilon_\lambda^2 - J_2 \varepsilon_\lambda + J_3 = 0 \tag{2.115}$$

式中，J_1、J_2、J_3分别为第一、第二及第三应变不变量。

$$J_1 = \varepsilon_{xx} + \varepsilon_{yy} + \varepsilon_{zz} = \varepsilon_1 + \varepsilon_2 + \varepsilon_3 \tag{2.116}$$

$$\begin{aligned} J_2 &= \begin{vmatrix} \varepsilon_{xx} & \frac{1}{2}\gamma_{xy} \\ \frac{1}{2}\gamma_{yx} & \varepsilon_{yy} \end{vmatrix} + \begin{vmatrix} \varepsilon_{yy} & \frac{1}{2}\gamma_{yz} \\ \frac{1}{2}\gamma_{zy} & \varepsilon_{zz} \end{vmatrix} + \begin{vmatrix} \varepsilon_{zz} & \frac{1}{2}\gamma_{zx} \\ \frac{1}{2}\gamma_{xz} & \varepsilon_{xx} \end{vmatrix} \\ &= (\varepsilon_{xx}\varepsilon_{yy} + \varepsilon_{yy}\varepsilon_{zz} + \varepsilon_{zz}\varepsilon_{xx}) - \frac{1}{4}(\gamma_{xy}^2 + \gamma_{yz}^2 + \gamma_{zx}^2) \\ &= \varepsilon_1\varepsilon_2 + \varepsilon_2\varepsilon_3 + \varepsilon_3\varepsilon_1 \end{aligned} \tag{2.117}$$

$$\begin{aligned} J_3 &= \begin{vmatrix} \varepsilon_{xx} & \frac{1}{2}\gamma_{xy} & \frac{1}{2}\gamma_{xz} \\ \frac{1}{2}\gamma_{yx} & \varepsilon_{yy} & \frac{1}{2}\gamma_{yz} \\ \frac{1}{2}\gamma_{zx} & \frac{1}{2}\gamma_{zy} & \varepsilon_{zz} \end{vmatrix} \\ &= \varepsilon_{xx}\varepsilon_{yy}\varepsilon_{zz} - \frac{1}{4}(\varepsilon_{xx}\gamma_{yz}^2 + \varepsilon_{yy}\gamma_{zx}^2 + \varepsilon_{zz}\gamma_{xy}^2 - \gamma_{xy}\gamma_{yz}\gamma_{zx}) \\ &= \varepsilon_1\varepsilon_2\varepsilon_3 \end{aligned} \tag{2.118}$$

三个主剪应变分别为：

$$\gamma_{12} = |\varepsilon_1 - \varepsilon_2|, \ \gamma_{23} = |\varepsilon_2 - \varepsilon_3|, \ \gamma_{31} = |\varepsilon_3 - \varepsilon_1| \tag{2.119}$$

按照规定，$\varepsilon_1 \geqslant \varepsilon_2 \geqslant \varepsilon_3$，可知：

$$\gamma_{\max} = \varepsilon_1 - \varepsilon_3 \tag{2.120}$$

八面体剪应变 γ_{oct} 为：

$$\gamma_{\mathrm{oct}} = \frac{2}{3}\sqrt{(\varepsilon_1 - \varepsilon_2)^2 + (\varepsilon_2 - \varepsilon_3)^2 + (\varepsilon_3 - \varepsilon_1)^2} \tag{2.121}$$

写成一般平面上的表达式为：

$$\gamma_{oct}=\frac{2}{3}\sqrt{(\varepsilon_{xx}-\varepsilon_{yy})^2+(\varepsilon_{yy}-\varepsilon_{zz})^2+(\varepsilon_{zz}-\varepsilon_{xx})^2+\frac{3}{2}(\gamma_{xy}^2+\gamma_{yz}^2+\gamma_{zx}^2)} \tag{2.122}$$

单元体的体积应变定义为：

$$\Delta=\frac{\Delta V-\Delta V_0}{\Delta V_0}=\frac{(1+\varepsilon_{xx})(1+\varepsilon_{yy})(1+\varepsilon_{zz})-1}{1} \tag{2.123}$$

式中，ΔV_0 及 ΔV 分别为变形前及变形后的体积。略去上式中二阶和三阶微量的项，则有：

$$\Delta=\varepsilon_{xx}+\varepsilon_{yy}+\varepsilon_{zz}=\varepsilon_1+\varepsilon_2+\varepsilon_3=J_1 \tag{2.124}$$

2.5 应 变 能

根据能量守恒原理，积蓄在弹性体内的应变能（或称为变形能）在数值上等于外力所做的功 W。单位体积内的应变能称为应变比能 U 或应变能密度。

在单向正应力条件下，如图 2.16 所示，微元体内的应变能为：

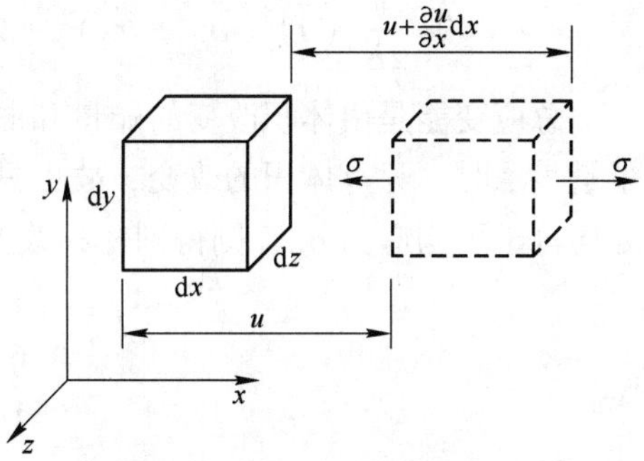

图 2.16 单轴应力状态下的变形

$$\begin{aligned}dU&=\int_0^{\sigma}\sigma\,dydz\left(u+\frac{\partial u}{\partial x}dx\right)-\int_0^{\sigma}\sigma u\,dydz\\&=\int_0^{\sigma}\sigma\left(\frac{\partial u}{\partial x}\right)dxdydz\end{aligned} \tag{2.125}$$

应用胡克定律，则有

$$dU=\int_0^{\sigma}\sigma\frac{d\sigma}{E}dxdydz=\frac{\sigma^2}{2E}dxdydz \tag{2.126}$$

$$U=\frac{dU}{dxdydz}=\frac{\sigma^2}{2E}=\frac{1}{2}\sigma\varepsilon \tag{2.127}$$

同理可得，在纯剪切条件下：

$$U=\frac{\tau^2}{2G}=\frac{1}{2}\tau\gamma \tag{2.128}$$

在三向应力状态下，总应变能密度为：

$$\begin{aligned}U&=\frac{1}{2}(\sigma_{xx}\varepsilon_{xx}+\sigma_{yy}\varepsilon_{yy}+\sigma_{zz}\varepsilon_{zz}+\tau_{xy}\gamma_{xy}+\tau_{yz}\gamma_{yz}+\tau_{zx}\gamma_{zx})\\&=\frac{1}{2}\sigma_{ij}\varepsilon_{ij}\end{aligned} \tag{2.129}$$

式（2.129）中不包括 $\sigma\gamma$、$\tau\varepsilon$ 及 $\tau_{ij}\gamma_{jk}$ 各项，这是因为前一符号表示的应力不在后一符号表示的应变方向上做功。应用广义胡克定律式（2.35），将式（2.129）表达为应变或应力的形式：

$$U(\boldsymbol{\varepsilon})=\frac{1}{2}\lambda\varepsilon_{jj}\varepsilon_{kk}+G\varepsilon_{ij}\varepsilon_{ij}$$

$$=\frac{1}{2}\lambda(\varepsilon_{xx}+\varepsilon_{yy}+\varepsilon_{zz})^2+G\left(\varepsilon_{xx}^2+\varepsilon_{yy}^2+\varepsilon_{zz}^2+\frac{1}{2}\gamma_{xy}^2+\frac{1}{2}\gamma_{yz}^2+\frac{1}{2}\gamma_{zx}^2\right)\tag{2.130a}$$

$$U(\boldsymbol{\sigma})=\frac{1+\mu}{2E}\sigma_{ij}\sigma_{ij}-\frac{\mu}{2E}\sigma_{jj}\sigma_{kk}$$

$$=\frac{1+\mu}{2E}(\sigma_{xx}^2+\sigma_{yy}^2+\sigma_{zz}^2+2\tau_{xy}^2+2\tau_{yz}^2+2\tau_{zx}^2)-\frac{\mu}{2E}(\sigma_{xx}+\sigma_{yy}+\sigma_{zz})^2\tag{2.130b}$$

如果用主应力坐标，则有：

$$U=\frac{1}{2E}[\sigma_1^2+\sigma_2^2+\sigma_3^2-2\mu(\sigma_1\sigma_2+\sigma_2\sigma_3+\sigma_3\sigma_1)]$$

$$=\frac{1}{2E}[(\sigma_1+\sigma_2+\sigma_3)^2-2(1+\mu)(\sigma_1\sigma_2+\sigma_2\sigma_3+\sigma_3\sigma_1)]\tag{2.131}$$

总应变能是由体积改变的能量和形状改变的能量所组成的。当应力状态只由应力球形张量表示时，只有体积的改变，故也只有体积改变的能量。令式（2.131）中的三个主应力均等于平均应力 σ_0，则得到体积改变比能 U_V 为：

$$U_V=\frac{1}{6}\sigma_{jj}\varepsilon_{kk}=\frac{1-2\mu}{6E}\sigma_{jj}\varepsilon_{kk}$$

$$=\frac{3(1-2\mu)}{2E}\sigma_0^2=\frac{3(1-2\mu)}{2E}\left(\frac{I_1}{3}\right)^2\tag{2.132}$$

从式（2.130b）或式（2.131）中减去式（2.132），则求得形状改变比能，简称为形变比能 U_D。形变改变比能的表达式现总结归纳于下式中：

$$U_D=U-U_V$$

$$=\frac{1}{12G}[(\sigma_{xx}-\sigma_{yy})^2+(\sigma_{yy}-\sigma_{zz})^2+(\sigma_{zz}-\sigma_{xx})^2+6(\tau_{xy}^2+\tau_{yz}^2+\tau_{zx}^2)]$$

$$=\frac{1+\mu}{6E}[(\sigma_1-\sigma_2)^2+(\sigma_2-\sigma_3)^2+(\sigma_3-\sigma_1)^2]\tag{2.133}$$

容易证明，应变能与八面体应力之间存在着以下关系：

$$U_V=\frac{3(1-2\mu)}{2E}\sigma_{\text{oct}}^2\tag{2.134}$$

$$U_D=\frac{3(1+\mu)}{2E}\tau_{\text{oct}}^2\tag{2.135}$$

由式（2.134）及式（2.135）可以看出，八面体应力 σ_{oct} 及 τ_{oct} 在应变能的计算上起着重要的作用。

分别令式（2.130b）、式（2.131）及式（2.133）中的 $\sigma_2=\sigma_3=0$，求得单向应力 $\sigma=\sigma_1$ 状态下的各能量公式为：

$$U=\frac{\sigma^2}{2E} \tag{2.136a}$$

$$U_{\mathrm{V1}}=\frac{1-2\mu}{6E}\sigma^2 \tag{2.136b}$$

$$U_{\mathrm{D1}}=\frac{1+\mu}{3E}\sigma^2 \tag{2.136c}$$

2.6 平面问题的基本力学方程

严格地说，任何实际弹性力学问题都是空间问题。但在一定条件下，空间问题可以适当简化为近似的平面问题，以期能够满足工程上的精度要求，同时减少计算分析的工作量。

平面问题分为两种：平面应力问题和平面应变问题。

（1）平面应力问题。如图 2.17 所示，设板为等厚度薄板，沿 z 方向尺寸 t 很小，板边上只作用有平行于板面（xy 平面）且不随厚度变化的面力；假设体力也平行板面且不随厚度变化。因为在板面上不受力，由此边界条件可知：$(\sigma_{zz})_{z=\pm\frac{t}{2}}=(\tau_{zx})_{z=\pm\frac{t}{2}}=(\tau_{zy})_{z=\pm\frac{t}{2}}=0$。由于板很薄，外力沿厚度方向不变，可假设板上所有点都有 $\sigma_{zz}=\tau_{zx}=\tau_{zy}=0$，且 σ_{xx}、σ_{yy}、τ_{xy}与 z 无关，只是坐标 x、y 的函数。符合这种假设的应力状态，称为平面应力状态。根据广义胡克定律，有 $\varepsilon_{zz}=-\dfrac{\mu}{E}(\sigma_{xx}+\sigma_{yy})$，即平面应力状态下，应变 ε_{zz}并不为 0。

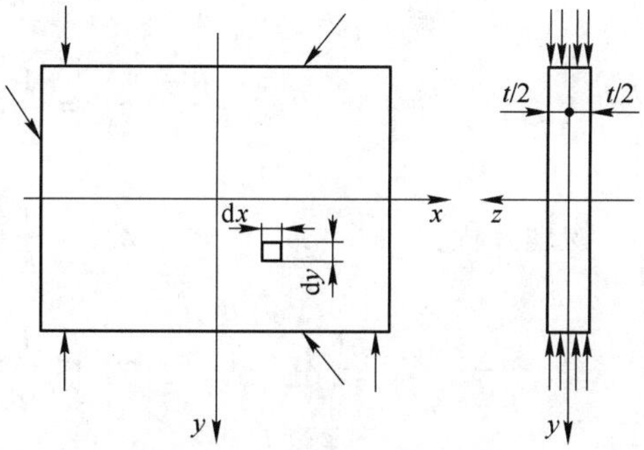

图 2.17 平面应力问题

（2）平面应变问题。平面应变问题与平面应力问题相反。设有很长的柱形体，其支承沿长度方向 z 不变，如图 2.18 所示，体力及在柱面上作用的面力均平行于横截面且不沿 z 向变化。如果柱形体为无限长，则任一横截面都可以看作是体的对称面，根据对称性，所有点都不会有 z 向的位移，即 $w=0$，所有各点的位移都平行于 xy 面，因此称为平面应变问题。

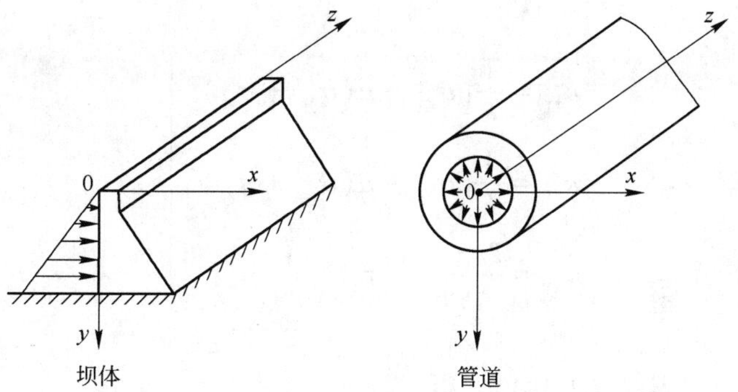

图 2.18 平面应变问题

根据空间问题基本方程简化，可获得平面应力问题的基本方程如下：

平衡方程：
$$\left.\begin{aligned}&\frac{\partial \sigma_{xx}}{\partial x}+\frac{\partial \tau_{xy}}{\partial y}+f_x=0\\&\frac{\partial \sigma_{yy}}{\partial y}+\frac{\partial \tau_{yx}}{\partial x}+f_y=0\\&\tau_{xy}=\tau_{yx}\end{aligned}\right\}\tag{2.137}$$

几何方程：
$$\left.\begin{aligned}&\varepsilon_{xx}=\frac{\partial u}{\partial x}\\&\varepsilon_{yy}=\frac{\partial v}{\partial y}\\&\gamma_{xy}=\frac{\partial u}{\partial y}+\frac{\partial v}{\partial x}\end{aligned}\right\}\tag{2.138}$$

物理方程：
$$\left.\begin{aligned}&\varepsilon_{xx}=\frac{1}{E}(\sigma_{xx}-\mu\sigma_{yy})\\&\varepsilon_{yy}=\frac{1}{E}(\sigma_{yy}-\mu\sigma_{xx})\\&\gamma_{xy}=\frac{1}{G}\tau_{xy}\end{aligned}\right\}\tag{2.139}$$

变形协调方程：
$$\frac{\partial^2 \varepsilon_{xx}}{\partial y^2}+\frac{\partial^2 \varepsilon_{yy}}{\partial x^2}=\frac{\partial^2 \gamma_{xy}}{\partial x \partial y}\tag{2.140}$$

$$\frac{\partial^2 \varepsilon_z}{\partial y^2}=0,\ \frac{\partial^2 \varepsilon_z}{\partial x^2}=0,\ \frac{\partial^2 \varepsilon_z}{\partial x \partial y}=0\tag{2.140a}$$

对于平面应变问题，式（2.140a）可以自动满足；而对平面应力问题，该式不能自动满足。

平面应变问题的物理方程与平面应力问题不同。因 σ_{zz} 不为零，其物理方程的形式为：

$$\left.\begin{aligned}&\varepsilon_{xx}=\frac{1}{E}[\sigma_{xx}-\mu(\sigma_{yy}+\sigma_{zz})]\\&\varepsilon_{yy}=\frac{1}{E}[\sigma_{yy}-\mu(\sigma_{xx}+\sigma_{zz})]\\&\gamma_{xy}=\frac{2(1+\mu)}{E}\tau_{xy}\end{aligned}\right\}\tag{2.141}$$

将 $\sigma_{zz}=\mu(\sigma_{xx}+\sigma_{yy})$ 代入式（2.141），得：

$$\left.\begin{aligned}\varepsilon_{xx} &= \frac{1-\mu^2}{E}\left(\sigma_{xx} - \frac{\mu}{1-\mu}\sigma_{yy}\right)\\ \varepsilon_{yy} &= \frac{1-\mu^2}{E}\left(\sigma_{yy} - \frac{\mu}{1-\mu}\sigma_{xx}\right)\\ \gamma_{xy} &= \frac{2(1+\mu)}{E}\tau_{xy}\end{aligned}\right\} \tag{2.142}$$

为了在方程形式上与平面应力问题相同，设

$$\left.\begin{aligned}\frac{E}{1-\mu^2} &= E_1\\ \frac{\mu}{1-\mu} &= \mu_1\end{aligned}\right\} \tag{2.143}$$

式中，E_1 及 μ_1 称为假想的弹性模量及泊松比，则平面应变问题的物理方程可写为：

$$\left.\begin{aligned}\varepsilon_{xx} &= \frac{1}{E_1}(\sigma_{xx} - \mu_1\sigma_{yy})\\ \varepsilon_{yy} &= \frac{1}{E_1}(\sigma_{yy} - \mu_1\sigma_{xx})\\ \gamma_{xy} &= \frac{2(1+\mu_1)}{E_1}\tau_{xy} = \frac{1}{G}\tau_{xy}\end{aligned}\right\} \tag{2.144}$$

式（2.144）与平面应力问题的物理方程在形式上相同。

由上可知，平面应变问题的基本方程式同平面应力问题的基本方程式在形式上完全相同，故解平面应变问题时，完全可以采用前述平面应力问题导出的方程，只是当公式中出现材料弹性系数 E 及泊松比 μ 时，以式（2.143）中的 E_1 及 μ_1 代入即可。

复习思考题

2-1 试述平面应力问题和平面应变问题的基本概念。

2-2 圣维南原理用于解决什么问题，如何精确表述该原理？

2-3 已知位移分量为

$$u = \frac{\mu(x^2 - y^2)}{2a},\quad v = \frac{\mu xy}{a}$$

式中，a 为常数。试求应变分量，并指出它们能否满足变形协调条件。

2-4 已知平面应力问题的应变分量为 $\varepsilon_{xx}=Axy$、$\varepsilon_{yy}=By^3$、$\gamma_{xy}=Cy^2+D$，验证此应变分量是否满足变形协调条件？

2-5 已知下列的应变分量是物体变形时产生的，试求各系数之间应满足的关系式。

$$\begin{aligned}\varepsilon_{xx} &= A_0 + A_1(x^2+y^2) + x^4 + y^4\\ \varepsilon_{yy} &= B_0 + B_1(x^2+y^2) + x^4 + y^4\\ \gamma_{xy} &= C_0 + C_1xy(x^2+y^2+C_2)\\ \varepsilon_{zz} &= \gamma_{zx} = \gamma_{zy} = 0\end{aligned}$$

2-6 已知 $\sigma_{xx}=\sigma_1$，$\sigma_{yy}=\sigma_2$，$\sigma_{zz}=\tau_{xy}=\tau_{yz}=\tau_{zx}=0$，试求与 xy 平面垂直的任意斜截面上的正应力和剪

应力。

2-7 已知物体某点的应力分量分别为：

(1) $\sigma_{xx}=50a$，$\sigma_{yy}=0$，$\sigma_{zz}=-30a$，$\tau_{xy}=50a$，$\tau_{yz}=-75a$，$\tau_{zx}=80a$；

(2) $\sigma_{xx}=a$，$\sigma_{yy}=-a$，$\sigma_{zz}=a$，$\tau_{xy}=0$，$\tau_{yz}=0$，$\tau_{zx}=-a$。

试求主应力及最大剪应力的值（a 为比例系数）。

2-8 已知某点的应力状态为：

$\sigma_{xx}=500$ MPa，$\sigma_{yy}=0$，$\sigma_{zz}=1100$ MPa，$\tau_{xy}=300$ MPa，$\tau_{yz}=300$ MPa，$\tau_{zx}=800$ MPa。

试求八面体正应力与剪应力。

2-9 已知应变张量：

$$\boldsymbol{T}_{\varepsilon}=\begin{pmatrix}-0.006 & -0.002 & 0\\ -0.002 & -0.004 & 0\\ 0 & 0 & 0\end{pmatrix}$$

试求：(1) 主应变；(2) 八面体剪应变；(3) 应变不变量。

2-10 试证明应变能与八面体应力之间的关系式（2.121）和式（2.124）。

2-11 试证明 $\varepsilon_i=\alpha[(\varepsilon_1-\varepsilon_2)^2+(\varepsilon_2-\varepsilon_3)^2+(\varepsilon_3-\varepsilon_1)^2]^{\frac{1}{2}}$ 是不变量；为使其与不可压缩物体（$\varepsilon_1+\varepsilon_2+\varepsilon_3=0$）在轴向拉伸时的正应变相等，即 $\varepsilon_i=\varepsilon_1$（$\varepsilon_1$ 为拉伸方向的应变），试求 α 的数值。

3 几种常用的强度理论

3.1 概　　述

正确合理地解决工程实际中的结构强度问题一般从以下三个方面着手：(1) 材料的力学性能研究；(2) 结构的应力-应变分析；(3) 适当地发展和应用强度理论。其中，强度理论则是联系前两者研究机械结构在复杂应力状态下是否达到极限状态及产生破坏的规律，从而建立材料失效的强度条件。

对于单向应力状态，设计人员可以在单一的、规定的情况下，用试验的方法得到各种材料的力学性能，再依据主要失效形式建立失效判据。然而，由于实际使用的零构件几乎都是处于多向应力状态下，对千差万别的各种应力状态完全进行材料试验是难以实现的。除了极其重要的场合外，一般不直接用试验方法得到的不同应力状态下的极限应力等数据。因此，解决此类问题时，通常部分依据试验数据，研究材料失效的机理原因，再提出某种假说，来对各种应力状态是否已达极限状态（即强度失效）作出结论。

在工程应用中，人们提出了很多强度理论来解决上述问题，利用这些强度理论，由简单应力状态的试验结果，建立复杂应力状态的强度条件。工程上，常用的强度理论主要有以下八种：

(1) 最大拉应力理论，又称第一强度理论或 Rankine 理论。它是由 W. J. M. Rankine (1802—1872 年) 提出的。

(2) 最大拉应变理论，又称第二强度理论或 Saint Venant 理论。它是由 Saint Venant (1797—1886 年) 提出的。

(3) 最大剪应力理论，又称第三强度理论或 Tresca-Guest 理论。它首先由 C. A. Coulomb 提出，Tresca 于 1864 年关于此理论发表了一篇重要的论文，后来 Guest 于 1900 年以试验支持了本理论的内容。

(4) 形状改变比能理论，又称第四强度理论或八面体剪应力理论，亦或 Hueber-Von Mises-Hencky 理论。它首先由 M. T. Heuber 于 1904 年提出，后来 R. Von Mises 于 1913 年及 H. Hencky 于 1925 年进一步发展并解释了本理论。

(5) 莫尔强度理论。它是 Otto Mohr 于 1900 年作为对第三强度理论的进一步引申而提出的，后来人们又对它进行了简化，发展了简化的莫尔理论。

(6) 总应变能理论，又称 Beltrami 理论。它是 Beltrami 于 1885 年提出的。

(7) 双剪强度理论。它是俞茂宏等人于 1983 年提出的，它解决了单剪强度理论存在的一些局限性。

(8) 统一强度理论，或称双剪统一强度理论。它是俞茂宏等人于 1991 年提出的，成功地将现有的一些主要的强度理论统一起来。

以上八个常用的强度理论，都是在常温、静载荷下，适用于均匀、连续、各向同性材料的强度理论。不过，现有的各种强度理论还不能说已经圆满地解决所有的强度问题，还有待进一步的发展。在工程设计中应用最广泛的强度理论，主要是最大剪应力理论、最大形状改变比能理论和双剪强度理论。

3.2 最大拉应力理论（第一强度理论）

最大拉应力理论是最早提出的强度理论，因而也称为第一强度理论。这一理论认为：最大拉应力是引起材料脆性断裂破坏的主要原因。即无论材料处于何种应力状态，只要最大拉应力 σ_1 达到了材料简单拉伸破坏时的极限应力 σ_b，材料即发生破坏。因而，材料发生脆断破坏的条件为：

$$\sigma_1 = \sigma_b \tag{3.1}$$

极限应力 σ_b 除以安全系数 n 得到材料的许用应力 $[\sigma]$。由第一强度理论建立的强度条件为：

$$\sigma_1 \leqslant [\sigma] \tag{3.2}$$

对铸铁、玻璃、石膏等脆性材料，在单向及二向拉伸及拉-压二向应力状态下，该强度理论与试验结果比较符合。该理论适用于脆性材料断裂问题，且最大主应力必须为拉应力，对单压、二向和三向受压状态不适用。

3.3 最大拉应变理论（第二强度理论）

最大拉应变理论稍晚于最大拉应力理论提出，因而称为第二强度理论。该理论认为：无论材料内的应力状态如何，只要最大拉应变 ε_1 达到了材料单向拉伸断裂时的最大拉应变的极限值 ε^0，材料即发生破坏。

由于脆性材料在拉伸过程中并不存在明显的屈服段，因而可假设脆性材料直到拉断时服从胡克定律，则有脆性材料断裂破坏条件：

$$\varepsilon_1 = \varepsilon^0 = \frac{\sigma_b}{E} \tag{3.3}$$

结合广义胡克定律式（2.26），式（3.3）可改写为：

$$\sigma_1 - \mu(\sigma_2 + \sigma_3) = \sigma_b \tag{3.4}$$

同样，引入安全系数 n，并按第二强度理论建立的强度条件为：

$$\sigma_1 - \mu(\sigma_2 + \sigma_3) \leqslant [\sigma] \tag{3.5}$$

与第一强度理论相比，第二强度理论从形式上还考虑了 σ_2 和 σ_3 的影响。这一理论能够较好地解释石材或混凝土等脆性材料，受轴向压缩而发生断裂破坏的现象。但对铸铁制的薄壁圆管的试验发现：在内压、轴向拉力及扭转条件下，第二强度理论并不优于第一强度理论。

3.4 最大剪应力理论（第三强度理论）

最大剪应力理论认为：最大剪应力是引起材料塑性屈服失效的主要因素。即认为在复杂应力状态下，只要最大剪应力达到单向应力状态下破坏时的最大剪应力水平，材料即发生塑性屈服破坏。最大剪应力理论也可称为单剪强度理论。

在三向应力状态下，最大剪应力按式（2.97）求出。只考虑量值，不考虑方向时，可以写出下式：

$$\left.\begin{aligned} |\tau_{12}| &= \left|\frac{1}{2}(\sigma_1 - \sigma_2)\right| \\ |\tau_{23}| &= \left|\frac{1}{2}(\sigma_2 - \sigma_3)\right| \\ |\tau_{31}| &= \left|\frac{1}{2}(\sigma_3 - \sigma_1)\right| \end{aligned}\right\} \tag{3.6}$$

在单向应力条件下达到塑性破坏的条件为 $\tau_{max} = \tau_s$，并且由于

$$\tau_{max} = \frac{\sigma_1 - \sigma_3}{2}, \quad \tau_s = \frac{1}{2}\sigma_s \tag{3.7}$$

于是破坏条件即为：

$$\tau_{max} = \frac{1}{2}\sigma_s \tag{3.8a}$$

或写成：

$$\sigma_1 - \sigma_3 = \sigma_s \tag{3.8b}$$

一般，把 $\sigma_1 - \sigma_3$ 作为按照最大剪应力理论求得的与单向应力状态等效的应力，记为 σ_{eq3}，即：

$$\sigma_{eq3} = \sigma_1 - \sigma_3 \tag{3.9}$$

该当量应力又称为 Tresca 应力，试验结果表明，用最大剪应力理论来预测塑性材料发生屈服的现象，能够取得与试验比较一致的结果。因此，本理论常常用来对塑性材料进行强度计算。考虑安全系数，则材料不发生屈服破坏的强度条件为：

$$\sigma_1 - \sigma_3 \leqslant \frac{\sigma_s}{n} = [\sigma] \tag{3.10}$$

对于二向应力状态，取 $\sigma_3 = 0$。由材料力学知，一点的主应力 σ_1、σ_2 和一般坐标系下的应力 σ_x、σ_y 与 τ_{xy} 之间的关系为：

$$\sigma_{1,2} = \frac{\sigma_{xx} + \sigma_{yy}}{2} \pm \sqrt{\left(\frac{\sigma_{xx} - \sigma_{yy}}{2}\right)^2 + \tau_{xy}^2} \tag{3.11}$$

代入式（3.7）第一式，得二向应力状态时由一般的应力分量表达的强度极限条件为：

$$2\sqrt{\left(\frac{\sigma_{xx} - \sigma_{yy}}{2}\right)^2 + \tau_{xy}^2} = \sigma_s$$

即

$$\sqrt{(\sigma_{xx} - \sigma_{yy})^2 + 4\tau_{xy}^2} = \sigma_s \tag{3.12}$$

考虑安全系数，则不发生屈服失效的条件为：

$$\sqrt{(\sigma_{xx} - \sigma_{yy})^2 + 4\tau_{xy}^2} \leqslant [\sigma] \tag{3.13}$$

第三强度理论较好地解释了塑性材料的屈服现象，但在二向应力状态下，与试验结果相比该理论结果偏于安全。该理论的局限性在于：（1）对于三向应力状态，没有考虑中间主应力的影响；（2）当材料拉伸与压缩时的屈服极限不同时，用此理论会导致较大

误差。

图 3.1 为根据最大剪应力理论所得的极限强度条件的图像。在主坐标系上，斜六方棱柱上的点所代表的应力状态即为极限屈服条件。此斜六方棱柱之轴线与三个坐标轴的夹角均相等。柱面以内的各点均代表安全的应力状态，而柱面以外的各点均代表破坏的应力状态。由于坐标存在着正负，所以式（3.6）在极限条件下可以写成下列六个方程：

$$\left.\begin{aligned} 2\tau_{12} &= \sigma_1 - \sigma_2 = \pm\sigma_s \\ 2\tau_{23} &= \sigma_2 - \sigma_3 = \pm\sigma_s \\ 2\tau_{31} &= \sigma_3 - \sigma_1 = \pm\sigma_s \end{aligned}\right\} \tag{3.14}$$

六方棱柱与 σ_1-σ_2 平面的交线为 $\sigma_3=0$ 时的最大剪应力极限条件，即二向应力状态时的屈服线，示于图 3.2 中。此时，相应于式（3.14），有以下六个极限条件的方程：

$$\left.\begin{aligned} 2\tau_{12} &= \sigma_1 - \sigma_2 = \pm\sigma_s \\ 2\tau_{23} &= \sigma_2 = \pm\sigma_s \\ 2\tau_{31} &= -\sigma_1 = \pm\sigma_s \end{aligned}\right\} \tag{3.15}$$

在 σ_1-σ_2 坐标上，第一象限表示 σ_1 及 σ_2 均为正的应力，第三象限表示 σ_1 及 σ_2 均为负的应力。在这两个象限上，σ_1 及 σ_2 是同号的应力。此时的极限应力由式（3.15）中后四个表达式描述，得到 *AG*、*GB*、*DH*、*HC* 四条直线。在第二及第四象限上，σ_1 与 σ_2 异号，其极限状态由式（3.15）中前两个表达式描述，得出 *AD* 及 *BC* 两条直线。

最大剪应力理论虽然有如前所述的两个缺点，但由于其形式简单，故在设计实践上应用甚广。

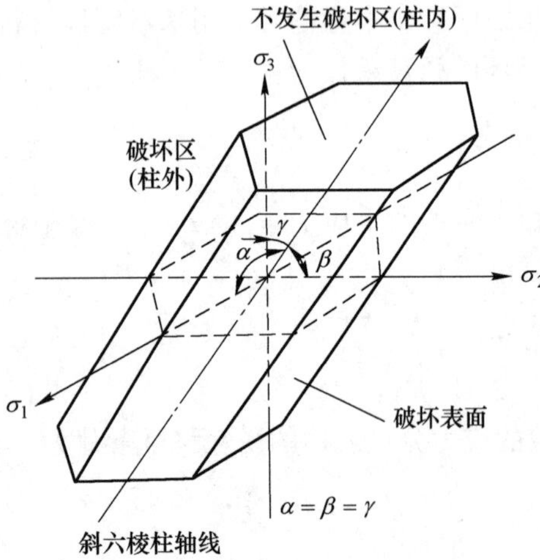

图 3.1 主应力空间上最大剪应力理论的屈服极限面

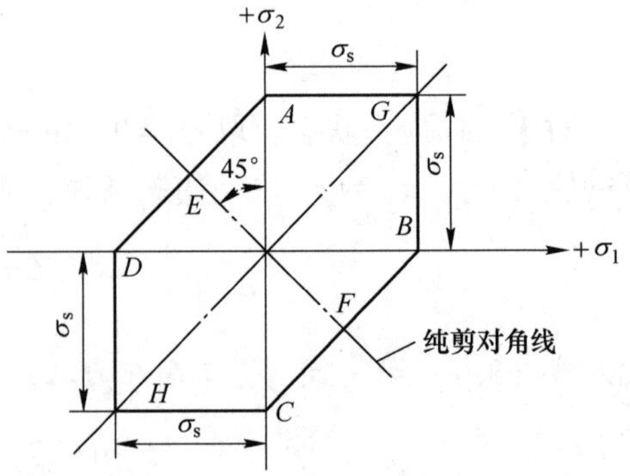

图 3.2 σ_1-σ_2 平面上最大剪应力理论的屈服线

3.5 形状改变比能理论（第四强度理论）

形状改变比能理论认为：形状改变比能是引起结构塑性屈服失效的主要因素。即认为在复杂应力状态下，只要形状改变比能达到单向应力状态下极限条件的形状改变比能水平，材料即发生破坏。

式（2.133）给出了三向应力状态时的形状改变比能，而式（2.136c）给出了单向应力状态时的形状改变比能。令式（2.136c）中 $\sigma=\sigma_s$，可写出材料的屈服破坏条件。为了方便，按式（2.133）一般应力及主应力形式写出的屈服破坏条件分别为：

$$\frac{\sqrt{2}}{2}[(\sigma_{xx}-\sigma_{yy})^2+(\sigma_{yy}-\sigma_{zz})^2+(\sigma_{zz}-\sigma_{xx})^2+6(\tau_{xy}^2+\tau_{yz}^2+\tau_{zx}^2)]^{\frac{1}{2}}=\sigma_s \tag{3.16}$$

$$\frac{\sqrt{2}}{2}[(\sigma_1-\sigma_2)^2+(\sigma_2-\sigma_3)^2+(\sigma_3-\sigma_1)^2]^{\frac{1}{2}}=\sigma_s \tag{3.17}$$

形状改变比能理论在工程设计计算中常常用于塑性材料的场合。由此得到形状改变比能理论的等效应力 σ_{eq4}（又称为 Mises 应力）及材料发生屈服破坏的条件如下：

$$\begin{aligned}\sigma_{eq4}&=\frac{\sqrt{2}}{2}[(\sigma_{xx}-\sigma_{yy})^2+(\sigma_{yy}-\sigma_{zz})^2+(\sigma_{zz}-\sigma_{xx})^2+6(\tau_{xy}^2+\tau_{yz}^2+\tau_{zx}^2)]^{\frac{1}{2}}\\&=\frac{\sqrt{2}}{2}[(\sigma_1-\sigma_2)^2+(\sigma_2-\sigma_3)^2+(\sigma_3-\sigma_1)^2]^{\frac{1}{2}}=\sigma_s\end{aligned} \tag{3.18}$$

引入安全系数，以许用应力代替 σ_s，得出按第四强度理论建立的强度条件为：

$$\sigma_{eq4}=\frac{\sqrt{2}}{2}[(\sigma_1-\sigma_2)^2+(\sigma_2-\sigma_3)^2+(\sigma_3-\sigma_1)^2]^{\frac{1}{2}}\leqslant[\sigma] \tag{3.19}$$

按式（2.103），三向应力状态时的八面体剪应力为：

$$\tau_{oct}=\frac{1}{3}[(\sigma_1-\sigma_2)^2+(\sigma_2-\sigma_3)^2+(\sigma_3-\sigma_1)^2]^{\frac{1}{2}} \tag{3.20}$$

在单向应力时，$\sigma_2=\sigma_3=0$，并令 $\sigma_1=\sigma_s$，则有以八面体剪应力形式表示的材料发生屈服破坏的条件：

$$\tau_{oct}=\frac{\sqrt{2}}{3}\sigma_s \tag{3.21}$$

把式（3.21）与式（3.20）相比较，也可求得式（3.18）。因此，形状改变比能理论也称作八面体剪应力理论。另外，式（3.19）也可看作是包含了三个主剪应力，因而形状改变比能理论也称为三剪强度理论。

根据形状改变比能理论得到的极限条件如图 3.3 所示。此极限条件是一个等倾斜的椭圆柱面。柱面与 σ_1-σ_2 平面的交线是一个椭圆，代表了平面应力状态时的极限条件，示于图 3.4 上。

平分第二、第四象限的直线代表了纯剪切的应力状态，故称为纯剪对角线。在平面的纯剪切状态下，主应力为：

$$\sigma_1=\tau,\ \sigma_2=-\tau \tag{3.22}$$

代入式（3.17）并取等号，得 $\sqrt{3}\tau=\sigma_s$，即

$$\tau=\sigma_1=-\sigma_2=\frac{\sigma_s}{\sqrt{3}}=0.577\sigma_s \tag{3.23}$$

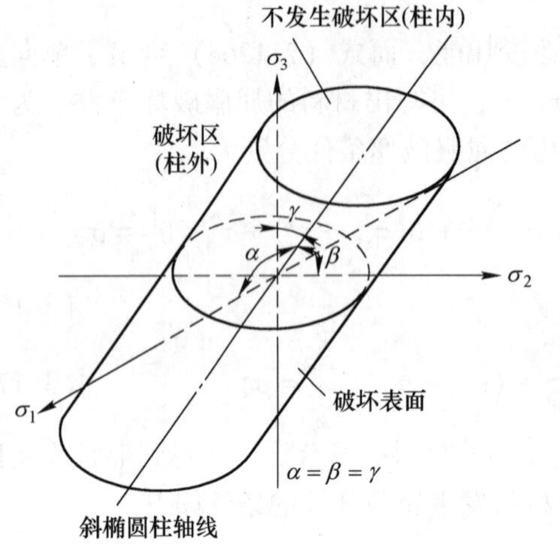

图 3.3　主应力空间上形状改变比能理论的极限面

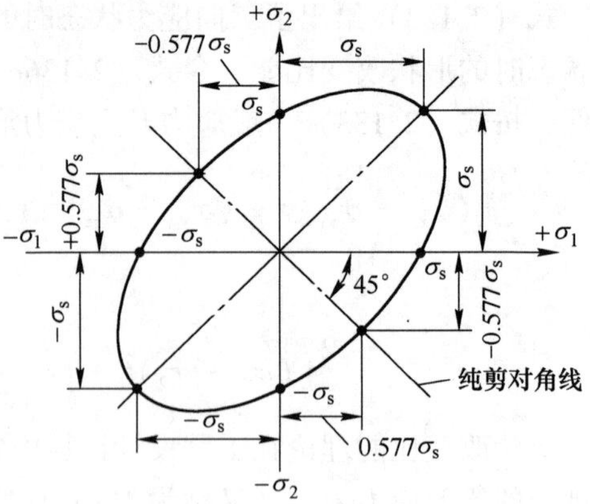

图 3.4　σ_1-σ_2 平面上形状改变比能理论的屈服线

于是，极限曲线与纯剪对角线的交点坐标的绝对值均为 $0.577\sigma_s$。

以上讨论了最大剪应力理论和形状改变比能理论。由于绝大多数工程设计计算均采用了屈服准则，因此这两个理论在工程设计中是应用最广的。为了比较，把它们的平面应力状态的图形与材料试验的结果示于同一图上（见图 3.5）。从图上可以看出，形状改变比能理论稍偏于危险，而最大剪应力理论总是稍偏于安全。从工程应用的观点来看，它们都可以认为是与试验结果相符合的。因此，这两个理论至今一直在并行使用。

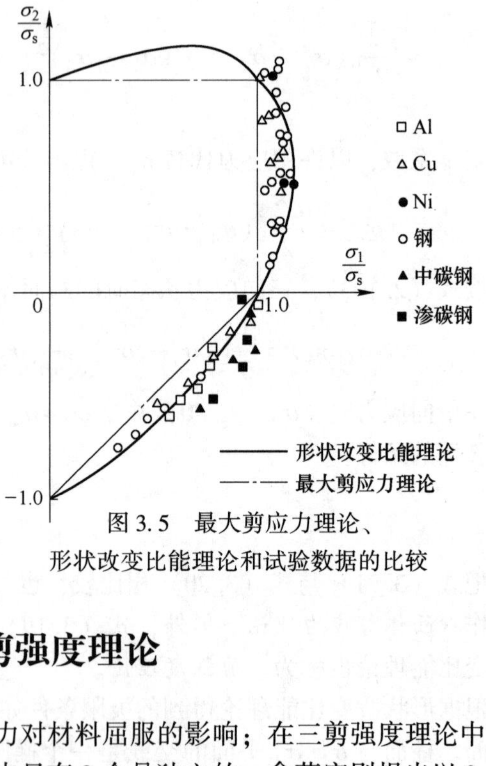

图 3.5　最大剪应力理论、形状改变比能理论和试验数据的比较

3.6　双剪强度理论

在单剪强度理论中，仅考虑了最大剪应力对材料屈服的影响；在三剪强度理论中，则考虑了 3 个剪应力的影响，但这 3 个剪应力中只有 2 个是独立的。俞茂宏则提出以 2 个较大的主剪应力为依据来建立双剪强度条件，即认为在复杂应力状态下，只要 2 个较大主剪应力之和达到某一极限值时，材料即发生塑性屈服破坏。

以主剪应力形式写出的材料屈服破坏条件为：

$$\left.\begin{aligned}\tau_{tw} &= |\tau_{13}| + |\tau_{12}| = \tau_{tw}^0, \quad \text{当 } \tau_{12} \geqslant \tau_{23} \text{ 时}\\ \tau_{tw}' &= |\tau_{13}| + |\tau_{23}| = \tau_{tw}^0, \quad \text{当 } \tau_{12} \leqslant \tau_{23} \text{ 时}\end{aligned}\right\} \tag{3.24}$$

单向拉伸极限状态下双主切应力 $\tau_{tw}=\sigma_s$，并结合式（2.110），可得以主应力形式表达的双剪屈服破坏条件：

$$\left.\begin{array}{ll}\sigma_1-\dfrac{1}{2}(\sigma_2+\sigma_3)=\sigma_s, & \text{当}\ \sigma_2\leqslant\dfrac{1}{2}(\sigma_1+\sigma_3)\ \text{时}\\ \dfrac{1}{2}(\sigma_1+\sigma_2)-\sigma_3=\sigma_s, & \text{当}\ \sigma_2\geqslant\dfrac{1}{2}(\sigma_1+\sigma_3)\ \text{时}\end{array}\right\}\tag{3.25}$$

考虑安全系数后，得双剪强度条件为：

$$\left.\begin{array}{ll}\sigma_1-\dfrac{1}{2}(\sigma_2+\sigma_3)\leqslant[\sigma], & \text{当}\ \sigma_2\leqslant\dfrac{1}{2}(\sigma_1+\sigma_3)\ \text{时}\\ \dfrac{1}{2}(\sigma_1+\sigma_2)-\sigma_3\leqslant[\sigma], & \text{当}\ \sigma_2\geqslant\dfrac{1}{2}(\sigma_1+\sigma_3)\ \text{时}\end{array}\right\}\tag{3.26}$$

双剪强度理论与最大剪应力理论相比，增加了中间主切应力项，在不同应力状态下两者相差0~33.3%。三剪强度理论则介于两者之间。

图3.6所示为根据双剪强度理论所得的极限强度条件的屈服极限面，柱面绕静水应力轴 oN 转过30°角。以单轴应力状态实验数据为准时，三剪屈服极限面为双剪六棱柱形屈服面的内接圆柱面，圆半径为 $\sqrt{\dfrac{2}{3}}\sigma_s$。在主坐标系上，它与单剪屈服极限面类似，由6个方程控制：

$$\left.\begin{array}{l}\sigma_1-\dfrac{1}{2}(\sigma_2+\sigma_3)=\pm\sigma_s\\ \sigma_2-\dfrac{1}{2}(\sigma_1+\sigma_3)=\pm\sigma_s\\ \sigma_3-\dfrac{1}{2}(\sigma_1+\sigma_2)=\pm\sigma_s\end{array}\right\}\tag{3.27}$$

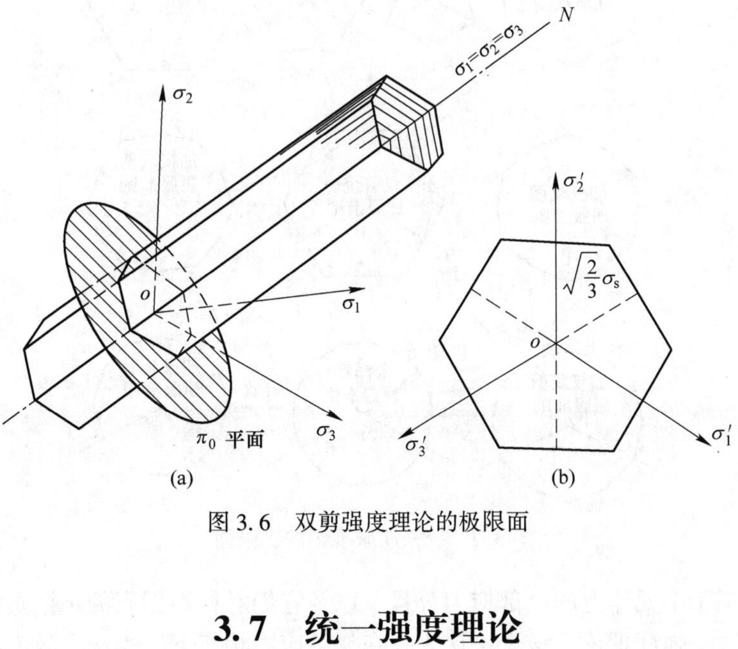

图3.6 双剪强度理论的极限面

3.7 统一强度理论

俞茂宏在1991年提出统一强度理论，也称双剪统一强度理论。它将单剪、三剪、双剪强度理论等现有的屈服破坏强度理论从形式上统一起来。

任何一个复杂的应力状态均可变换为双剪应力状态，此时根据双剪理论的思想，如果仅考虑单元体上的两个主切应力，则描述材料屈服破坏条件为：

$$\left.\begin{aligned} \tau_{un} &= \tau_{13} + b\tau_{12} = C, \quad \text{当 } \tau_{12} \geqslant \tau_{23} \text{ 时} \\ \tau'_{un} &= \tau_{13} + b\tau_{23} = C, \quad \text{当 } \tau_{12} \leqslant \tau_{23} \text{ 时} \end{aligned}\right\} \tag{3.28}$$

式中，b 为反映材料中间主切应力影响大小的参数，称为中间应力参数。参数 b、C 分别为：

$$b = \frac{2\tau_s - \sigma_s}{\sigma_s - \tau_s}, \quad C = \frac{\sigma_s \tau_s}{2(\sigma_s - \tau_s)} \tag{3.29}$$

具体求解方法见文献［14］，［15］。将 b、C 代入式（3.28），并应用主切应力公式，可得以主应力表示的统一屈服破坏条件为：

$$\left.\begin{aligned} \sigma_1 - \frac{1}{1+b}(b\sigma_2 + \sigma_3) = \sigma_s, \quad \text{当 } \sigma_2 \leqslant \frac{1}{2}(\sigma_1 + \sigma_3) \text{ 时} \\ \frac{1}{1+b}(\sigma_1 + b\sigma_2) - \sigma_3 = \sigma_s, \quad \text{当 } \sigma_2 \geqslant \frac{1}{2}(\sigma_1 + \sigma_3) \text{ 时} \end{aligned}\right\} \tag{3.30}$$

根据此条件，在不同的典型 b 值下，可以得到一系列极限面。图 3.7 所示为统一屈服准则的一系列极限面在 π 平面上的屈服线。由图可见，现有的极限面都是双剪统一强度理论极限面的特例或近似。

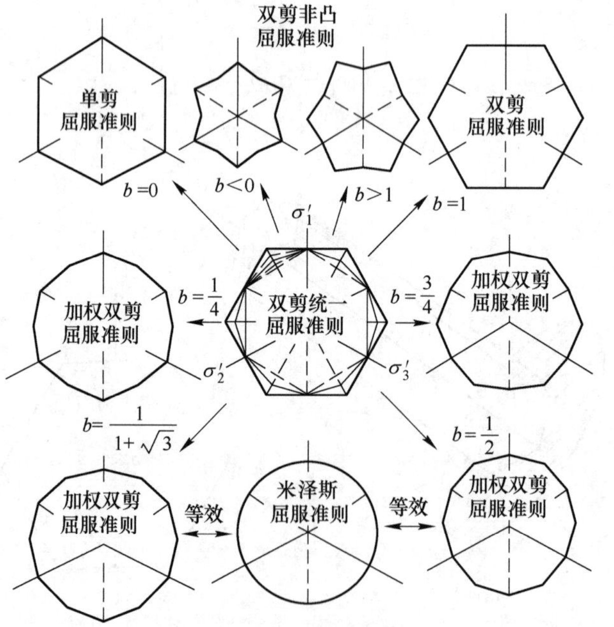

图 3.7　统一屈服准则的极限面

若考虑作用于单元体上的全部应力分量，以及它们对材料屈服的不同贡献，俞茂宏提出了一个新的统一强度理论。该理论认为：在复杂应力状态下，当两个较大的主切应力及其相应的正应力影响函数达到某一极值时，材料发生屈服破坏。此时的屈服破坏条件为：

$$\left.\begin{array}{ll}\tau_{13}+b\tau_{12}+\beta(\sigma_{13}+b\sigma_{12})=C', & \text{当}\ \tau_{12}+\beta\sigma_{12}\geqslant\tau_{23}+\beta\sigma_{23}\ \text{时}\\ \tau_{13}+b\tau_{23}+\beta(\sigma_{13}+b\sigma_{23})=C', & \text{当}\ \tau_{12}+\beta\sigma_{12}\leqslant\tau_{23}+\beta\sigma_{23}\ \text{时}\end{array}\right\}\tag{3.31}$$

式中，参数β反映了正应力的影响。

或将式（3.31）写成主应力的形式：

$$\left.\begin{array}{l}(1+b)\sigma_1+b\sigma_2-\sigma_3+\beta[(1+b)\sigma_1+b\sigma_2-\sigma_3]=2C',\text{当}\ \sigma_2\leqslant\frac{1}{2}(1+\beta)(\sigma_1+\sigma_3)\text{时}\\ \sigma_1+b\sigma_2-(1+b)\sigma_3+\beta[\sigma_1+b\sigma_2-(1+b)\sigma_3]=2C',\text{当}\ \sigma_2\geqslant\frac{1}{2}(1+\beta)(\sigma_1+\sigma_3)\text{时}\end{array}\right\}\tag{3.32}$$

设材料的拉伸强度极限为σ_t^0，拉压强度比为$\alpha=\dfrac{\sigma_t^0}{\sigma_c^0}$，则可求得

$$\beta=\frac{\sigma_c^0-\sigma_t^0}{\sigma_c^0+\sigma_t^0},\quad C'=\frac{1-b}{1+\alpha}\sigma_t^0\tag{3.33}$$

更具体的参数求解过程见文献［16］，［17］。由此建立的双剪统一强度条件为：

$$\left.\begin{array}{ll}\sigma_1-\dfrac{\alpha}{1+b}(b\sigma_2+\sigma_3)\leqslant[\sigma], & \text{当}\ \sigma_2\leqslant\dfrac{\sigma_1+\alpha\sigma_3}{1+\alpha}\ \text{时}\\ \dfrac{1}{1+b}(\sigma_1+b\sigma_2)-\alpha\sigma_3\leqslant[\sigma], & \text{当}\ \sigma_2\geqslant\dfrac{\sigma_1+\alpha\sigma_3}{1+\alpha}\ \text{时}\end{array}\right\}\tag{3.34}$$

在工程应用中，统一强度理论表达式（3.34）的中间应力参数b可以直接由材料强度特性确定，即：

$$b=\frac{(1+\alpha)\tau_b^0-\sigma_t^0}{\sigma_t^0-\tau_b^0}\tag{3.35}$$

式中，τ_b^0为剪切强度极限。

当$\beta=0$或$\alpha=1$时，式（3.35）退化为：

$$\left.\begin{array}{ll}\sigma_1-\dfrac{1}{1+b}(b\sigma_2+\sigma_3)\leqslant[\sigma], & \text{当}\ \sigma_2\leqslant\dfrac{1}{2}(\sigma_1+\sigma_3)\ \text{时}\\ \dfrac{1}{1+b}(\sigma_1+b\sigma_2)-\sigma_3\leqslant[\sigma], & \text{当}\ \sigma_2\geqslant\dfrac{1}{2}(\sigma_1+\sigma_3)\ \text{时}\end{array}\right\}\tag{3.36}$$

式（3.34）表示的统一强度理论为更合理地选用塑性材料的强度条件提供了依据，而不必再经验性地选择应用某一强度理论，从而使材料的力学性能得到更好的发挥。该统一强度理论将工程上广泛应用的各种强度理论合理地联系起来，各强度理论间的相互关系如图3.8所示。

例3.1 一圆形截面的均匀直杆，处于弯扭复合状态（图3.9），其简单拉伸时的屈服应力为300 MPa。设弯矩为$M=10$ kN·m，扭矩$M_t=30$ kN·m，要求安全系数为1.2，则其直径d为多少才不致屈服？

解：处于弯扭作用下，杆内主应力为：

$$\sigma_{1,2}=\frac{\sigma}{2}\pm\frac{1}{2}\sqrt{\sigma^2+4\tau^2}\quad\sigma_3=0\tag{a}$$

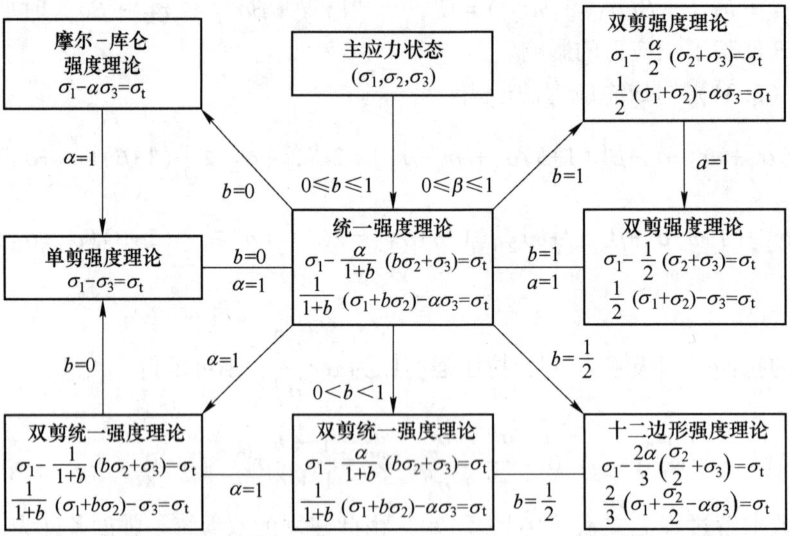

图 3.8　统一强度理论与其他强度理论的关系

图 3.9　例 3.1 题图

其中
$$\sigma = \frac{My}{J} = \frac{32M}{\pi d^3} \tag{b}$$

$$\tau = \frac{M_t r}{J_0} = \frac{16M_t}{\pi d^3} \tag{c}$$

（1）按最大剪应力准则，$\sigma_1 - \sigma_2 = \sigma_s$，将式（a）代入并考虑安全系数后，得：

$$\sqrt{\sigma^2 + 4\tau^2} = \frac{\sigma_s}{1.2}$$

或
$$\frac{32}{\pi d^3}\sqrt{M^2 + M_t^2} = \frac{300}{1.2}$$

$$d^3 = \frac{32 \times 1.2}{300 \times 10^6} \times \frac{1}{\pi}\sqrt{100 + 900} \times 10^3 = 1.29 \times 10^{-3}\ \text{m}^3$$

$$d = 0.109\ \text{m}$$

即 d 至少要 10.9 cm。

（2）按形状改变比能准则，$\sqrt{\sigma^2 + 3\tau^2} = \frac{\sigma_s}{1.2}$，将式（b）、式（c）代入，得：

$$\frac{1}{\pi d^3}\sqrt{(32M)^2+3(16M_t)^2}=\frac{\sigma_s}{1.2}$$

$$d^3=\frac{1.2}{\pi\times 300\times 10^6}\sqrt{(320)^2+3\times(16\times 30)^2}\times 10^3=1.12\times 10^{-3}\ \mathrm{m}^3$$

$$d=0.104\ \mathrm{m}$$

即 d 至少要 10.4 cm。

例 3.2 对统一强度理论，试讨论当材料的拉压强度相同时，统一强度理论与其他常用强度理论的对应关系。

讨论：

当材料拉压强度相同时有：拉压强度比 $\alpha=\sigma_t^0/\sigma_c^0=1$，其中下标 t 表示拉伸，c 表示压缩。

将 α 和剪切屈服极限 τ_s 代入式（3.35），得

$$b=\frac{2\tau_s-\sigma_s}{\sigma_s-\tau_s}$$

由统一强度理论式（3.34）和式（3.36），有：

（1）当 $b=1$ 时：

$$\sigma_1-\frac{1}{2}(\sigma_2+\sigma_3)\leqslant[\sigma],\qquad 当\ \sigma_2\leqslant\frac{1}{2}(\sigma_1+\sigma_3)\ 时$$

$$\frac{1}{2}(\sigma_1+\sigma_2)-\sigma_3\leqslant[\sigma],\qquad 当\ \sigma_2\geqslant\frac{1}{2}(\sigma_1+\sigma_3)\ 时$$

此时，统一强度理论对应双剪强度理论。

（2）当 $b=0$ 时：

$$\sigma_1-\sigma_3\leqslant[\sigma]$$

此时，统一强度理论对应单剪强度理论，即第三强度理论。

（3）当 $b=1/2$ 时：由屈服破坏条件可得一十二边形的屈服线，如图 3.10 所示。它可以看作是三剪强度理论的线性近似，即第四强度理论的一个线性逼近。

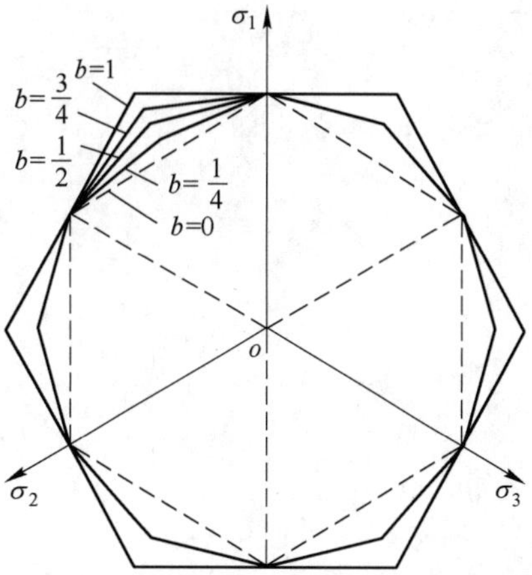

图 3.10　例 3.2 题图

复习思考题

3-1 给出以下问题的最大剪应力条件与最大形状改变比能条件。

（1）受内压作用的封闭长薄管。

（2）受拉弯作用的杆（矩形截面，材料为理想弹塑性）。

提示：前者按平面应力状态考虑，后者按截面有弯矩 M 和轴向力 N 共同作用考虑。

3-2 利用最大剪应力理论、形状改变比能理论建立纯剪切应力状态下的强度条件，并讨论相应的塑性材料的许用切应力和许用拉应力间的关系。

3-3 试讨论纯剪切应力状态下的双剪强度条件。

3-4 试讨论统一强度条件式（3.36）中 b 取何值时，分别与单剪强度条件、三剪强度条件、双剪强度条件对应。

4 塑性力学基础

研究塑性变形和作用力之间的关系，以及在塑性变形后物体内部应力和应变分布规律的理论，称为塑性力学。它是固体力学的一个重要分支。塑性力学主要采用宏观的连续介质力学方法，根据材料的宏观塑性行为抽象出相应的力学及数学模型。因此，在塑性力学中，仍遵循连续介质力学里面的一些关于材料的基本假设。

固体材料在受力以后要产生变形，从变形开始到破坏，一般要经历两个阶段，即弹性变形阶段和塑性变形阶段。弹性变形是指受载物体卸载以后，能够完全消失的变形。在弹性变形阶段，应力与应变之间一般呈线性关系，服从胡克定律。当应力超过屈服极限以后，材料将进入弹塑性变形阶段，变形包括弹性变形和塑性变形两部分。塑性变形是指受载物体卸载后不能消失而残留下来的那部分变形，在一定的外力作用下，这种变形不随时间而改变。在塑性变形阶段，应力与应变之间的关系是非线性的，应变不仅与应力状态有关，还与变形历史密切相关。

塑性变形的本构关系必须反映上述的基本特性。目前广泛应用的材料在塑性状态下应力-应变关系的理论有两类：(1) 全量理论，又称形变理论。它认为在塑性状态下仍有应力和应变全量之间的单一的对应关系。(2) 增量理论，又称流动理论。它认为在塑性状态下塑性应变增量（或应变率）与应力及应力增量（或应力率）之间有对应关系。增量理论具有普遍性，而全量理论的应用则受到较多限制，但后者的数学形式简单，在简化复杂问题时也有其可取性。

虽然塑性力学与弹性力学不同，在塑性力学中应力-应变关系不再服从胡克定律，但弹性力学中所使用的平衡方程和几何方程，因与材料性质无关，在塑性力学中都将同样适用，而只在描述材料力学性质的本构关系方面两者有较大的区别。因此，本章将主要讨论材料处于塑性状态下的应力与应变之间的关系，并建立塑性力学中的本构方程。

4.1 应力-应变曲线及几种简化模型

4.1.1 应力-应变曲线

弹塑性变形阶段应力-应变关系的特点，可以用简单拉伸曲线的情况来反映，见图 4.1。简单拉伸时，当应力 σ 超过材料的屈服极限 σ_s 以后，材料将进入弹塑性变形阶段，其总应变 ε 可分解为弹性应变 ε^e 和塑性应变 ε^p 两部分，即

$$\varepsilon = \varepsilon^e + \varepsilon^p \tag{4.1}$$

如果将试样拉伸到图 4.1 (a) 中的 D 点时开始缓慢卸载，其应力和应变将不再沿原加载路径 oCD 反向回到原始状态点 o，而是沿着与线性段 oC 几乎平行的线段 DE 到达 E 点。严格地讲，DGE 与再次加载时的 $EG'D'$ 并不重合，但其平均斜率与初始弹性段的斜率

接近，对于一般金属材料两者差别很小，可以忽略不计，而将加卸载过程简化为图 4.1（b）的过程。即只是其中的弹性应变 ε^{e} 在卸载过程中服从胡克定律，并在卸载后消失；而塑性应变 ε^{p} 则在卸载过程中一直保持不变，并在卸载后残留下来成为残余应变。

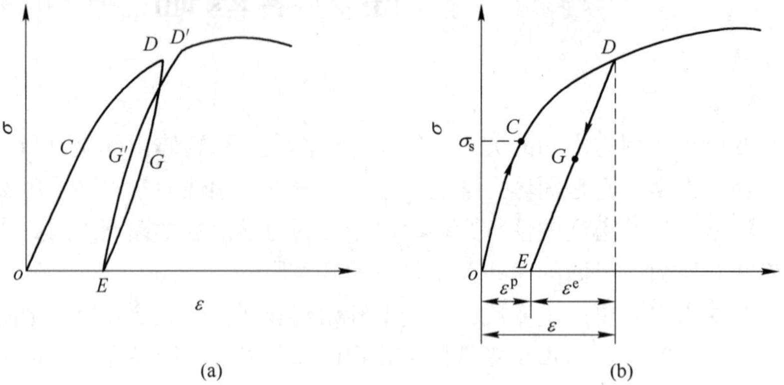

图 4.1　简单拉伸应力-应变曲线

塑性应力-应变关系的特点是非线性和不唯一性。所谓非线性，是指应力-应变关系不再是线性关系；不唯一性，是指某一应变状态不能单值地由应力状态唯一确定，而与加卸载历史相关。因为在加卸载过程中材料服从不同的规律，同一应力状态可能对应不同的应变状态，反之亦然。即在塑性阶段，应力状态不仅与应变状态相关，还与加载路径（或称加载历史）有关。

弹性和弹塑性应力-应变的不同点不只体现在前述的简单拉伸实验上，Bridgeman 等人通过大量的带有静水压力的各向均压以及拉伸试验，还得出如下结论：

（1）静水压力与材料的体积改变之间近似地服从线性弹性规律。在高压各向均压试验中，若卸除压力，体积的变化可以恢复，因而认为各向均压时体积变化是弹性的，即塑性变形不会引起体积变化。另外，试验还发现：这种弹性的体积变化很小，例如，弹簧钢在 1000 MPa 气压下体积仅缩小 2.2%。因此，对于金属材料，当发生较大塑性变形时，可以忽略其体积变化，认为在塑性变形阶段材料是不可压缩的。

（2）材料的塑性变形与静水压力无关。对钢试件，将有静水压力的拉伸试验与无静水压力的拉伸试验对比，发现静水压力对初始屈服应力的影响很小，可以忽略不计。因而对钢等金属材料，可以认为塑性变形不受静水压力影响；但对于铸铁、岩石、土壤等材料，静水压力对屈服应力和塑性变形均有显著的影响，此时不能被忽略。

在塑性力学中，根据一些常规的实验结果，通常对材料的塑性行为有如下的一些基本假设：

（1）材料的塑性行为与时间、温度无关。如材料在加载时的应变率效应、高温环境下材料的蠕变等现象，将不在本章考虑范围内。

（2）材料具有无限的韧性，不会出现断裂现象，不考虑脆性断裂的问题。

（3）变形前材料是初始各向同性的。

（4）在产生塑性变形后，卸除载荷时材料服从弹性规律；重新加载后的屈服应力，即后继屈服应力，等于开始卸载点的应力值。

（5）任何应变状态总可以分解为弹性和塑性两部分，且弹性性质不因塑性变形而改变。

(6) 塑性变形时体积不可压缩，静水压力只产生体积的弹性变化。

(7) 材料稳定性假设，即应力-应变曲线单调变化。

4.1.2 几种简化模型

为便于讨论复杂的弹塑性应力-应变关系，在单轴应力状态下，建立了几种应力-应变关系的理想模型。

4.1.2.1 理想刚塑性模型

该模型假定：物体在屈服前处于刚性无变形状态，而一旦进入屈服后，即进入无强化的理想塑性流动状态，见图 4.2（a）。其应力-应变关系的表达式为：

$$\sigma = \sigma_s \tag{4.2}$$

只有在材料塑性变形很大且强化程度很低时，这种理想化才比较符合实际情况，因为此时弹性应变相对于塑性流动而言很小，故可将其略去。

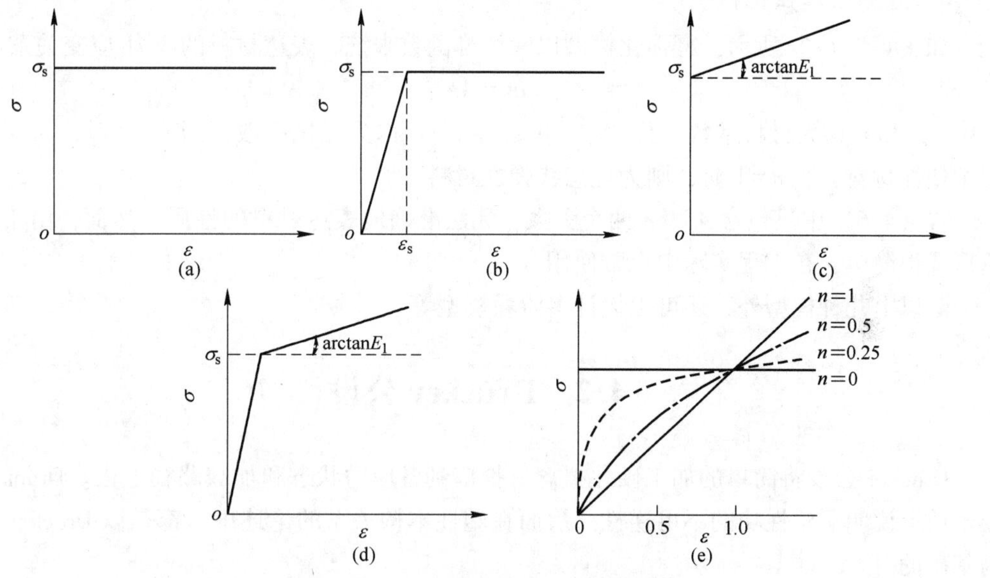

图 4.2 几种应力-应变关系的理想模型

（a）理想刚塑性模型；（b）理想弹塑性模型；（c）刚-线性强化模型；（d）弹-线性强化模型；（e）幂强化模型

4.1.2.2 理想弹塑性模型

模型假定：弹性阶段的应力-应变关系是线性的，屈服后则是无强化的理想塑性流动状态，如图 4.2（b）所示。其应力-应变关系的表达式为：

$$\sigma = \begin{cases} E\varepsilon & \varepsilon \leqslant \varepsilon_s \\ \sigma_s & \varepsilon > \varepsilon_s \end{cases} \tag{4.3}$$

以受内压作用的厚壁筒为例（见图 4.3），塑性区由内壁开始向外扩展，形成一个内层为塑性区、外层为弹性区的弹塑性体，塑性区受弹性区约束，塑性变形与弹性变形属同一量级。一旦全截面都进入塑性状

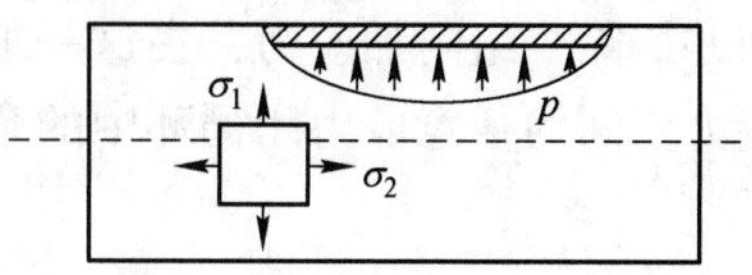

图 4.3 受内压作用的厚壁筒

态，则塑性流动将无限制地进行下去，直至结构破坏。这种情况下用理想弹塑性模型进行分析，既简便，又能反映问题的主要特征。

理想刚塑性模型和理想弹塑性模型合称为理想塑性模型。

4.1.2.3 刚-线性强化模型

该模型假定：物体在屈服前为刚性无变形状态，屈服后为线性强化，即屈服后应力随塑性应变的增加而呈线性增加，如图 4.2（c）所示。其应力-应变关系的表达式为：

$$\sigma = \sigma_s + E_1\varepsilon \tag{4.4}$$

4.1.2.4 弹-线性强化模型

该模型假定：弹性阶段是线性的，屈服后线性强化，如图 4.2（d）所示。其应力-应变关系的表达式为：

$$\sigma = \begin{cases} E\varepsilon & \varepsilon \leqslant \varepsilon_s \\ \sigma_s + E_1(\varepsilon - \varepsilon_s) & \varepsilon > \varepsilon_s \end{cases} \tag{4.5}$$

4.1.2.5 幂强化模型

如图 4.2（e）所示，幂强化模型以一个幂函数来统一表达材料的应力-应变关系：

$$\sigma = A\varepsilon^n \tag{4.6}$$

式中，A 和 n 均为材料常数，且 $A>0$，$0\leqslant n\leqslant 1$。n 称为强化系数，当 $n=0$ 时，对应于理想刚塑性材料；当 $n=1$ 时，则为理想线弹性材料。

式（4.6）中只包含 A 和 n 两个参数，无法准确地表达材料的性质。然而，由于其表达形式很简单，在工程实际中也常使用。

除以上几种模型外，还可以设计多阶段模型等。

4.2 Drucker 公设

Drucker 公设将简单的加工硬化概念，推广到各应力状态和加载路径上去。Drucker 公设本质上说明了塑性功的不可逆性。后面在塑性本构关系的论述中，都是以 Drucker 公设为基础的。

由在 4.1.1 节中提到的两个重要假设（1）和（5）可知，在计算塑性应变及塑性功时，有：（1）塑性变形过程中消耗的塑性功与应变率无关，计算中不出现惯性力及温度变量；（2）总应变总可以分解为弹性应变和塑性应变，两者之间不是耦合的，弹性变形规律不因塑性变形而发生改变。因而弹性应变及弹性功是可逆的，塑性应变与塑性功是不可逆的。

1952 年，Drucker 根据热力学第一定律，对一般应力状态下的加载过程提出了如下的公设：对处于某一状态的材料微元，借助一外部作用，在其原有应力状态基础上，缓慢施加并卸除一组附加应力，在这一加卸载的循环内，外部作用所做的功是非负的。即微元在应力空间的任意应力闭循环中的余功非正，其表达式为：

$$\oint \varepsilon_{ij}\mathrm{d}\sigma_{ij} \leqslant 0 \tag{4.7}$$

满足此条件，则称材料满足 Drucker 公设。

当应力经过闭循环加到初值时，相应的应变不一定可以回到其初值。但当应力处在加载面以内时，这时不产生新的塑性变形量，材料为弹性响应，因而应力的闭循环将对应应变的闭循环。此时存在函数 $\Phi(\sigma_{ij}, \xi_\beta)$，使

$$\varepsilon_{ij} = \frac{\partial \Phi}{\partial \sigma_{ij}} \tag{4.8}$$

式中，Φ 为弹性余势；ξ_β 为记录材料加载历史的参数。

通过图 4.4 所示的简单拉伸曲线可以说明 Drucker 公设的含义。从这一公设出发，则可以导出加载面的外凸性和正交流动法则，而由材料稳定性假设保证了全量理论中解的唯一性。

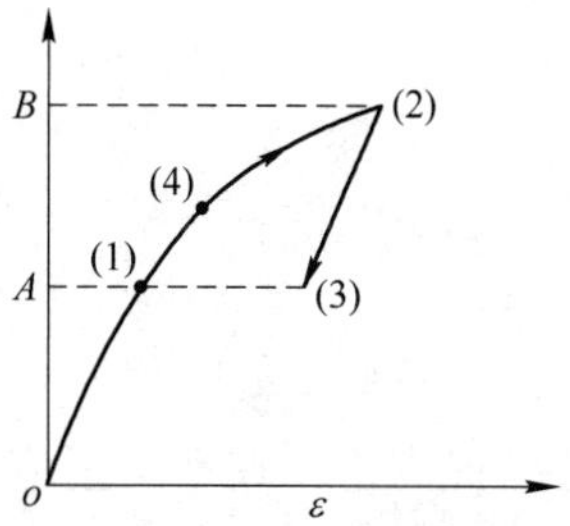

图 4.4 Drucker 公设的含义

4.3 增 量 理 论

增量理论描述的是材料在塑性状态下应力与应变增量（或应变率）之间的关系，与物体变形历史有关，反映了塑性变形的实质，适用于任何加载方式。但增量理论的数学表达式相对复杂，求解具体问题有时比较困难。常用的增量理论有 Levy-Mises 理论和 Prandtl-Reuss 理论，后者是在前者基础上的改进。

由于在塑性状态下的应变与加载路径有关，因而欲求塑性阶段的总应变，且考虑通用性的要求，就不能再像弹性阶段那样简单地由胡克定律直接求得总应变，而只能考虑任一瞬时的应变增量 $d\varepsilon$（即应变在加载过程中的微小变化量），通过积分求出总应变，计算过程相对复杂。总之，在塑性状态下，应力与应变之间的关系本质上是增量关系，而不再是弹性状态下胡克定律所描述的那种全量关系。

4.3.1 弹性应变增量与塑性应变增量

在第 2 章中曾经提到过，一点处的应力-应变状态可用应力-应变的张量和偏量表示。这里，分别将应力张量和应力偏量用 σ_{ij} 和 s_{ij} 表示，将应变张量和应变偏量用 ε_{ij} 和 e_{ij} 表示。

材料中一点处的应力状态进入塑性状态以后，相应的总应变 ε_{ij} 可以分为弹性应变部分 ε_{ij}^{e} 和塑性应变部分 ε_{ij}^{p}，即：

$$\varepsilon_{ij} = \varepsilon_{ij}^{e} + \varepsilon_{ij}^{p} \tag{4.9}$$

式中，上标 e 表示弹性分量，上标 p 表示塑性分量。弹性部分服从胡克定律，塑性部分为总应变与弹性应变之差。当外载荷有微小增量时，总应变也有微小增量 $d\varepsilon_{ij}$。而 $d\varepsilon_{ij}$ 应为弹性应变增量 $d\varepsilon_{ij}^{e}$ 和塑性应变增量 $d\varepsilon_{ij}^{p}$ 之和，从而有：

$$d\varepsilon_{ij}^{p} = d\varepsilon_{ij} - d\varepsilon_{ij}^{e} \tag{4.10}$$

其常用的分量形式为：

$$\left.\begin{aligned} d\varepsilon_{xx}^{p} &= d\varepsilon_{xx} - d\varepsilon_{xx}^{e} \\ d\varepsilon_{yy}^{p} &= d\varepsilon_{yy} - d\varepsilon_{yy}^{e} \\ d\varepsilon_{zz}^{p} &= d\varepsilon_{zz} - d\varepsilon_{zz}^{e} \\ d\gamma_{xy}^{p} &= d\gamma_{xy} - d\gamma_{xy}^{e} \\ d\gamma_{yz}^{p} &= d\gamma_{yz} - d\gamma_{yz}^{e} \\ d\gamma_{zx}^{p} &= d\gamma_{zx} - d\gamma_{zx}^{e} \end{aligned}\right\} \tag{4.10a}$$

4.3.1.1 弹性应变增量

前面已经提到过，在平均正应力作用下，会引起材料的体积改变，这种体积改变是弹性的。在塑性状态，材料是不可压缩的，即塑性体积变形等于零：

$$d\varepsilon_{xx}^{p} + d\varepsilon_{yy}^{p} + d\varepsilon_{zz}^{p} = 0 \tag{4.11}$$

或记为

$$d\varepsilon_{ii}^{p} = 0 \tag{4.11a}$$

而平均应变增量：

$$d\varepsilon_0 = \frac{1}{3}(d\varepsilon_{xx} + d\varepsilon_{yy} + d\varepsilon_{zz}) = \frac{1}{3}d\varepsilon_{ii} = d\varepsilon_0^{e} \tag{4.12}$$

于是，应变偏量的各分量增量为：

$$de_{xx} = d\varepsilon_{xx} - d\varepsilon_0,\ de_{yy} = d\varepsilon_{yy} - d\varepsilon_0,\ de_{zz} = d\varepsilon_{zz} - d\varepsilon_0 \text{ 及 } d\gamma_{xy},\ d\gamma_{yz},\ d\gamma_{zx}$$

或写成：

$$de_{ij} = d\varepsilon_{ij} - d\varepsilon_0\delta_{ij},\ \delta_{ij} = \begin{cases} 1, & \text{当 } i = j \\ 0, & \text{当 } i \neq j \end{cases} \tag{4.13}$$

在弹性阶段，根据广义胡克定律，有：

$$d\varepsilon_{xx}^{e} = \frac{1}{E}[d\sigma_{xx} - \mu(d\sigma_{yy} + d\sigma_{zz})]$$

$$d\varepsilon_{yy}^{e} = \frac{1}{E}[d\sigma_{yy} - \mu(d\sigma_{zz} + d\sigma_{xx})]$$

$$d\varepsilon_{zz}^{e} = \frac{1}{E}[d\sigma_{zz} - \mu(d\sigma_{xx} + d\sigma_{yy})]$$

$$d\gamma_{xy}^{e} = \frac{1}{G}d\tau_{xy}$$

$$d\gamma_{yz}^{e} = \frac{1}{G}d\tau_{yz}$$

$$d\gamma_{zx}^{e} = \frac{1}{G}d\tau_{zx}$$

由于应力偏量的增量为 $ds_{ij} = d\sigma_{ij} - \frac{1}{3}d\sigma_{ii}\delta_{ij}$，故有：

$$\mathrm{d}e_{xx}^{\mathrm{e}} = \frac{1}{3}(2\mathrm{d}\varepsilon_{xx}^{\mathrm{e}} - \mathrm{d}\varepsilon_{yy}^{\mathrm{e}} - \mathrm{d}\varepsilon_{zz}^{\mathrm{e}}) = \frac{1+\mu}{3E}(2\mathrm{d}\sigma_{xx} - \mathrm{d}\sigma_{yy} - \mathrm{d}\sigma_{zz})$$

$$= \frac{1}{3}\cdot\frac{1}{2G}(2\mathrm{d}\sigma_{xx} - \mathrm{d}\sigma_{yy} - \mathrm{d}\sigma_{zz}) = \frac{1}{2G}\mathrm{d}s_{xx}$$

$$\vdots$$

即在弹性阶段应力偏量增量与应变偏量增量成正比：

$$\left.\begin{aligned}
\mathrm{d}e_{xx}^{\mathrm{e}} &= \frac{1}{2G}\mathrm{d}s_{xx}\\
\mathrm{d}e_{yy}^{\mathrm{e}} &= \frac{1}{2G}\mathrm{d}s_{yy}\\
\mathrm{d}e_{zz}^{\mathrm{e}} &= \frac{1}{2G}\mathrm{d}s_{zz}\\
\mathrm{d}\gamma_{xy}^{\mathrm{e}} &= \frac{1}{G}\mathrm{d}\tau_{xy}\\
\mathrm{d}\gamma_{yz}^{\mathrm{e}} &= \frac{1}{G}\mathrm{d}\tau_{yz}\\
\mathrm{d}\gamma_{zx}^{\mathrm{e}} &= \frac{1}{G}\mathrm{d}\tau_{zx}
\end{aligned}\right\} \tag{4.14}$$

考虑到平均正应力增量 $\mathrm{d}\sigma_0$ 和平均正应变增量 $\mathrm{d}\varepsilon_0^{\mathrm{e}}$ 之间的关系，可以得到增量形式的广义胡克定律为：

$$\left.\begin{aligned}
\mathrm{d}\varepsilon_0 &= \frac{\mathrm{d}\sigma_0}{3K}\\
\mathrm{d}e_{ij}^{\mathrm{e}} &= \frac{1}{2G}\mathrm{d}s_{ij}
\end{aligned}\right\} \tag{4.15}$$

4.3.1.2 塑性应变增量

再考查塑性应变增量式（4.10），并将式（4.15）代入，有：

$$\mathrm{d}\varepsilon_{xx}^{\mathrm{p}} = \mathrm{d}\varepsilon_{xx} - \mathrm{d}\varepsilon_{xx}^{\mathrm{e}} = \mathrm{d}e_{xx} + \mathrm{d}\varepsilon_0 - \mathrm{d}\varepsilon_{xx}^{\mathrm{e}} = \mathrm{d}e_{xx} - \mathrm{d}e_{xx}^{\mathrm{e}} = \mathrm{d}e_{xx} - \frac{\mathrm{d}s_{xx}}{2G},\ \cdots$$

即：

$$\left.\begin{aligned}
\mathrm{d}\varepsilon_{xx}^{\mathrm{p}} &= \mathrm{d}e_{xx} - \frac{\mathrm{d}s_{xx}}{2G}\\
\mathrm{d}\varepsilon_{yy}^{\mathrm{p}} &= \mathrm{d}e_{yy} - \frac{\mathrm{d}s_{yy}}{2G}\\
\mathrm{d}\varepsilon_{zz}^{\mathrm{p}} &= \mathrm{d}e_{zz} - \frac{\mathrm{d}s_{zz}}{2G}\\
\mathrm{d}\gamma_{xy}^{\mathrm{p}} &= \mathrm{d}\gamma_{xy} - \frac{\mathrm{d}\tau_{xy}}{G}\\
\mathrm{d}\gamma_{yz}^{\mathrm{p}} &= \mathrm{d}\gamma_{yz} - \frac{\mathrm{d}\tau_{yz}}{G}\\
\mathrm{d}\gamma_{zx}^{\mathrm{p}} &= \mathrm{d}\gamma_{zx} - \frac{\mathrm{d}\tau_{zx}}{G}
\end{aligned}\right\} \tag{4.16}$$

或
$$d\varepsilon_{ij}^{p}=de_{ij}-de_{ij}^{e}=de_{ij}-\frac{ds_{ij}}{2G} \tag{4.16a}$$

4.3.2 本构方程

应力球量只引起材料的体积改变，应力偏量则引起物体的形状改变。这说明，塑性变形仅由应力偏量所引起。鉴于此，Reuss 在 1930 年提出了增量理论的重要假定（Reuss 假定）：在塑性变形过程中，任一微小时间增量内的塑性应变增量与应力偏量成正比，即：
$$\frac{d\varepsilon_{xx}^{p}}{s_{xx}}=\frac{d\varepsilon_{yy}^{p}}{s_{yy}}=\frac{d\varepsilon_{zz}^{p}}{s_{zz}}=\frac{d\gamma_{xy}^{p}}{2s_{xy}}=\frac{d\gamma_{yz}^{p}}{2s_{yz}}=\frac{d\gamma_{zx}^{p}}{2s_{zx}}=d\lambda \tag{4.17}$$
或写作
$$d\varepsilon_{ij}^{p}=d\lambda s_{ij} \tag{4.17a}$$
式中，$d\lambda$ 为非负的标量比例系数，在加载过程中是变化的，但在变形的某一瞬间，反映了塑性应变增量分量与相应的应力偏量分量的比值。在屈服前，由于无塑性变形，$d\lambda=0$；只有在屈服后，$d\lambda$ 才大于零。

由于塑性变形阶段材料的不可压缩性，式（4.17a）还可以写成：
$$de_{ij}^{p}=d\lambda s_{ij} \tag{4.18}$$
已知 $s_{xx}=\sigma_{xx}-\sigma_0=\sigma_{xx}-\frac{1}{3}(\sigma_{xx}+\sigma_{yy}+\sigma_{zz})=\frac{2}{3}\left[\sigma_{xx}-\frac{1}{2}(\sigma_{yy}+\sigma_{zz})\right]$

代入 $d\varepsilon_{xx}^{p}=d\lambda s_{xx}$，可把式（4.17）写成展开式：
$$d\varepsilon_{xx}^{p}=\frac{2}{3}d\lambda\left[\sigma_{xx}-\frac{1}{2}(\sigma_{yy}+\sigma_{zz})\right]$$
同理可得：
$$d\varepsilon_{yy}^{p}=\frac{2}{3}d\lambda\left[\sigma_{yy}-\frac{1}{2}(\sigma_{zz}+\sigma_{xx})\right]$$
$$d\varepsilon_{zz}^{p}=\frac{2}{3}d\lambda\left[\sigma_{zz}-\frac{1}{2}(\sigma_{xx}+\sigma_{yy})\right]$$
由于
$$s_{xy}=\tau_{xy}$$
代入式（4.17）$d\gamma_{xy}^{p}=2d\lambda s_{xy}$，可得：
$$d\gamma_{xy}^{p}=2d\lambda\tau_{xy}$$
同理可得：
$$d\gamma_{yz}^{p}=2d\lambda\tau_{yz},\ d\gamma_{zx}^{p}=2d\lambda\tau_{zx}$$
将得到的上述结果整理在一起为：
$$\left.\begin{aligned}d\varepsilon_{xx}^{p}&=\frac{2}{3}d\lambda\left[\sigma_{xx}-\frac{1}{2}(\sigma_{yy}+\sigma_{zz})\right]\\d\varepsilon_{yy}^{p}&=\frac{2}{3}d\lambda\left[\sigma_{yy}-\frac{1}{2}(\sigma_{zz}+\sigma_{xx})\right]\\d\varepsilon_{zz}^{p}&=\frac{2}{3}d\lambda\left[\sigma_{zz}-\frac{1}{2}(\sigma_{xx}+\sigma_{yy})\right]\\d\gamma_{xy}^{p}&=2d\lambda\tau_{xy}\\d\gamma_{yz}^{p}&=2d\lambda\tau_{yz}\\d\gamma_{zx}^{p}&=2d\lambda\tau_{zx}\end{aligned}\right\} \tag{4.19}$$

这就是式（4.17）的展开式，即增量理论的塑性应力-应变关系方程。

下面来推导标量比例系数 $\mathrm{d}\lambda$，并由此建立增量理论方程。

将式（4.19）中的第一式减去第二式可得：

$$\begin{aligned}\mathrm{d}\varepsilon_{xx}^{\mathrm{p}} - \mathrm{d}\varepsilon_{yy}^{\mathrm{p}} &= \frac{2}{3}\mathrm{d}\lambda\left[\sigma_{xx} - \frac{1}{2}(\sigma_{yy} + \sigma_{zz}) - \sigma_{yy} + \frac{1}{2}(\sigma_{zz} + \sigma_{xx})\right] \\ &= \frac{2}{3}\mathrm{d}\lambda\left[\frac{3}{2}(\sigma_{xx} - \sigma_{yy})\right] \\ &= \mathrm{d}\lambda(\sigma_{xx} - \sigma_{yy})\end{aligned}$$

两边平方得：

$$(\mathrm{d}\varepsilon_{xx}^{\mathrm{p}} - \mathrm{d}\varepsilon_{yy}^{\mathrm{p}})^2 = (\mathrm{d}\lambda)^2(\sigma_{xx} - \sigma_{yy})^2$$

同理可得：

$$(\mathrm{d}\varepsilon_{yy}^{\mathrm{p}} - \mathrm{d}\varepsilon_{zz}^{\mathrm{p}})^2 = (\mathrm{d}\lambda)^2(\sigma_{yy} - \sigma_{zz})^2$$

$$(\mathrm{d}\varepsilon_{zz}^{\mathrm{p}} - \mathrm{d}\varepsilon_{xx}^{\mathrm{p}})^2 = (\mathrm{d}\lambda)^2(\sigma_{zz} - \sigma_{xx})^2$$

又

$$(\mathrm{d}\gamma_{xy}^{\mathrm{p}})^2 = 4(\mathrm{d}\lambda)^2\tau_{xy}^2$$

$$(\mathrm{d}\gamma_{yz}^{\mathrm{p}})^2 = 4(\mathrm{d}\lambda)^2\tau_{yz}^2$$

$$(\mathrm{d}\gamma_{zx}^{\mathrm{p}})^2 = 4(\mathrm{d}\lambda)^2\tau_{zx}^2$$

因而可得：

$$\begin{aligned}&(\mathrm{d}\varepsilon_{xx}^{\mathrm{p}}-\mathrm{d}\varepsilon_{yy}^{\mathrm{p}})^2+(\mathrm{d}\varepsilon_{yy}^{\mathrm{p}}-\mathrm{d}\varepsilon_{zz}^{\mathrm{p}})^2+(\mathrm{d}\varepsilon_{zz}^{\mathrm{p}}-\mathrm{d}\varepsilon_{xx}^{\mathrm{p}})^2+\frac{3}{2}[(\mathrm{d}\gamma_{xy}^{\mathrm{p}})^2+(\mathrm{d}\gamma_{yz}^{\mathrm{p}})^2+(\mathrm{d}\gamma_{zx}^{\mathrm{p}})^2] \\ &=(\mathrm{d}\lambda)^2[(\sigma_{xx}-\sigma_{yy})^2+(\sigma_{yy}-\sigma_{zz})^2+(\sigma_{zz}-\sigma_{xx})^2+6(\tau_{xy}^2+\tau_{yz}^2+\tau_{zx}^2)]\end{aligned} \tag{4.20}$$

如定义有效应力、有效应变和有效塑性应变增量分别为：

$$\sigma_{\mathrm{eq}} = \frac{1}{\sqrt{2}}[(\sigma_{xx} - \sigma_{yy})^2 + (\sigma_{yy} - \sigma_{zz})^2 + (\sigma_{zz} - \sigma_{xx})^2 + 6(\tau_{xy}^2 + \tau_{yz}^2 + \tau_{zx}^2)]^{\frac{1}{2}} \tag{4.21}$$

$$\varepsilon_{\mathrm{eq}} = \frac{\sqrt{2}}{3}\left[(\varepsilon_{xx} - \varepsilon_{yy})^2 + (\varepsilon_{yy} - \varepsilon_{zz})^2 + (\varepsilon_{zz} - \varepsilon_{xx})^2 + \frac{3}{2}(\gamma_{xy}^2 + \gamma_{yz}^2 + \gamma_{zx}^2)\right]^{\frac{1}{2}} \tag{4.22}$$

$$\begin{aligned}\mathrm{d}\varepsilon_{\mathrm{eq}}^{\mathrm{p}} = \frac{\sqrt{2}}{3}\Big[&(\mathrm{d}\varepsilon_{xx}^{\mathrm{p}} - \mathrm{d}\varepsilon_{yy}^{\mathrm{p}})^2 + (\mathrm{d}\varepsilon_{yy}^{\mathrm{p}} - \mathrm{d}\varepsilon_{zz}^{\mathrm{p}})^2 + (\mathrm{d}\varepsilon_{zz}^{\mathrm{p}} - \mathrm{d}\varepsilon_{xx}^{\mathrm{p}})^2 + \\ &\frac{3}{2}(\mathrm{d}\gamma_{xy}^{\mathrm{p}^2} + \mathrm{d}\gamma_{yz}^{\mathrm{p}^2} + \mathrm{d}\gamma_{zx}^{\mathrm{p}^2})\Big]^{\frac{1}{2}}\end{aligned} \tag{4.23}$$

将式（4.21）和式（4.23）代入式（4.20），可得标量比例系数为：

$$\mathrm{d}\lambda = \frac{3}{2}\frac{\mathrm{d}\varepsilon_{\mathrm{eq}}^{\mathrm{p}}}{\sigma_{\mathrm{eq}}} \tag{4.23}$$

用主应力、主应变表达的有效应力、有效应变和有效塑性应变增量分别为：

$$\sigma_{\mathrm{eq}} = \frac{1}{\sqrt{2}}\sqrt{(\sigma_1 - \sigma_2)^2 + (\sigma_2 - \sigma_3)^2 + (\sigma_3 - \sigma_1)^2} \tag{4.21a}$$

$$\varepsilon_{\mathrm{eq}} = \frac{\sqrt{2}}{3}\sqrt{(\varepsilon_1 - \varepsilon_2)^2 + (\varepsilon_2 - \varepsilon_3)^2 + (\varepsilon_3 - \varepsilon_1)^2} \tag{4.22a}$$

$$d\varepsilon_{eq}^{p}=\frac{\sqrt{2}}{3}\sqrt{(d\varepsilon_{1}^{p}-d\varepsilon_{2}^{p})^{2}+(d\varepsilon_{2}^{p}-d\varepsilon_{3}^{p})^{2}+(d\varepsilon_{3}^{p}-d\varepsilon_{1}^{p})^{2}} \tag{4.23a}$$

在理想弹塑性条件下，材料的变形较小。弹性变形与塑性变形属于同一量级时，弹性应变不应略去，总应变中应包括弹性应变，即总应变增量满足 $d\varepsilon_{ij}=d\varepsilon_{ij}^{e}+d\varepsilon_{ij}^{p}$。这里，弹性应变增量由增量形式的广义胡克定律式（4.15）确定，而塑性应变增量则按式（4.18）确定。因而有

$$de_{ij}=\frac{1}{2G}ds_{ij}+d\lambda s_{ij} \tag{4.25}$$

式中，$d\lambda$ 由式（4.24）给出。方程（4.25）为理想弹塑性材料的 Prandtl-Reuss 方程。

对于理想刚塑性材料，弹性应变增量可以略去不计，这时总应变增量即为塑性应变增量，即有 $d\varepsilon_{ij}=d\varepsilon_{ij}^{p}=de_{ij}^{p}=de_{ij}$，于是式（4.17）可以写成

$$d\varepsilon_{ij}=d\varepsilon_{ij}^{p}=de_{ij}^{p}=de_{ij}=d\lambda s_{ij} \tag{4.26}$$

即应力偏量与塑性应变偏量增量成正比。

式（4.26）中的 $d\lambda$ 仍由式（4.24）给出，因略去应变增量的弹性部分，所以可用有效应变增量 $d\varepsilon_{eq}$代替有效塑性应变增量 $d\varepsilon_{eq}^{p}$，故而

$$d\lambda=\frac{3}{2}\cdot\frac{d\varepsilon_{eq}}{\sigma_{eq}} \tag{4.27}$$

式（4.27）即为理想刚塑性材料的 Levy-Mises 方程，它可看作是 Prandtl-Reuss 方程的简化形式。

可见，增量理论的核心是 Reuss 假定，即 $d\varepsilon_{ij}^{p}=d\lambda s_{ij}$。它描述的是塑性应变增量 $d\varepsilon_{ij}^{p}$与应力偏量全量 s_{ij}之间的关系。而广义胡克定律所描述的是应变全量 ε_{ij}与应力全量 σ_{ij}之间的关系。

如果将式（4.24）代入式（4.19），就可得到下列形式：

$$\left.\begin{aligned}
d\varepsilon_{xx}^{p}&=\frac{d\varepsilon_{eq}^{p}}{\sigma_{eq}}\left[\sigma_{xx}-\frac{1}{2}(\sigma_{yy}+\sigma_{zz})\right]\\
d\varepsilon_{yy}^{p}&=\frac{d\varepsilon_{eq}^{p}}{\sigma_{eq}}\left[\sigma_{yy}-\frac{1}{2}(\sigma_{zz}+\sigma_{xx})\right]\\
d\varepsilon_{zz}^{p}&=\frac{d\varepsilon_{eq}^{p}}{\sigma_{eq}}\left[\sigma_{zz}-\frac{1}{2}(\sigma_{xx}+\sigma_{yy})\right]\\
d\gamma_{xy}^{p}&=\frac{3d\varepsilon_{eq}^{p}}{\sigma_{eq}}\tau_{xy}\\
d\gamma_{yz}^{p}&=\frac{3d\varepsilon_{eq}^{p}}{\sigma_{eq}}\tau_{yz}\\
d\gamma_{zx}^{p}&=\frac{3d\varepsilon_{eq}^{p}}{\sigma_{eq}}\tau_{zx}
\end{aligned}\right\} \tag{4.28}$$

将得到的描述塑性应力-应变关系的式（4.28）。与描述弹性应力-应变关系的广义胡克定律式（2.26）相比较，可以看到两者在形式上相似，除应变部分前者是增量形式而后者

是全量形式之外，两者之间仅系数部分不同。如果将广义胡克定律中的 μ 用 1/2 代替，$1/E$用 $d\varepsilon_{eq}^{p}/\sigma_{eq}$代替，就可得到式（4.28）。泊松比 $\mu=1/2$ 反映了塑性变形的体积不变性；$d\varepsilon_{eq}^{p}/\sigma_{eq}$反映了塑性变形过程中应力-应变关系的非线性及与加载路径的相关性。

4.4 全 量 理 论

在增量理论中，我们得到了塑性应变增量的分量与应力分量之间的关系。为得到总塑性应变分量与应力分量之间的关系，应将本构方程对全部加载路径积分，从而求得总应变分量与瞬时应力分量之间的关系。由此可见，应力与应变的全量关系必然与加载的路径有关。

全量理论又称形变理论，它试图把弹性理论中的总应变与应力的关系，扩展到塑性理论中来，建立一个用全量形式表示的与加载路径无关的本构关系。全量理论是直接用一点的应力分量和应变分量表示的塑性本构关系，数学表达式比较简单，应用起来比较方便，但是应用范围受到一定的限制。

全量理论与弹性力学相似，在处理问题时取变形的全量，以简化加载因而满足比例变形为前提条件，分析问题比较简单，只在一些特殊的情况下才能使用。它在本质上与非线性弹性理论相似，也是胡克定律的一个自然推广。

4.4.1 本构方程

全量理论以比例变形为基础，即在加载过程中，应力主轴的方向保持不变，各应变分量之间在变形过程中始终保持固定的比例。即：

$$d\varepsilon_1^p : d\varepsilon_2^p : d\varepsilon_3^p = C_1 : C_2 : C_3 \tag{4.29}$$

上式又可写成：

$$d\varepsilon_2^p = \frac{C_2}{C_1}d\varepsilon_1^p,\ d\varepsilon_3^p = \frac{C_3}{C_1}d\varepsilon_1^p$$

由于在整个变形过程中，C_2/C_1，C_3/C_1 保持为常数，故经过积分后可得

$$\varepsilon_2^p = \frac{C_2}{C_1}\varepsilon_1^p + D_1,\ \varepsilon_3^p = \frac{C_3}{C_1}\varepsilon_1^p + D_2$$

如果假设初始应变为零，代入上式后可得 $D_1=D_2=0$，由此得

$$\frac{\varepsilon_2^p}{\varepsilon_1^p} = \frac{C_2}{C_1},\quad \frac{\varepsilon_3^p}{\varepsilon_1^p} = \frac{C_3}{C_1}$$

即

$$\varepsilon_1^p : \varepsilon_2^p : \varepsilon_3^p = C_1 : C_2 : C_3 \tag{4.30}$$

若将式（4.29）代入有效塑性应变增量的表达式（4.23），则有：

$$d\varepsilon_{eq}^p = \frac{\sqrt{2}}{3}\sqrt{\left(1-\frac{C_2}{C_1}\right)^2 + \left(\frac{C_2}{C_1}-\frac{C_3}{C_1}\right)^2 + \left(\frac{C_3}{C_1}-1\right)^2}\,d\varepsilon_1^p$$

积分上式，可得

$$\varepsilon_{eq}^p = \frac{\sqrt{2}}{3}\sqrt{\left(1-\frac{C_2}{C_1}\right)^2 + \left(\frac{C_2}{C_1}-\frac{C_3}{C_1}\right)^2 + \left(\frac{C_3}{C_1}-1\right)^2}\,\varepsilon_1^p + D_3$$

由于初始应变为零，故初始有效塑性应变也必为零，因而得 $D_3=0$，再将式（4.30）代入上式，则有

$$\varepsilon_{eq}^{p}=\frac{\sqrt{2}}{3}\sqrt{\left(1-\frac{\varepsilon_{2}^{p}}{\varepsilon_{1}^{p}}\right)^{2}+\left(\frac{\varepsilon_{2}^{p}}{\varepsilon_{1}^{p}}-\frac{\varepsilon_{3}^{p}}{\varepsilon_{1}^{p}}\right)^{2}+\left(\frac{\varepsilon_{3}^{p}}{\varepsilon_{1}^{p}}-1\right)^{2}}\varepsilon_{1}^{p}$$

$$=\frac{\sqrt{2}}{3}\sqrt{(\varepsilon_{1}^{p}-\varepsilon_{2}^{p})^{2}+(\varepsilon_{2}^{p}-\varepsilon_{3}^{p})^{2}+(\varepsilon_{3}^{p}-\varepsilon_{1}^{p})^{2}}$$

由此可见，在比例加载条件下，有

$$\int \mathrm{d}\varepsilon_{eq}^{p}=\varepsilon_{eq}^{p} \tag{4.31}$$

如果 s_{ij}^{0}为初始应力偏量张量，c 为随时间变化的参数，则在比例加载的条件下，应有如下关系：

$$s_{ij}=cs_{ij}^{0},\ \sigma_{eq}=c\sigma_{eq}^{0},\ \mathrm{d}s_{ij}=s_{ij}^{0}\mathrm{d}c \tag{4.32}$$

将式（4.32）代入式（4.25），可得：

$$\mathrm{d}e_{ij}=\frac{\mathrm{d}s_{ij}}{2G}+\mathrm{d}\lambda s_{ij}=s_{ij}^{0}\left(\frac{\mathrm{d}c}{2G}+c\mathrm{d}\lambda\right)$$

对上式积分，则有

$$e_{ij}=s_{ij}^{0}\left(\frac{c}{2G}+\int c\mathrm{d}\lambda\right)$$

将标量比例系数 $\mathrm{d}\lambda$ 的表达式（4.24）代入，并利用式（4.31）、式（4.32），得到

$$e_{ij}=s_{ij}^{0}\left(\frac{c}{2G}+\int c\cdot\frac{3}{2}\cdot\frac{\mathrm{d}\varepsilon_{eq}^{p}}{c\sigma_{eq}^{0}}\right)=s_{ij}^{0}c\left(\frac{1}{2G}+\frac{3}{2c}\cdot\frac{1}{\sigma_{eq}^{0}}\int \mathrm{d}\varepsilon_{eq}^{p}\right)=s_{ij}\left(\frac{1}{2G}+\frac{3\varepsilon_{eq}^{p}}{2\sigma_{eq}}\right) \tag{4.33}$$

如取 $\Phi=\dfrac{3G\varepsilon_{eq}^{p}}{\sigma_{eq}}$，则上式又可写成：

$$e_{ij}=s_{ij}\frac{1+\Phi}{2G} \tag{4.33a}$$

式（4.33a）称为 Hencky 方程。它表明应变偏量全量 e_{ij}与应力偏量成正比。Hencky 方程用于比例加载的条件下，即要求加载时各应力分量按比例增长。该理论不允许卸载，因此它实质上是非线性弹性理论。考虑到塑性理论本质上是增量的，原则上全量理论是不成立的。但由于某些实际工程问题与比例加载相差不大，而全量理论形式简单，应用方便，因而此理论仍有广泛应用。

4.4.2 适用条件

在 Hencky 理论的基础上，苏联的伊留申将全量理论整理得更为完整，并明确提出了其适用范围和比例变形时必须满足的条件。

伊留申提出的加载条件是：

(1) 外载荷按比例增加，变形体处于主动变形的过程，不出现中途卸载的情况。

(2) 体积是不可压缩的，泊松比 $\mu=1/2$。

(3) 材料的应力-应变曲线具有幂强化形式。

(4) 满足小弹塑性变形的条件，即塑性变形和弹性变形属于同一量级。

在满足以上几个条件的基础上，用全量理论计算出的结果将是正确的。这里，外载荷按比例增加的条件是必要条件，取泊松比 $\mu=1/2$ 对简化计算具有重要意义，因为不同的 μ 值对计算结果的影响并不大。幂强化形式的物理关系可以避免区分弹性区和塑性区，而且可以通过选择参数 A 和 n 来近似描述实际材料的力学行为，因此可以认为该理论对所使用的材料是没有限制的。

伊留申的弹塑性小变形理论假定：有效应力（又称应力强度）σ_{eq} 与有效应变（又称应变强度）ε_{eq} 之间有单一的函数关系，即

$$\sigma_{eq}=\psi(\varepsilon_{eq}) \tag{4.34}$$

式中，$\psi(\varepsilon_{eq})$ 是 ε_{eq} 的单值函数，适用于各种应力状态，但是对不同的材料，则有不同的函数关系。

式（4.34）可以用曲线表示，故这一假定也称为*单一曲线假定*。这个假定已通过大量实验得到证实。这些实验结果表明：只要是在简单加载或偏离简单加载不大的情况下，尽管应力状态不同，有效应力和有效应变曲线都可以近似地用单向拉伸曲线表示。图 4.5 即为对同时受拉伸和内压作用的薄壁圆筒，在不同比例外载条件下，所作出的 σ_{eq}-ε_{eq} 关系曲线。根据单一曲线假定，可以把复杂状态的 σ_{eq}-ε_{eq} 曲线和一维的应力-应变关系曲线相联系，这为处理具体问题带来了很大的方便。对于简单拉伸情况，σ_{eq}-ε_{eq} 曲线就是 σ-ε 曲线，即可用简单拉伸试验确定。

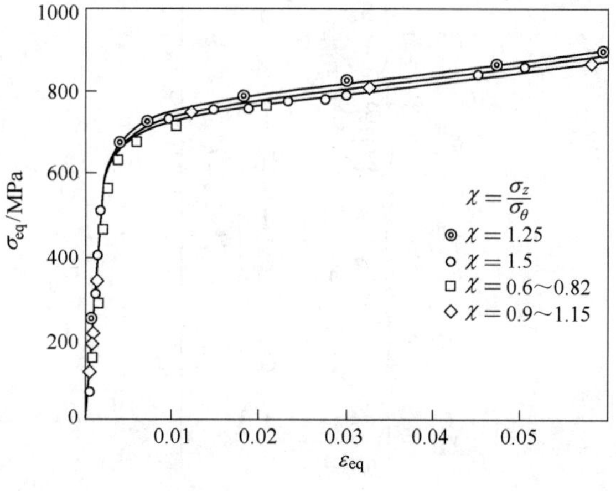

图 4.5 单一曲线实验

按照伊留申理论，当满足小变形理论的几个条件时，在加载过程中，应力的主方向保持不变，因此可以认为应力偏量和应变偏量分量成比例，即应力-应变关系可以表示为：

$$\left.\begin{aligned} s_{xx} &= \frac{2\sigma_{eq}}{3\varepsilon_{eq}} e_{xx} \\ s_{yy} &= \frac{2\sigma_{eq}}{3\varepsilon_{eq}} e_{yy} \\ s_{zz} &= \frac{2\sigma_{eq}}{3\varepsilon_{eq}} e_{zz} \\ \tau_{xy} &= \frac{\sigma_{eq}}{3\varepsilon_{eq}} \gamma_{xy} \\ \tau_{yz} &= \frac{\sigma_{eq}}{3\varepsilon_{eq}} \gamma_{yz} \\ \tau_{zx} &= \frac{\sigma_{eq}}{3\varepsilon_{eq}} \gamma_{zx} \end{aligned}\right\} \tag{4.35}$$

即：

$$e_{ij} = \frac{3\varepsilon_{eq}}{2\sigma_{eq}} s_{ij} \tag{4.35a}$$

比较式（4.35a）和 Levy-Mises 方程式（4.27），两者的形式是类似的，差别只在于增量理论中采用的是应变的增量，而全量理论中采用的是应变的全量。

式（4.35a）中的有效应变包括了弹性应变和塑性应变。如果需要求塑性应变的值，则可从总的应变中减去弹性应变，得到

$$\left.\begin{aligned} \varepsilon_{xx}^{p} &= \left(\frac{3\varepsilon_{eq}}{2\sigma_{eq}} - \frac{1}{2G}\right) s_{xx} \\ \varepsilon_{yy}^{p} &= \left(\frac{3\varepsilon_{eq}}{2\sigma_{eq}} - \frac{1}{2G}\right) s_{yy} \\ \varepsilon_{zz}^{p} &= \left(\frac{3\varepsilon_{eq}}{2\sigma_{eq}} - \frac{1}{2G}\right) s_{zz} \\ \gamma_{xy}^{p} &= \left(\frac{3\varepsilon_{eq}}{\sigma_{eq}} - \frac{1}{G}\right) \tau_{xy} \\ \gamma_{yz}^{p} &= \left(\frac{3\varepsilon_{eq}}{\sigma_{eq}} - \frac{1}{G}\right) \tau_{yz} \\ \gamma_{zx}^{p} &= \left(\frac{3\varepsilon_{eq}}{\sigma_{eq}} - \frac{1}{G}\right) \tau_{zx} \end{aligned}\right\} \tag{4.36}$$

即：

$$\varepsilon_{ij}^{p} = \left(\frac{3\varepsilon_{eq}}{2\sigma_{eq}} - \frac{1}{2G}\right) s_{ij} \tag{4.36a}$$

例 4.1 试求单向拉伸时，塑性应变的比值（设材料是不可压缩的）。

解：单向拉伸时，各应力分量为

$$\sigma_1 = \sigma_s, \quad \sigma_2 = \sigma_3 = 0$$

平均应力 σ_0 为 $$\sigma_0=\frac{\sigma_1+\sigma_2+\sigma_3}{3}=\frac{\sigma_s}{3}$$

由此可得应力偏量为 $$s_1=\frac{2}{3}\sigma_s,\ s_2=s_3=-\frac{\sigma_s}{3}$$

塑性应变增量为 $$d\varepsilon_1^p=s_1d\lambda=\frac{2}{3}\sigma_sd\lambda$$

$$d\varepsilon_2^p=s_2d\lambda=-\frac{1}{3}\sigma_sd\lambda$$

$$d\varepsilon_3^p=s_3d\lambda=-\frac{1}{3}\sigma_sd\lambda$$

由此得塑性应变增量的比值为 $d\varepsilon_1^p:d\varepsilon_2^p:d\varepsilon_3^p=2:(-1):(-1)$

考虑单向拉伸时应力主轴的方向保持不变，应用全量理论可得塑性应变的比值为：

$$\varepsilon_1^p:\varepsilon_2^p:\varepsilon_3^p=2:(-1):(-1)$$

例 4.2 已知一长封闭圆筒的半径为 r，壁厚为 t，受内压 p 的作用，从而产生塑性变形。如果材料是各向同性的，并忽略弹性应变，试求周向、轴向和径向应变增量的比值。

解：在受内压的薄壁圆筒中，在 r、θ、z 方向的主应力分别为

$$\sigma_\theta=\frac{pr}{t},\ \sigma_z=\frac{pr}{2t},\ \sigma_r\approx 0$$

由此得平均应力为 $$\sigma_0=\frac{1}{3}(\sigma_r+\sigma_\theta+\sigma_z)=\frac{pr}{2t}$$

因此应力偏量为

$$s_r=\sigma_r-\sigma_0=-\frac{pr}{2t}$$

$$s_\theta=\sigma_\theta-\sigma_0=\frac{pr}{2t}$$

$$s_z=\sigma_z-\sigma_0=0$$

忽略弹性应变时，增量理论的塑性本构关系为

$$d\varepsilon_r=s_rd\lambda=-\frac{pr}{2t}d\lambda$$

$$d\varepsilon_\theta=s_\theta d\lambda=\frac{pr}{2t}d\lambda$$

$$d\varepsilon_z=0$$

因此得应变分量增量的比值为 $d\varepsilon_r:d\varepsilon_\theta:d\varepsilon_z=(-1):1:0$

4.5 常用的屈服准则

屈服准则是塑性力学中的基本概念之一。在单向拉伸、压缩、扭转、剪切等简单加载条件下，可以十分容易地测定材料的屈服应力。例如，单向拉伸时，屈服应力 σ_s 可以在拉伸曲线上直接得到。在复杂应力状态下，当然也可以用实验方法测定其屈服应力。但

是，复杂应力状态有无限多种，用测试的方法既不经济，也不可能，因此有必要用一个统一的屈服准则来概括。满足此屈服准则时，材料即发生塑性变形或进入屈服状态；否则，材料就不会进入屈服，仍处于弹性状态。

经过大量实践，目前已得到国际学者们认可、比较符合工程金属材料实际且使用方便的屈服准则主要有：Tresca 屈服准则、Mises 屈服准则、双剪屈服准则、双剪统一屈服准则。

4.5.1 Tresca 屈服准则

Tresca 屈服准则又称最大剪应力屈服准则，或单剪屈服准则。它认为：当最大剪应力达到某个临界值时，即

$$\tau_{max} = \tau_s \tag{4.37a}$$

材料将开始屈服。式中，τ_s 是材料的剪切屈服应力，其数值可由材料实验测定。

当主应力的大小次序已知，即 $\sigma_1>\sigma_2>\sigma_3$ 时，最大剪应力为 $\tau_{max} = \dfrac{\sigma_1 - \sigma_3}{2}$。

因此，Tresca 屈服准则可写为

$$\frac{\sigma_1 - \sigma_3}{2} = \tau_s \tag{4.37b}$$

在简单拉伸情况下，由于 $\sigma_1>0$，$\sigma_2=\sigma_3=0$，故最大剪应力为 $\tau_{max} = \dfrac{\sigma_1}{2}$。

当简单拉伸开始出现屈服时，$\sigma_1=\sigma_s$，σ_s 为简单拉伸屈服应力。因而，此时最大剪应力为 $\tau_{max} = \dfrac{\sigma_s}{2}$，与屈服准则相对照，则有 $\tau_s = \dfrac{\sigma_s}{2}$。

由此可见：按照 Tresca 屈服准则，材料的剪切屈服应力 τ_s 应为其简单拉伸屈服应力 σ_s 的一半。但实际实验结果表明，对不同的材料，这一数值相差较大。

将上式代入式（4.37b），得

$$\sigma_1 - \sigma_3 = \sigma_s$$

综合以上讨论，当主应力的大小次序已知，即 $\sigma_1>\sigma_2>\sigma_3$ 时，Tresca 屈服准则为

$$\frac{\sigma_1 - \sigma_3}{2} = \tau_s = \frac{\sigma_s}{2} \tag{4.37c}$$

或

$$\sigma_1 - \sigma_3 = \sigma_s$$

在 Tresca 屈服准则的表达式中，只出现了最大主应力 σ_1 和最小主应力 σ_3，而中间主应力 σ_2 未包含在内，即该准则未考虑中间主应力对材料屈服的影响。

当主应力的大小次序未知时，Tresca 屈服准则可表示为：

$$\left.\begin{aligned} |\sigma_1 - \sigma_2| = \sigma_s \\ |\sigma_2 - \sigma_3| = \sigma_s \\ |\sigma_3 - \sigma_1| = \sigma_s \end{aligned}\right\} \tag{4.38a}$$

只要上述准则式（4.38a）中的任何一式成立，材料将开始屈服。也可将上述准则写成统一形式：

$$\tau_{max} = \frac{1}{2}\max(|\sigma_1 - \sigma_2|, |\sigma_2 - \sigma_3|, |\sigma_3 - \sigma_1|) = \tau_s = \frac{\sigma_s}{2} \tag{4.38b}$$

只要式（4.38b）中括号内三项中任何一项达到 τ_s，材料将开始屈服；如果这三项都小于 τ_s，则材料仍处于弹性状态。

由 Tresca 准则的表达式（4.38b）可知，在主应力空间中，表示 Tresca 准则的屈服曲面是一个垂直于 π 平面的正六角柱体面，如图 4.6（a）所示。通常称此正六角柱体为 Tresca 六角柱体。屈服曲面在 π 平面上的屈服曲线是一个正六边形（见图 4.6（b）），通常称此正六边形为 Tresca 正六边形。

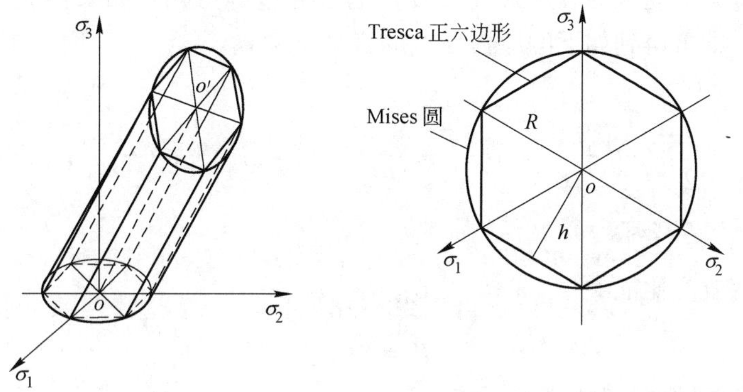

图 4.6　屈服曲线与曲面

对于平面应力状态，$\sigma_3=0$，准则可化简为

$$\left.\begin{array}{l}|\sigma_1 - \sigma_2| = \sigma_s \\ |\sigma_2| = \sigma_s \\ |\sigma_1| = \sigma_s\end{array}\right\} \tag{4.39}$$

此时，在 σ_1-σ_2 平面内的图形是一个斜六边形，见图 4.7，通常称此斜六边形为 Tresca 六边形，它就是 Tresca 六角柱体与 σ_1-σ_2 平面的交线。

Tresca 屈服准则的数学表达式很简单，与实验结果也较符合。但在使用该准则时，一般要预先知道主应力的大小次序，且主应力的大小次序可能随加载的过程而发生改变，因而使用起来比较困难。

4.5.2 Mises 屈服准则

应该指出的是，前面提到的 π 平面上 Tresca 六边形的六个顶点是由实验得到的，但是连接这六个顶点的直线都是假定的，而且六边形是非光滑连续的，会引起数学处理上的困难。为了简化计算，Mises 又提出了 Mises 屈服准则，认为：如果用一个圆将这六个顶点连接起来可能更合理。他提出的屈服准则的数学表达式为

$$(\sigma_1 - \sigma_2)^2 + (\sigma_2 - \sigma_3)^2 + (\sigma_3 - \sigma_1)^2 = 6k^2 \tag{4.40a}$$

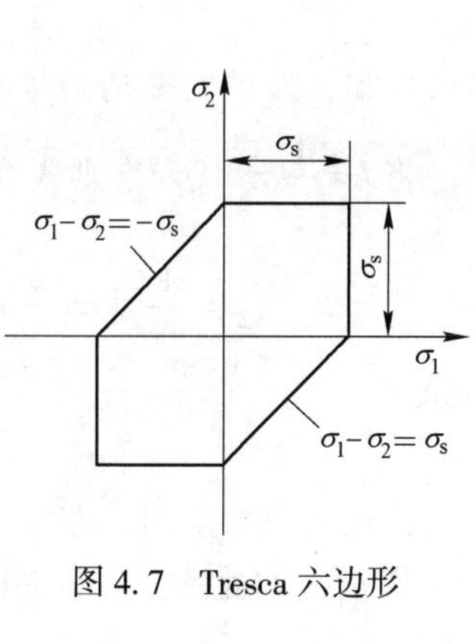

图 4.7　Tresca 六边形

如果$(\sigma_1-\sigma_2)^2+(\sigma_2-\sigma_3)^2+(\sigma_3-\sigma_1)^2<6k^2$，材料仍将处于弹性状态；应力状态一旦满足屈服准则式（4.40a），材料将开始屈服。

Hencky 对此屈服准则的物理意义做了解释。他指出：Mises 方程式（4.40a）相当于弹性应变改变比能 U 达到某个临界值时材料将开始屈服。由于平均正应力 σ_m（即静水应力）不能使材料屈服，也就是说弹性应变改变比能 U 中的体积应变改变比能 U_V 对屈服不起作用，因而可认为决定屈服的只是弹性应变改变比能 U 中的 U_D。因此，他提出屈服准则可表达为：当形变能达到某个临界值时，材料将开始屈服。故 Mises 屈服准则又称形变改变比能屈服准则。

由第 2 章应力不变量的表达式（2.92）的推导过程可知：如果将应力偏量 σ'_{ij} 看作是一种应力状态，则可得到如下的应力偏量的三个不变量：

$$\left.\begin{aligned} I'_1 &= 0 \\ I'_2 &= \frac{1}{2}\sigma'_{ij}\sigma'_{ij} = \frac{1}{6}[(\sigma_1-\sigma_2)^2+(\sigma_2-\sigma_3)^2+(\sigma_3-\sigma_1)^2] \\ I'_3 &= \sigma_1\sigma_2\sigma_3 \end{aligned}\right\} \tag{4.41}$$

因而，形变改变比能 $$U_D = \frac{1}{2G}I'_2$$

即 $$I'_2 = 2GU_D$$

于是，Mises 屈服准则的表达式可写成

$$I'_2 = k^2 \tag{4.40b}$$

式中，I'_2 为应力偏量的第二不变量；k 为表征材料屈服特征的参数，不同材料的 k 值可由简单拉伸实验对比确定。式（4.40a）与式（4.40b）实际上是等价的，因而 Mises 屈服准则本质上是一种能量准则。

简单拉伸屈服时，$\sigma_1=\sigma_s$，$\sigma_2=\sigma_3=0$，代入式（4.40a）可得

$$k = \frac{1}{\sqrt{3}}\sigma_s$$

纯剪切屈服时，$\sigma_1=-\sigma_3=\tau_s$，$\sigma_2=0$，同样代入式（4.40a）得到

$$k = \tau_s$$

将简单拉伸时与纯剪切屈服时所得到的结果加以比较，可得

$$\tau_s = \frac{1}{\sqrt{3}}\sigma_s$$

由此可知，按照此准则，剪切屈服应力 τ_s 应为简单拉伸屈服应力 σ_s 的 $1/\sqrt{3}\approx 0.577$ 倍。

将 $k=\frac{1}{\sqrt{3}}\sigma_s$ 代入准则式（4.40b）得

$$I'_2 = \frac{1}{6}[(\sigma_1-\sigma_2)^2+(\sigma_2-\sigma_3)^2+(\sigma_3-\sigma_1)^2] = k^2 = \frac{1}{3}\sigma_s^2$$

亦即

$$(\sigma_1-\sigma_2)^2+(\sigma_2-\sigma_3)^2+(\sigma_3-\sigma_1)^2 = 2\sigma_s^2 \tag{4.40c}$$

显然，在主应力空间，方程式（4.40c）所表示的是一个垂直于 π 平面的圆柱，如图 4.6（a）所示，称此圆柱体为 Mises 圆柱体。它在 π 平面上的屈服曲线则是一个圆，如图 4.6

(b) 所示。

可以证明，如果使简单拉伸条件下的 Mises 屈服条件与 Tresca 条件相重叠，则 Mises 圆柱体就是 Tresca 正六角柱体的外接圆柱体，在 π 平面上的 Mises 圆就是 Tresca 正六边形的外接圆，而且此外接圆半径为

$$r=\sqrt{\frac{2}{3}}\sigma_s$$

如果使纯剪切条件下的两个准则的条件相重叠，则 Mises 圆柱体就是 Tresca 正六角柱体的内接圆柱体。

对于平面应力状态，$\sigma_3=0$，由式（4.40c）可知，Mises 准则此时可简化为：

$$\sigma_1^2-\sigma_1\sigma_2+\sigma_2^2=\sigma_s^2$$

即

$$\left(\frac{\sigma_1}{\sigma_s}\right)^2-\frac{\sigma_1}{\sigma_s}\frac{\sigma_2}{\sigma_s}+\left(\frac{\sigma_2}{\sigma_s}\right)^2=1 \tag{4.42}$$

此方程在 σ_1-σ_2 平面内的图形是一个椭圆，见图 4.8。通常称此椭圆为 Mises 椭圆，它就是 Mises 圆柱体与 σ_1-σ_2 平面的交线。

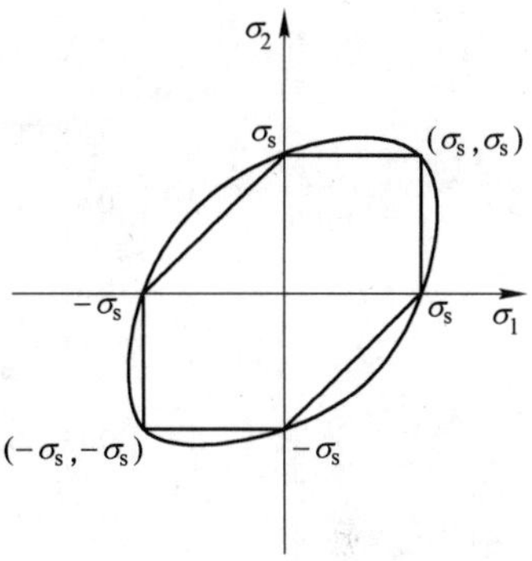

图 4.8 Mises 椭圆

对于 Mises 屈服准则的讨论，还应提到苏联学者伊留申的工作。他把有效应力 σ_{eq} 概念引入到屈服准则中，把 Mises 准则解释为：当有效应力 σ_{eq} 达到简单拉伸屈服应力 σ_s 时，材料将开始屈服。有效应力的公式见第四强度理论论述中的式（3.18），即

$$\sigma_{eq}=\frac{1}{\sqrt{2}}[(\sigma_1-\sigma_2)^2+(\sigma_2-\sigma_3)^2+(\sigma_3-\sigma_1)^2]^{\frac{1}{2}}=\sigma_s \tag{4.43}$$

这相当于式（4.40c），也即 Mises 准则。伊留申把复杂应力状态的屈服准则，通过有效应力 σ_{eq} 与简单拉伸屈服应力 σ_s 联系起来，使 Mises 屈服准则的物理意义更加明确，对建立弹塑性变形理论具有重要意义。

除前述两种屈服准则外，还有我国学者俞茂宏提出的双剪屈服准则及统一双剪屈服准则。这两种屈服准则的相应条件的建立及其表达式，已分别在第 3 章中论述。双剪屈服准则是 1961 年建立双剪强度理论时，得出的一个新的材料强度假设。它认为：当材料某点处的两个较大主切应力之和达到某一极限值时，材料发生屈服，可以表达为式（3.24）以及主应力表达为式（3.25）。在统一屈服强度理论建立过程中，形成了统一屈服准则，其具体描述材料屈服条件的表达式见式（3.30）。

4.5.3 各种屈服准则的对比

Tresca 屈服准则在 π 平面上的屈服曲线是正六边形，而 Mises 屈服准则在 π 平面上的屈服曲线则是一个外接于该正六边形的外接圆，因而这两个准则在相交的正六边形的六个顶点上的屈服应力完全相同，而这两个准则在纯剪切应力状态下的屈服应力相差最大。在纯剪切状态下，按照 Tresca 准则得到的剪切屈服应力 $\tau_s=\sigma_s/2$，而由 Mises 准则得到的

$\tau_s = \sigma_s / \sqrt{3}$。也就是说，由 Mises 准则得到的屈服应力是由 Tresca 准则得到的屈服应力的 $2/\sqrt{3} \approx 1.155$ 倍。

Tresca 准则不考虑中间主应力对屈服的影响，而 Mises 准则考虑了中间主应力对屈服的影响。从理论上说，显然后者比前者更准确些，实验结果也证实了这一点。有学者曾经用铜镍合金的管材试件在拉伸与内压复合载荷的作用下进行过一系列试验，得到了中间主应力对屈服确有影响的实验结果。又由于 Mises 准则得到的屈服曲线是个圆，所以使用起来比较方便，因而在一般情况下广泛使用 Mises 准则。但是，如果主应力的大小次序已知时，例如，在讨论筒和圆盘问题时，使用 Tresca 准则就比较方便，而且与实际情况相差不大。

Taylor 和 Quinney 曾使用铝、铜、软钢三种不同金属材料的薄壁管试件，在拉伸和扭转复合载荷作用下进行了系统试验，所得试验结果如图 4.9 所示。

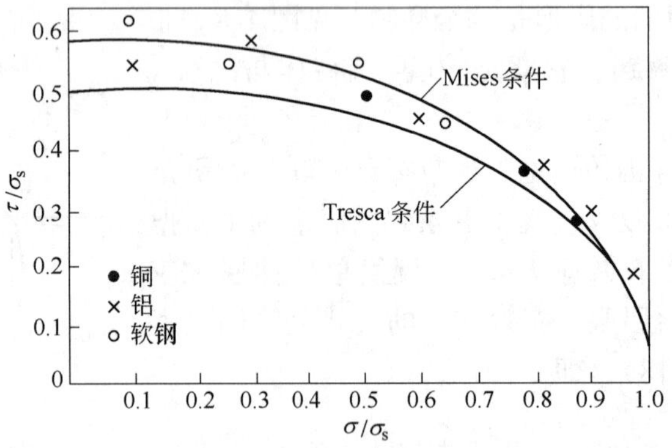

图 4.9　两种屈服准则的比较

如果认为在拉-扭复合载荷作用下，薄壁管试件管壁为平面应力状态，由轴向拉伸力 P 产生的正应力为 σ，由扭矩 M 产生的剪应力为 τ，根据应力圆可得

$$\sigma_1 = \frac{\sigma}{2} + \sqrt{\left(\frac{\sigma}{2}\right)^2 + \tau^2}$$

$$\sigma_2 = 0$$

$$\sigma_3 = \frac{\sigma}{2} - \sqrt{\left(\frac{\sigma}{2}\right)^2 + \tau^2}$$

在这种应力状态下，使用 Mises 准则可得

$$\sigma^2 + 3\tau^2 = \sigma_s^2$$

由 Tresca 准则得

$$\sigma^2 + 4\tau^2 = \sigma_s^2$$

显然，两个屈服准则所得结果代表两个椭圆，将它们的部分图形画在图 4.9 中。由图可知，Mises 屈服准则比 Tresca 屈服准则更接近实验结果。

图 3.7 中曾给出了双剪统一屈服准则的一系列极限面。统一屈服准则中，反映中间主切应力影响的材料参数 b 选择不同的值，双剪统一屈服准则可对应各种不同的屈服准则，从而得到一系列新的屈服面，以适应各种不同的材料。它将各种单一的屈服准则从理论及

数学表达上进行了统一，形成了一个体系。

另外，可以结合不同的屈服准则来研究流动法则。根据塑性金属材料的基本力学性能实验结果，一般认为静水应力不影响屈服，并不计 Bauschinger 效应，拉压屈服极限相同。此时屈服函数 $f(\sigma_{ij})=0$ 可以简化为 $f(I_2', I_3')=0$。结合Mises 提出的塑性位势的概念及 Drucker 公设，塑性应变增量与屈服表面垂直，表明对理想塑性材料，在光滑点上有：

$$\mathrm{d}\varepsilon_{ij}^{\mathrm{p}} = \mathrm{d}\lambda \frac{\partial f}{\partial \sigma_{ij}} \tag{4.44}$$

式中，f 为采用 Mises 屈服准则时的屈服函数，即 $f=I_2'-\tau_{\mathrm{s}}^2=0$。因此在一般情形下有：

$$\frac{\partial f}{\partial \sigma_{ij}} = s_{ij} \tag{4.45}$$

于是同样可以得到 $\mathrm{d}\varepsilon_{ij}^{\mathrm{p}} = \mathrm{d}\lambda s_{ij}$。这说明：式（4.17a）实际上是理想塑性材料与 Mises 屈服准则相关联的流动法则。因而，结合不同的屈服准则，可以得到不同的流动法则。这里不再一一列举。

例 4.3 有一薄壁圆筒，直径为 d，厚度为 t，受内压 p 作用。若薄壁圆筒的材料满足 Mises 屈服准则，试求出圆筒中的周向应力 σ_θ 和轴向应力 σ_z，并求当薄壁圆筒完全进入塑性状态时内压 p 应为多大（即极限承载能力）？

解： 若已知薄壁圆筒的内压为 p，则根据平衡条件，有

$$\sigma_\theta = \frac{pd}{2t},\ \sigma_z = \frac{pd}{4t}$$

即

$$\sigma_\theta = 2\sigma_z$$

由于径向应力 σ_r 比 σ_θ 或 σ_z 小很多，故可忽略不计，即 $\sigma_r \approx 0$。

将上面两式代入 Mises 屈服准则式（4.40c），得

$$(\sigma_\theta - \sigma_z)^2 + (\sigma_z - \sigma_r)^2 + (\sigma_r - \sigma_\theta)^2 = 2\sigma_s^2$$

$$\left(\frac{pd}{4t}\right)^2 + \left(\frac{pd}{4t}\right)^2 + \left(\frac{pd}{2t}\right)^2 = 2\sigma_s^2$$

整理得

$$\frac{3}{8}\left(\frac{pd}{t}\right)^2 = 2\sigma_s^2$$

由此可得薄壁圆筒完全进入塑性状态时的压力 p 为

$$p = \frac{4t}{\sqrt{3}\,d}\sigma_s$$

4.6 后继屈服条件

在载荷作用下，变形体中有的部分可能仍处于弹性状态，有的部分可能已进入塑性状态，因而变形体可分为弹性区和塑性区。在弹性区，加载与卸载都服从胡克定律。但在塑性区，加卸载过程则服从不同的规律。

对于理想塑性材料，初始屈服曲面是固定不变的，是材料未经受任何塑性变形时的弹性响应的界限。对于强化材料，材料发生塑性变形后，其后继弹性范围的边界随加载历史

发生变化。后继弹性范围的边界，即为后继屈服条件。后继屈服应力一般随塑性变形的增加而增加，且一个方向上的后继屈服应力的变化（强化），将会引起反向的后继屈服应力的变化。为了数学处理的方便，通常采用的简化的强化模型有：

（1）等向强化模型，又叫各向同性强化模型。它假设塑性变形对屈服条件的改变与应力的方向无关，加载曲面是屈服曲面 ϕ 在应力空间中的相似扩大，后继屈服面的中心位置及形状保持不变。该模型忽略了由于塑性变形而引起的材料各向异性性质，因而适用于加载过程中应力分量之间的比值变化不大时。相应地，由等向强化模型修正的后继屈服条件为：

$$\phi(\bar{\sigma},\ \sigma^*) = \bar{\sigma} - \sigma^* = 0 \tag{4.46}$$

式中，$\sigma^* > \sigma_s$，它是 $\bar{\sigma}$ 在此前的历史中曾达到的最大值。σ^* 为流动应力，$\bar{\sigma}$ 为某一屈服准则下的等效应力。σ^* 可定义为等效塑性应变的函数，可由连续塑性流动试验确定。对单轴拉伸，可较容易地由试验来确定 σ^*。

（2）随动强化模型。对一般材料，当正向强化时，反向会弱化，这种现象叫作 Bauschinger效应，如图 4.10 所示。随动强化模型假设由于 Bauschinger 效应，反向加载时的屈服应力减小，但总的弹性范围的大小保持不变，因而这一模型存在将 Bauschinger 效应绝对化的缺点。图 4.10 中，BB'相当于应力-应变曲线的原点 O 随强化移至 O'点，O'点相应的应力为 $\hat{\sigma}$，则此时随动强化模型表示为

$$\bar{\sigma}(\sigma_{ij} - \hat{\sigma}) - \sigma_s = 0 \tag{4.47}$$

（3）组合强化模型。为克服随动强化模型的缺点，更真实合理地反映材料特性，将上述两种强化模型结合，即得组合强化模型：

$$\bar{\sigma}(\sigma_{ij} - \hat{\sigma}) - \sigma^* = 0 \tag{4.48}$$

当采用弹-线性强化模型时，以上三种强化模型的意义如图 4.11 所示。容易看出，只要适当地选取 $\hat{\sigma}$ 和 σ^*，就可以使反向加载时的后继屈服应力逼近真实情况。

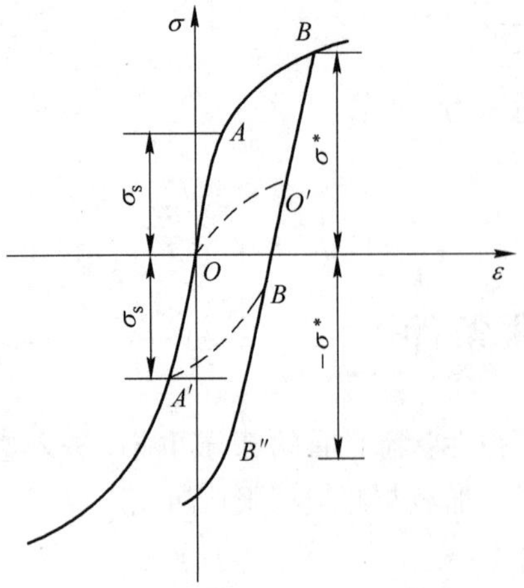

图 4.10　Bauschinger 效应

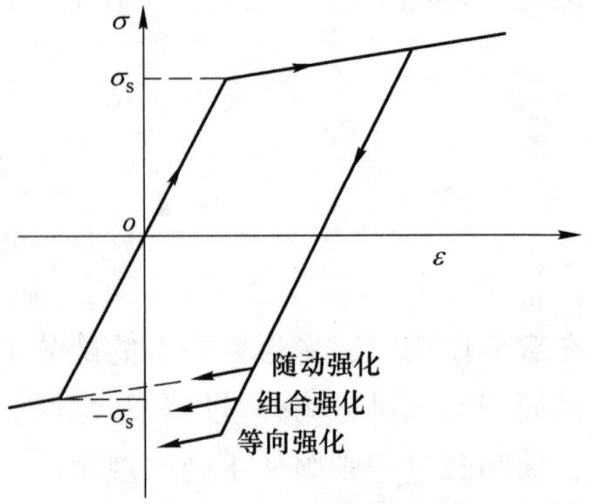

图 4.11　三种强化模型的对比

复习思考题

4-1 理想的弹塑性模型有几种，各适用于什么情况？

4-2 试求下列情况的塑性应变增量之比：

（1）简单拉伸：$\sigma = \sigma_0$；

（2）二维应力状态：$\sigma_1 = \sigma_0/3$，$\sigma_2 = -\sigma_0/3$；

（3）纯剪 $\tau_{xy} = \sigma_0$。

4-3 给出简单拉伸时的增量理论与全量理论的本构关系。

4-4 已知薄壁球壳的半径为 r_0，壁厚为 t_0，受内压 p 的作用。若已知几何关系 $\mathrm{d}\varepsilon_\theta^{\mathrm{p}} = \mathrm{d}\varepsilon_\varphi^{\mathrm{p}} = \mathrm{d}r/r$，$\mathrm{d}\varepsilon_r^{\mathrm{p}} = \mathrm{d}t/t$，试求此时应变分量的比值，有效应力的表达式，以及 r 和 t 在受力后与 t_0 和 r_0 之间的关系。

4-5 设已知厚壁球的内半径为 a，外半径为 b，受内压 p 的作用。如应力-应变关系用幂函数 $\sigma = A\varepsilon^m$ 表示，试求厚壁球的应力分量 σ_r、σ_θ 以及内压 p 的表达式。

4-6 已知两端封闭的薄壁筒受内压 p 的作用，直径为 40 cm，厚度为 4 mm，材料的屈服极限为 250 MPa。试用 Mises 和 Tresca 屈服准则求出圆管的屈服压力，并给出如考虑 σ_r 时，其影响将为多大？

4-7 已知物体中一点的主应力 $\sigma_1 = 200$ MPa，$\sigma_2 = 100$ MPa，$\sigma_3 = -50$ MPa；该物体在拉伸时，$\sigma_s = 205$ MPa。试确定该物体的被研究点是处于弹性状态还是塑性状态（用 Mises 准则和 Tresca 准则）？如将应力方向做相反方向的改变，则所研究点的应力状态是否会改变？

4-8 已知薄壁圆筒受拉力 $\sigma_z = \sigma_s/3$ 的作用，试用 Mises 屈服准则求出此圆筒受扭屈服时，应力应为多大？并求出此时塑性应变增量之比。

5 工程实例分析

5.1 圆轴的弹塑性扭转问题

半径为 R 的圆轴，受扭矩 M_T 的作用，试求圆轴的弹性极限扭矩，塑性极限扭矩，以及弹塑性分界半径与扭转角 θ 的关系。

5.1.1 弹性扭转分析

由材料力学中已知圆轴扭转时的变形规律，即扭转前后圆轴的截面均为圆形；每个截面只是做相对刚性转动；在小变形条件下，没有轴向位移；变形后截面的半径及轴的长度均保持不变。从上述变形分析入手，可得到受扭转圆轴的应变分布规律。如图 5.1（a）所示，设 θ 为圆轴单位长度上截面的相对扭转角，则有

$$\gamma_{\theta z} \cdot 1 = r\theta \tag{5.1}$$

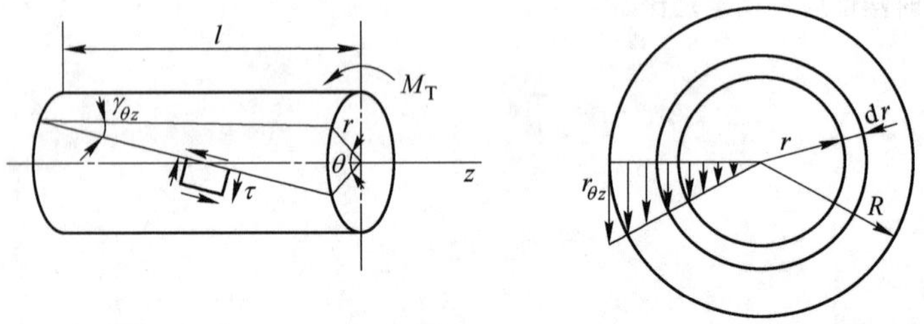

(a)　　(b)

图 5.1　圆轴的弹性扭转

利用胡克定律，就可由应变分布规律得到应力分布规律，即

$$\tau_{\theta z} = G\gamma_{\theta z} = Gr\theta \tag{5.2}$$

利用静力平衡条件，可得到剪应力 $\tau_{\theta z}$ 与扭矩 M_T 的关系式为

$$M_T = \int_0^R \tau_{\theta z}(2\pi r \mathrm{d}r)r = 2\pi\int_0^R \tau_{\theta z} r^2 \mathrm{d}r \tag{5.3}$$

将式（5.2）代入式（5.3）得

$$M_T = 2\pi\int_0^R Gr\theta r^2 \mathrm{d}r = 2\pi G\theta\int_0^R r^3 \mathrm{d}r = \frac{\pi R^4}{2}G\theta = \frac{\pi R^4}{2}\cdot\frac{\tau_{\theta z}}{r} \tag{5.4}$$

即

$$\tau_{\theta z} = \frac{M_T r}{I_p} \tag{5.5}$$

式中，I_p 为圆轴截面的极惯性矩，$I_p = \pi R^4/2$。

由式（5.5）可见，剪应力 $\tau_{\theta z}$ 随半径 r 的增大而呈线性增大，最大剪应力发生在圆轴的最外层（$r=R$），见图 5.1（b），其值为

$$(\tau_{\theta z})_{\max} = \frac{M_T R}{I_p} = G\theta R \tag{5.6}$$

而由式（5.4）可知

$$\theta = \frac{M_T}{GI_p}$$

此式表明，在扭矩 M_T 作用下，圆轴单位长度上截面的相对扭转角 θ 为常数。

以上是圆轴扭转的材料力学解，而材料力学解即弹性力学解。

5.1.2　弹塑性扭转分析

圆轴扭转即使进入塑性状态，其变形规律也仍与弹性状态时相同，即轴的截面只是做相对刚性转动，因而得到的应变分布规律为

$$\varepsilon_{rr} = \varepsilon_{\theta\theta} = \varepsilon_{zz} = \gamma_{r\theta} = \gamma_{zr} = 0$$

$$\varepsilon_0 = \frac{1}{3}(\varepsilon_{rr} + \varepsilon_{\theta} + \varepsilon_{zz}) = 0$$

所以

$$\varepsilon_{ij} = e_{ij}$$

按照全量理论式（4.35），有

$$e_{ij} = \frac{3}{2} \cdot \frac{\varepsilon_{eq}}{\sigma_{eq}} s_{ij}$$

所以

$$s_{rr} = s_{\theta\theta} = s_{zz} = s_{r\theta} = s_{zr} = 0$$

由于沿轴向无外力作用，故 $\sigma_{zz} = 0$，因而可得

$$\sigma_{rr} = \sigma_{\theta\theta} = \sigma_{zz} = \tau_{r\theta} = \tau_{zr} = 0$$

而

$$\sigma_{eq} = \frac{1}{\sqrt{2}}\left[(\sigma_{rr} - \sigma_{\theta\theta})^2 + (\sigma_{\theta\theta} - \sigma_{zz})^2 + (\sigma_{zz} - \sigma_{rr})^2 + 6(\tau_{r\theta}^2 + \tau_{\theta z}^2 + \tau_{zr}^2)\right]^{\frac{1}{2}}$$

$$= \frac{1}{\sqrt{2}}\sqrt{6\tau_{\theta z}^2} = \sqrt{3}\tau_{\theta z}$$

$$\varepsilon_{eq} = \frac{\sqrt{2}}{3}\left[(\varepsilon_{rr} - \varepsilon_{\theta\theta})^2 + (\varepsilon_{\theta\theta} - \varepsilon_{zz})^2 + (\varepsilon_{zz} - \varepsilon_{rr})^2 + \frac{3}{2}(\gamma_{r\theta}^2 + \gamma_{\theta z}^2 + \gamma_{zr}^2)\right]^{\frac{1}{2}}$$

$$= \frac{2}{\sqrt{3}}\gamma_{\theta z}$$

由式（5.5）及式（5.2）可知，在圆轴截面上的弹性区，不同半径 r 处的 $\tau_{\theta z}$ 及 $\gamma_{\theta z}$ 不同，因而不同半径 r 处的 σ_{eq} 及 ε_{eq} 也不同。

随着扭矩 M_T 的增加，剪应力 $\tau_{\theta z}$ 也不断增大。由于圆轴的最外层剪应力最大，因而最外层首先进入塑性状态，此时的扭矩就是圆轴的弹性极限扭矩 M_T^e。由式（5.6）有

$$M_T = \frac{I_p}{R}(\tau_{\theta z})_{\max} = \frac{\pi R^3}{2}(\tau_{\theta z})_{\max}$$

当最外层开始屈服时，此时最外层剪应力应达到剪切屈服应力 τ_s，即

$$(\tau_{\theta z})_{\max}=\tau_s$$

于是

$$M_T^e=\frac{\pi R^3}{2}\tau_s$$

此时剪应力 $\tau_{\theta z}$ 在截面上沿半径 R 的分布情况，见图 5.2（a）。

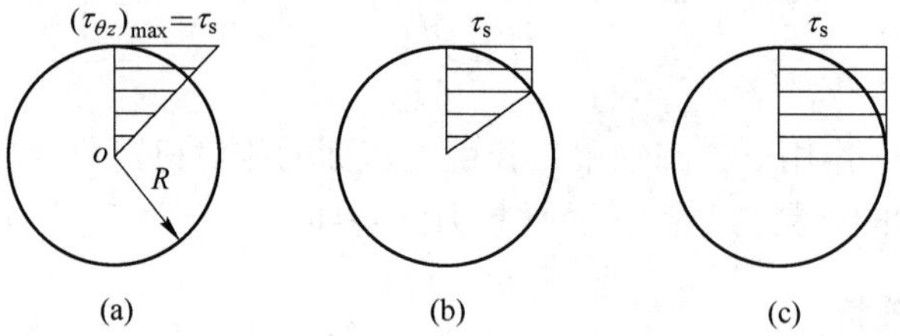

图 5.2　剪应力 $\tau_{\theta z}$ 在截面上沿半径 R 的不同分布情况

若选用 Mises 屈服准则，$\tau_s=\dfrac{\sigma_s}{\sqrt{3}}$，则

$$M_T^e=\frac{\pi R^3}{2}\tau_s=\frac{\pi R^3}{2}\cdot\frac{\sigma_s}{\sqrt{3}}=\frac{\pi R^3}{2\sqrt{3}}\sigma_s$$

若选用 Tresca 屈服准则，$\tau_s=\dfrac{\sigma_s}{2}$，则

$$M_T^e=\frac{\pi R^3}{2}\tau_s=\frac{\pi R^3}{2}\cdot\frac{\sigma_s}{2}=\frac{\pi R^3}{4}\sigma_s$$

当圆轴整个截面都进入塑性状态，此时的扭矩就是圆轴的塑性极限扭矩 M_T^p，即

$$M_T^p=\int_0^R r\cdot 2\pi r\mathrm{d}r\tau_s=\frac{2\pi R^3}{3}\tau_s$$

此时剪应力 $\tau_{\theta z}$ 在截面上沿半径 R 的分布情况，见图 5.2（c）。

若选用 Mises 屈服准则，则

$$M_T^p=\frac{2\pi R^3}{3\sqrt{3}}\sigma_s$$

若选用 Tresca 屈服准则，则

$$M_T^p=\frac{\pi R^3}{3}\sigma_s$$

当扭矩 M_T 处于弹性与塑性极限扭矩之间时，即 $M_T^e<M_T<M_T^p$ 时，则圆轴外层处于塑性状态，内层处于弹性状态，弹性区与塑性区的分界面半径为 r_p，此时扭矩

$$M_T=2\pi\int_0^{r_p}\tau_{\theta z}r^2\mathrm{d}r+2\pi\int_{r_p}^{R}\tau_s r^2\mathrm{d}r$$

式中，$\tau_{\theta z}=\dfrac{r}{r_p}\tau_s$，代入上式，则

$$M_T=\frac{\pi}{2}\tau_s r_p^3+\frac{2\pi}{3}\tau_s(R^3-r_p^3)$$

而 $\tau_s = Gr_p\theta$，即 $r_p = \dfrac{\tau_s}{G\theta}$，代入上式后，得到

$$M_T = \frac{2\pi R^3}{3}\tau_s - \frac{\pi}{6} \cdot \frac{\tau_s^4}{G^3\theta^3}$$

此时剪应力 $\tau_{\theta z}$ 在截面上沿半径 R 的分布情况，见图 5.2（b）。

若选用 Mises 屈服准则，则

$$M_T = \frac{2\pi R^3}{3\sqrt{3}}\sigma_s - \frac{\pi\sigma_s^4}{54G^3\theta^3}$$

若选用 Tresca 屈服准则，则

$$M_T = \frac{\pi R^3}{3}\sigma_s - \frac{\pi\sigma_s^4}{96G^3\theta^3}$$

随着扭矩 M_T 的增加，塑性区由轴的外层向轴的中心逐渐扩大，直至整个截面全部进入塑性状态。当轴的整个截面全部进入塑性状态后，轴将进入无约束的塑性变形，此时的轴将完全丧失承载能力。

弹性与塑性极限扭矩之比为

$$\frac{M_T^p}{M_T^e} = \frac{\dfrac{2\pi}{3}R^3\tau_s}{\dfrac{\pi R^3}{2}\tau_s} = \frac{4}{3}$$

5.2 梁的弹塑性弯曲问题

现在讨论在集中力 p 作用下矩形截面梁的弯曲问题。由于讨论只限于小变形，故剪应力可以忽略，因而应力分量中只有 $\sigma_{xx} = \sigma$，其余应力分量均为零；并且假定梁的横截面在变形后仍保持为平面，仍与变形后梁的轴线相垂直，如图 5.3 所示。

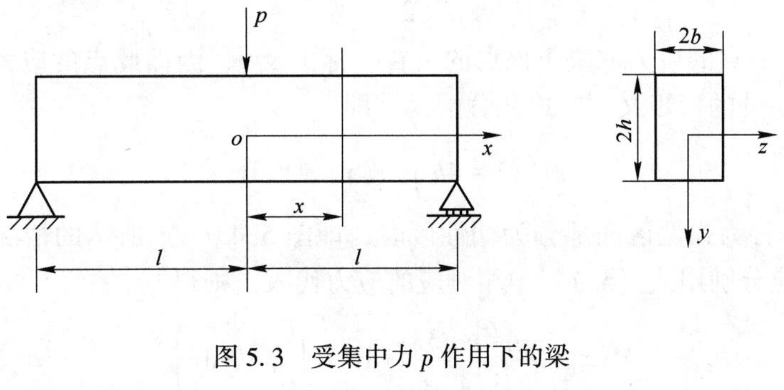

图 5.3 受集中力 p 作用下的梁

应用 Mises 准则

$$(\sigma_1 - \sigma_2)^2 + (\sigma_2 - \sigma_3)^2 + (\sigma_3 - \sigma_1)^2 = 6k^2$$

式中，k 为剪切屈服应力。对于本例，Mises 屈服准则可简化为

$$\sigma = \pm\sqrt{3}k$$

对于理想塑性材料，由于无强化现象，因而在已屈服的塑性区内，各点的应力均为$\pm\sqrt{3}k$。

由材料力学可知，在弹性范围内，点的应力σ_{xx}与点的y坐标成正比，因而梁的上下边（$y=\pm h$）应力最大，故将首先屈服。而后随着外载的增加，塑性区将逐渐向中间发展。截面上的应力变化情况，见图5.4。图中ξ为弹性区尺寸。当整个截面都达到屈服时，梁将完全失去承载能力。

图5.4（c）表示截面上不同部位的应力状态不同，可分别表示为

$$\left.\begin{aligned} -h\leqslant y\leqslant -\xi\text{ 时}, &\quad \sigma=-\sqrt{3}k \\ -\xi\leqslant y\leqslant \xi\text{ 时}, &\quad \sigma=\frac{\sqrt{3}ky}{\xi} \\ \xi\leqslant y\leqslant h\text{ 时}, &\quad \sigma=\sqrt{3}k \end{aligned}\right\} \tag{5.7}$$

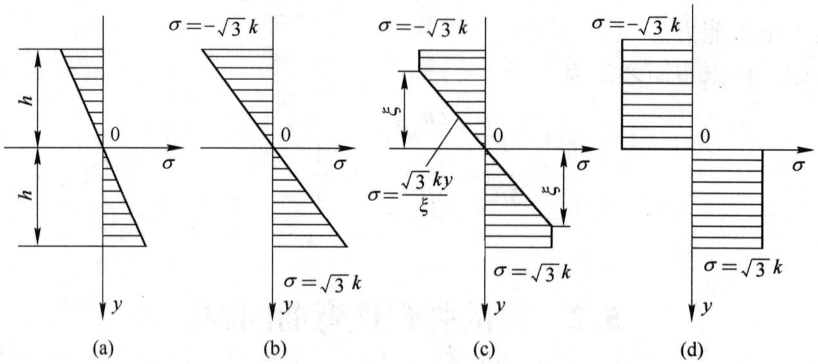

图5.4　受集中力作用梁的截面上应力变化情况

任一截面x处的弯矩为

$$M(x)=\frac{1}{2}P(l-x) \tag{5.8}$$

此截面上任一点的应力取决于该点的位置坐标x及y，因而此点的应力可写为$\sigma(x, y)$，于是该截面处的弯矩又可写成积分形式，即

$$M(x)=4b\int_0^h \sigma(x, y)y\mathrm{d}y \tag{5.9}$$

当梁的x截面部分为弹性区和部分为塑性区时，即图5.4（c）所示的情况，则积分式中应力$\sigma(x, y)$应分别用式（5.7）中相对应的应力代入，则得

$$\begin{aligned} M(x) &= 4b\left(\int_0^\xi \frac{\sqrt{3}ky}{\xi}y\mathrm{d}y+\int_\xi^h \sqrt{3}ky\mathrm{d}y\right) \\ &= 4\sqrt{3}bk\left(\int_0^\xi \frac{y^2}{\xi}\mathrm{d}y+\int_\xi^h y\mathrm{d}y\right) \\ &= \frac{2}{3}\sqrt{3}bk(3h^2-\xi^2) \end{aligned} \tag{5.10}$$

显然，式（5.8）与式（5.10）应相等，故得

$$\frac{1}{2}p(l-x)=\frac{2}{3}\sqrt{3}kb(3h^2-\xi^2) \tag{5.11}$$

由梁的弯矩图可知，梁的中央截面（$x=0$）处弯矩最大，在此截面上式（5.11）为

$$\frac{1}{2}pl=\frac{2}{3}\sqrt{3}kb(3h^2-\xi^2)$$

即

$$p=\frac{4}{3l}\sqrt{3}kb(3h^2-\xi^2) \tag{5.12}$$

（1）中央截面刚进入屈服时的外载荷 p^*。

中央截面的上下边（$y=\pm h$）进入屈服时，相当于图 5.4（b）所示的情况。此时的外载用 p^* 即为 $\xi=h$ 时的 p 值，由式（5.12）可得

$$p^*=\frac{4}{3l}\sqrt{3}kb\cdot 2h^2=\frac{8}{3l}\sqrt{3}kbh^2 \tag{5.13}$$

（2）中央截面全面屈服时的外载荷 p_0。

中央截面的整个截面都进入塑性状态时，相当于图 5.4（d）所示的情况。此时的载荷 p_0 即为 $\xi=0$ 时的 p 值，由式（5.12）可得

$$p_0=\frac{4}{3l}\sqrt{3}kb\cdot 3h^2=4\sqrt{3}kb\,\frac{h^2}{l} \tag{5.14}$$

比较式（5.13）与式（5.14），可得

$$p_0=\frac{3}{2}P^*$$

式中，p_0 为极限载荷。当外载小于 p_0 时，梁的弹性区约束了梁的塑性变形，因而梁的变形仍可认为与弹性变形同量级；当外载达到 p_0 时，中央截面的整个截面都进入了塑性状态，此时梁的变形就不再有弹性区的约束，因而梁可能无限制地变形下去。这时中央截面就如同变成了铰链一样，故称为塑性铰。这样梁就丧失了进一步的承载能力。

梁所承受的外载 p 与梁的挠度 Δ 之间的关系，见图 5.5。

（3）梁的弹塑性区边界。

式（5.11）表示截面上弹性区尺寸 ξ 与截面位置 x 之间的函数关系。当中央截面已部分进入塑性状态，即相当于图 5.4（c）的情况时，其 ξ 与 x 的关系可通过将式（5.13）代入式（5.11）而求得

$$\xi^2=-\frac{2ph^2}{p^*l}(l-x)+3h^2 \tag{5.15}$$

显然，这是抛物线方程，由此可见，梁的弹塑性区的边界为一抛物线，见图 5.6。

当外载荷为极限载荷 p_0 时，即中央截面的整个截面都进入塑性状态，相当于图 5.4（d）所示的情况。此时 $p=p_0$，$\xi=h$，代入式（5.15）可得

$$h^2=-\frac{2p_0h^2}{p^*l}(l-x)+3h^2$$

从而可解得梁的上下边的塑性区的长度为

$$x=\frac{l}{3}$$

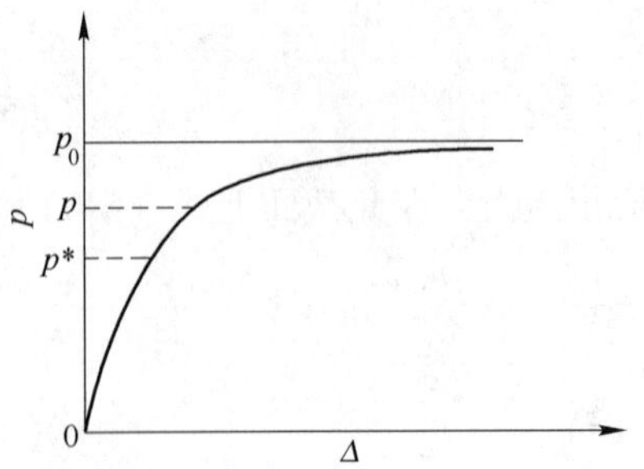

图 5.5 外载与梁的挠度之间的关系

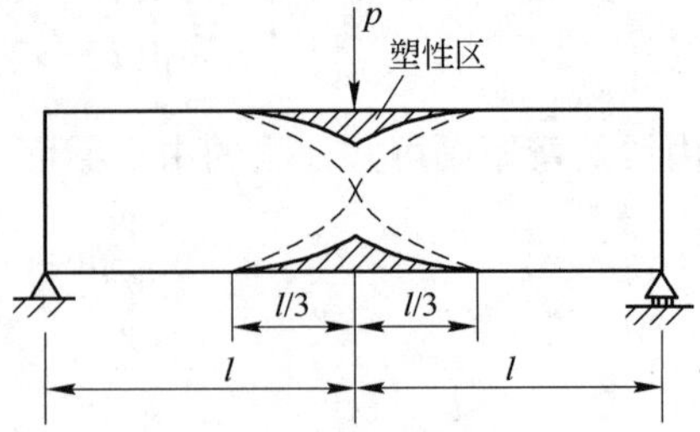

图 5.6 梁的弹塑性区边界

5.3 匀速旋转圆盘结构的弹塑性分析

旋转圆盘是高速旋转机械中叶轮的一种简化模型，如航空发动机涡轮盘等。假设旋转圆盘为理想弹塑性材料，当角速度缓慢增加时角加速度的影响可以忽略不计，仅考虑圆盘承受径向离心力的作用时，随着角速度增大，应力也增大，圆盘的变形状态达到弹性极限后，进入弹塑性状态，最后进入塑性极限状态。

5.3.1 匀速旋转盘的弹性分析

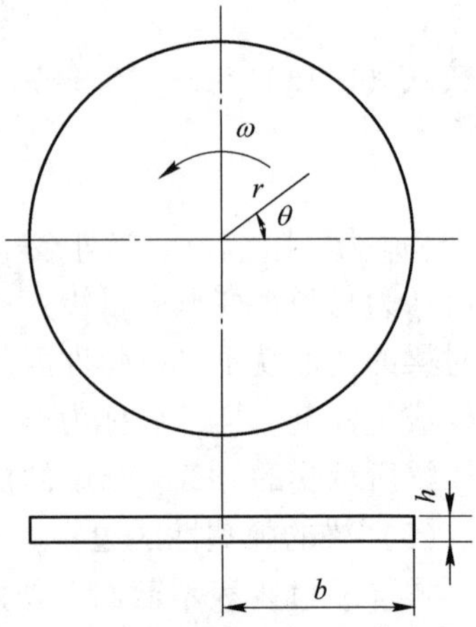

图 5.7 实心等厚匀速转动圆盘

如图 5.7 所示为一实心等厚度圆盘，其半径为 b，厚度为 $h(h \ll b)$，圆盘以匀角速度 ω 绕中心轴旋转，材料密度为 ρ，边界上不受力，为自由边界。则高速旋转时的单位体积径向离心力为：

$$f_r = \rho\omega^2 r$$

分析时不考虑圆盘的刚性位移分量，保证位移分量具有单值性。若将径向离心力作为单位体力作用于圆盘上，则可按轴对称平面应力问题进行问题的求解。此平面问题的基本方程为：

（1）平衡方程

$$\frac{d\sigma_r}{dr} + \frac{\sigma_r - \sigma_\theta}{r} + \rho\omega^2 r = 0 \tag{5.16}$$

（2）弹性本构方程

$$\left.\begin{aligned} \sigma_r &= \frac{E}{1-\mu^2}(\varepsilon_r + \mu\varepsilon_\theta) \\ \sigma_\theta &= \frac{E}{1-\mu^2}(\varepsilon_\theta + \mu\varepsilon_r) \end{aligned}\right\} \tag{5.17}$$

（3）几何方程

$$\varepsilon_r = \frac{du}{dr},\quad \varepsilon_\theta = \frac{u}{r} \tag{5.18}$$

将几何方程代入本构方程，得到以位移表示的应力表达式，再将其代入方程（5.16）

可得到以位移表示平衡方程

$$r^2\frac{d^2u}{dr^2}+r\frac{du}{dr}-u+\frac{1-\mu^2}{E}\rho\omega^2r^3=0$$

上式为欧拉型二阶非齐次微分方程，先求齐次微分方程 $r^2\frac{d^2u_1}{dr^2}+r\frac{du_1}{dr}-u_1=0$ 的解。得用变量代换法，设 $r=e^t$ ，可得：

齐次解为：
$$u_1=C_1r+\frac{C_2}{r}$$

特解为：
$$u_2=-\frac{1-\mu^2}{8E}\rho\omega^2r^3$$

由此得位移函数为：$u=u_1+u_2=Ar+\frac{B}{r}-\frac{1-\mu^2}{8E}\rho\omega^2r^3$

将上式代入式（5.17）并整理，即可得应力表达式为：

$$\left.\begin{aligned}\sigma_r&=C_1+\frac{C_2}{r^2}-\frac{3+\mu}{8}\rho\omega^2r^2\\ \sigma_\theta&=C_1-\frac{C_2}{r^2}-\frac{1+3\mu}{8}\rho\omega^2r^2\end{aligned}\right\}\tag{5.19}$$

式中，C_1、C_2由边界条件确定。在$r=0$处，σ_r与σ_θ均为有限值，因此$C_2=0$；在$r=b$处，无外力作用（自由边界），因此$\sigma_r|_{r=b}=0$，根据式（5.19）得到 $C_1=\frac{3+\mu}{8}\rho\omega^2b^2$。将$C_1$、$C_2$代入式（5.19），得应力分量为：

$$\left.\begin{aligned}\sigma_r&=\frac{3+\mu}{8}\rho\omega^2(b^2-r^2)\\ \sigma_\theta&=\frac{3+\mu}{8}\rho\omega^2\left(b^2-\frac{1+3\mu}{3+\mu}r^2\right)\end{aligned}\right\}\tag{5.20}$$

由式（5.20），在$r=0$处应力最大，值为：

$$\sigma_r=\sigma_\theta=\frac{3+\mu}{8}\rho\omega^2b^2\tag{5.21}$$

5.3.2　匀速旋转圆盘的弹塑性分析

由于圆盘中心处于等拉应力状态，屈服条件为：

$$\sigma_r=\sigma_\theta=\sigma_s\tag{5.22}$$

当中心点刚进入屈服时，其角速度为弹性极限角速度，由式（5.21）、式（5.22）两式得：

$$\omega_e=\frac{1}{b}\sqrt{\frac{8\sigma_s}{\rho(3+\mu)}}\tag{5.23}$$

当$\mu=1/3$与$\mu=1/2$时，由式（5.23）得

$$\omega_e=\frac{1.55}{b}\sqrt{\frac{\sigma_s}{\rho}}\quad 与\quad \omega_e=\frac{1.51}{b}\sqrt{\frac{\sigma_s}{\rho}}$$

两者相差2.5%。

将式（5.23）代入式（5.20）得弹性极限角速度下的应力分量为

$$\left.\begin{aligned}\sigma_{\mathrm{r}} &= \left(1 - \frac{r^2}{b^2}\right)\sigma_{\mathrm{s}} \\ \sigma_{\theta} &= \left(1 - \frac{1+3\mu}{3+\mu}\frac{r^2}{b^2}\right)\sigma_{\mathrm{s}}\end{aligned}\right\}$$

当角速度大于 ω_{e} 时，塑性变形由圆盘中心向外继续扩大，即在圆盘中心附近为塑性区，而靠近盘外边界附近仍为弹性区。由于该问题为轴对称问题，在弹塑性状态下，塑性区与弹性区分界线为圆，并假设其半径为 r_{p}，此时的角速度为 ω_{p}。若在塑性区内 $\sigma_{\theta} \geqslant \sigma_{\mathrm{r}} > 0$，在平面应力状态下采用 Tresca 屈服条件，此时将 $\sigma_{\theta} = \sigma_{\mathrm{s}}$ 代入平衡方程（5.16），得到

$$\frac{\mathrm{d}}{\mathrm{d}r}(r\sigma_{\mathrm{r}}) = \sigma_{\mathrm{s}} - \rho\omega_{\mathrm{p}}^2 r^2 = 0$$

积分得：

$$\sigma_{\mathrm{r}} = \sigma_{\mathrm{s}} - \frac{1}{3}\rho\omega_{\mathrm{p}}^2 r^2 + \frac{C_3}{r}$$

由于在 $r=0$ 处，σ_{r} 应为有限值，因此 $C_3=0$。在塑性区内 $0 \leqslant r \leqslant r_{\mathrm{p}}$ 的应力分量为：

$$\left.\begin{aligned}\sigma_{\mathrm{r}} &= \sigma_{\mathrm{s}} - \frac{1}{3}\rho\omega_{\mathrm{p}}^2 r^2 \\ \sigma_{\theta} &= \sigma_{\mathrm{s}}\end{aligned}\right\}$$

弹性区 $r_{\mathrm{p}} \leqslant r \leqslant b$ 内的应力分量应满足平衡方程及协调方程，结合式（5.19），且 ω 换成 ω_{p}，得到：

$$\left.\begin{aligned}\sigma_{\mathrm{r}} &= C_1 + \frac{C_2}{r^2} - \frac{3+\mu}{8}\rho\omega_{\mathrm{p}}^2 r^2 \\ \sigma_{\theta} &= C_1 - \frac{C_2}{r^2} - \frac{1+3\mu}{8}\rho\omega_{\mathrm{p}}^2 r^2\end{aligned}\right\}$$

应用边界条件及在 r_{p} 处 σ_{r} 与 σ_{θ} 的连续条件，即 $\sigma_{\mathrm{r}}|_{r=b} = 0$，$(\sigma_{\mathrm{r}})_{\mathrm{e}} = (\sigma_{\mathrm{r}})_{\mathrm{p}}$，$(\sigma_{\theta})_{\mathrm{e}} = (\sigma_{\theta})_{\mathrm{p}}$，求得：

$$C_1 = \sigma_{\mathrm{s}} + \frac{1+3\mu}{12}\rho\omega_{\mathrm{p}}^2 r_{\mathrm{p}}^2$$

$$C_2 = -\frac{1+3\mu}{24}\rho\omega_{\mathrm{p}}^2 r_{\mathrm{p}}^4$$

$$\omega_{\mathrm{p}}^2 = \frac{24b^2\sigma_{\mathrm{s}}}{\rho[(1+3\mu)r_{\mathrm{p}}^4 - 2(1+3\mu)b^2 r_{\mathrm{p}}^2 + 3(3+\mu)b^4]} \tag{5.24}$$

式（5.24）给出了 ω_{p} 与 r_{p} 的关系。

将 $r_{\mathrm{p}} = b$ 代入式（5.24），即得式（5.23）所示的弹性极限角速度；将 $r_{\mathrm{p}} = b$ 代入式（5.24），即可得到角速度可达到的塑性极限角速度 ω_1：

$$\omega_1 = \frac{1}{b}\sqrt{\frac{3\sigma_{\mathrm{s}}}{\rho}}$$

此时

$$\frac{\omega_1}{\omega_e} = \sqrt{\frac{3(3+\mu)}{8}}$$

当 $\mu = 1/3$ 与 $\mu = 1/2$ 时，ω_1/ω_e 分别为 1.118 和 1.146，即塑性极限角速度比弹性极限角速度分别大 11.8%和 14.6%。

第Ⅱ篇

疲劳强度理论

6 疲劳载荷与循环形变

疲劳是材料或构件在循环载荷作用下发生损伤和破坏的现象。引起疲劳失效的循环载荷峰值通常远小于根据静态断裂分析估算出来的“安全”载荷，而且破坏前不发生明显的宏观塑性变形，难以检测和预防，造成巨大的危害。

虽然还没有精确的数字统计，但一般认为：在所有的机械失效中至少50%以上是由于疲劳引起的。而对各种运动部件的失效破坏的统计显示，80%~90%是由疲劳引起的。因此，为保证产品的安全性和可靠性，对重要的机械产品都要进行疲劳强度设计，产品的疲劳性能已成为一项重要的技术指标。鉴于此，疲劳理论作为一门重要的学科，已经深入现代科学技术的各个领域，涉及力学、金属物理、机械设计和应用数学等众多学科。

6.1 概　　述

6.1.1 疲劳相关理论的发展过程

关于金属疲劳，最初的研究工作是由德国矿业工程师 W. A. J. Albert 在 1829 年前后开展的。19 世纪中叶，被誉为“疲劳试验之父”的德国工程师 A. Wöhler，对火车车轴的疲劳破坏进行了系统的试验研究，并首次提出了应力-寿命（*S*-*N*）曲线和疲劳极限的概念。

随后，在 Wöhler 工作的基础上，德国工程师 H. Gerber 开始了疲劳设计方法的研究，并提出了考虑平均应力影响的疲劳寿命计算方法及给定寿命下的疲劳极限曲线，即 Gerber 抛物线。1899 年，英国人 J. Goodman 也进行了类似研究，并对疲劳极限曲线图进行了合理简化，得到 Goodman 疲劳极限曲线。因为 Goodman 疲劳极限曲线清晰简单，至今仍在常规疲劳强度设计中使用。

1903 年，J. A. Ewing 和 J. C. W. Humphrey 在晶体滑移方面的开拓性工作，使人们将疲劳损伤的起源同微观形变过程联系起来，有力地促进了疲劳机理方面的研究。1923 年，英国人 H. J. Gough 针对疲劳破坏机理进行了大量的研究工作，并指出：当材料局域内应变超过极限晶格应变，导致原子键破坏和晶格不连续时，会引发疲劳破坏。

1924 年，Palmgren 最先提出了疲劳累积损伤理论，但这个理论在当时并没有引起重视，直到第二次世界大战期间，多起飞机疲劳失事事故以及其他领域中频发的动力机械疲劳事故，使金属材料在循环应力作用下的疲劳破坏成为突出问题。1945 年，美国人 M. A. Miner 在 Palmgren 工作的基础上提出：损伤与应力循环数成线性关系。后人称其为 Palmgren-Miner 定律，并在疲劳寿命估算中广泛应用该定律。

20 世纪 60 年代，断裂力学理论成为疲劳强度设计的主要发展方向。在“断裂力学之父”A. A. Griffith 有关裂纹扩展能量理论的基础上，美国人 G. R. Irwin 定义了应力强度因子的概念，并提出了线弹性断裂力学的断裂准则。1963 年，美国人 P. C. Paris 提出用应力强度因子范围 ΔK 来描述疲劳裂纹在一个载荷周期中的扩展量的方法，被学术界和工程界普遍接受，从而开创并奠定了疲劳断裂理论的基础。20 世纪中期，S. S. Manson 和 L. F. Coffin 在大量试验数据的基础上提出了著名的 Manson-Coffin 公式，阐述材料的塑性应变和疲劳寿命之间的关系，从而奠定了低周疲劳研究的基础。

20 世纪六七十年代，随着模拟构件实际受载情况的疲劳试验机的出现，疲劳断裂领域的相关研究开始进入蓬勃发展的时期。

1961 年，H. Neuber 在静载荷条件下得出了描述缺口非线性应力-应变特性的规律：理论应力集中系数等于真实应力集中系数和真实应变集中系数的几何平均值，即 Nueber 定律。

1968 年，Rice 首次提出了用来描述弹塑性条件下裂纹前端应力和应变场的 J 积分概念，随后 Haddad 应用 J 积分的差值来描述小裂纹的扩展并取得了一定的成功。

1970 年，W. Elber 指出即便受到循环拉伸载荷的作用，疲劳裂纹也能够保持闭合状态；80 年代初，S. Suresh 等人对各种裂纹闭合的基本特征和本质进行了归纳分类，并且用“塑性诱发裂纹闭合”这一术语来表示之前由 Elber 提出的裂纹闭合机制；进入 90 年代，A. J. McEvily 等人在前人研究的基础上，提出了基于部分裂纹闭合效应的修正公式，取得了较好的效果。

1971 年，R. M. Wetzel 建立了用局部应力-应变法预估随机载荷作用下构件疲劳寿命较完整的方法，并给出了相应的计算程序，使局部应力-应变法很快发展起来。

1975 年，S. Pearson 在试验研究的基础上明确提出“短裂纹问题”，随后，裂纹尺寸对疲劳断裂发展的影响得到了广泛深入的研究。

随着研究手段和研究方法的不断完善和深入，国内外学者对疲劳问题的研究更加细致，并综合考虑了各种影响因素。对多轴应力条件下、复杂载荷谱条件和腐蚀、低温或高温等有害环境下的疲劳机制和理论模型的研究，一直是国际上的研究热点。

此外，随着航空、航天、核电等领域的大发展，各种新型复合材料以及高强度材料不断涌现，因而在非金属材料和复合材料的疲劳断裂性能和抗环境作用方面，也开展了大量的研究工作，并发展了一些新的模型方法，如界面控制的复合材料疲劳机理模型、界面裂纹起裂判据、界面裂纹接触区模型等。

近 20 年来，由于计算机计算能力的飞速发展，随着晶体塑性理论、多尺度建模方法等理论的发展，从细观到宏观的晶体塑性理论与有限元方法相结合，对疲劳断裂问题的多尺度建模计算也得到了飞速的发展。

在疲劳领域的集成化多尺度方法研究工作上，Sangid、Sehitoglu、Maier 等合作展开了一系列研究：在驻留滑移带引起疲劳失效机制下，将电子背散射衍射技术获得的微观组构信息，结合基于传统的分子动力学的原子级模拟、Monte Carlo 算法及有限元方法，成功地将多尺度模拟相连接，很好地预测了试样的疲劳裂纹萌生寿命。这也是未来疲劳研究领域的一个重要发展方向。另外，2011 年 DaWson 采用晶体塑性有限元法预测了疲劳问题中的微观现象，得到每个晶体的滞回响应和复杂应力状态；2004 年，Dunne 等建立了镍基合金 C263 的有限元-晶体塑性理论模型，并引入了背应力项来考虑循环加载，通过变形梯度张量的旋度来考虑几何必须位错密度及微结构尺寸效应；Ghosh 及 Chakraborty 采用晶体塑性有限元模型，基于小波变换研究了疲劳裂纹萌生的时间多尺度问题。

6.1.2 疲劳破坏的特点

多数工作中的机械零部件承受的载荷是随时间变化的，因此结构内部应力、应变的大小和方向也将随时间发生改变，称之为*循环应力*和*循环应变*。材料、零件和构件在循环应力或循环应变作用下，在某点或某些点逐渐产生局部的永久性的性能变化，在一定循环次数后形成裂纹，并在载荷作用下继续扩展直至完全断裂。这种现象称为*疲劳断裂*或*疲劳破坏*。

疲劳破坏与静强度破坏有着本质的区别。静强度破坏是由于零件的危险截面处产生过大的残余变形导致最终失效；疲劳破坏是由于零件局部应力最大处，在循环应力作用下形成微裂纹，并逐渐扩展成宏观裂纹，裂纹再继续扩展而最终导致零件断裂。

疲劳破坏的特点主要有：

(1) 低应力性。在循环应力（最大应力）远低于材料的强度极限 σ_b，甚至远小于材料屈服极限 σ_s 的情况下，疲劳破坏就可能发生。

(2) 突然性。不论是脆性材料还是延性材料，其疲劳断裂在宏观上均表现为无明显塑性变形的突然断裂，即疲劳断裂一般表现为低应力脆断。

(3) 时间性。静强度破坏是在一次最大载荷作用下的破坏；疲劳破坏则是在循环应力的多次反复作用下产生的，因而它要经历一定的时间，甚至很长的时间才发生。

(4) 敏感性。静强度破坏的抗力主要取决于材料本身；而疲劳破坏的抗力不仅决定于材料本身，还受零件形状、表面状态、使用条件以及环境条件等影响，具有敏感性。

(5) 疲劳断口。在疲劳破坏的宏观断口上，有着显著不同于其他破坏形式的疲劳断口特征，即存在着疲劳源（或称疲劳核心）、疲劳裂纹扩展区（平滑、波纹状）和瞬断区（粗粒状或纤维状）。

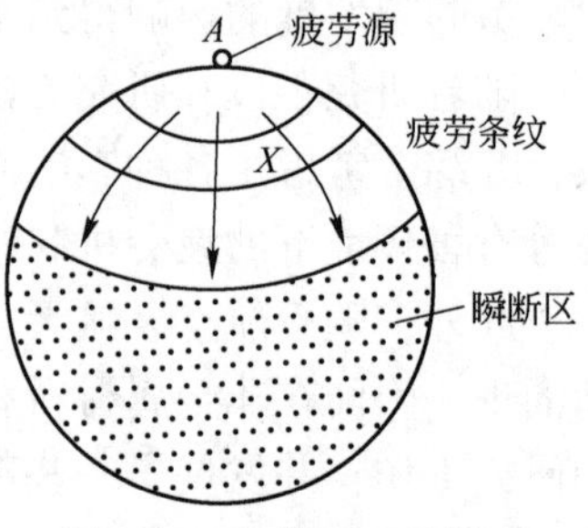

图 6.1 疲劳断口示意图

图 6.1 为一个典型的疲劳破坏断口示意图。图中 A 点为疲劳源或疲劳核心，是疲劳破坏的起点，在一般情况下，发生在零构件的表面。但是，如果零构件的内部存在缺陷，例如脆性夹杂物、空洞、化学偏析等，疲劳源也可能在零件次表层或内部。疲劳源的数目可能是一个，也可能是两个甚至更多。尤其在低周疲劳时，其应变幅值较大，断口上常有多个位于不同位置的疲劳源。图 6.2 所示为一汽车后桥断裂表面的形貌，断口上存在一条疲劳主裂纹，仅有一个疲劳源。

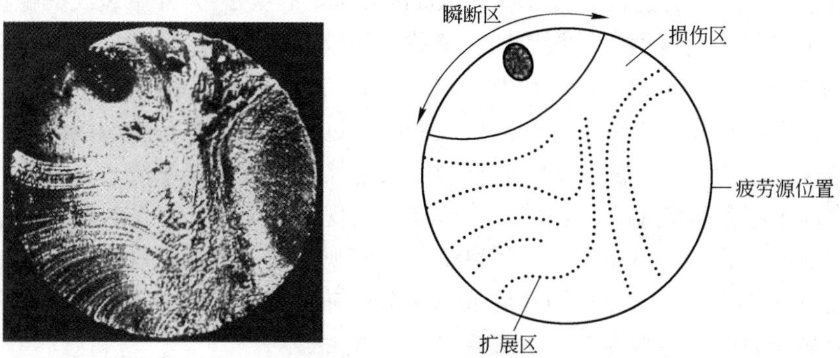

图 6.2　汽车后轴断口

疲劳裂纹扩展区是疲劳断口上最重要的特征区域(图 6.1 中 X 区)。在该区域中，常见到明显的相互平行的弧线，或称贝纹线、海滩状线。这种贝纹状弧线标志着载荷循环变化时，疲劳裂纹扩展过程中留下的痕迹。在低应力高循环次数下的疲劳断口上，这种特征尤其明显。图 6.3 所示为疲劳裂纹在一夹杂物周围的扩展，疲劳条纹清晰可见。

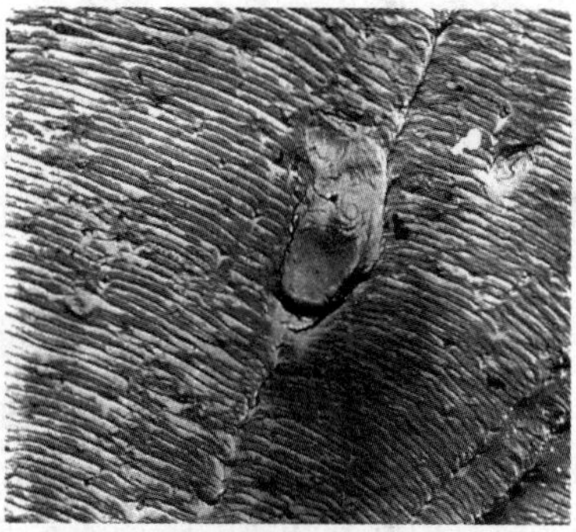

图 6.3　疲劳裂纹在一夹杂物周围的扩展

瞬断区，也称最终破断区。这是静力破断部分。当零件上的裂纹扩大到一定程度后，零件的有效截面大大减小，当小到无法继续承受最大应力的作用时，迅速断裂。这个区域的特点是：对塑性材料来说是呈纤维状；对脆性材料来说呈粗结晶状，且往往具有尖锐的唇边、刃口等。

6.1.3　疲劳破坏过程

疲劳破坏过程一般比较复杂，受很多因素影响，但是按其发展过程，大致可以分为以下四个阶段：

(1) 裂纹形核阶段。对于一个无裂纹或类裂纹缺陷的光滑试样，在交变应力作用下，虽然名义应力不超过材料的屈服极限，但由于材料组织性能不均匀，在试件的微小局部区域，材料仍然处于塑性变形状态，能够产生局部的滑移。另外，因为试件表面是平面应力状态，容易塑性滑移。多次反复的循环滑移应变，将产生金属的挤出和挤入的滑移带，从而使微裂纹形核。

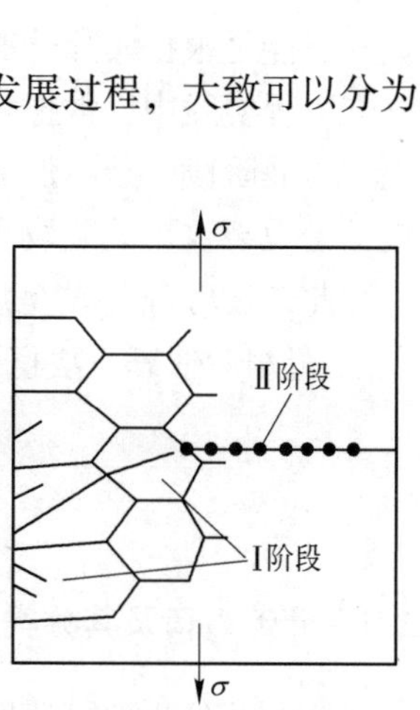

图 6.4　裂纹扩展的两个阶段

(2) 微观裂纹扩展阶段。如图 6.4 所示，微观裂纹一旦形核后，即沿着滑移面扩展，这个面是与主应力轴呈 45° 的剪应力作用面。此阶段扩展深入表面很浅，大约十几微米，而且不是单一的裂纹，是许多沿滑移带的裂纹，称其为裂纹扩展的第一阶段。

(3) 宏观裂纹扩展阶段。此时，裂纹扩展方向与拉应力垂直，且多为单一裂纹扩展，如图6.4所示。一般认为裂纹长度 a 在 $0.10\text{mm} < a < a_C$（a_C 为开始裂纹失稳扩展的临界值）范围内的扩展为宏观裂纹扩展阶段，又称为裂纹扩展的第二阶段。

(4) 断裂阶段。当裂纹扩展至临界尺寸 a_C 时，产生失稳扩展而很快断裂。

以上是无初始裂纹的光滑试样的典型疲劳破坏过程。对于有初始裂纹的裂纹体，主要考虑宏观裂纹扩展阶段。目前，关于宏观裂纹最小尺寸的规定很不统一，各阶段的划分也不一致，因此工程上从应用方便出发，一般规定出现0.1~0.2 mm长的裂纹（也有规定长为0.2~0.5 mm，深为0.15 mm的表面裂纹）为宏观裂纹。出现宏观裂纹之前的阶段为疲劳裂纹形成阶段，其对应的应力循环周数称为裂纹萌生寿命，以 N_i 表示；宏观裂纹扩展阶段所对应的应力循环周数为裂纹扩展寿命，以 N_p 表示。

6.1.4 疲劳分析的一般方法

在疲劳分析过程中，首先需要了解有关零部件的几何形状、材料性能、加工工艺和加载历史，应用结构分析技术来判别可能发生破坏的位置，即危险点。其次，确定在施加载荷条件下局部的应力-应变响应。对于复杂的加载历史，可用循环计数法对载荷进行分析与处理，得出统计规律。最后，采用合适的零部件或标准材料试样的寿命曲线进行疲劳损伤分析，从而获得疲劳寿命的预计值。其主要步骤如图6.5所示。

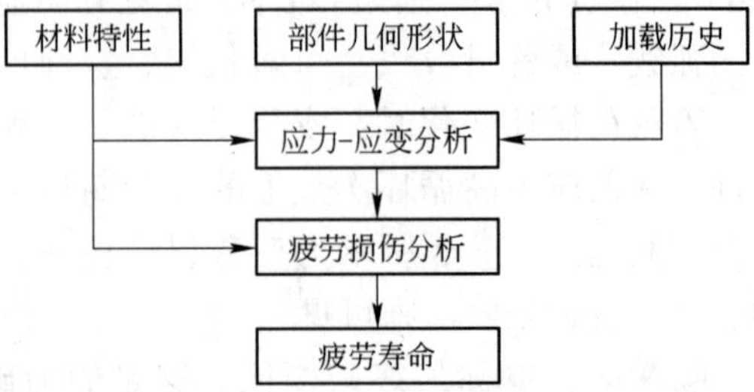

图6.5 疲劳分析的主要步骤

疲劳分析的最终目的就是要确定零构件的疲劳寿命。然而在实际的复杂疲劳载荷作用下，零构件的疲劳寿命计算又是一个十分困难的问题。要计算疲劳寿命，必须有实测的载荷谱、材料特性、零构件的疲劳 *S-N* 曲线（或 ε-*N* 曲线）、合适的累积损伤理论和裂纹扩展理论等，同时还要把一些影响疲劳寿命的主要因素考虑进去。因此，零构件疲劳寿命的计算，只能是根据实际情况进行的一种估算。

在工程实践中，常把疲劳过程的四个时期综合为两个阶段，即疲劳裂纹形成阶段和疲劳裂纹扩展阶段。裂纹形成阶段包括疲劳裂纹形核期和微观裂纹扩展期；疲劳裂纹扩展阶段包括宏观裂纹扩展阶段和最后断裂阶段。

因此，疲劳寿命 N 是疲劳裂纹形成寿命 N_i 和疲劳裂纹扩展寿命 N_p 之和，即 $N = N_i + N_p$。疲劳寿命估算方法也分为裂纹形成阶段的寿命和裂纹扩展阶段的寿命估算。

6.2 疲劳载荷

6.2.1 疲劳载荷及其分类

进行疲劳分析的首要问题是确定机械或零件运行时承受的载荷变化状况。实际使用中的机械是多种多样的，其上的载荷变化也极其复杂，准确确定机械上的载荷存在许多困难。在运动着的机械中，零件只承受静载荷的情况是很少的，大部分的机械或零件一般都承受多种模式、多种频率和多种幅值的动载荷或随机载荷的作用。这就需要研究确定机械上载荷的主要类型，了解施加于机械上的载荷峰值，同时还必须考虑多种模式载荷的组合作用。这种多模式联合作用可能比各种分别作用后的叠加更有害。

所谓疲劳载荷，就是指造成疲劳破坏的交变载荷。一般情况下，疲劳载荷可以分成两大类，即确定性的载荷和随机载荷。

图 6.6 为确定性的疲劳载荷简图。图 6.6（a）为等幅周期性变化载荷；图 6.6（b）为变幅的周期性变化载荷，它是由几个不同幅值载荷组成的一个程序块的规律变化。

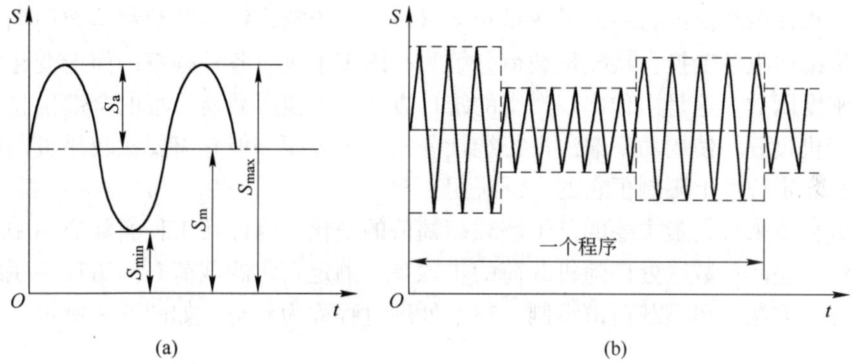

图 6.6 确定性的疲劳载荷
（a）等幅疲劳载荷；（b）变幅疲劳载荷

所谓确定性载荷，即这些载荷变化都有一个确定的规律，能够用明确的数学表达式来描述。根据这个表达式，可以确定未来任何一个瞬时的载荷准确值。如弹性系统的振动载荷、弯曲疲劳试验机载荷、卫星绕地球轨道运动等，皆属此类。

图 6.7 为随机疲劳载荷，所谓随机载荷就是不能用数学关系式来描述的载荷，即载荷的幅值、频率都随时间无规律变化。对于随机载荷，无法预测未来某一瞬时载荷的准确值。如车辆在公路上行驶、飞机在空中飞行、轮船在海洋中行驶时的载荷均为随机载荷。对这种载荷的任何一次测量结果，都是许多可能产生的结果之一。然而对于某一种机械来说，这种变化却符合某种统计规律。一般可以从幅域、时域和频域三个方面来分析和描述随机载荷的统计特性。

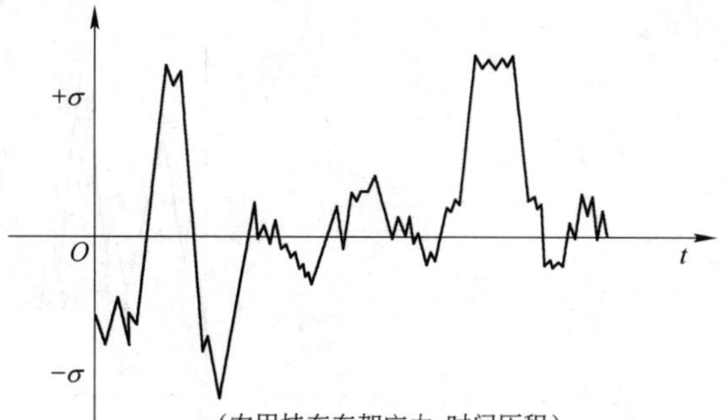

（农用挂车车架应力-时间历程）

图 6.7 随机疲劳载荷

确定疲劳载荷，有计算和测定两类方法。对随机载荷，均使用测定的方法。测量载荷的方法主要有：（1）脆性涂漆法；（2）电阻应变计法；（3）光弹法；（4）激光全息技术；（5）云纹法等。对于新设计的机械，没有可供测量的设备时，设计者只能依靠对某些类似的老机械的定量经验，来得到一些合理的估计；或采用缩尺模型做应力分析测试，得到一些有用资料。

6.2.2　随机疲劳载荷的处理

对于随机疲劳载荷的处理，目前有两种方法，即循环计数法和功率谱法。

*循环计数法*就是把连续载荷时间历程离散成一系列的峰值和谷值，把载荷分成一定级数，然后计算峰值或振程等发生的频次、概率密度函数、概率分布函数等。这种方法比较简便，一般能够满足随机疲劳载荷的统计要求，特别是在频率较低的情况下。其主要缺点是：不能给出变量随时间变化的全部信息，也不能得到载荷级或振程发生的先后次序。这种次序对零部件的疲劳寿命有一定的影响。

处理随机疲劳载荷的另一种方法是*功率谱法*。由于很多疲劳载荷都是无周期的连续变化，可以借助傅里叶变换，将随机载荷分解为有限多个具有各种频率的简谐变化之和，得到功率谱密度函数。这是一种比较严密的统计方法，保留了载荷历程的全部信息，特别是对于平稳随机过程，使用功率谱法进行统计分析更为方便。但它需要比较昂贵的频谱分析设备，这在一定程度上限制了它的广泛应用。

对疲劳分析来说，最主要的是了解载荷幅值的变化，因此在工程实际应用中，多使用循环计数法。循环计数法处理随机载荷的步骤是：测定真实的载荷时间历程→压缩载荷时间历程→计数方法→典型载荷谱编制。整个处理过程称为*编谱*，如图 6.8 所示。

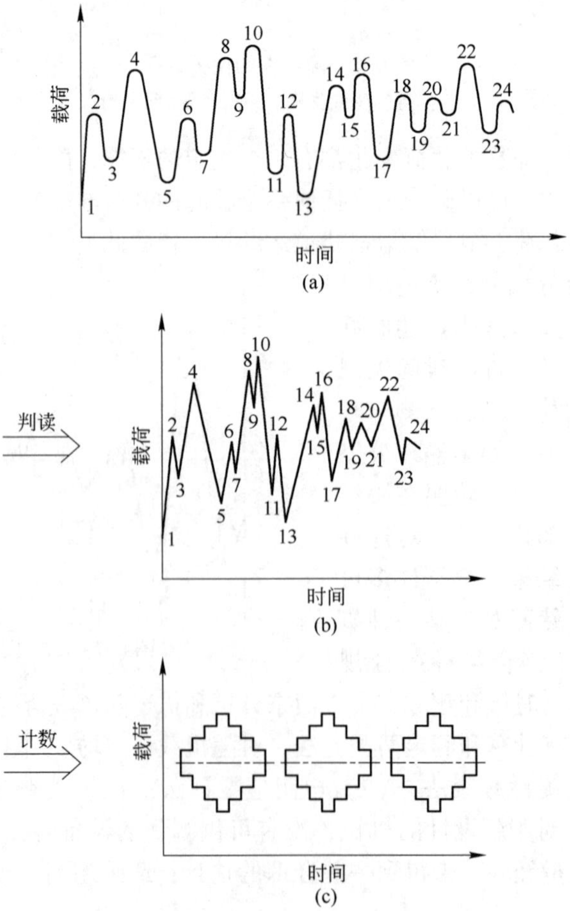

图 6.8　编谱过程示意图

可以说，计数法就是将载荷-时间历程简化为一系列的全循环和半循环过程。其实质就是从构成疲劳损伤的角度，研究复杂应力波形中，某些量值出现的次数，并对同类量值出现的次数加以累计。

目前可用于循环计数的方法有几十种之多，其中应用最广泛的是雨流计数法。它是由英国的 Matsuiski 和 Endo 两位工程师提出的。如图 6.9 所示，将载荷-时间历程数据曲线记录转过90°，时间坐标轴竖直向下，横坐标轴表示载荷，则数据记录犹如一系列屋顶，雨水顺着屋顶向下流，故称雨流计数法。这种方法有充分的力学依据和较高的准确性，并且易于在计算机上实现自动化。

如图 6.9 所示的过程，雨点从峰、谷值为起点向下流动，根据雨点向下流动的迹线，确定载荷循环。其计数规则如下：

(1) 雨流的起点依次从每个峰（谷）值的内侧开始。

(2) 雨流在下一个峰（谷）值处落下，直到对面有一个比开始时的峰值（或谷值）更大（或更小）的值时停止。

(3) 当雨流遇到来自上面一层流下的雨流时就停止。

(4) 取出所有的全循环，并记下各自的振程。

(5) 按正、负斜率取出所有的半循环，并记下各自的振程。

(6) 将取出的半循环，按雨流法第二阶段计数法则处理并计数。

根据上述规则，图 6.9 中的第一个雨流应从 o 点开始，流到 a 点落下，经 b 与 c 之间的 a' 点继续流到 c 点落下，最后停止在比谷值 o 更小的谷值 d 的对应处。取出一个半循环 $o—a—a'—c$；第二个雨流从峰值 a 的内侧开始，由 b 点落下，由于峰值 c 比 a 大，故雨流止于 c 的对应处，取出半循环 $a—b$；第三个雨流从 b 点开始流下，由于遇到来自上面的雨流 $o—a—a'$，故止于 a' 点，取出半循环 $b—a'$。因为 $b—a'$ 与 $a—b$ 构成一个闭合的应力-应变回线，则形成一个全循环 $a—b—a'$。按以上计数规则依次处理后，图 6.9 的载荷-时间历程中可以得到三个全循环：$a—b—a'$，$d—e—d'$，$R—h—R'$ 和三个半循环：$o—a—a'—c$，$c—d—d'—f$，$f—R—R'—i$。图 6.10 是在该载荷-时间历程作用下材料的应力-应变回线，容易看出同雨流法计数所得结果一致。

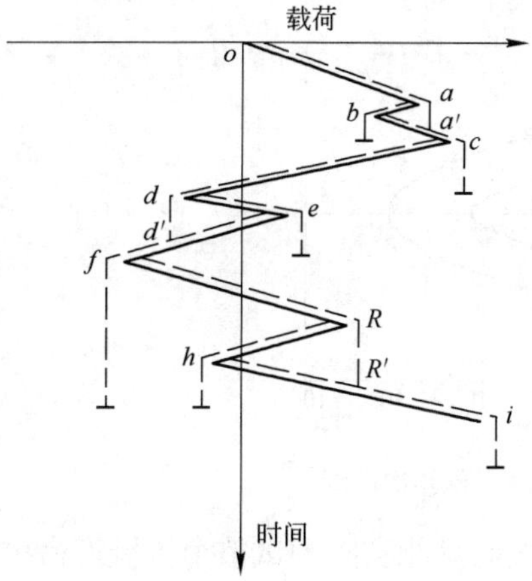

图 6.9 雨流计数法原理图

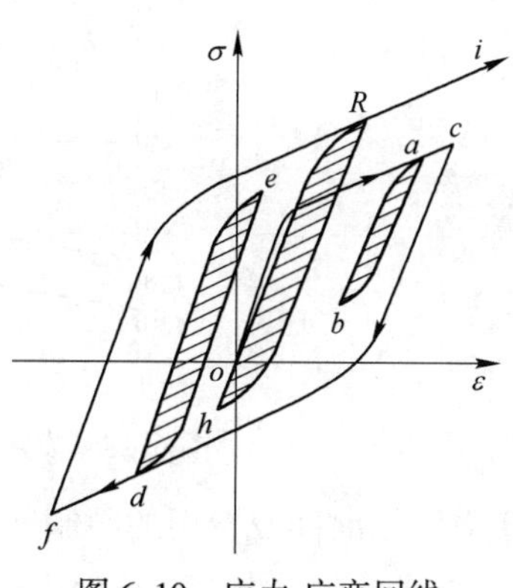

图 6.10 应力-应变回线

经过这样计数以后，最后剩下如图 6.11 所示的发散-收敛谱形，这个峰谷值序列已不再满足全循环计数条件。按雨流法计数规则，此种波形无法再形成完整的全循环，因此需要采取措施进行处理。一种简单的方法就是把图 6.11 中的波形在最高峰值 a_1 或最低谷值 b_1 处截成两段，使左段起点与右段末点相接，构成如图 6.12 所示的标准收敛-发散谱。此时用雨流法计数原则直到计数完毕。

为简化计数，对具有 n 个峰值 n 个谷值的标准发散-收敛谱，挑出最高峰值和最低谷值组成第一个全循环，再从其余的峰值和谷值中挑出最高峰值和最低谷值组成第二个全循环。这样重复 n 次，即得 n 个全循环。如果在计算机上进行，是非常简单的。

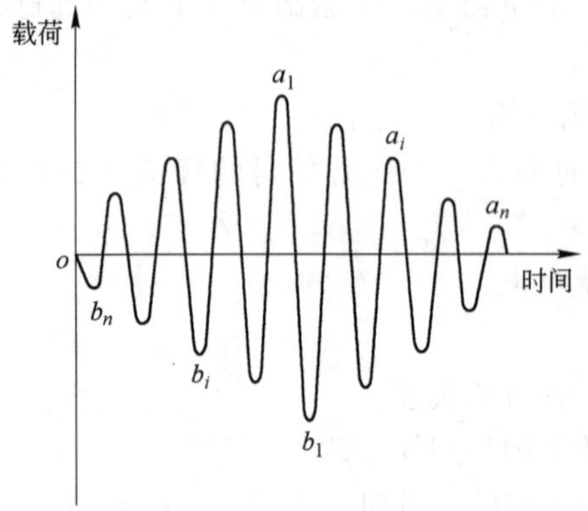

图 6.11　标准发散-收敛谱

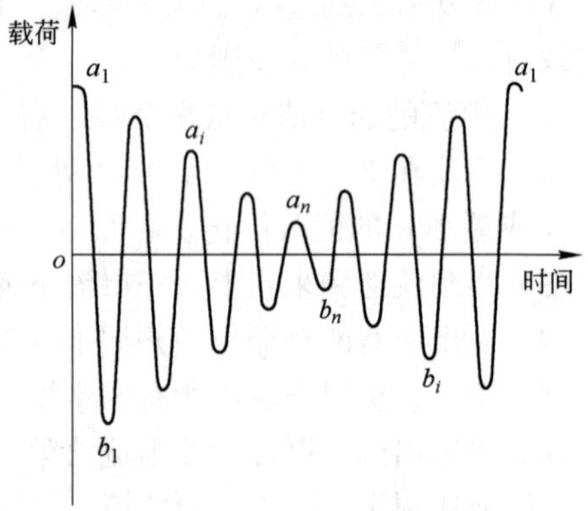

图 6.12　标准收敛-发散谱

6.2.3　累积频次曲线

累积频次曲线也称载荷累积频次图。根据所采集的疲劳载荷的子样进行循环计数后，可以得到各级载荷出现的频次。如果子样的数量足够大，就可以将载荷频次转化成概率密度函数，其均值和标准差都可求出。根据概率密度函数，可写出相应的概率分布函数。这给进一步的疲劳分析、可靠性分析和实验室模拟试验带来了很大的方便。

工程上，为了疲劳计算或疲劳试验使用方便，通常在得到各级载荷的频次数后，以载荷为纵坐标，以累积频次为横坐标，画出载荷累积频次曲线（图 6.13 中的点划线）。

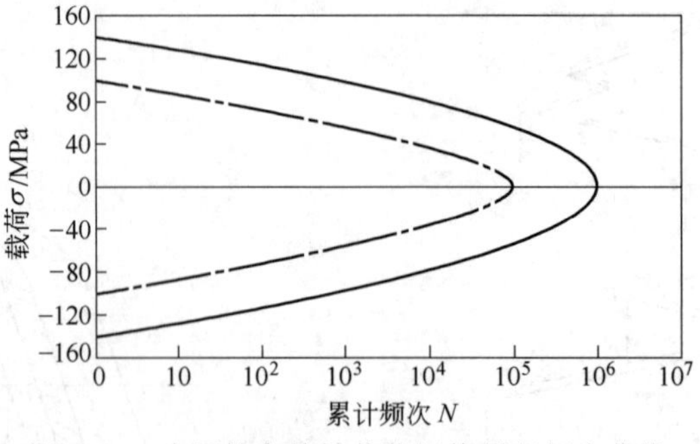

图 6.13　农用挂车前轴载荷幅值累积频次曲线

由于受测试时间及费用的限制，一般情况下，人们只能实际测试整个机械寿命中的很小一部分时间-载荷历程。在这很小一部分时间内测得的载荷-时间历程，很难保证出现整个寿命中的最大载荷。研究证明，相对累积频次小于 1 : 10^6 的载荷实际上不影响疲劳寿命，故定为每 10^6 载荷循环中出现一次的最大载荷才是整个寿命中的极值载荷。这样就必须解决两个问题：一是如何根据实测的时间-载荷历程来确定极值载荷；二是确定极值载荷与原有累积频次曲线之间的曲线方程。解决这一问题目前有许多方法，这里仅介绍一种标准累积频次曲线外推法。

设已经得到的标准载荷累积频次曲线如图 6.14 所示。曲线 1 的方程为：

$$N_1 = N_{01}^{1-\left(\frac{\sigma_1}{\hat{\sigma}_1}\right)^n} \tag{6.1}$$

第一步，将曲线 1 向右平移需要的距离到曲线 2 位置。其平移比例系数为 N_{02}/N_{01}。

第二步，确定曲线 3，使曲线 2 与曲线 3 共同形成一个完整的累积频次曲线。

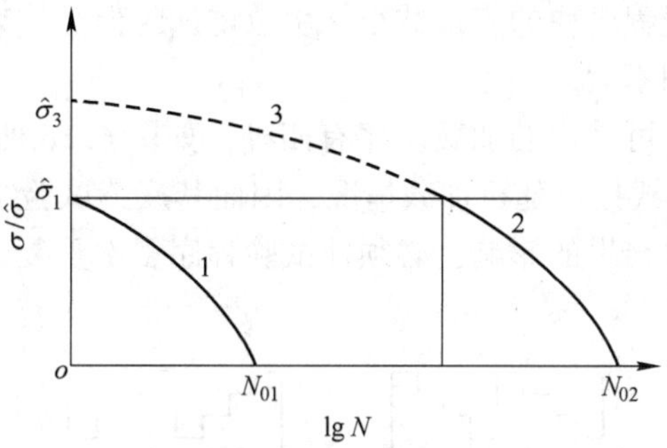

图 6.14 累积频次曲线外推法

确定外推后的累积频次曲线中最大载荷 $\hat{\sigma}_3$ 的计算式为：

$$\hat{\sigma}_3 = \hat{\sigma}_1 \left(\frac{\lg N_{02}}{\lg N_{01}}\right)^{\frac{1}{n}} \tag{6.2}$$

式中，$\hat{\sigma}_3$ 为外推频次曲线中最大载荷值；$\hat{\sigma}_1$ 为原频次曲线中最大载荷值；N_{01} 为原频次曲线中最大频数；n 为载荷块数。

得到 $\hat{\sigma}_3$ 后，把 $\hat{\sigma}_3$ 和曲线 2 以光滑曲线连接，即为外推载荷频次分布曲线，也可将曲线 2 左端点与 $\hat{\sigma}_3$ 以直线连接。

6.2.4 疲劳载荷谱的编制方法

表示随机载荷的大小与其出现频次关系的图形、数字、表格、矩阵等，称为载荷谱。

为使产品设计和疲劳强度实验研究，建立在反映其实际使用时的载荷工况基础之上，必须采集该产品在各种典型使用工况下的载荷-时间历程，经统计分析及处理后，编制成工作载荷谱。反过来，可根据实测的工作载荷谱，编制模拟试验用的加载谱，对所设计的产品或零件按加载谱加载，进行疲劳寿命试验，来验证设计及预估产品寿命。因此，载荷谱既是产品与零件疲劳试验的依据，也是产品设计的载荷依据。

编制载荷谱时，首先应确定一个包括所有状态的谱时间 T_s，即所编制的典型谱代表多长工作时间。因为有些罕见的高载荷，仅在若干工作时间内才出现一次，故障时间的选择应以至少包括一次此种载荷循环为准。其次，应给出各种载荷状态在整个寿命期间内所占的比例。

工作载荷谱（如累积频次曲线）的载荷幅值是连续变化的，可用一阶梯形曲线来近似表示。目前，国内外一般采用 8 级载荷，认为这样就可以代表连续载荷谱了，如图 6.15 所示。

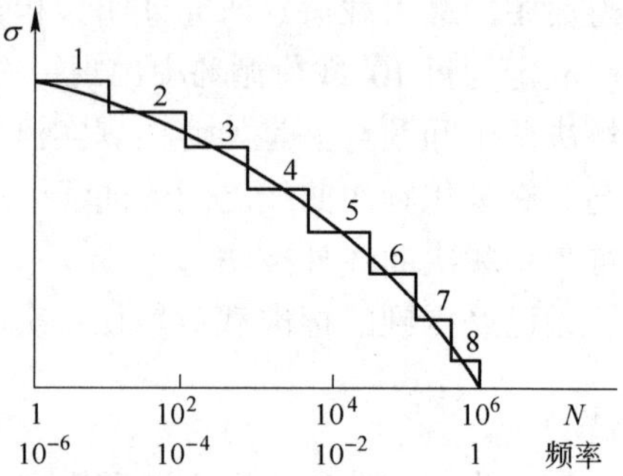

图 6.15　由累积频次曲线编制的程序载荷谱

在雨流计数法处理载荷的过程中，没有考虑载荷的作用次序和载荷频率的影响。而实际中，加载次序、载荷级数的多少、载荷块的大小以及出现次数较少的大载荷，均对疲劳寿命产生影响。尤其在腐蚀环境下，频率影响更不容忽视。为减少这些影响，常把简化后的程序载荷谱的周期取得短一些，也就是把程序块的容量减小，块数增加，但总周期不变。这样处理就会使实际寿命与估算寿命差别不大。

在疲劳寿命试验中，可采用的加载次序有四种，如图 6.16 所示。实验证明，图 6.16（c）和（d）两种加载方式接近随机加载情况，因而其疲劳试验结果也比较符合实际。为减少加载次序对疲劳试验结果的影响，必须使试验程序多次重复，一般应在试件破坏前至少重复 10~20 次。

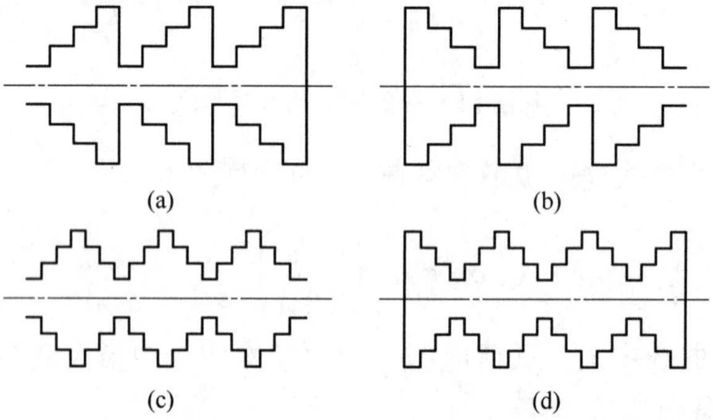

图 6.16　四种不同的加载次序

（a）低-高；（b）高-低；（c）低-高-低；（d）高-低-高

若要更真实地模拟实际使用载荷情况，在加载试验中应采用随机程序载荷谱（RPCA），这样就不存在加载次序的影响了。在计算机技术和载荷测试技术飞速发展的今天，这一点很容易实现。

6.3　循环载荷下金属材料的特性

6.3.1　金属材料的拉伸特性

工程中经常用拉伸试验的方法来得到材料的力学性能，如弹性和塑性变形特性、屈服强度、拉伸强度和韧性等，以反映材料的强度指标。

对于在循环载荷作用下的疲劳问题的研究，经常要用到工程应力、工程应变和真应力、真应变的概念。工程应力 S 是施加的轴向载荷 F 与试样加载前标距段的净截面面积

A_0之比；工程应变 e 则表示为试样加载后的标距段长度改变量 ΔL 与试样原始标距段长度 L_0之比，即：

$$S = \frac{F}{A_0} \tag{6.3}$$

$$e = \frac{L - L_0}{L_0} = \frac{\Delta L}{L_0} \tag{6.4}$$

由于拉伸过程中，试样的长度和截面积都在变化，故工程应力和工程应变不能反映变形过程中的真实应力-应变情况。为此，提出了真应力和真应变的概念。真应力是施加的轴向载荷 F 与试样标距段瞬时净截面面积 A 之比；真应变是试样各瞬时应变的总和，反映为试样最后长度 L 与试样原始长度 L_0之比的对数值。真应力和真应变的公式表达如下：

$$\sigma = \frac{F}{A} \tag{6.5}$$

$$\varepsilon = \int_{L_0}^{L} \frac{\mathrm{d}L}{L} = \ln \frac{L}{L_0} \tag{6.6}$$

由于塑性变形过程中体积保持不变，因此有

$$A_0 L_0 = AL \tag{6.7}$$

则由式（6.4）得到：

$$L = L_0 + eL_0 = L_0(1 + e) \tag{6.8}$$

将式（6.8）代入式（6.6），得：

$$\varepsilon = \ln(1 + e) \tag{6.9}$$

由式（6.3）、式（6.5）、式（6.7）和式（6.8）得：

$$\sigma = S(1 + e) \tag{6.10}$$

式（6.9）和式（6.10）为真应变、真应力和工程应变、工程应力之间的关系式。

真应变也称对数应变或自然应变，它能反映材料变形的真实情况。工程应力和工程应变，也常称为名义应力和名义应变。当应变大约小于 2%时，工程应力 S 大致等于真应力 σ，而工程应变 e 大致等于真应变 ε。因此，对于较小应变情况，无须区分“工程”量和“真实”量。在大应变情况下，两者相差十分明显，必须区分开来考虑。

图 6.17 表示典型的工程应力-应变和真应力-真应变材料特性曲线。由图可见，在弹性变形阶段，由于应变较小，一般均低于 1%，横向收缩小，因而真应力-真应变曲线与工程应力-应变曲线基本重合。随着应变的进一步增大，两者差异逐渐增大，在试样标距长度的某处出现颈缩后，塑性变形集中在颈缩区，试样的截面积急剧减小。虽然工程应力随应变增加而减小，但真应力仍然增大，此时真应力和工程应力的差别明显增大。

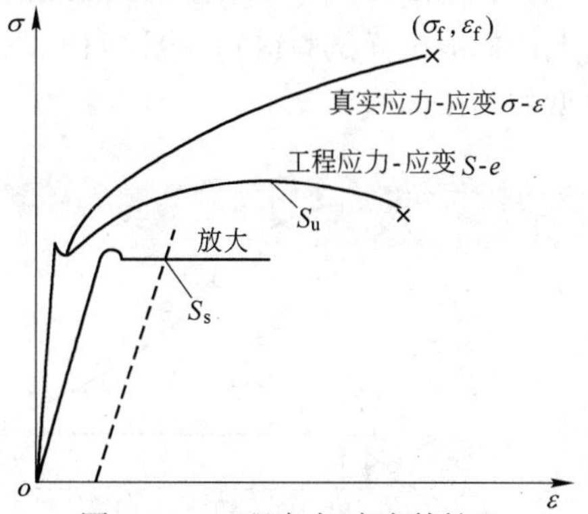

图 6.17　工程应力-应变特性和真实应力-应变特性曲线

图 6.17 中，符号的下标 f 表示断裂。真实断裂强度通常要按颈缩加以修正。颈缩会在颈部表

面上产生双轴应力状态，并在颈部内产生三轴应力状态。缺口试件的单调拉伸应力-应变特性，可能相同于或完全不同于无缺口试件的单调拉伸应力-应变特性。在大多数的缺口拉伸试验中，延性有所降低。对于低强度和中等强度的脆性材料，缺口试件的极限强度可能有所降低。

6.3.2 材料的强度-寿命曲线

进行材料或零构件疲劳分析时，反映材料抗疲劳性能的疲劳强度-寿命曲线是必不可少的。该曲线以达到破坏时的载荷循环数 N 作为横坐标，以对试样施加的最大应力为纵坐标。这里的应力是一个广义的概念，可以是正、剪应力或应变。一般情况下，弯曲应力、拉伸应力和压缩应力用 σ 表示，扭转应力用 τ 表示，应变用 ε 表示，亦即实际试验作出的是 σ-N 曲线、τ-N 曲线和 ε-N 曲线。由于“应力”和“应变”在英文中首字母都是“S”，所以这三种疲劳强度寿命曲线统称为 S-N 曲线。

图 6.18 表示一带有非零平均应力的正弦波疲劳循环载荷。在疲劳问题中，常用的一些术语及其定义关系式如下：

应力范围：$\Delta\sigma = \sigma_{max} - \sigma_{min} = 2\sigma_a$；

应力幅值：$\sigma_a = \dfrac{\sigma_{max} - \sigma_{min}}{2}$；

平均应力：$\sigma_m = \dfrac{\sigma_{max} + \sigma_{min}}{2}$；

应力比：$R = \dfrac{\sigma_{min}}{\sigma_{max}}$；

幅值比：$A = \dfrac{\sigma_a}{\sigma_m}$；

最大应力：$\sigma_{max} = \sigma_m + \sigma_a$；

最小应力：$\sigma_{min} = \sigma_m - \sigma_a$。

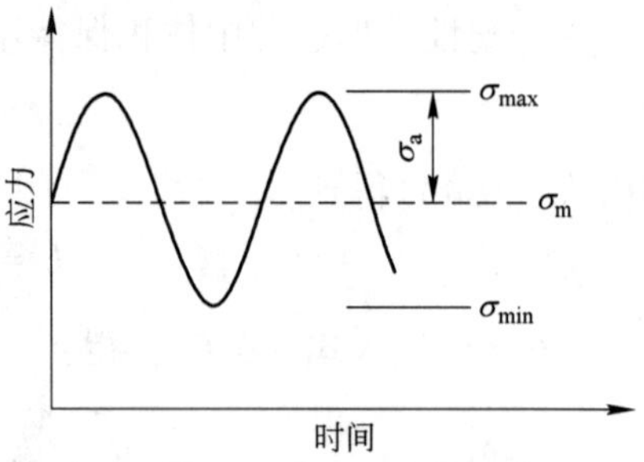

图 6.18 疲劳循环载荷

$R=-1$，$A=\infty$ 时，为对称循环应力；$R=0$，$A=1$ 时，为脉动循环应力；$R=1, A=0$ 时，为静应力；其他情况均称为非对称循环应力。

材料的应力-寿命曲线一般是在旋转弯曲疲劳试验机或电磁谐振式高频拉-压疲劳试验机上用标准试样试验得到。图 6.19 即是用光滑试样在控制应力的试验条件下得到的两条典型的 S-N 曲线。

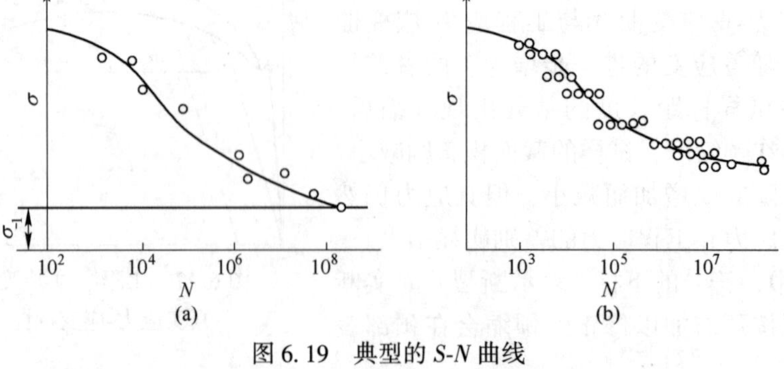

图 6.19 典型的 S-N 曲线

典型的试样包括“光滑试样”和“缺口试样”两种，试样的类型选择由试验目的决定。光滑试样是指在试验段内几乎没有应力集中的试样，缺口试样是指在试验段内人为地制造带有一定应力集中效应的试样。试样由试验段、夹持段及两者间的过渡段三部分组成。根据加载类型不同，光滑试样的形状也不同，包括轴向加载试样、平面弯曲试样、旋转弯曲试样和扭转试样。

以旋转弯曲疲劳试验为例，此时试样内的应力是对称循环应力。试验前，准备一组材料和尺寸完全相同的试样，在旋转弯曲试验机上加循环弯曲应力，直到试样破坏为止。从试验机计数器上可读得试样在某一最大应力下破坏时的循环次数 N。对每个试样施加不同的应力 σ，就可得到相应应力下的循环次数 N。以最大应力 $\sigma_{\max}$ 为纵坐标，以破坏时的循环数 N 为横坐标，即可把试验结果绘制成如图 6.19 所示的曲线。

从图中曲线可以看出，每一个应力都有一相应的破坏循环次数对应，即相应的疲劳寿命。曲线的水平部分（见图 6.19（a））表示材料经无限次应力循环而不破坏，与此相应的最大应力表示光滑试样对称循环时的疲劳极限，用 σ_{-1} 表示。如结构钢的 S-N 曲线有一水平的渐近线，其纵坐标即为疲劳极限 σ_{-1} 。一般规定：钢试样经过 10^7 循环仍不破坏时，就认为它可以承受无限次循环。有些材料的 S-N 曲线没有水平部分（图 6.19（b）），常以一定的循环数（如 2×10^7 或 10^8）下的应力作为疲劳极限。在 S-N 曲线上，小于 10^7 次循环的点所对应的最大应力，称为材料在该循环数下的条件疲劳极限。上述传统疲劳研究因受试验条件限制，从而也限制了载荷循环周次。传统疲劳研究认为：零构件在低于疲劳极限的载荷下工作时，材料具有无限寿命。

但随着航空航天、汽车、桥梁等领域的飞速发展与技术需求变化，许多零件的疲劳寿命要求达到 10^8~10^{10} 以上，因而出现了超高周疲劳行为（简称 VHCF）的研究。超高周疲劳发生在传统疲劳极限以下，它关系到超长服役寿命的零件的安全性与可靠性。近二十几年中，在材料超高周疲劳性能方向的研究，开始受到工程界的广泛重视。超声疲劳技术是研究 VHCF 的有效方法，它采用超声振动载荷，具有频率高、振幅小、历时短、噪声低等优点。

如果将图 6.19 的 S-N 曲线的纵坐标和横坐标都取成对数，则图中的 S-N 曲线就成为由一条斜直线和一条水平线组成，如图 6.20 所示。两条直线的交点的横坐标以 N_0 表示，称为循环基数。钢的 N_0 约为 10^7，两直线交点的纵坐标即为疲劳极限 σ_{-1} 。斜直线的倾斜角度表示材料的抗疲劳性能，斜直线的方程式为 $\sigma_i^m N_i = C$ 。式中 m 和 C 是材料常数，与材料性质、试样形式和加载方式有关。

低周疲劳中，常用到应变-寿命曲线（ε-N 曲线）。材料的应变-寿命曲线是这样得到的：准备一组材料和尺寸完全相同的试样，对每个试样施加不同的载荷，即使试样产生不同的应变，加载至试样破坏为止，记录下疲劳破坏时的循环次数 N，就得到了一组应变和相应的破坏循环次数的数据。由于试验机控制总应变幅比较方便，所以一般得到的数据是总应变幅与破坏循环数的关系曲线，如图 6.21 所示。

每一个应变值都是由弹性应变分量和塑性应变分量组成的。在双对数坐标系下，弹性应变-寿命曲线和塑性应变-寿命曲线都是一条近似直线，如图 6.22 所示。

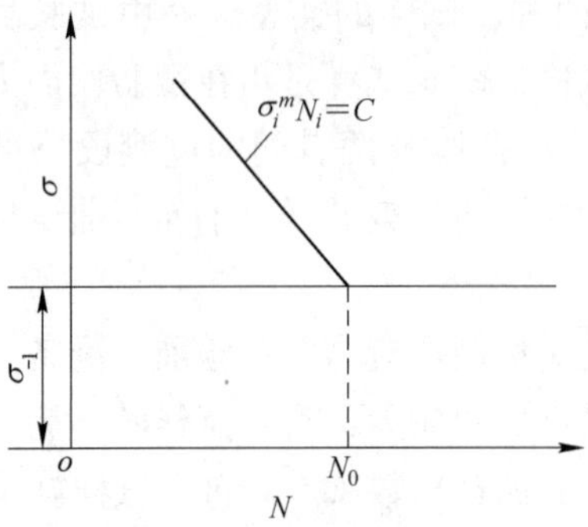

图 6.20 双对数坐标表示的 S-N 曲线

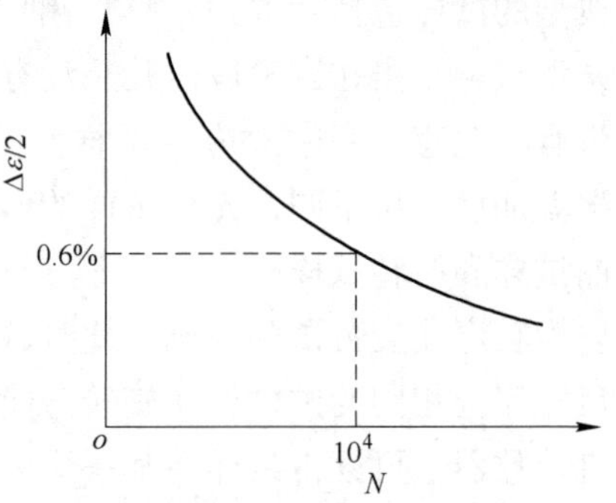

图 6.21 总应变幅-寿命曲线

弹性应变幅度 $\Delta\varepsilon_e/2$ 和塑性应变幅度 $\Delta\varepsilon_p/2$ 可用方程式表示成如下形式：

$$\frac{\Delta\varepsilon_e}{2} = \frac{\sigma_f'}{E}(2N)^b \tag{6.11}$$

$$\frac{\Delta\varepsilon_p}{2} = \varepsilon_f'(2N)^c \tag{6.12}$$

式中，σ_f' 为疲劳强度系数；σ_f'/E 为循环数 $N = 1/4$ 处直线 2 的纵坐标截距；E 为材料的弹性模量；b 为疲劳强度指数；ε_f' 为疲劳塑性系数，循环数 $N = 1/4$ 处直线 1 的纵坐标截距；c 为疲劳塑性指数。

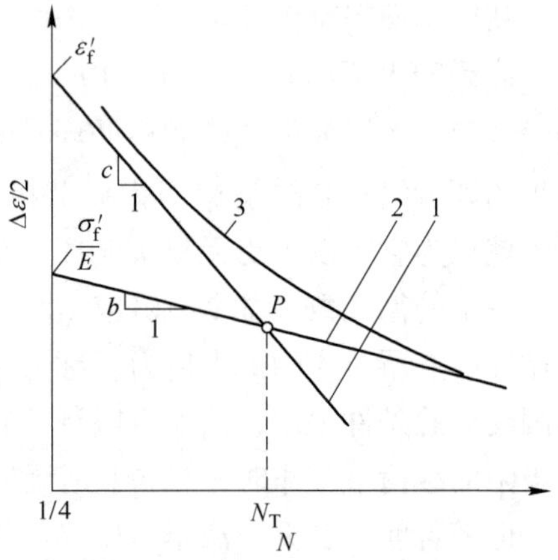

图 6.22 通用斜率法的应变-寿命曲线

1—塑性应变-寿命曲线；2—弹性应变-寿命曲线；3—总应变-寿命曲线

总应变-寿命曲线 3 的数学表达式为

$$\frac{\Delta\varepsilon}{2} = \frac{\Delta\varepsilon_e}{2} + \frac{\Delta\varepsilon_p}{2} = \frac{\sigma_f'}{E}(2N)^b + \varepsilon_f'(2N)^c \tag{6.13}$$

式（6.13）称为曼森-科芬（Manson-Coffin）方程。

在图 6.22 中，塑性应变-寿命曲线 1 与纵坐标轴的交点为疲劳塑性系数 ε_f'，弹性应变-寿命曲线 2 与纵坐标轴的交点为疲劳强度系数 σ_f' 除以弹性模量 E。曲线 1 与曲线 2 的交点 P 所对应的疲劳寿命称为过渡疲劳寿命，以 N_T 表示。显然，当设计寿命等于 N_T 时，$\varepsilon_e = \varepsilon_p$，弹性应变分量与塑性应变分量相等；在 N_T 左边的区域，$\varepsilon_p > \varepsilon_e$，材料的塑性分量起主导作用；在 N_T 右边的区域，$\varepsilon_e > \varepsilon_p$，材料的弹性应变起主导作用。

要绘出各种材料的应变-寿命曲线，需要进行大量的疲劳试验。S. S. 曼森研究了大量的试验数据之后指出，要确定 $\Delta\varepsilon_e$-N 和 $\Delta\varepsilon_p$-N 两条直线，只要有四个点即可，称为四点法。这四个点可以由单调拉伸试验数据获得，而不用去做疲劳试验。四点的作法（图 6.23）为：

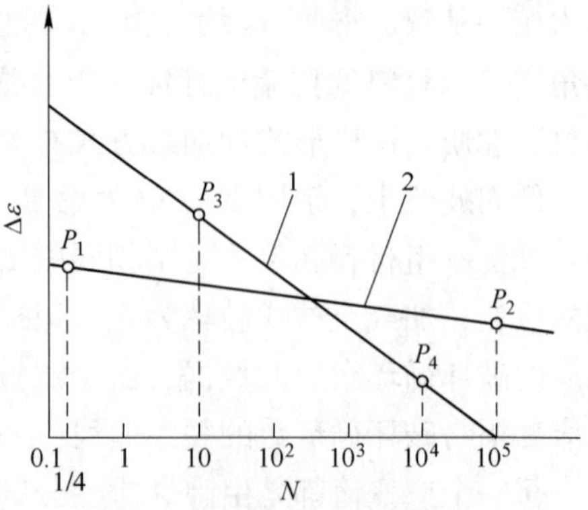

图 6.23 四点法求应变-寿命曲线

1—塑性应变-寿命曲线；2—弹性应变-寿命曲线

P_1 为对应于 1/4 循环（即一次拉伸至破坏）

的应变幅度的弹性分量；

$$\Delta\varepsilon_e = 2.5\left(\frac{\sigma_f}{E}\right) \tag{6.14}$$

P_2 为对应于 10^5 次循环的应变幅度的弹性分量；

$$\Delta\varepsilon_e = 0.90\frac{\sigma_b}{E} \tag{6.15}$$

连接 P_1 和 P_2 点，得 $\Delta\varepsilon_e$-N 曲线 2。这里，$\Delta\varepsilon_e$ 为弹性应变幅度；N 为破坏循环数；σ_f 为单调拉伸时的断裂真实应力；σ_b 为强度极限。

P_3 为对应于 10^1 次循环的应变幅度的塑性分量；

$$\Delta\varepsilon_p = \frac{1}{4}\varepsilon_f^{\frac{3}{4}} \tag{6.16}$$

P_4 为对应于 10^4 次循环的应变幅度的塑性分量；

$$\Delta\varepsilon_p = \frac{0.0132 - \Delta\varepsilon_e^*}{1.91} \tag{6.17}$$

连接 P_3 和 P_4 点，得 $\Delta\varepsilon_p$-N 曲线 1。这里，$\Delta\varepsilon_e^*$ 为曲线 2 上 $N = 10^4$ 所对应的弹性应变幅度，ε_f 为单调拉伸断裂时的真实应变，用断面收缩率 ψ（以%计）近似求得

$$\varepsilon_f = \ln\frac{100}{100 - \psi}$$

用四点法求材料的应变-寿命曲线，适合于碳钢、合金钢、铝、钛等几乎所有的金属材料。

S. S. 曼森对 29 种材料的疲劳试验结果整理归纳后得到，在双对数平面坐标上，塑性应变-寿命直线 1 的斜率为−0.6，弹性应变-寿命直线 2 的斜率为−0.12，从而得到下面关系式：

$$\Delta\varepsilon = 3.5\frac{\sigma_b}{E}N_f^{-0.12} + \varepsilon_f^{0.6}N_f^{-0.6} \tag{6.18}$$

由于这个公式对多种材料适用，故该法称为*通用斜率法*。

6.3.3 材料的循环硬化和循环软化

在承受循环载荷的过程中，金属材料对变形的抵抗能力有很大的变化。

由于重复产生塑性变形，引起金属的塑性流动特性的改变，出现材料抵抗变形能力增加、减少或保持不变的现象，称为材料的*循环硬化*、*循环软化*和*循环稳定*。

图 6.24 为控制应力幅 $\Delta\sigma/2$ 恒定时的应力-应变滞后回线。当金属发生循环硬化时，其塑性应变幅度不断减少（图 6.24（a）），当达到一定循环数后，应变幅 $\Delta\varepsilon/2$ 逐渐趋于稳定；当金属发生循环软化时，其应变幅度不断增大（图 6.24（b）），当达到一定循环数后，应变幅 $\Delta\varepsilon/2$ 也逐渐趋于稳定。

图 6.25 为控制应变幅 $\Delta\varepsilon/2$ 恒定时的应力-应变滞后回线。图 6.25（a）为当应变幅 $\Delta\varepsilon/2$ 保持不变时，应力幅 $\Delta\sigma/2$ 不断增大，说明金属发生了循环硬化，经过一定的循环次数后，应力变化趋于稳定；图 6.25（b）表示金属发生循环软化时的情形。当应变幅度 $\Delta\varepsilon/2$ 保持不变时，应力幅 $\Delta\sigma/2$ 不断减小，经过一定循环次数后趋于稳定。

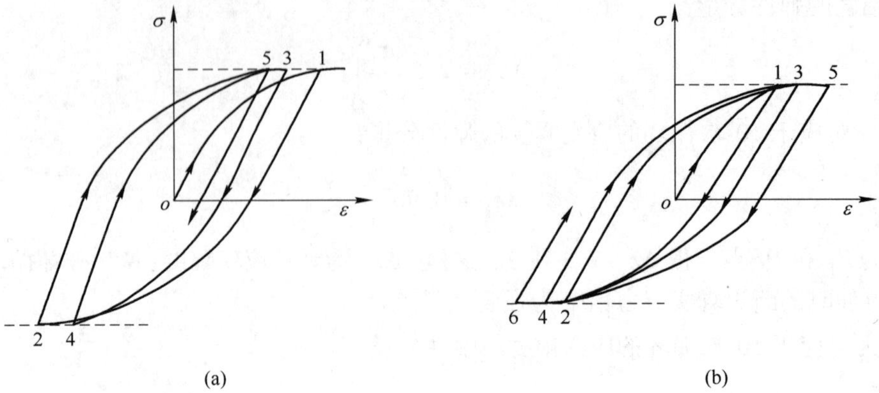

图 6.24　控制应力下材料的滞后回线

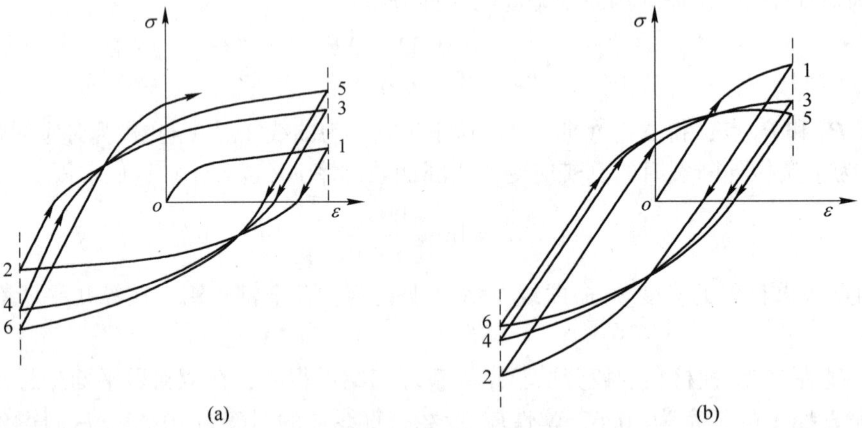

图 6.25　控制应变下材料的滞后回线

金属的这种循环硬化和循环软化行为，在疲劳试验开始时表现得比较强烈，此后，随着循环次数的增加逐渐达到稳定，如图 6.26 所示。从疲劳试验开始到循环稳定，大多数材料是在总寿命的 20%~25%以后达到的，这主要取决于材料的原始状态。一般说来，退火的金属材料产生循环硬化，而冷加工材料发生循环软化。

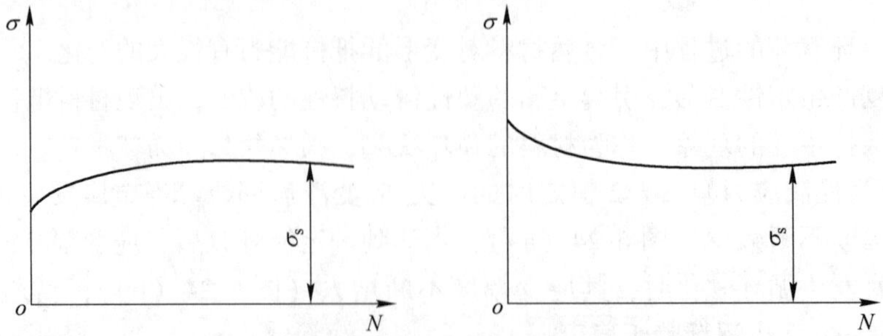

图 6.26　金属材料循环硬化和循环软化曲线

很多学者对各种钢、铝合金和钛合金进行了应变控制疲劳试验，得出以下结论：材料产生循环硬化或循环软化取决于材料的屈强比 σ_s/σ_b 。一般情况下，屈强比小于 0.7 时，材料产生循环硬化；屈强比大于 0.8 时，材料产生循环软化；屈强比介于 0.7~0.8 之间时，难以预测材料是产生循环硬化还是产生循环软化。

6.3.4 循环应力-应变曲线

材料在循环应力作用下，由于材料的循环硬化和循环软化，其应力-应变关系在逐渐变化，直到进入循环稳定状态为止。材料在循环稳定状态下的应力-应变曲线，称为循环 σ-ε 曲线。

如图 6.27 所示，把材料拉伸加载到 A 点后卸载到零，再加绝对值相等的压缩载荷到 B 点，然后重新加载返回到 A 点，则加载和卸载的应力-应变轨迹线 ABA 形成一个闭环，称为滞后环或迟滞回线、滞后回线。图中 $\Delta\varepsilon$ 称为应变范围；$\Delta\sigma$ 称为应力范围；$\Delta\varepsilon_p$ 称为塑性应变范围；$\Delta\varepsilon_e$ 称为弹性应变范围。显然，$\Delta\varepsilon = \Delta\varepsilon_e + \Delta\varepsilon_p$。

循环应力-应变曲线是材料循环响应的重要特征。该曲线是通过应变疲劳试验确定的。其基本做法是：把应变幅 ε_a 控制在不同水平上，在保持应变比 $R = \varepsilon_{min}/\varepsilon_{max} = -1$ 的条件下进行循环加载，得到一系列大小不同的稳定滞后回线。连接这些滞后回线的顶点，便得到该材料的循环应力-应变 σ-ε 曲线，如图 6.28 所示。图中虚线为单调拉伸的 σ-ε 曲线。

循环应力-应变曲线随材料的不同而不同，它反映材料在低周疲劳时的稳定应力和应变的响应特性，同时也是与单调应力-应变曲线进行比较的一个有效参量。

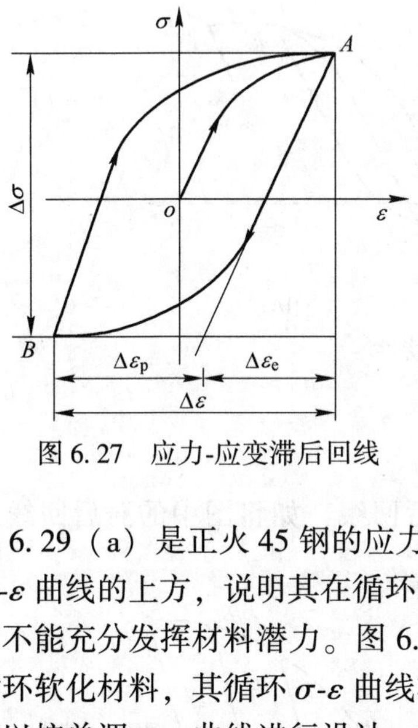

图 6.27 应力-应变滞后回线

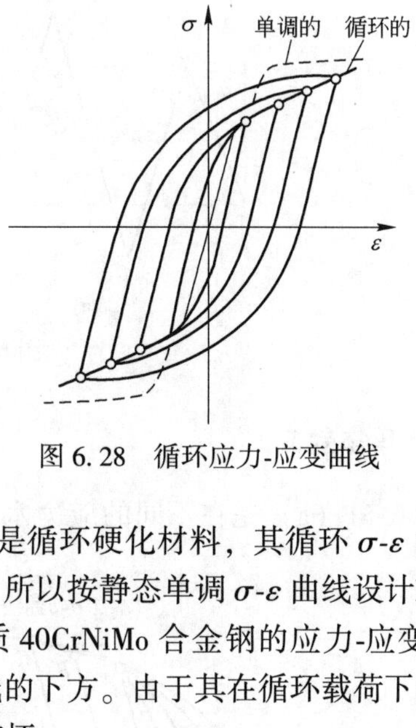

图 6.28 循环应力-应变曲线

图 6.29（a）是正火 45 钢的应力-应变曲线，它是循环硬化材料，其循环 σ-ε 曲线在单调 σ-ε 曲线的上方，说明其在循环载荷下强度高，所以按静态单调 σ-ε 曲线设计就显得保守，不能充分发挥材料潜力。图 6.29（b）是调质 40CrNiMo 合金钢的应力-应变曲线，它是循环软化材料，其循环 σ-ε 曲线在单调 σ-ε 曲线的下方。由于其在循环载荷下的强度低，所以按单调 σ-ε 曲线进行设计，必将导致提前破坏。

6.3.5 材料的记忆特性

材料的记忆特性是材料对载荷-时间历程作用的应力-应变响应。图 6.30（a）表示载荷-时间历程，图 6.30（b）表示材料在该载荷-时间历程中的应力-应变响应。加载时由 1 到 2，相应的应力-应变响应由 A 到 B；由 2 到 3 反向加载时，应力-应变曲线由 B 到 C；再由 3 到 2′ 加载时，应力-应变曲线由 C 到 B' 点并与 B 点重合。此后继续加载，则应力-应变曲线并不沿 CB' 曲线的延长线（图中虚线所示）延伸，而急剧转弯沿原先 AB 曲线的延

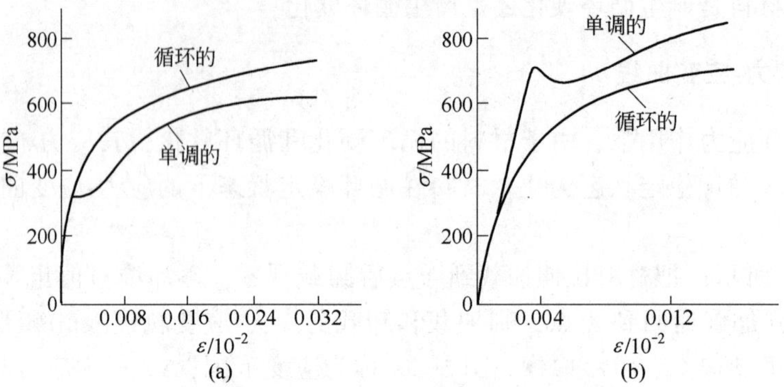

图 6.29 钢的循环应力-应变曲线

（a）45 钢（正火）；（b）40CrNiMo 钢（调质，285~321 HBS）

长线，似乎材料“记住”了原先的路径，这就是材料的记忆特性。因此，对于载荷历程 1-4，其应力-应变相当于在1-2-2′-4 加载下从 A 到 D，只不过在 B 点被一个滞后环 B-C-B' 暂时中断。在卸载过程中，材料同样具有记忆特性。

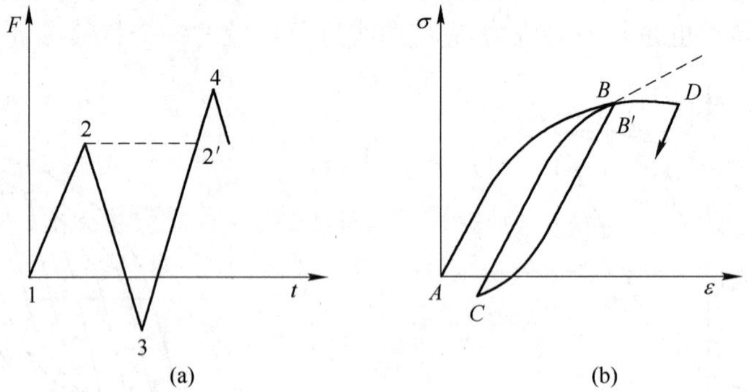

图 6.30 材料的记忆特性

6.3.6 玛辛效应

图 6.31（a）是在不同的应力水平下得到的滞后回线，如将图中的滞后回线最低点

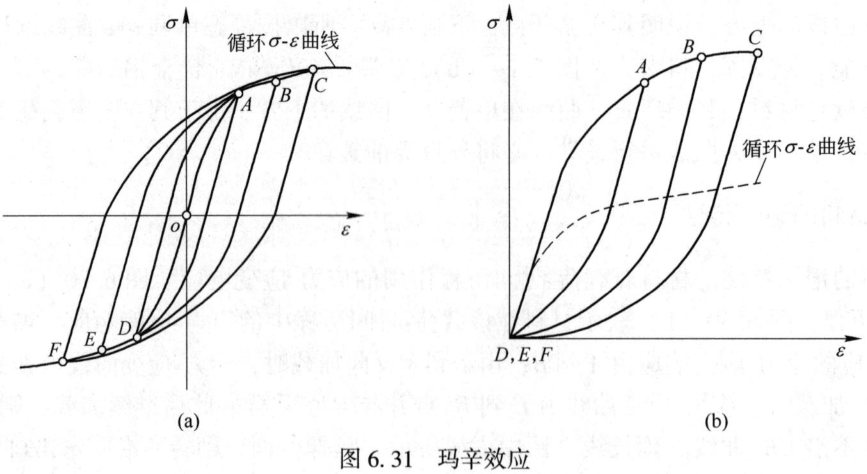

图 6.31 玛辛效应

D、E、F 平移到与坐标原点 o 相重合，若滞后回线的最高点 A、B、C 的边线与上行迹线相吻合（图 6.31（b）），则该材料称为玛辛材料，具有玛辛效应。反之，若滞后回线的最高点的边线与其上行迹线有明显的差异，则该材料不具有玛辛效应，称为非玛辛材料。

许多试验表明，多数金属材料的滞后环，可以用放大一倍后的循环 σ-ε 曲线来近似描述。

6.4 影响材料疲劳特性的因素

影响材料疲劳强度的因素有许多，归纳起来主要分以下四个方面：

（1）材料本身化学成分、金相组织以及内部缺陷等的影响。

（2）零构件表面的应力集中、尺寸、表面加工状况等的影响。

（3）不同工作载荷特性的影响。

（4）服役条件以及环境的影响等。

对于材料因素，通常在选择试样时已经考虑到，试样的材料及热处理条件等都应与机械零构件相同。其他的各种影响因素，在标准试样试验时是无法考虑进去的。因此，实际零构件的疲劳强度与标准试样的疲劳强度有着很大的差别。为了从试样的循环特性曲线上得到零构件的疲劳特性，必须考虑以上各种影响因素。

6.4.1 尺寸的影响

在疲劳试验机上所用的试样直径通常为 6~10 mm，而一般零构件的尺寸与试样尺寸是不相同的。试验表明，当尺寸增大时，由于存在缺陷的概率增大，疲劳强度降低。对疲劳问题的尺寸效应，以往研究工作主要得出了以下几个结论：

（1）当试样尺寸增大时，材料的疲劳极限降低。

（2）强度高的合金钢，其疲劳强度受尺寸的影响比强度低的普通钢大。

（3）当应力分布不均匀性增加时，尺寸的影响也增大。

为了在疲劳设计时计入尺寸影响，引入了尺寸系数 α。尺寸系数的定义是：当应力集中情况相同时，尺寸为 d 的零部件的疲劳极限与直径为 d_0 的标准试样的疲劳极限之比值，即：

弯曲时
$$\alpha_\sigma = \frac{(\sigma_{-1})_d}{(\sigma_{-1})_{d_0}} \tag{6.19}$$

扭转时
$$\alpha_\tau = \frac{(\tau_{-1})_d}{(\tau_{-1})_{d_0}} \tag{6.20}$$

式中，$(\sigma_{-1})_d$、$(\tau_{-1})_d$ 为尺寸为 d 的零部件的对称循环弯曲和对称循环扭转疲劳极限；$(\sigma_{-1})_{d_0}$、$(\tau_{-1})_{d_0}$ 为标准试样的对称循环弯曲和对称循环扭转疲劳极限。

尺寸系数 α 的数值一般小于 1。试验研究表明，尺寸系数的数据分散性很大，各文献上推荐的数据、图表也相差不小。一般机械设计中，建议采用图 6.32 中曲线。图（a）用于大截面零部件，图（b）用于小截面零部件。图中给出的数据是锻钢的疲劳极限尺寸系数；对于铸钢，图上的数据要降低 5%~10%；对于低合金结构钢，建议采用碳素钢的曲线。

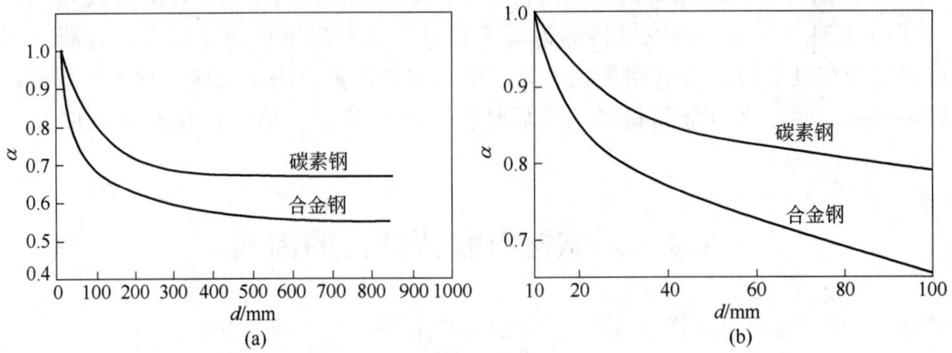

图 6.32　钢零件的尺寸系数

（a）大截面零部件；（b）小截面零部件

6.4.2　表面加工状况的影响

疲劳试验的标准试样表面均经过抛光，有严格的精度要求，而实际零部件的表面加工方法则是多种多样的。粗糙的表面加工相当于存在很多微缺口（或微裂纹），会由于微缺口的存在而产生应力集中。当机械零件承受弯曲和扭转时，表面应力最大，加上表面的缺口有应力集中，容易形成疲劳源，疲劳破坏也就较多地自表面开始。因此，表面加工质量不同，疲劳强度也不同。粗糙的表面会导致疲劳强度的降低，表面越粗糙，疲劳极限降低得越严重。

为计入表面加工状况的影响，在疲劳设计中引入了*表面加工系数* β，它的定义是：某种表面加工状况的材料的疲劳极限 $(\sigma_{-1})_\beta$ 与光滑试样的疲劳极限的比值，即：

$$\beta = \frac{(\sigma_{-1})_\beta}{\sigma_{-1}} \tag{6.21}$$

图 6.33 是我国生产的钢材，在弯曲疲劳载荷作用下试验得到的表面加工系数。对于扭转疲劳，在无试验资料时，可以取弯曲时的表面加工系数代替。由图可见，在同一加工

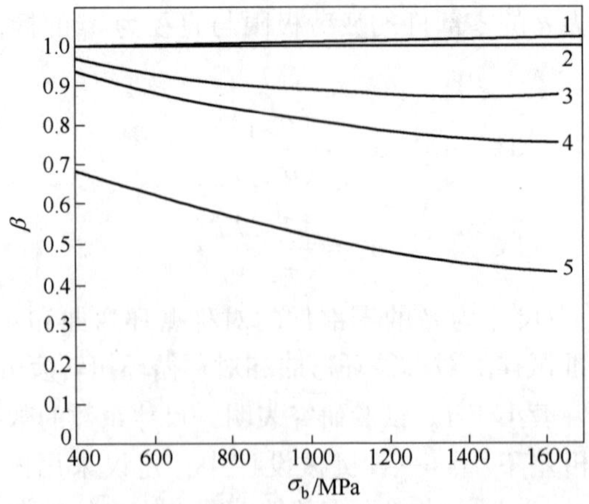

图 6.33　国产钢材的表面加工系数

1—抛光；2—磨削；3—精车；4—粗车；5—锻造表面

状态下，随着试样强度极限的增大，表面加工系数 β 值降低。因此，在承受循环应力条件下，采用高强度合金钢制造的零件，必须提高其表面加工精度，否则就失去了采用高强度合金钢的意义。

图 6.34 是目前设计手册和科技著作中常见到的钢的表面加工系数曲线，这是利用国外的试验数据得到的。

比较图 6.33 和图 6.34 可见，总的趋势是一致的，但国产钢材表面加工系数曲线下降幅度相对来说比较缓慢，最大的区别在于：国产钢材表面加工系数与钢材强度极限不成线性关系。设计时建议采用国产钢材的曲线。

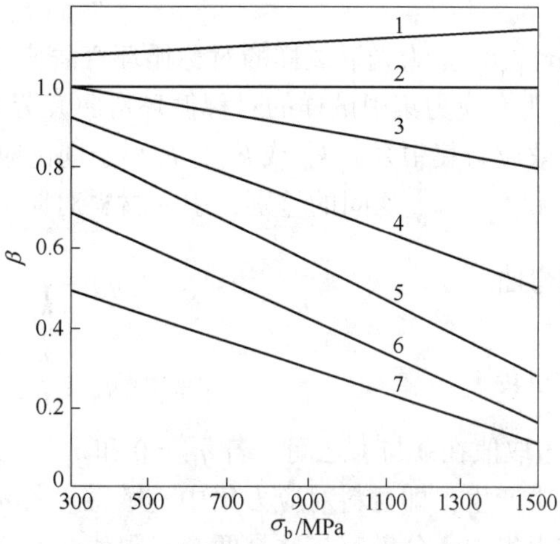

图 6.34 国外钢材的表面加工系数

1—抛光；2—磨削；3—精车；4—粗车；5—轧制，未加工表面；6—淡水腐蚀表面；7—海水腐蚀表面

6.4.3 应力集中的影响

在疲劳试验中，通常标准试样的工作部分是一段光滑的直圆杆或是一段大圆弧的变直径杆。但许多实际使用中的机械零件往往都存在转角、孔、螺纹、键槽等，这种外形突然变化和材料不连续的地方，常常会产生很大的局部应力，即有应力集中现象。在设计计算中，为计入这种应力集中的影响，引入了**理论应力集中系数** $k_{t\sigma}$ 及 $k_{t\tau}$，其定义为：在弹性变形范围内材料的局部峰值应力 σ_{max} 或 τ_{max} 与名义应力 σ_0 或 τ_0 的比值，即：

对拉伸及弯曲应力
$$k_{t\sigma}=\frac{\sigma_{max}}{\sigma_0} \tag{6.22}$$

对扭转应力
$$k_{t\tau}=\frac{\tau_{max}}{\tau_0} \tag{6.23}$$

理论应力集中系数是假设材料的变形在弹性范围内，它只取决于零件或材料缺口的几何形状。不同情况下的理论应力集中系数的图表，可在机械设计手册或其他有关文献中查到。

但是，理论应力集中系数的大小，并不能作为由于存在局部峰值应力而使疲劳强度降低的评价标准。因为理论应力集中系数假设材料是均匀的和各向同性的理想弹性体，而真实材料的内部是存在着各种各样的缺陷和不同的晶粒分布情况的。同时，在应力集中区，局部峰值应力常超过屈服极限，使部分材料产生塑性变形，从而造成应力的重新分配。故实际的峰值应力低于理论上的峰值应力。这些都使疲劳强度不仅由零部件的几何形状所决定，还与零部件的材料性质以及载荷类型有关。

因此，在循环应力条件下，把实际衡量应力集中对疲劳强度影响的系数，称为**有效应力集中系数** k_σ 或 k_τ，其定义为：当载荷条件和绝对尺寸相同时，循环应力下的有效应力集中系数，等于光滑试样与有应力集中试样的疲劳极限的比值，即：

$$k_\sigma = \frac{\sigma_{-1}}{(\sigma_{-1})_k} \tag{6.24}$$

$$k_\tau = \frac{\tau_{-1}}{(\tau_{-1})_k} \tag{6.25}$$

式中，σ_{-1}、τ_{-1} 为光滑试样的对称循环弯曲疲劳极限和对称循环扭转疲劳极限；$(\sigma_{-1})_k$、$(\tau_{-1})_k$ 为有应力集中试样的对称循环弯曲疲劳极限和对称循环扭转疲劳极限。

有效应力集中系数 k_σ 或 k_τ，常小于理论应力集中系数 $k_{t\sigma}$ 和 $k_{t\tau}$。为了在数量上估计 k_σ、k_τ 和 $k_{t\sigma}$、$k_{t\tau}$ 之间的差别，引入材料对应力集中的敏感系数 q，三者之间的关系为：

对弯曲
$$q_\sigma = \frac{k_\sigma - 1}{k_{t\sigma} - 1} \tag{6.26}$$

对扭转
$$q_\tau = \frac{k_\tau - 1}{k_{t\tau} - 1} \tag{6.27}$$

q 值取值在 0 与 1 之间。若 $q_\sigma = 0$ 和 $q_\tau = 0$，则 $k_\sigma = 1$ 和 $k_\tau = 1$。在这种情况下，没有应力集中产生，即材料对应力集中不敏感。若 $q_\sigma = 1$ 和 $q_\tau = 1$，则 $k_\sigma = k_{t\sigma}$ 和 $k_\tau = k_{t\tau}$，材料对应力集中十分敏感。这是两个极限值。在实际应用中，常设 $q_\sigma = q_\tau = q$。钢材的敏感系数 q 见图 6.35。

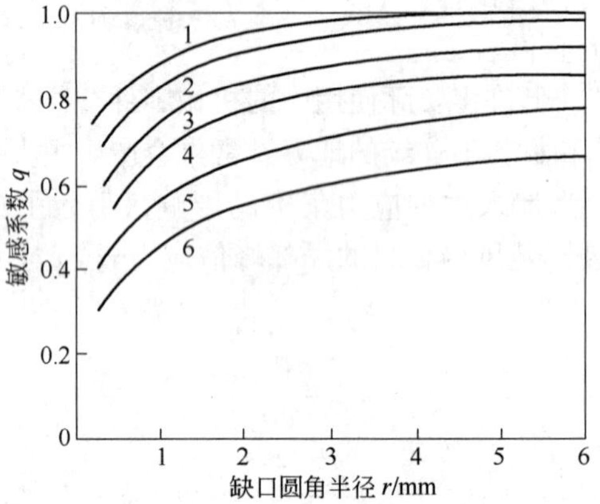

图 6.35　钢的应力集中敏感系数与缺口圆角半径的关系

1—σ_b = 1300 MPa 或 σ_s/σ_b = 0.95；2—σ_b = 1200 MPa 或 σ_s/σ_b = 0.90；
3—σ_b = 1000 MPa 或 σ_s/σ_b = 0.80；4—σ_b = 800 MPa 或 σ_s/σ_b = 0.70；
5—σ_b = 600 MPa 或 σ_s/σ_b = 0.60；6—σ_b = 400 MPa 或 σ_s/σ_b = 0.50

在查得敏感系数 q 后，可得有效应力集中系数值为：

$$k_\sigma = 1 + q_\sigma(k_{t\sigma} - 1) \tag{6.28}$$

$$k_\tau = 1 + q_\tau(k_{t\tau} - 1) \tag{6.29}$$

钢的应力集中敏感系数 q 也可用下式计算：

$$q = \frac{1}{1 + \frac{\sqrt{a}}{\sqrt{r}}} \tag{6.30}$$

式中，r 为缺口（如沟槽及孔等）的圆角半径；$\sqrt{a}$ 为材料常数。

根据材料的强度极限 σ_b 和材料的屈强比 σ_s/σ_b，由图6.36查得 $\sqrt{a}$。图6.36的横坐标有两个，一个是强度极限 σ_b，一个是屈强比 σ_s/σ_b。求正应力的 q 时，先用 σ_b 坐标求得一个 $\sqrt{a}$ 值，再用 σ_s/σ_b 坐标求得另一个 $\sqrt{a}$ 值，然后求这两个 $\sqrt{a}$ 的平均值，再代入式（6.30）求 q。求扭转应力的 q 时，则用 σ_s/σ_b 坐标查得 $\sqrt{a}$，代入式（6.30）即可。

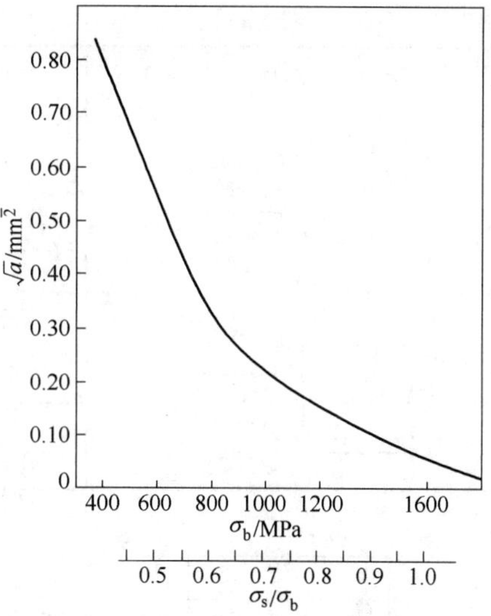

图6.36　式（6.30）中的 $\sqrt{a}$ 值

由上可见，静强度高的材料塑性差，材料对应力集中更敏感。故对尺寸完全相同的零件，静强度愈高，敏感系数 q 随之增大，k 也愈大，疲劳极限降低得愈多。这可以用低强度材料在应力集中区域产生塑性变形的结论来解释。所以，对有应力集中的大尺寸零件来说，静强度高的材料的疲劳极限，往往小于静强度低的材料的疲劳极限。

有效应力集中系数还可以用计算的方法求得：

$$k_\sigma = \frac{k_{t\sigma}}{0.88 + a\left(\dfrac{Q}{r^d}\right)^b} \tag{6.31}$$

式中，$k_{t\sigma}$ 为理论应力集中系数；r 为零件缺口半径；Q 为相对应力梯度；a、b 和 d 为与材料和热处理有关的常数，对于中等强度的结构钢：

正火时　$a=0.44$，$b=0.243$，$d=0.1$

热轧时　$a=0.35$，$b=0.3$，$d=0.1$

调质时　$a=0.36$，$b=0.081$，$d=0.2$

某些常见几何形状零件的相对应力梯度 Q 值列于表6.1中。

表6.1　某些常见几何形状零件的相对应力梯度 Q 值

<table>
<tr><th>零　件</th><th>弯　曲</th><th>拉　压</th></tr>
<tr><td rowspan="2">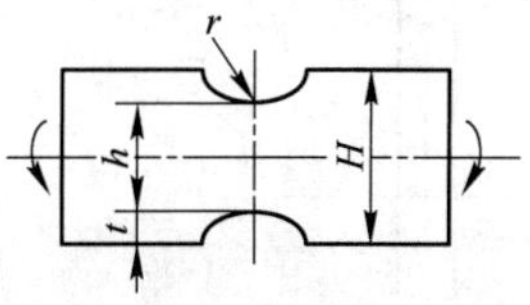</td><td>$Q=\frac{2}{r}+\frac{2}{h}$</td><td>$Q=\frac{2}{r}$</td></tr>
<tr><td>$Q=\frac{2(1+\varphi)}{r}+\frac{2}{h}$</td><td>$Q=\frac{2(1+\varphi)}{r}$</td></tr>
<tr><td rowspan="2">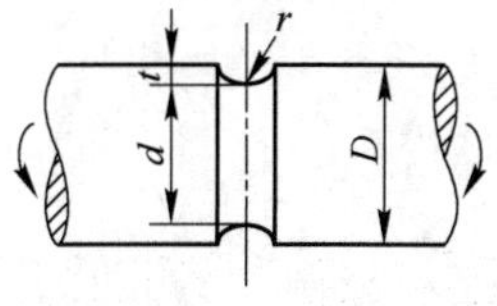</td><td>$Q=\frac{2}{r}+\frac{2}{d}$</td><td>$Q=\frac{2}{r}$</td></tr>
<tr><td>$Q=\frac{2(1+\varphi)}{r}+\frac{2}{d}$</td><td>$Q=\frac{2(1+\varphi)}{r}$</td></tr>
</table>

续表 6.1

零件	弯曲	拉压
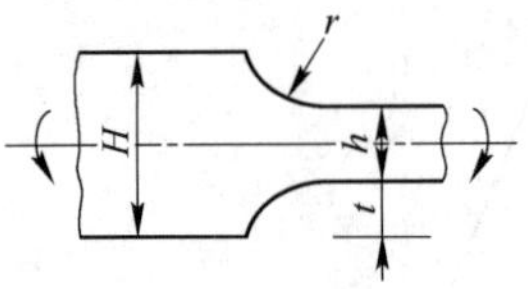	$Q=\dfrac{2.3}{r}+\dfrac{2}{h}$	$Q=\dfrac{2.3}{r}$
	$Q=\dfrac{2.3(1+\varphi)}{r}+\dfrac{2}{h}$	$Q=\dfrac{2.3(1+\varphi)}{r}$
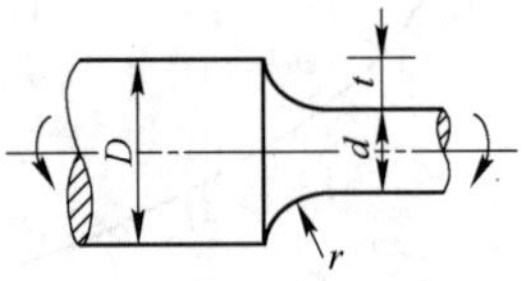	$Q=\dfrac{2.3}{r}+\dfrac{2}{d}$	$Q=\dfrac{2.3}{r}$
	$Q=\dfrac{2.3(1+\varphi)}{r}+\dfrac{2}{F}$	$Q=\dfrac{2.3(1+\varphi)}{r}$
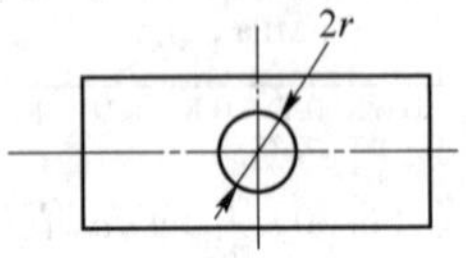		$Q=\dfrac{2.3}{r}$
$\varphi=\dfrac{1}{4\sqrt{t/r}+2}$		

注：每个零件第一组数据是 $H/h \geqslant 1.5$ 或 $D/d \geqslant 1.5$ 的情形；第二组数据是 $H/h < 1.5$ 或 $D/d < 1.5$ 的情形。

对于某些典型的零件，有关文献中已直接列出了由试验所得的有效应力集中系数的数据，应用时可查表。

在机械零件中，有时一个部位上同时会有两个或多个应力集中源，此时应力场的状态比单一应力集中源时要复杂得多。一般说来，如果第二应力集中源处在第一应力集中源的影响区之内，则总的应力集中系数就与两个应力集中源都有关系；如果第二个应力集中源处于第一个应力集中源的影响区之外，则应力集中系数只取决于单个的应力集中源。

图 6.37 表示多孔平板和轴上环槽间的距离 L 足够大时，可以认为应力集中系数和一个环槽时相同。当两个应力集中源相当靠近但又不重合时，第二个应力集中源如果尺寸合理，就具有降低应力集中的效果；如果尺寸不合理，就具有加大应力集中的效果。

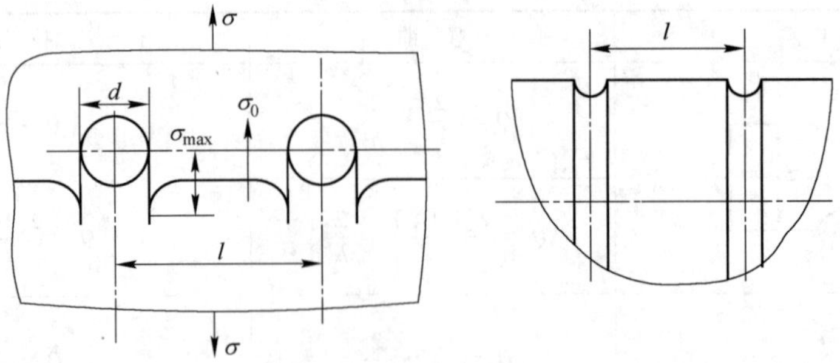

(a) (b)

图 6.37 多孔平板和多排槽的应力集中

图 6.38（a）上的虚线表示应力传递流线。图中下侧只有一个深槽，槽底处流线密集，表示应力集中系数大。如果在深槽两侧附近各开一个浅槽，如图中上侧所示，则流线

密集程度减缓，表示降低了应力集中系数。这种能降低应力集中系数的浅槽，称为减荷槽。从效果上说，减荷槽等于把原来深槽的槽底圆角半径加大了一样，如图 6.38（b）所示。

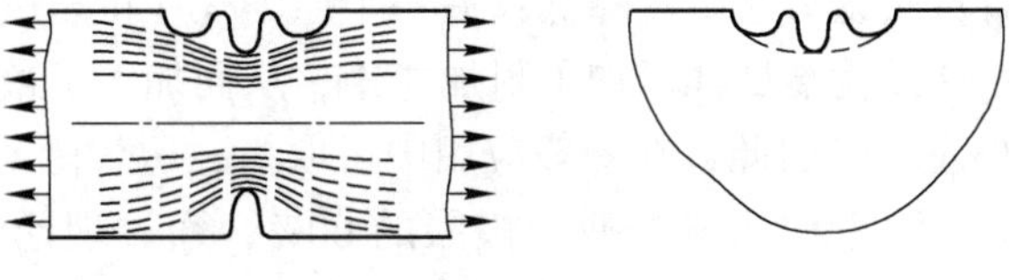

(a)　　(b)

图 6.38　应力流线模拟及减荷槽

图 6.39（a）表示平板上只开了一个孔，则应力集中处的最大应力为 3σ，即应力集中系数 $k_{t\sigma}=3$。如果在沿作用力方向圆孔的两侧再开两个小孔，就形成了如图 6.39（b）所示的近似椭圆孔，这时的应力集中系数 $k_{t\sigma}=1+2b/a<3$。

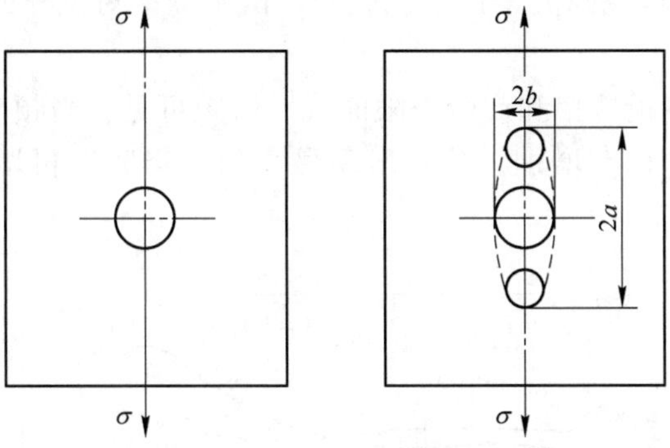

(a)　　(b)

图 6.39　减荷圆孔

由此可见，减荷槽应尽量靠近原有应力集中源，并要比原槽浅一些，最多达原槽深度。

当应力集中源重合时，则应力集中系数增大。如图 6.40 所示，在大缺口底部叠加一个小缺口，则总的应力集中系数为：

$$k_{t\sigma}=k_{t\sigma1}\cdot k_{t\sigma2} \tag{6.32}$$

式中，$k_{t\sigma1}$ 为大缺口引起的应力集中系数；$k_{t\sigma2}$ 为小缺口引起的应力集中系数。

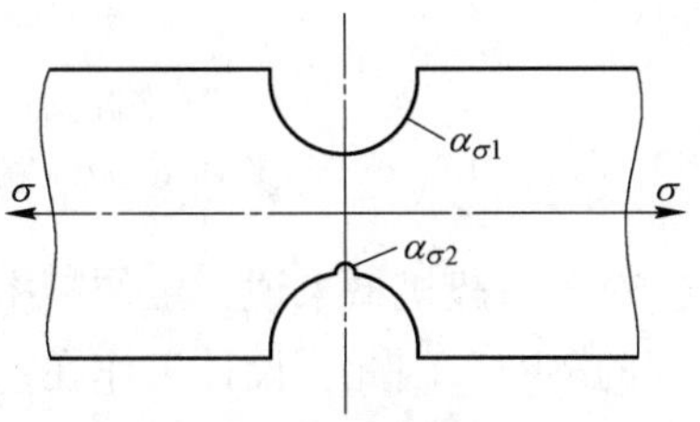

图 6.40　双重应力集中

6.4.4　载荷的影响

载荷对材料疲劳强度的影响主要包括三个方面的内容，即载荷类型的影响、载荷频率的影响和载荷变化的影响。

6.4.4.1　载荷类型的影响

研究材料的疲劳特性，常用旋转弯曲试验来获得基本数据，由于一般机械零部件常遇到的载荷包括拉、压、弯曲和扭转等，对于不同于弯曲的加载形式，可用载荷修正系数 C_L 来考虑。

弯曲加载时的载荷修正系数设定为：$C_L = 1$。

拉、压情况下的疲劳极限，要比弯曲的低，其原因之一是拉、压是全截面同时处于最大拉伸和压缩应力作用，而弯曲时应力是有梯度的，这样在最大应力区包含材料缺陷的多少就会不同，缺陷多时自然疲劳极限就降低；另一个原因是在拉压试验时，施加于试样上的载荷可能会有偏心，这样就给试样增加了附加弯矩，从而加大了最大应力。故而其疲劳极限比旋转弯曲小15%左右。因此，在一般应用中可取拉、压载荷系数为：$C_L = 0.85$。

扭转情况下的疲劳极限近似为弯曲疲劳极限的60%，通过理论分析与比较精确的计算，一般取扭转载荷系数为：$C_L = 0.58$。

应该指出，这种修正是近似的，只有在缺乏精确资料时才予以使用。重要部位的零部件，应该用相同载荷类型下试验得到的数据进行设计。

6.4.4.2　载荷频率的影响

对于高周疲劳来说，在大气环境、室温条件下进行疲劳试验时，频率对疲劳极限的影响很小，只有在腐蚀环境或高温条件下试验时，试验频率对试样的疲劳极限才有较大的影响。

图6.41为几种材料的频率和疲劳极限曲线。由图可见，当频率小于1000 Hz时，疲劳极限随着频率的增加稍有增加，其后出现最大值。当频率再增加时，疲劳极限反而下降。

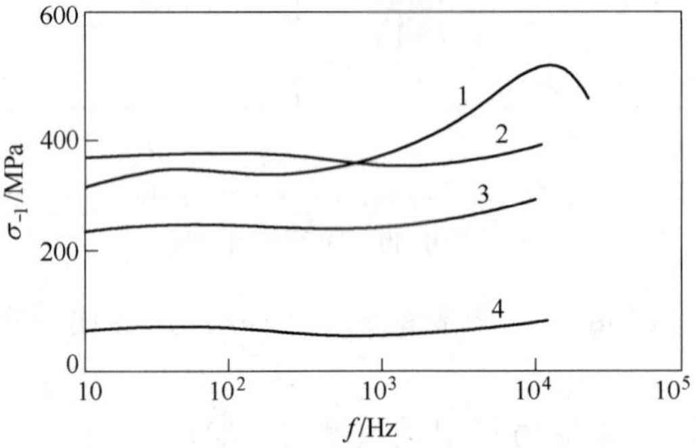

图6.41　载荷频率对金属疲劳极限的影响

1—0.86%C碳素钢；2—0.11%C碳素钢；3—铜；4—铝

对于一般机械来说，工作频率多在10~200 Hz范围内，多数材料的疲劳极限很少受频率的影响。因此，设计工作在室温下的机械时，频率的影响可以不予考虑。

6.4.4.3　载荷变化的影响

大多数的疲劳试验数据是在等幅加载条件下得到的，而大量的机械零部件，则常常承受着有规律、重复变化的载荷或随机载荷。因此，了解载荷变化对等幅疲劳强度的影响规律，可以指导人们更加正确地进行载荷谱分析和零部件设计。

（1）加载顺序影响。加载顺序对零部件疲劳寿命有影响，先加低载材料可能受到次载锻炼；由于过载程度和循环周次不合适，可能造成零部件早期损失。

由于载荷-时间历程的顺序不同，反映出材料的局部应力-应变响应也不同。例如，有一缺口零件在拉伸载荷作用下，在缺口根部应力集中处材料发生屈服。卸载之后，因塑性区周围处于弹性状态要恢复原来状态，而处于塑性区的材料阻止这种恢复，造成两者相互挤压，使缺口根部产生残余压应力。如果经过大载荷循环后接着是小载荷循环，小载荷引起的应力将叠加在这个残余应力之上，因此这个小载荷循环造成的损伤要受到前面大载荷循环的影响。这种影响有时是很大的。

图 6.42 表示两种载荷-时间历程，除第一个大载荷循环过载方向不同外，两个载荷-时间历程完全相同。如图 6.42（a）所示，其中大载荷循环以压缩载荷结束，应力集中处产生残余拉应力（ $+\sigma_m$ ）；图 6.42（b）所示的大载荷循环以拉伸载荷结束，应力集中处产生残余压应力（ $-\sigma_m$ ）。由于这两种载荷-时间历程所产生的残余应力不同，所以造成材料滞后回线的形状也就不同，说明载荷顺序不同，对材料局部应力-应变影响也不同。这一点已为试验所证实。

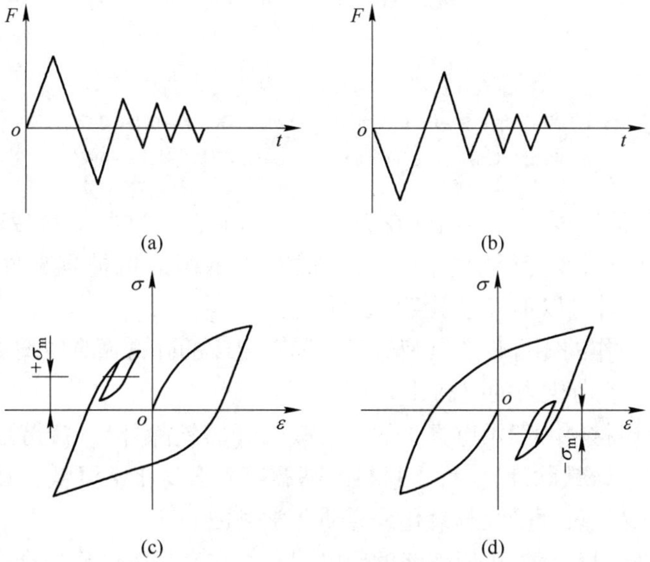

图 6.42　载荷顺序对滞后回线的影响

（2）加载波形的影响。在弯曲疲劳试验机上作用的应力波形是正弦波，而作用于实际零部件上的应力波形是各种各样的。不同波形对疲劳强度的影响，表现在材料或零部件在受载过程中，在最大应力水平作用下，停留时间长短不同。这对高温疲劳会有较大影响。对常温疲劳极限，不论什么波形，只要应力最大值及幅值相同，疲劳极限就一样。

（3）过载影响。按照疲劳极限设计的零部件，在实际使用中，工作应力有可能超过疲劳极限。这样一次或几次的过载应力，可使材料强化或产生残余压应力，因而使疲劳极限提高。

（4）次载锻炼。在低于材料疲劳极限以下某些应力水平运转一定周次后，可使疲劳极限明显提高。这种现象称为次载锻炼。

6.4.5　温度的影响

实际机械零部件的工作环境温度，有时较高，有时又很低。工作温度对疲劳极限是有一定影响的。图 6.43 给出了几种钢材在不同温度下的疲劳极限的测试结果。

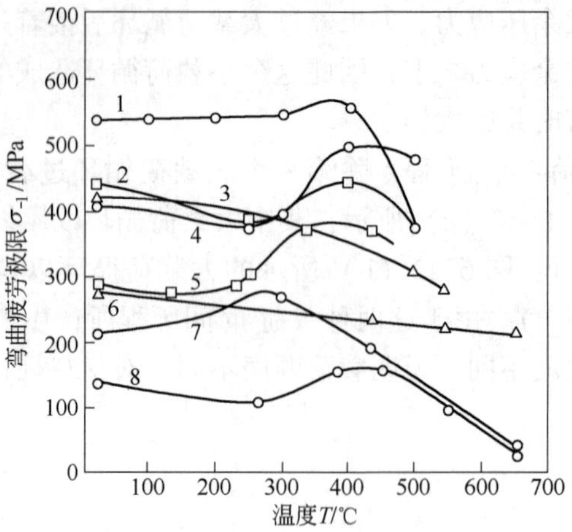

图 6.43 温度与疲劳极限的关系曲线

1—Ni-Cr 钢；2—CrMo-V 钢；3—12%Cr 钢；4—0.5%C 钢；
5—0.25%C 钢；6—18Cr-8Ni 钢；7—0.17%C 钢；8—铸铁

由图 6.43 中的曲线可见，当温度在 200 ℃左右时，对这些材料疲劳极限影响不大；温度超过 400 ℃时，则疲劳极限急剧下降。故对于钢制的机械零部件，当工作温度在 200 ℃以下时，设计时可以不考虑温度的影响。

在低温条件下工作的零部件，其疲劳极限随着温度的降低而有所增加。但在常见温度 −20~40 ℃范围内，疲劳极限的提高并不显著。

在高温下，金属材料一般没有真正的疲劳极限（铸铁除外），疲劳强度通常随温度的升高而降低（软钢、铸铁除外）。许多材料的高温疲劳强度比常温低，其主要原因不是材料发生软化，而是材料表面受大气氧化或介质化学腐蚀。

另外，一些在室温环境下可以忽略的影响因素，在高温下的作用会变得十分显著，如加载速率、载荷波形等。以加载速率影响为例，加载速率越低，则材料在最大载荷下保持时间越长，产生的塑性变形越大。金属材料在室温至低于蠕变（蠕变指材料在保持载荷不变的条件下，变形量随时间的延长而增加的现象）温度的范围内，疲劳强度降低不大；但高于蠕变温度以后，疲劳强度将急剧下降，并常常是蠕变与疲劳共同作用的结果。

复习思考题

6-1 试述疲劳破坏与静强度破坏的主要异同点。

6-2 疲劳破坏主要分为几个阶段，对疲劳寿命的评价有何影响？

6-3 如何将随机载荷处理成适于工程计算和试验的载荷谱？

6-4 循环应力-应变曲线与静应力-应变曲线有何异同？

6-5 试述循环载荷下材料特性。

6-6 影响材料疲劳特性的因素有哪些，进行疲劳分析时如何考虑，提高疲劳强度可采取哪些主要措施？

6-7 试编写雨流计数法程序，处理以下的载荷谱（见图 6. 44）。

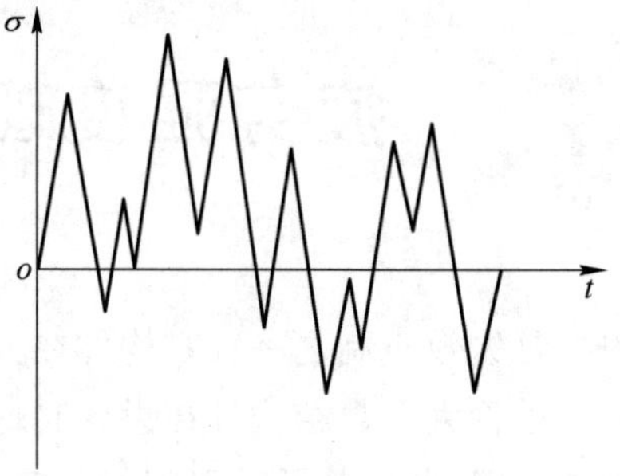

图 6. 44　题 6-7 图

7 疲劳强度理论

疲劳破坏是工程结构的主要失效机制之一，零构件在其工作状态下能够服役的时间已成为衡量其性能的重要指标。尽管大多数结构件在设计时均足以承受初始载荷，但经过不断地重复循环加载后，弹性或弹塑性应力可以引起材料疲劳损伤，并导致结构失效。因此，为防止灾难性事故的发生，材料的疲劳强度研究至关重要。

在无限寿命设计方法中，对于稳定的交变等幅应力状态，其强度条件为零件的工作应力小于材料疲劳极限；对于随时间变化的不稳定交变应力状态，当超过疲劳极限的过载应力数值不大且作用次数很少时，认为只要其余的交变应力中的最大值小于疲劳极限时，零件才能长期安全使用。但从经济性及减重等方面考虑，有限寿命设计方法更合理，如在航空航天器上对重量有较高要求，重量常常会限制产品的一些重要技术指标。

有限寿命设计方法则允许零构件的工作应力超出疲劳极限，只要保证零构件在一定期限内的安全使用即可，这是当前国内外许多机械产品设计的主导思想。通常认为，零构件的疲劳寿命可以表示为两个阶段寿命之和：（1）萌生裂纹所需的载荷循环次数；（2）裂纹扩展至零构件失效所需的循环次数。

预测结构件的疲劳寿命有两类不同的思路：损伤容限设计和安全寿命设计。

（1）损伤容限设计，即假设由于加工制造等原因导致裂纹是结构件本身固有的初始缺陷，当损伤存在时结构仍能保持其完整性。该方法侧重于控制裂纹扩展过程，进而掌控结构件的疲劳寿命。在航空工业中，由于飞行器损伤的固有风险，该方法主要应用于军事防御目的。由于飞机飞行具有临时机动性，因此几乎不可能在任意给定的飞行过程中预测载荷循环，从而增加了疲劳寿命预测的不确定性。

（2）安全寿命设计，即预测结构件疲劳裂纹萌生寿命或总寿命。在航空领域该方法主要应用于商用飞机，并被美国联邦航空管理局（FAA）特别推荐使用。安全寿命设计方法采用的形式简单，从材料的疲劳 S-N 曲线出发，即对材料进行疲劳试验，并计算分散系数等，再应用应力-寿命法或应变-寿命法进行疲劳寿命预测。本章将重点介绍应力-寿命法、应变-寿命法这两种疲劳寿命预测方法。

7.1 疲劳寿命估算方法概述

疲劳寿命估算方法由三部分内容组成，即：确定外载荷，由试验获得材料或零构件的 S-N 曲线或 ε-N 曲线，运用损伤累积理论对寿命进行估算。与此同时，可用程序加载或随机加载试验，来验证寿命估算结果的正确性。常用的疲劳寿命估算方法包括两种：名义应力法和局部应力-应变法。

一般将失效循环数低于 $10^4 \sim 10^5$ 循环的疲劳称为低周疲劳，而将大于此值的疲劳称为高周疲劳。高周疲劳时，材料处于弹性阶段，采用应力参数来描述试验规律，因此高周疲劳也常称为应力疲劳；相应地，低周疲劳主要采用应变参数作为控制参量，因此常称作应变疲劳。

由于疲劳 *S-N* 曲线或 ε-*N* 曲线测试时，一般实验直接做到试样断裂，记录下载荷循环周次 *N*，此时应用该曲线进行寿命预测，则得到的是近似的零构件总寿命。

当金属材料的棘轮效应很小，可以忽略不计时，在选定正的应力比的条件下进行应变疲劳实验时，可以界定，当载荷降低一定比例（如 10%）后，认为材料中萌生了微观裂纹，记录此时的载荷循环数作为裂纹萌生寿命 N_i。则以此实验数据为依据进行寿命预测时，得到近似的零构件疲劳裂纹萌生寿命。但关于疲劳裂纹萌生的界定，目前还没有一个统一的标准。

因此，不能简单地统称哪种方法用于预测总寿命或是疲劳裂纹萌生寿命。

7.1.1　名义应力法

用名义应力法进行寿命估算时，以零构件的名义应力为参数，计入影响疲劳寿命的各种因素，如应力集中的影响、尺寸的影响、表面状态的影响、平均应力的影响等，得到当量应力值，然后再利用材料的 *S-N* 曲线和累积损伤理论，进行损伤累积计算，并估算寿命。

对于用名义应力法估算疲劳寿命，人们已从事了大量的研究，积累了许多宝贵资料和丰富的经验。这种方法计算简便，在零构件应力水平较低、载荷比较平稳的情况下，是目前工程中使用最广泛的一种寿命估算方法。

然而，当名义应力水平较高时，零构件的危险部位产生局部屈服，此时用名义应力法估算的寿命误差较大。此外，这种方法虽然考虑了缺口处的材料对应力集中的敏感性，但不能将材料从无裂纹到形成裂纹的寿命和形成裂纹扩展到断裂的寿命区分开来，而且没有考虑载荷次序对零构件疲劳寿命产生的影响。计算时，还需要各种 *S-N* 曲线和修正系数，这些也都限制了它的应用。

7.1.2　局部应力-应变法

从 20 世纪 60 年代初开始应用的局部应力-应变法，是估算零构件疲劳寿命的一种重要方法，以低周疲劳为基础，以应变为主要考虑的参数。这种方法综合了 1950 年以来疲劳研究各方面的成果，采用了现代的试验方法和分析技术，在工程应用中能够较真实地反映结构材料的疲劳破坏特征。该方法已被一些国家推广应用到航空、汽车、农业机械等许多领域。

局部应力-应变法认为：零构件的疲劳破坏从应变集中部位的最大局部应变处开始，且局部塑性变形是疲劳裂纹萌生和扩展的基本条件。其基本原理是将零构件的名义载荷（或应力）谱，通过弹塑性分析和其他计算方法，结合材料的循环应力-应变曲线，得到危险部位的局部应力和应变，然后根据该局部应力-应变历程进行修正和处理，同时根据相同应变条件下损伤相等的原则，用光滑试件的应变-寿命曲线估算危险部位的损伤，得到零构件危险部位的疲劳寿命。这一理论在物理机理解释上较为合理，计算结果更接近于试验数据，是目前在零构件的疲劳寿命预测中主要采用的方法。

局部应力-应变法有以下几个特点：

（1）直接考虑了材料塑性应变的影响。当金属材料受到超过其屈服极限的载荷作用时，将产生塑性变形，这时应力-应变不成线性关系。一般情况下，零构件在高载荷作用下时，尽管总体结构大部分处于弹性范围内，其应力集中部位已进入塑性状态，这时塑性应变成为影响其疲劳寿命的主要因素。此时，用局部应力-应变分析更符合实际情况，从而大大提高了疲劳分析的可靠性。

（2）考虑了加载顺序的影响。在零构件的应力集中部位，大的拉伸载荷能引起局部残余压应力，大的压缩载荷能引起局部残余拉应力。这两种残余应力能较大地改变随后较小载荷作用下的应力状态，对零构件的疲劳寿命产生影响。局部应力-应变法能真实反映上述特性，从而提高寿命估算精度。

（3）与名义应力法相比较，局部应力-应变法需要的试验数据较少。局部应力-应变法是对很小一个区域内的材料来计算寿命，所以只要有了材料的疲劳特性就可以了。对一种材料，只需用光滑试件作出一条应力-应变（σ-ε）曲线和一条对称循环下的应变-寿命（ε-N）曲线就可以计算寿命，不必要像名义应力法那样需要作出一套 S-N 曲线备用。

局部应力-应变法到目前为止还不十分成熟，有许多问题有待进一步解决。主要存在问题如下：

（1）局部应力-应变法以单轴应力假设为条件，不能有效地解决多轴应力问题。而实际零构件的危险部位，一般都处于多轴应力状态，这给计算带来了困难。

（2）由于 ε-N 曲线是在实验室中用光滑试件得到的，用于零构件计算时又没有修正，所以局部应力-应变法在估算高周疲劳寿命时效果不佳。

（3）局部应力-应变法的精度主要取决于材料常数和所用公式的可靠性，由于试验技术的缺陷和材料性能本身的离散性等多种原因，以及局部应力-应变法所依赖的几个基本关系式也都是经验的近似公式，因此，计算结果的精度稳定性较差。

（4）目前在局部应力-应变法损伤计算中，用到多种损伤公式，而不同损伤公式的计算结果又随具体情况而变化。这在理论分析和工程应用中易于造成混乱。

7.2 基于应力的疲劳分析

7.2.1 疲劳 S-N 曲线及其测试方法

常规疲劳试验通常分为以下两种：（1）在各个应力水平下试验一个试样，此时的应力水平至少分七级；（2）在每个应力水平下试验一组试样，即成组试验法，每条 S-N 曲线需进行三级以上的应力水平试验，每组试样数一般不少于 3 个。

常规疲劳试验时，一般由最高应力水平开始，逐级降低应力水平，记录各级应力水平下试样的破坏循环数。成组试验中所选择的应力水平，应使试样的寿命尽量均匀分布在中等寿命区（10^4~10^6）。

在每个应力水平下，试样个数是否合适，可以通过变异系数的计算来确定。变异系数的定义为：

$$\frac{s}{\bar{x}} = \frac{\delta\sqrt{n}}{t_\alpha} \tag{7.1}$$

式中，s 为子样标准差；$\bar{x}$ 为子样平均值；n 为子样大小；t_α 由表 7.1 t 分布数值表查得；$s/\bar{x}$ 称为变异系数，当给定置信度 γ 和误差限 δ 时，变异系数可看作是试样个数 n 的函数。

表 7.1 t 分布数值表

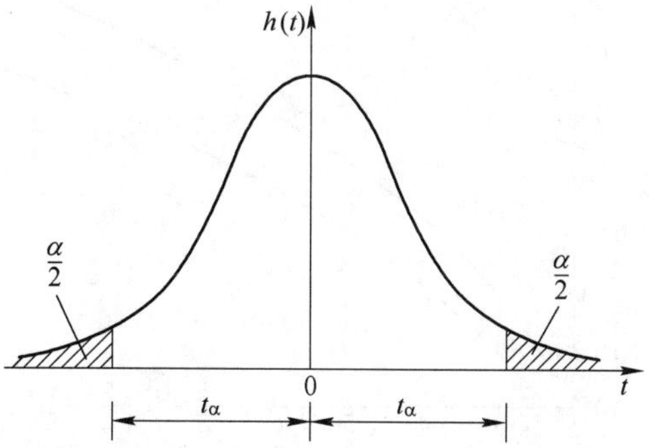

ν \ α	0.90	0.50	0.20	0.10	0.05	0.02	0.01
2	0.142	0.816	1.886	2.920	4.303	6.965	9.925
3	0.137	0.765	1.638	2.353	3.182	4.541	5.841
4	0.134	0.741	1.533	2.132	2.776	3.747	4.604
5	0.132	0.727	1.476	2.015	2.571	3.365	4.032
6	0.131	0.718	1.440	1.943	2.447	3.143	3.707
7	0.130	0.711	1.415	1.895	2.365	2.998	3.499
8	0.130	0.706	1.397	1.860	2.306	2.896	3.355
9	0.129	0.703	1.383	1.833	2.262	2.821	3.250
10	0.129	0.700	1.372	1.812	2.228	2.764	3.169
11	0.129	0.697	1.363	1.796	2.201	2.718	3.106
12	0.128	0.695	1.356	1.782	2.179	2.681	3.055
13	0.128	0.694	1.350	1.771	2.160	2.650	3.012
14	0.128	0.692	1.345	1.761	2.145	2.624	2.977
15	0.128	0.691	1.341	1.753	2.131	2.602	2.947
16	0.128	0.690	1.337	1.746	2.120	2.583	2.921
17	0.128	0.689	1.333	1.740	2.110	2.567	2.898
18	0.127	0.688	1.330	1.734	2.101	2.552	2.878
19	0.127	0.688	1.328	1.729	2.093	2.539	2.861
20	0.127	0.687	1.325	1.725	2.086	2.528	2.845
21	0.127	0.686	1.323	1.721	2.080	2.518	2.831
22	0.127	0.686	1.321	1.717	2.074	2.508	2.819
23	0.127	0.685	1.319	1.714	2.069	2.500	2.807
24	0.127	0.685	1.318	1.711	2.064	2.492	2.797
25	0.127	0.684	1.316	1.708	2.060	2.485	2.787
26	0.127	0.684	1.315	1.706	2.056	2.479	2.779
27	0.127	0.684	1.314	1.703	2.052	2.473	2.771
28	0.127	0.683	1.313	1.701	2.048	2.467	2.763
29	0.127	0.683	1.311	1.699	2.045	2.462	2.756
30	0.127	0.683	1.310	1.697	2.042	2.457	2.750

图 7.1 所示为误差限 $\delta=5\%$ 时，不同置信度下的变异系数 $s/\bar{x}$ 与试样个数 n 的关系曲线。因而，在各个应力水平下，可以通过变异系数的计算，再利用图 7.1 中的曲线，来确定适当的试样个数，以达到测试精度的要求。

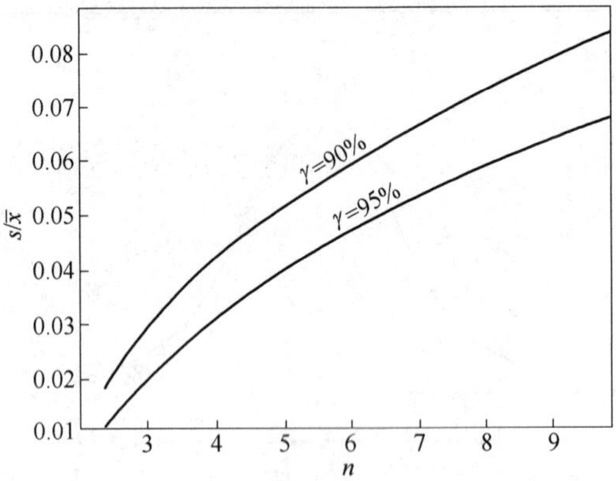

图 7.1　不同置信度下变异系数与所需最小子样数的关系曲线

对应 10^7 循环次数的条件，疲劳极限的测定最常用的是升降法。其原理为：在应力 S_0 水平下，测试第一个试样，如果试样未达到 10^7 的寿命就发生了破坏，则进一步降低应力水平至 S_1，进行第二个试样的测试，直至 S_3 时试验结果第一次出现越出（即经过 10^7 载荷循环试样未破坏）。说明疲劳极限值在 S_2 与 S_3 之间，则再提高应力水平，在高一级应力 S_2 进行测试。依次进行下去，凡试验结果出现越出时，下一次试验便在高一级应力水平下进行；凡试验结果出现破坏时，下一次试验即在低一级应力水平下进行。各级应力水平之差 ΔS，即应力增量保持不变，一般为 4%～6%的疲劳极限水平。

试验结果用如图 7.2 所示的升降图来表示。在试验中，从第一次出现相反结果之前的数据点 3、4 开始计算，可以认为疲劳极限在 S_3、S_4 之间，可取平均值 $(S_3+S_4)/2$；同理，将后面的所有相邻的出现相反测试结果的数据点均配成对，图中可以配对的数据点为：3-4、5-6、7-8、9-10、11-12、13-14、15-2，总计 7 对。由这 7 对数据点对应的应力水平，可以求得 7 个疲劳极限值，它们的平均值即可作为材料的疲劳极限值 S_r。图 7.2 为某种铝合金材料的实际测试情况，其中 $S_0=426.2$、$S_1=415$、$S_2=403.75$、$S_3=392.5$，则有：

$$S_r=\frac{1}{7}\left(4\times\frac{S_2+S_3}{2}+3\times\frac{S_1+S_2}{2}\right)=402.6\ \text{MPa}$$

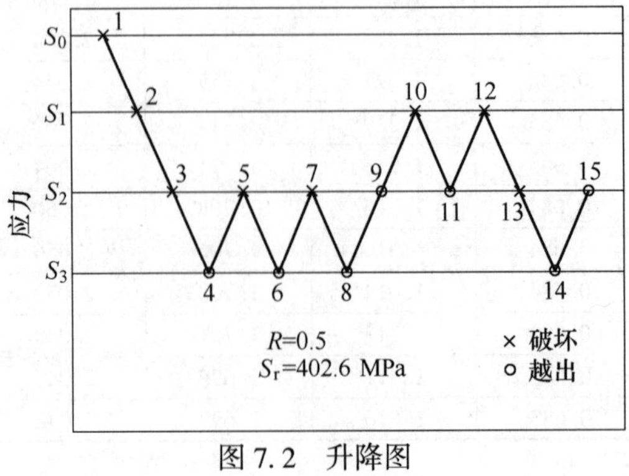

图 7.2　升降图

由于在低应力水平下试验数据分散性较大，因而升降法的有效数据对子在 4 对以上为宜。亦可根据试验数据计算，当 S_r变化越来越小，趋于稳定时停止试验。

高周疲劳性能的数据处理主要是给出 S-N 曲线方程的具体表达式。常采用三参数幂函数公式

$$N(S_{max}-S_0)^m=C \tag{7.2}$$

式中，S_0、m、C 为待定常数，由中值疲劳寿命、中值疲劳强度和中值疲劳极限各数据点拟合而成。图 7.3 所示为典型的铝合金材料的 S-N 曲线。

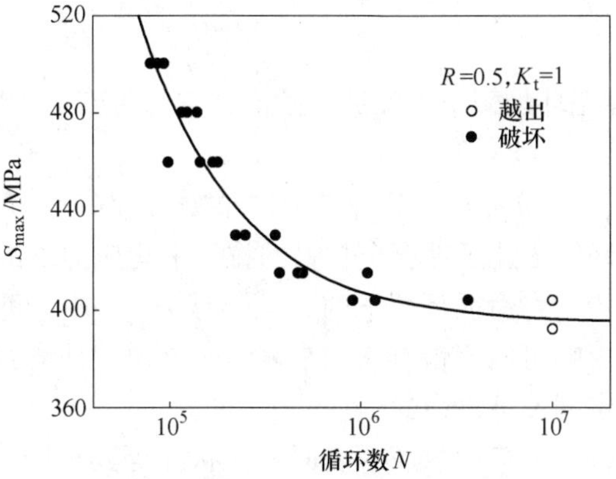

图 7.3　典型的铝合金材料的 S-N 曲线

7.2.2　平均应力效应

零件的疲劳损伤除与施加的应力幅值具有很强的相关性外，平均应力对疲劳破坏的影响是第二位的，但也具有重要作用，尤其是在高周疲劳范围内，对疲劳强度有显著影响，有时其影响是难以想象的。如在残余拉应力存在的条件下，因为拉伸平均正应力的作用会使微裂纹张开，从而加速裂纹的扩展；而压缩平均应力会引起裂纹的闭合，对材料的疲劳强度是有利的；剪切平均应力则对裂纹的张开与闭合不产生影响。

对于低周疲劳问题，由于塑性变形量较大且占主导作用，此时平均应力的有利及有害的效应均较小，甚至无影响。

在前述的疲劳 S-N 曲线测试过程中，当应力比 R 取不同值时，得到不同的S-N曲线。在规定的载荷循环周次下，在不同的应力比 R 下得到相应的疲劳极限，即可绘出疲劳极限图，用来表示平均应力对疲劳强度的影响。

在高周疲劳强度研究中，早期提出的对平均拉伸正应力效应进行补偿的经验模型，分别由 Gerber（1874）、Goodman（1899）和 Haigh（1917）提出。以应力幅 σ_a/σ_b 为纵坐标，平均应力 σ_m/σ_b 为横坐标的极限应力线称为 Haigh 图，如图 7.4 所示。

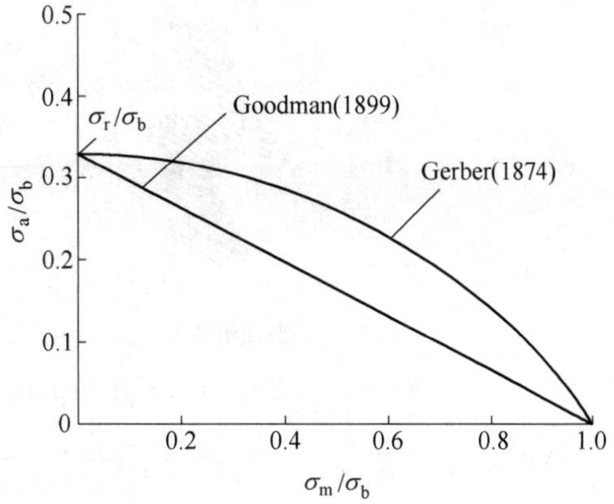

图 7.4　Gerber 和 Goodman 曲线的 Haigh 图

在 Haigh 坐标系下，Gerber 抛物线和 Goodman 直线可以表达为：

Gerber 的平均应力修正：

$$\sigma_r|_{\sigma_m=0} = \frac{\sigma_a}{1-\left(\frac{\sigma_m}{\sigma_b}\right)^2} \tag{7.3}$$

Goodman 的平均应力修正：

$$\sigma_r|_{\sigma_m=0} = \frac{\sigma_a}{1-\frac{\sigma_m}{\sigma_b}} \tag{7.4}$$

式中，$\sigma_r|_{\sigma_m=0}$ 表示对称循环加载下的疲劳极限值，它与带有应力幅 σ_a 和平均应力 σ_m 的加载情况等效。

对于脆性金属材料，Goodman 关系与实验结果吻合较好，但对延性材料结果偏于保守；Gerber 关系则能较好地描述延性合金材料的拉伸平均应力下的疲劳行为。

通常把表示一系列指定寿命循环数下的 σ_a-σ_m 或 σ_{max}-σ_{min} 间关系的一族曲线称为等寿命图，则平均应力的影响可以用恒寿命图来表示。该模型认为：由应力幅与平均应力的不同配合，可以得出恒定的疲劳寿命。

除平均应力效应外，应力集中效应、表面加工状况等其他因素的影响，详见前述 6.4 节内容。

7.2.3　疲劳累积损伤理论

疲劳是循环加载过程中造成局部损伤的过程，这一损伤累积的过程包括：疲劳裂纹萌生、扩展和最后断裂。裂纹通常起源于较高应力集中区域或附近的局部剪切平面，如驻留滑移带、夹杂物或其他缺陷不连续处。裂纹一旦形核，继续循环加载，裂纹倾向于沿最大剪应力平面扩展，并且穿过晶界。如图 7.5 所示，裂纹在驻留滑移带处的高应力集中位置形核并扩展。在裂纹扩展的第一阶段，因微裂纹尺寸很小，受材料微观结构的影响较严重；而在第二阶段，裂纹扩展则受微观结构特性的影响较小。

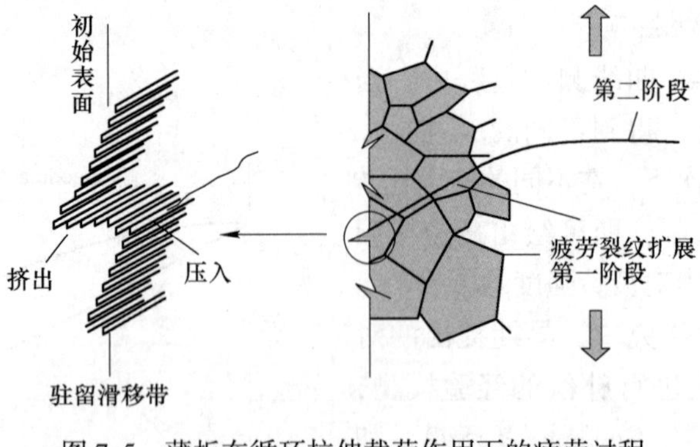

图 7.5　薄板在循环拉伸载荷作用下的疲劳过程

疲劳损伤是在疲劳载荷作用下材料性能的改变或材料的损坏程度。进一步说就是材料在循环载荷下，微观裂纹不断扩展和深化，从而使试件或构件的有效工作面不断减少的程度。在变载荷下，确定结构件的疲劳寿命必须采用累积疲劳损伤分析。变载荷历程会影响单个循环的损伤累积。

疲劳累积损伤理论是疲劳分析精确与否的主要因素之一，也是估算变应力幅值下疲劳寿命的关键理论。对*疲劳累积损伤理论*可作如下阐述：当材料承受高于疲劳极限的应力时，每一循环都使材料产生一定量的损伤。这种损伤能够累积，当损伤累积到某一临界值时，将产生破坏。

目前已提出几十个疲劳累积损伤理论，可以概括为三类，即线性累积损伤理论、修正线性理论和其他理论。其中，迈因纳（Miner）线性累积理论应用得较多。

Miner 法则有两个基本假定：（1）相同应变幅值和平均应力的 n_i 个应变和应力循环将按线性累加，造成 n_i/N_i 的损伤，即消耗掉 n_i/N_i 部分疲劳寿命；（2）当损伤按线性累加达到 1 时，疲劳破坏就发生了。其数学表达式为：

$$\sum \frac{n_i}{N_i} = 1 \tag{7.5}$$

由于这个法则数学形式简单，只需要做常幅试验，故在工程界得到了广泛的应用。但这个法则不考虑载荷次序和残余应力的复杂非线性相互影响，因而分散性大。为此，提出了相对迈因纳法则。这个法则一方面保留了迈因纳法则中的第一个假设，另一方面又避开了累积损伤等于 1 的第二个假设。

相对迈因纳法则认为，只要两个谱的载荷的历程是相似的，则两个谱的寿命之比等于它们的累积损伤之比的倒数，其数学表达式为：

$$N_{\mathrm{A}} = N_{\mathrm{B}} \frac{\left(\sum \frac{n_i}{N_i}\right)_{\mathrm{B}}}{\left(\sum \frac{n_i}{N_i}\right)_{\mathrm{A}}} \tag{7.6}$$

式中，N_{A} 为载荷谱 A 作用下估算的疲劳寿命；N_{B} 为载荷谱 B 作用下估算的疲劳寿命；$\left(\sum \frac{n_i}{N_i}\right)_{\mathrm{A}}$ 为载荷谱 A 的累积损伤；$\left(\sum \frac{n_i}{N_i}\right)_{\mathrm{B}}$ 为载荷谱 B 的累积损伤。

使用相对迈因纳法则的关键是确定相似谱 B。这里也有两点假设：（1）相似谱 B 的主要峰谷顺序应和计算谱 A 相同或相近（保证相似谱能模拟计算谱的载荷次序特征）；（2）相似谱 B 的主要峰谷大小和计算谱 A 成比例或近似成比例。比例因子最好接近 1，以便保证相似谱能够模拟计算谱在缺口根部造成的塑性变形。

计算和试验结果表明，用相对迈因纳法则计算损伤，能大幅度地消除用传统的迈因纳法则计算所引起的偏差。同时，在用相对迈因纳法则进行相似谱 B 的试验过程中，裂纹长度和循环次数之间的对应关系很容易得到。因此，可以根据工程实际情况和裂纹检测水平，确定一个合适的初始裂纹长度来表征裂纹形成寿命。

另外一种损伤累积方法称为*双线性损伤累积法*。它基于疲劳裂纹萌生与扩展的物理机制，用于处理加载顺序效应。这一方法认为：对不同的寿命水平，裂纹萌生所占的总寿命百分比不同，基于总寿命水平混合循环比，则可以产生加载顺序效应。图 7.6 所示为双线性累积损伤曲线。

1981 年，Manson 和 Halford 得到了确定双线性累积损伤曲线拐点的条件，并建议连接

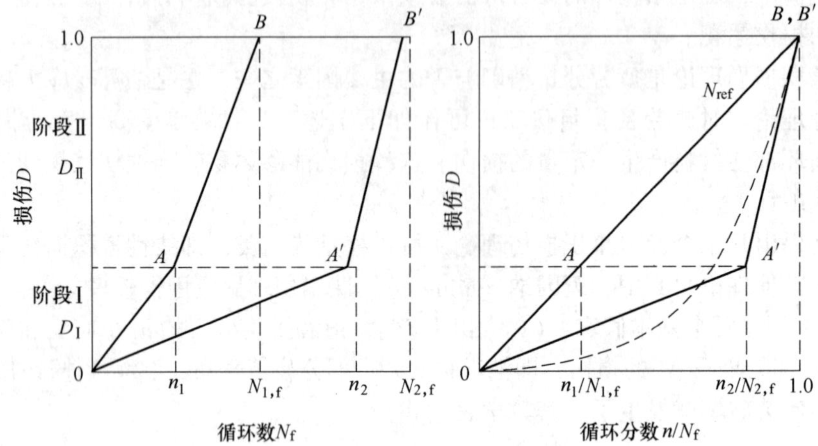

图 7.6 双线性累积损伤曲线

(0, 0) 和 (1, 1) 点的直线作为最低寿命的参考损伤线。从原点到 AA' 为第Ⅰ阶段，损伤为 $D_{Ⅰ}$；从 AA' 至 BB' 为第Ⅱ阶段，损伤为 $D_{Ⅱ}$。采用与线性损伤累积类似的标准化循环比方法，则第Ⅰ、Ⅱ阶段的损伤累积可以构造为一种线性形式。

Manson 和 Halford 对大量的实验数据研究后发现，第Ⅰ、Ⅱ阶段的损伤依赖于 $N_{1,f}/N_{2,f}$，而非物理意义上的裂纹萌生与扩展。如图 7.7 所示的损伤曲线族。如果 N_{ref} 是参考寿命水平，N_{ref} 的损伤曲线为一条 45° 的直线。对于其他任何寿命水平，损伤曲线都由带拐点的两条直线组成，其曲线拐点可以经验地由式（7.7）确定。

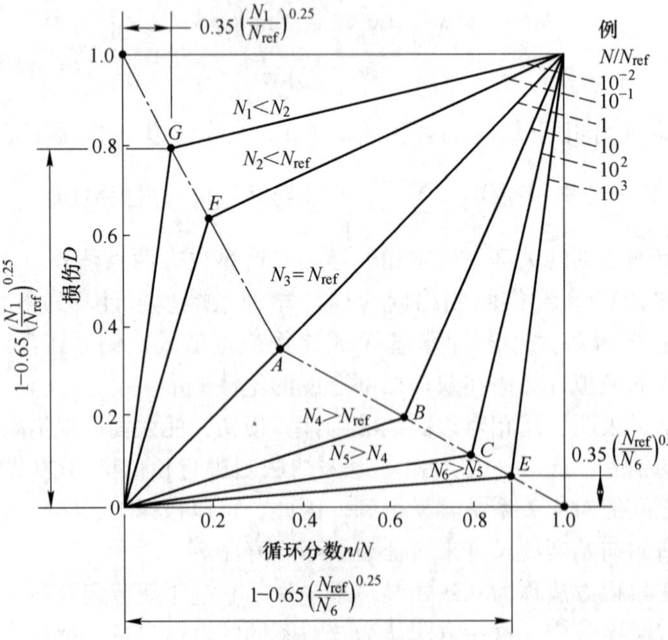

图 7.7 双线性损伤曲线的构造

当 $N<N_{ref}$ 时，拐点坐标为：

$$\left.\begin{aligned}水平坐标 &= 1 - 0.65\left(\frac{N_{ref}}{N}\right)^{0.25}\\ 竖直坐标 &= 0.35\left(\frac{N_{ref}}{N}\right)^{0.25}\end{aligned}\right\} \tag{7.7a}$$

当 $N>N_{ref}$ 时，拐点坐标为：

$$\left.\begin{aligned}水平坐标 &= 0.35\left(\frac{N_{ref}}{N}\right)^{0.25}\\ 竖直坐标 &= 1 - 0.65\left(\frac{N_{ref}}{N}\right)^{0.25}\end{aligned}\right\} \tag{7.7b}$$

例 7.1 有二级块载荷顺序施加于一构件，直至破坏。两个块的加载顺序为：先加载 10 个循环的第一级载荷，接下来再加载 10^3 个循环的第二级载荷。第一级和第二级载荷单独作用时，加载至失效分别需要 10^3 和 10^5 个循环。试确定该构件可以承受多少个载荷块循环。

解：构造双线性损伤累积法，如图 7.8 所示，以连接（0，0）和（1，1）的直线为最低寿命水平 $N_{1,f}=10^3$ 的参考损伤线，则在此线上第Ⅰ、Ⅱ阶段分界点的损伤及其坐标为：

$$D_{1k} = 0.35\left(\frac{N_{1,f}}{N_{2,f}}\right)^{0.25} = 0.35\left(\frac{10^3}{10^5}\right)^{0.25} = 0.111$$

因此，对于 10^3 的寿命水平加载，第Ⅰ阶段损伤的载荷循环数为 111，第Ⅱ阶段损伤的载荷循环数为 1000−111＝889。

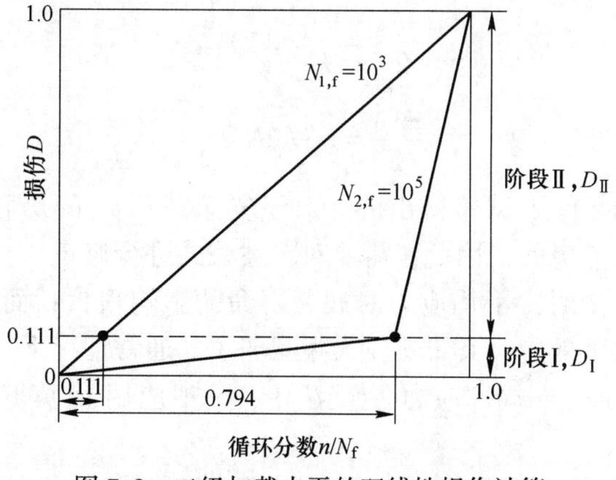

图 7.8　二级加载水平的双线性损伤计算

剩余的在当量损伤为 0.111 时循环分数为：

$$D_{2k} = 1 - 0.65\left(\frac{N_{1,f}}{N_{2,f}}\right)^{0.25} = 1 - 0.65\left(\frac{10^3}{10^5}\right)^{0.25} = 0.794$$

因此，对于 10^5 的寿命水平加载，第Ⅰ阶段损伤的载荷循环数为 79400，第Ⅱ阶段损伤的载荷循环数为 $10^5-0.794\times10^5=20600$。

完成第Ⅰ阶段损伤需要的载荷块数 B_{I} 为：

$$B_{\mathrm{I}} \times \left(\frac{10}{111} + \frac{1000}{79400}\right) = 1;\quad B_{\mathrm{I}} = 9.7$$

同理，完成第Ⅱ阶段损伤所需的载荷块数 B_{II} 为：

$$B_{\mathrm{II}} \times \left(\frac{10}{899} + \frac{1000}{20600}\right) = 1;\quad B_{\mathrm{II}} = 17.0$$

因此，基于双线性损伤累积方法，构件至失效时，总共经过了 $B_{\mathrm{I}} + B_{\mathrm{II}} = 26.7$ 个载荷块循环。如果采用 Miner 线性损伤累积法则，计算所得结果为 50 个块循环。因而，此时双线性损伤累积法计算的结果更安全。

7.3　基于应变的疲劳分析

上节所论述的基于应力的疲劳寿命预测方法，一般只在弹性应力及应变条件下很好地适用。但对于含缺口件、焊接件以及其他应力集中效应显著的条件下，将存在局部的循环塑性形变，此时采用局部应变相关的疲劳控制参量来预测寿命将更为有效。

7.3.1　损伤计算

在基于局部应变的疲劳分析方法中，计算每一循环损伤的出发点是应变-寿命关系曲线，即 Manson-Coffin 方程：

$$\frac{\Delta\varepsilon}{2} = \frac{\Delta\varepsilon_{\mathrm{e}}}{2} + \frac{\Delta\varepsilon_{\mathrm{p}}}{2} = \frac{\sigma_{\mathrm{f}}'}{E}(2N)^{b} + \varepsilon_{\mathrm{f}}'(2N)^{c} \tag{7.8}$$

上式可分开来写成：

$$\frac{\Delta\varepsilon_{\mathrm{e}}}{2} = \frac{\sigma_{\mathrm{f}}'}{E}(2N)^{b} \tag{7.9}$$

$$\frac{\Delta\varepsilon_{\mathrm{p}}}{2} = \varepsilon_{\mathrm{f}}'(2N)^{c} \tag{7.10}$$

ε-N 曲线是在对称条件下试验得出的。对于复杂载荷-时间历程作用下的疲劳问题，平均应力的存在是不可避免的，因此，需要对上述公式进行修正。

当材料处于弹性范围时，平均应力对疲劳寿命的影响很大；而当材料出现塑性变形后，由于平均应力的松弛效应，其影响就大大减弱了。通常情况下，只对 ε-N 曲线的弹性部分即式（7.9）进行修正。局部应力-应变法中，一般应用 J. 莫罗根据古德曼公式推导出的修正公式：

$$\sigma_{\mathrm{r}} = \sigma_{\mathrm{a}}\frac{\sigma_{\mathrm{f}}'}{\sigma_{\mathrm{f}}' - \sigma_{\mathrm{m}}} \tag{7.11}$$

式中，σ_{a} 为应力幅；σ_{m} 为平均应力；σ_{r} 为等效应力幅。

修正后的应变-寿命关系为：

$$\frac{\Delta\varepsilon_{\mathrm{e}}}{2} = \frac{\sigma_{\mathrm{f}}' - \sigma_{\mathrm{m}}}{E}(2N)^{b} \tag{7.12}$$

根据上述的寿命关系式（7.9）、式（7.10）和式（7.12），采用不同的损伤变量，可以得到不同的损伤公式。在目前局部应力-应变法计算损伤时，常用以下几种公式。

(1) 道林 (Dowling) 损伤计算公式。

1977 年，N. E. Dowling 等提出，以过渡疲劳寿命 N_T 为界，当 $\varepsilon_p > \varepsilon_e$ 时，应该以塑性应变分量为损伤计算参量，其损伤公式为：

$$\frac{1}{N} = 2\left(\frac{\varepsilon_f'}{\varepsilon_p/2}\right)^{\frac{1}{c}} \tag{7.13}$$

当 $\varepsilon_p > \varepsilon_e$ 时，弹性应变幅分量占优势，应以弹性应变幅分量为损伤计算参量，其损伤公式为：

$$\frac{1}{N} = 2\left(\frac{\sigma_f'}{E\varepsilon_e}\right)^{\frac{1}{b}} \tag{7.14}$$

若考虑平均应力的影响进行修正，则计算损伤的公式为：

$$\frac{1}{N} = 2\left(\frac{\sigma_f' - \sigma_m}{E\varepsilon_e}\right)^{\frac{1}{b}} \tag{7.15}$$

(2) 兰德格拉夫 (Landgraf) 损伤计算公式。

R. W. Landgraf 认为，损伤应该由应变范围 $\Delta\varepsilon_p$ 和 $\Delta\varepsilon_e$ 的比值来控制，其损伤计算公式为：

$$\frac{1}{N} = 2\left(\frac{\sigma_f'}{E\varepsilon_f'}\frac{\Delta\varepsilon_p}{\Delta\varepsilon_e}\right)^{\frac{1}{b-c}} \tag{7.16}$$

若考虑平均应力的影响进行修正后，损伤计算公式为：

$$\frac{1}{N} = 2\left(\frac{\sigma_f'}{E\varepsilon_f'}\frac{\Delta\varepsilon_p}{\Delta\varepsilon_e}\frac{\sigma_f'}{\sigma_f' - \sigma_m}\right)^{\frac{1}{b-c}} \tag{7.17}$$

(3) 史密斯 (Smith) 损伤计算公式。

K. N. Smith 等人为反映平均应力的影响，对试验结果进行了分析，选择了用 $\sigma_{max}\Delta\varepsilon$ 为损伤计算参数，其损伤计算公式为：

$$\sigma_{max}\Delta\varepsilon = \frac{2\sigma_f'}{E}(2N)^{2b} + 2\sigma_f'\varepsilon_f'(2N)^{b+c} \tag{7.18}$$

当 σ_{max}、$\Delta\varepsilon$ 确定之后，根据式 (7.18) 可用迭代求解法求出相应的 N 值，从而得到一个循环的损伤量 $1/N$。

上面介绍的三种损伤计算公式中，兰德格拉夫公式较符合实际，应用较多。但是实践结果证明，目前尚不存在适用于各种工况下的最佳损伤计算公式。

7.3.2 局部应力-应变确定方法

由于局部应力-应变法是计算零构件最危险部位（如缺口根部）出现疲劳裂纹的寿命，确定该危险部位的局部应力-应变响应是极其重要的。在复杂载荷作用下，缺口根部材料已进入塑性区，载荷和局部应力、应变之间为非线性关系，即使不考虑材料的瞬态变化，要确定缺口根部材料的应力-应变响应也是比较困难的。

目前大体上有三种方法可以确定这些关系：(1) 试验法；(2) 近似计算法；(3) 有限元素法。试验方法虽然直观准确，但受条件限制较多，难以实现。用有限元素法计算变幅载荷下缺口根部的应力、应变值精确度高，但工程应用时较为烦琐。目前工程应用倾向于采用简单而实用的近似计算法，尤以修正的诺伯（Neuber）法应用更为普遍，在条件允许时，也较多采用有限元法。

7.3.2.1　试验法

用来确定零构件缺口根部的局部应力-应变的试验分析方法很多，包括电测法、云纹法、光弹法及散斑法等。在工程中应用最广的是电测法和云纹法。

电测法测量精度高，使用方便，但对于大应变及大应变梯度测量误差较大，甚至无法应用。云纹法则特别适用于大应变（5000 με 以上）测量，也适用于测定材料进入塑性以后及大应变梯度下的应变场。在小应变条件下，云纹法的精度较低。

7.3.2.2　近似计算法

近似计算法包括诺伯（Neuber）法、线性应变法、修正斯托威尔法、疲劳缺口系数法及等效能量法等。在工程中应用较广的是诺伯法。

1961 年，诺伯提出了一个用切应力推导出来的弹塑性区通用的缺口处理论应力集中系数公式：

$$k_t = (k_\sigma k_\varepsilon)^{\frac{1}{2}} \tag{7.19}$$

式中，$k_\sigma = \dfrac{\sigma}{S}$ 为缺口局部应力集中系数；$k_\varepsilon = \dfrac{\varepsilon}{e}$ 为缺口局部应变集中系数；σ、ε 为缺口局部真应力、局部真应变；S、e 为缺口处的名义应力、名义应变。

则式（7.19）可以写成：

$$k_t^2 = \frac{\sigma}{S} \cdot \frac{\varepsilon}{e} \tag{7.19a}$$

式（7.19a）把局部应力、应变与名义应力、应变联系起来了。

在弹性范围内，$k_t = k_\sigma = k_\varepsilon$；在塑性范围内，$k_\varepsilon$ 增长，而 k_σ 下降。由式（7.19a）可见，在一定的塑性变形范围内，k_ε 与 k_σ 的几何平均值大致趋于一个常数，即理论应力集中系数 k_t。

式（7.19a）还可改写成：

$$\sigma\varepsilon = k_t^2 Se \tag{7.19b}$$

在大多数情况下，名义应力 S 和名义应变 e 均在弹性范围内，则式（7.19b）又可写成：

$$\sigma\varepsilon = \frac{(k_t S)^2}{E} \tag{7.19c}$$

当名义应力给定时，$\sigma\varepsilon = (k_t S)^2/E$ 是个常数，人们把它称为诺伯常数。于是式（7.19c）可以写成 $\sigma\varepsilon = c$。这是一个双曲线方程，称为诺伯双曲线。

由于双曲线上的点受材料的应力-应变关系约束，故可由双曲线和应力-应变曲线的交点来求局部应力和应变。

由 6.3.4 节可知，循环应力-应变曲线上任一点，实际是迟滞回线的一个顶点（图 7.9），其坐标为迟滞回线的应力幅 σ_a 和应变幅 ε_a。因此，循环应力-应变曲线可以用下式拟合：

$$\varepsilon_a = \varepsilon_e + \varepsilon_p = \frac{\sigma_a}{E} + \left(\frac{\sigma_a}{k'}\right)^{\frac{1}{n'}} \tag{7.20}$$

写成幅值形式为：

$$\frac{\Delta\varepsilon}{2} = \frac{\Delta\sigma}{2E} + \left(\frac{\Delta\sigma}{2k'}\right)^{\frac{1}{n'}} \tag{7.20a}$$

式中，ε_e 为应变幅的弹性分量；ε_p 为应变幅的塑性分量；$\Delta\varepsilon = 2\varepsilon_a$ 为应变范围（图 7.9）；k' 为循环强化系数；n' 为循环应变硬化指数。系数 k' 和 n' 可由试验直接确定。

试验表明，大多数金属材料的迟滞回线可以用放大一倍的循环应力-应变曲线来近似描述（图 6.31（b）），即所谓的某些材料具有玛辛效应。这样，可以得到下面的迟滞回线方程式：

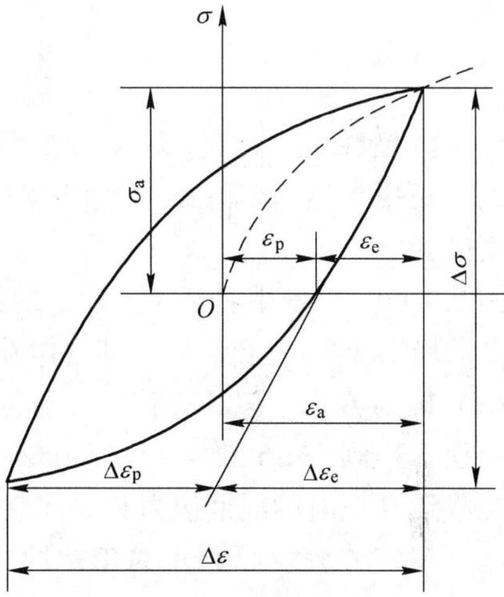

图 7.9　应变分量之间的关系

加载时

$$\frac{\varepsilon - \varepsilon_{pk}}{2} = \frac{\sigma - \sigma_{pk}}{2E} + \left(\frac{\sigma - \sigma_{pk}}{2k'}\right)^{\frac{1}{n'}} \tag{7.21a}$$

卸载时

$$\frac{\varepsilon_{pk} - \varepsilon}{2} = \frac{\sigma_{pk} - \sigma}{2E} + \left(\frac{\sigma_{pk} - \sigma}{2k'}\right)^{\frac{1}{n'}} \tag{7.21b}$$

式中，ε_{pk}、σ_{pk} 为迟滞回线顶点的坐标。

当已知 k_t、S 和 E 时，结合材料的 σ-ε 曲线，即可求出相应的局部应力和应变，如图 7.10 所示。

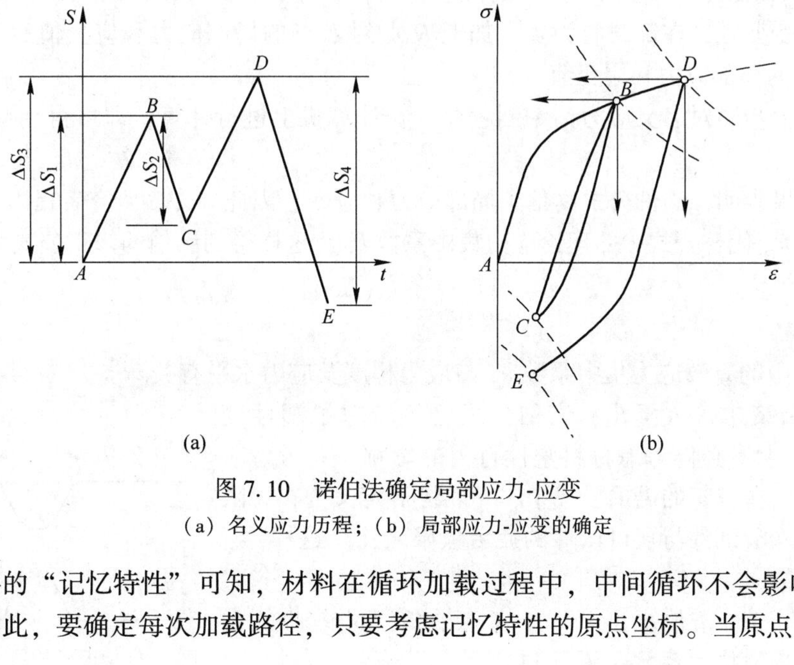

(a)　(b)

图 7.10　诺伯法确定局部应力-应变

（a）名义应力历程；（b）局部应力-应变的确定

由材料的“记忆特性”可知，材料在循环加载过程中，中间循环不会影响后面的载荷历程。因此，要确定每次加载路径，只要考虑记忆特性的原点坐标。当原点坐标确定之后，应力-应变关系可由循环应力-应变曲线和诺伯双曲线得到。由于每次加载绘诺伯双曲线都是从相应原点起计算名义应力增量 ΔS 的，计算出的局部应力和应变实际上是相对于这个原点的局部应力变程 $\Delta\sigma$ 和局部应变变程 $\Delta\varepsilon$，因此，一般将诺伯公式改写成：

$$\Delta\sigma\Delta\varepsilon=\frac{k_t^2\ (\Delta S)^2}{E} \tag{7.22}$$

当载荷谱给定时，名义应力变程 ΔS 是已知的，这时联立解式（7.20a）和式(7.22)，可以求出 $\Delta\sigma$ 和 $\Delta\varepsilon$，加上坐标原点的应力和应变值，就是该点的局部真实应力和真实应变。

图 7.10（a）是用名义应力表示的加载历程，图 7.10（b）表示用诺伯法得到的零件危险点的局部应力-应变情况。其具体确定方法和步骤如下：

（1）确定 B 点：以 A 点作为坐标原点，画出循环应力-应变曲线，并用 AB 间的名义应力变程 ΔS_1 画出 $\Delta\sigma\Delta\varepsilon=(k_t\Delta S_1)^2/E$ 双曲线。这两条曲线交点 B 的纵坐标和横坐标，就是加载到 B 点时的局部应力和局部应变值。

（2）确定 C 点：以 B 点为坐标原点，向下画出迟滞回线（两倍于循环 σ - ε 曲线），并用 BC 间的名义应力变程 ΔS_2 画出 $\Delta\sigma\Delta\varepsilon=(k_t\Delta S_2)^2/E$ 双曲线。这两条曲线交点 C 的纵坐标和横坐标，即为从 B 点到 C 点的局部应力和应变变程，在卸载时为负。加上 B 点的局部应力和应变值后，就得到加载到 C 点时的局部应力和应变值。

（3）确定 D 点：从 C 点加载超过 B 点时要考虑“记忆特性”，即从 C 点到 D 点可以看作从 A 点直接加载到 D 点，故要以 A 点为坐标原点画出循环 σ - ε 曲线，并画出 $\Delta\sigma\Delta\varepsilon=(k_t\Delta S_3)^2/E$ 双曲线。两条曲线的交点 D 点的纵坐标和横坐标，即为加载到 D 点时的局部应力和应变值。

（4）确定 E 点：以 D 点为坐标原点，向下画出迟滞回线，并画出 $\Delta\sigma\Delta\varepsilon=(k_t\Delta S_4)^2/E$ 双曲线，由这两条曲线的交点 E 的纵坐标和横坐标，得到从 D 点到 E 点的局部应力和应变变程，在卸载时为负。加上 D 点到 E 点的局部应力和应变值后，就得到加载到 E 点时的局部应力和应变值。

根据以上步骤对名义应力谱编制程序，在计算机上进行计算，即可得到局部应力-应变响应情况。

试验结果表明，诺伯公式高估了局部应力和应变，因此，许多研究者提出，用有效应力集中系数 k_σ 代替公式中的理论应力集中系数 k_t，这样得到诺伯的修正公式为：

$$\Delta\sigma\Delta\varepsilon=\frac{k_\sigma^2\ (\Delta S)^2}{E} \tag{7.23}$$

式（7.23）中的有效应力集中系数 k_σ 与应力梯度及应力水平有关。

R. M. 韦策尔等人提出，诺伯公式已经考虑了塑性变形，故在 k_σ 上不必再考虑材料塑性行为的影响，只考虑应力梯度即可。在修正的诺伯公式中，一般将 k_f 定义为在无限寿命范围内光滑试件与缺口试件的疲劳极限之比。这样，k_σ 为一缺口常数。

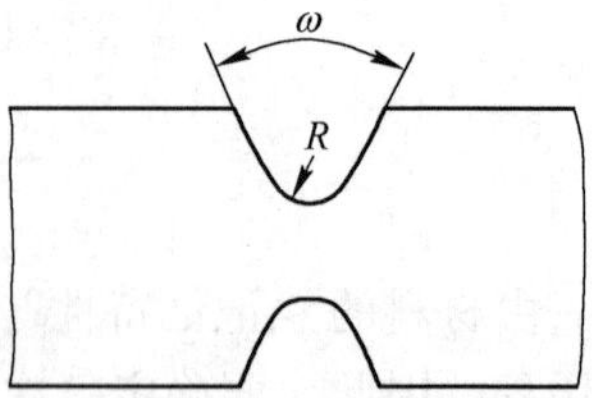

图 7.11　求诺伯技术系数用图

1938 年，H. 诺伯提出了一个考虑缺口尺寸效应的系数，称之为诺伯技术系数（图 7.11）：

$$k_{\mathrm{N}}=1+\frac{k_{\mathrm{t}}-1}{1+\dfrac{\pi}{\pi-\omega}\sqrt{\dfrac{A}{R}}} \tag{7.24}$$

式中，ω 为缺口张角；R 为缺口根部圆角半径；A 为材料常数。

A 值与材料强度极限及热处理状态（即晶粒尺寸大小）有关，一般通过试验确定。在没有试验数据的情况下，可取下值：

铝合金　　$A=0.630$ mm；

钢材　　$A=0.046$ mm；

钛合金　　$A=0.020$ mm。

当 $N=10^7$ 时，k_{N} 可以作为无限寿命情况下的 k_σ 使用。当 $\omega=0$ 时，式（7.24）简化为：

$$k_\sigma=1+\frac{k_{\mathrm{t}}-1}{1+\sqrt{\dfrac{A}{R}}} \tag{7.25}$$

也有文献给出下式求 k_{f}：

$$k_{\mathrm{f}}=\frac{k_{\mathrm{t}}-1}{1+\dfrac{A}{R}} \tag{7.26}$$

对于带缺口的轴类零件，T. H. Topper 等人建议用线性应变法计算局部应力和应变。线性应变法认为：

$$\varepsilon=k_{\mathrm{t}}e=\frac{k_{\mathrm{t}}S}{E} \tag{7.27}$$

式（7.27）同材料的循环 σ-ε 曲线结合使用，即可由名义应力确定局部应力和应变，如图 7.12 所示。

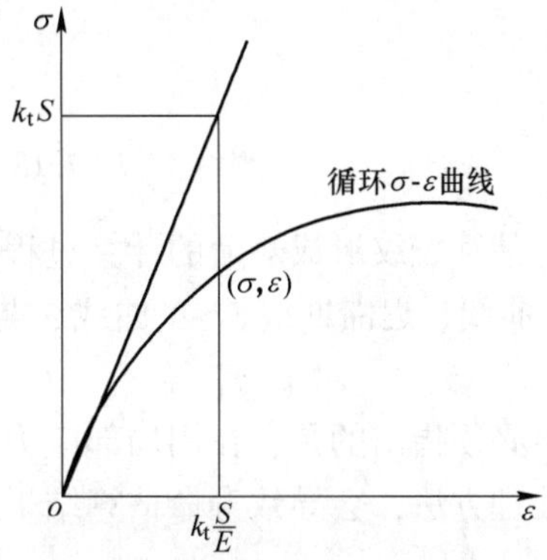

图 7.12　线性应变法

7.3.2.3　有限元法

有限元法是求解结构应力、应变分布的数值逼近方法。它的优点是：

(1) 能够用不同形状、大小和类型单元来模拟任意几何形状的真实结构。

(2) 能适应任意支承条件和任意载荷情况。

(3) 能模拟不同元件组成的复合结构。

(4) 采用离散化的网络代替真实结构，因此可以和真实结构非常相似。

在循环加载情况下，用弹塑性分析有限元法确定局部应力-应变还有如下优点：

(1) 可以考虑局部多轴应力的影响。

(2) 不受局部屈服区域大小的限制。

(3) 避免确定疲劳缺口系数 k_{f}。

（4）提高局部应力-应变的计算精度。

弹塑性有限元法是目前在较精确的局部应力-应变分析中最常用的方法。但是，有限元法在使用时，需要一定的理论基础，计算费用也较高。因此多在较复杂的结构和边界条件下，对结构关键部位进行强度校核时使用；而在结构初步设计阶段，多采用经典的机械设计与计算方法。对航空航天领域中的关键结构件，在概念设计之后的具体设计阶段，主要采用有限元法，以保证设计结果的安全性和可靠性，或达到优化、减重等目的。

7.3.3 局部应力-应变法估算疲劳寿命步骤

用局部应力-应变法估算疲劳寿命的一般步骤为：首先将载荷-时间历程换算成名义应力-时间历程，然后利用材料的循环 σ-ε 曲线（或迟滞回线）及诺伯方程（或采用有限元分析），把名义应力、应变转换成局部应力和应变。在转换过程中，利用雨流计数法（或有效系数法）判别全循环，再用应变-寿命（ε-N）曲线计算损伤，最后用损伤累积理论估算零构件寿命。其流程如图 7.13 所示。

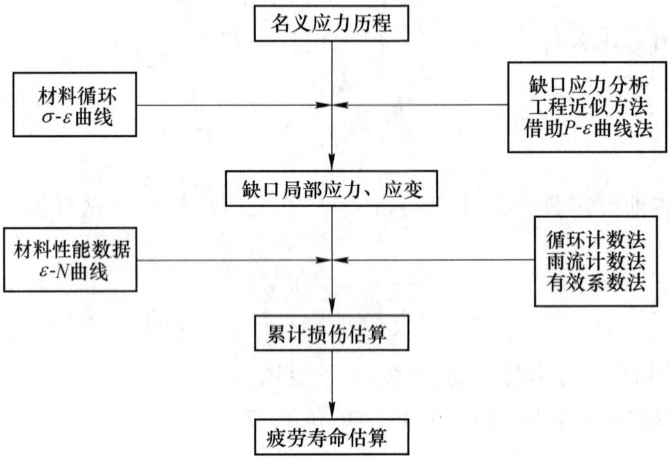

图 7.13 局部应力-应变法估算寿命流程

估算裂纹形成寿命的计算过程中，所需要的原始数据包括：材料的弹性模量 E、循环 σ-ε 曲线、迟滞回线、ε-N 曲线、与零构件有关的数据及载荷谱等，涉及的材料常数包括 k'、n'、b、c、ε_f' 和 σ_f' 等。

必须指出的是，在用局部应力-应变法估算零构件疲劳寿命时，由于每个步骤都有多种处理方法，会导致寿命估算结果出现较大的差异。

复习思考题

7-1 试述基于应力的疲劳寿命的估算步骤。

7-2 试述基于应变的疲劳寿命的估算步骤。

7-3 有一个三级块载荷顺序施加于一构件，直至破坏。三级载荷的加载顺序为：先加载 10 个循环的第一级载荷，接下来再加载 100 个循环的第二级载荷，最后是 10^3 个循环的第三级载荷。三级载荷单独作用时，加载至失效分别需要 10^3 、10^4 和 10^5 个循环。试用双线性损伤累积方法，确定该构件可以承受多少个载荷块循环？

7-4 一热轧缺口件由 SAE1005（$S_b=321$ MPa）制成，其几何形状及尺寸如图 7.14 所示，在拉伸条件下，弹性应力集中系数为 2.4。对相同材料的无缺口试样进行了测试得到 S-N 曲线参数为：S_f' = 886 MPa，$b=-0.14$。

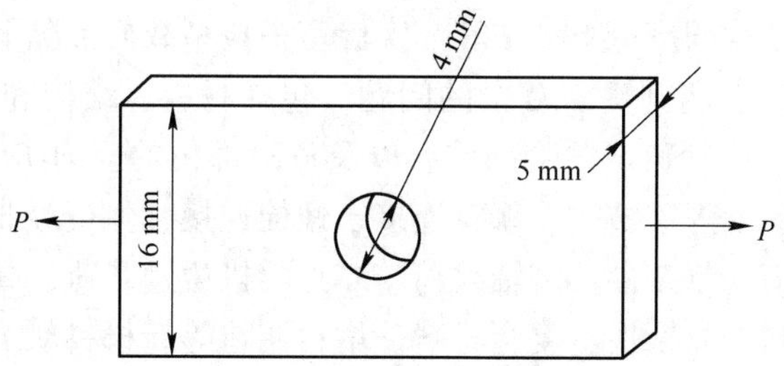

图 7.14　中心圆孔板

试分别基于 Gerber 和 Goodman 平均应力修正模型，确定当轴向加载载荷变化范围为+8000～-6000 N 时，此板的疲劳寿命。

8 工 程 实 例

实际工程中机械结构的疲劳寿命估算与实验室中典型载荷情况下标准试样或结构模拟件的疲劳寿命估算相比会遇到更多复杂的问题。包括材料、结构和载荷等各方面的复杂性。这都给疲劳寿命估算时确定危险部位，以及危险部位的应力-应变历程带来困难。例如，结构的复杂性：包含焊接结构、铆钉连接、螺栓连接、弹簧等非线性结构和运动机构的复杂工程结构；载荷的复杂性：多轴载荷、多点随机激励载荷，高温环境、腐蚀环境等带来的附加效应；材料的复杂性：复合材料、增材制造等新材料新工艺带来的性能分散性等问题。

随着人们对疲劳的不断认识和实验技术的进步，疲劳研究得到长足发展，已经从简单的单轴载荷发展到考虑复杂的多轴载荷，从单一的疲劳行为发展到了考虑蠕变-疲劳交互作用等复杂失效行为，从传统的高周和低周疲劳发展到了超高周和极低周疲劳。本章给出疲劳寿命估算的例子，并对一些疲劳研究的新进展进行简要的介绍。

8.1 基于应力-寿命法估算高周疲劳寿命

例 8.1 计算一起重机吊钩上端螺纹的疲劳寿命。已知螺纹为 M64 的标准螺纹，螺纹材料是 20 钢锻造，其力学性能为：$\sigma_b = 412$ MPa，$\sigma_s = 245.3$ MPa。

解：(1) 确定载荷。由于吊钩螺纹为松螺纹连接，没有预紧力，所以吊钩挂的重量就是螺纹所受之力。用统计的方法根据吊钩每天的吊重情况，可确定螺纹上承受的名义应力及每一名义应力作用的次数，见表 8.1 中的第一列及第二列。由统计表中可知，吊钩每天工作的总循环数 $N=144$ 次，每一应力水平的循环数 n_i 由表中第二列可知，则 n_i/N，即各应力水平所占总循环数的百分数见表中第三列。

表 8.1 计算数据

名义应力/MPa	每天工作的循环数	循环数占的百分数/%	当 $K_\sigma/(\alpha\beta)=4.0$ 时	
			σ_i/MPa	N_i
80.4	1	0.695	323.7	4×10^3
78.5	3	2.08	313.9	6×10^3
73.6	5	3.47	294.3	2.5×10^4
69.7	7	4.86	279.6	4×10^4
63.8	9	6.24	255.1	1×10^5
59.8	11	7.64	240.3	1.7×10^5
55.9	13	9.02	225.6	3.5×10^5

续表 8.1

名义应力/MPa	每天工作的循环数	循环数占的百分数/%	当 $K_\sigma/(\alpha\beta)=4.0$ 时	
			σ_i/MPa	N_i
51.0	15	10.4	206.0	1.4×10^6
46.1	17	11.8	186.4	8×10^6
41.2	19	13.2	166.8	$>10^7$
34.3	21	14.6	137.3	$>10^7$
14.2	23	16.0	56.9	$>10^7$

(2) 确定各系数。根据 20 钢锻造的 $\sigma_b=412$ MPa，查手册得有效应力集中系数 $K_\sigma=3.0$（估值）。

查图 8.1，得尺寸系数 $\alpha=0.85$。

查图 8.2，得表面加工系数 $\beta=0.88$（螺纹为粗车表面）。

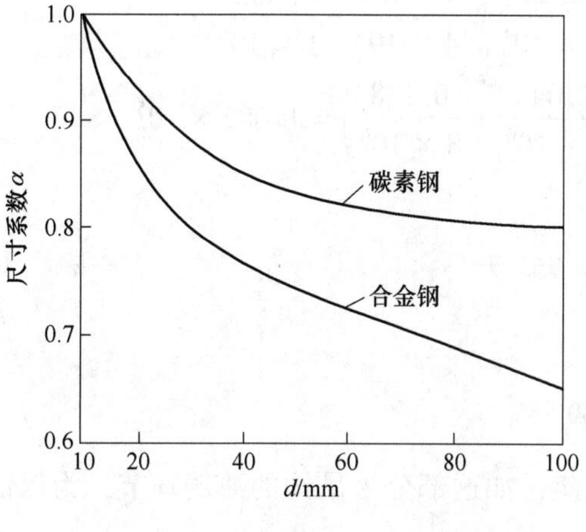

图 8.1 碳钢的尺寸系数

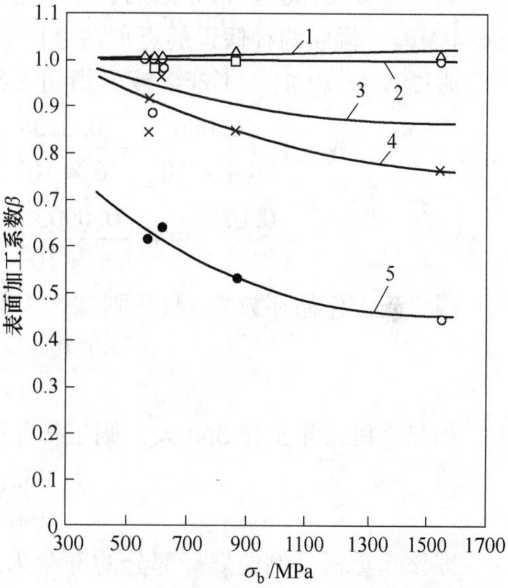

图 8.2 钢试样的表面加工系数

1—抛光；2—磨光；3—精车；4—粗车；5—锻造

由此得：

$$\frac{K_\sigma}{\alpha\beta}=\frac{3.0}{0.85\times0.88}=4.0$$

螺杆的应力状态是脉动循环变幅应力，将名义应力乘以 $K_\sigma/(\alpha\beta)=4.0$，得表 8.1 中第四列的数据。

(3) 确定疲劳极限。20 钢的疲劳极限由经验公式求得，即

对于对称拉压

$$\sigma_{-1l}=0.23(\sigma_b+\sigma_s)=0.23\times(412+245.3)=151.2\text{ MPa}$$

对于脉动拉压

$$\sigma_{0l} = 1.42 \times 151.2 = 214.5 \text{ MPa}$$

将表 8.1 中第四列数据与疲劳极限比较可知，表中大部分数值超过疲劳极限。因此，这个螺杆的应力变化情况属于有限寿命设计。

（4）确定 S-N 曲线。因没有 20 钢的 S-N 曲线，所以用近似法作 S-N 曲线。在双对数坐标纸上作两点：一点是 $N=10^3$，$\sigma=0.9\sigma_b=0.9\times412=370.8$ MPa；一点是 $N=10^7$，$\sigma=0.45\sigma_b=185.4$ MPa。连接该两点得一斜线，即为所求的 S-N 曲线，如图 8.3 所示。

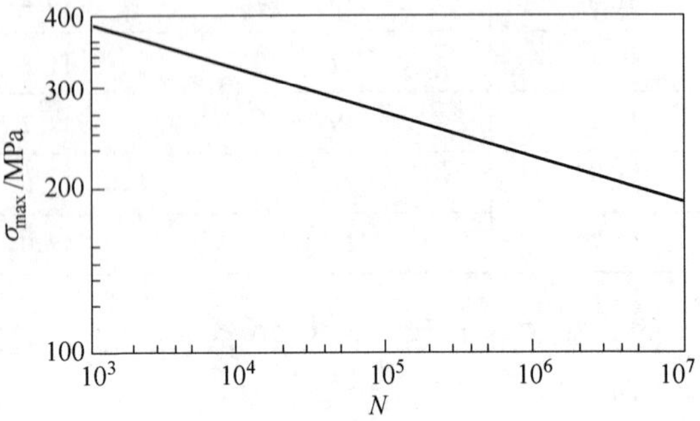

图 8.3　20 钢的 S-N 曲线

由图 8.3 20 钢的 S-N 曲线，查出在应力水平 σ_i 下到达破坏时的循环数 N_i，列于表 8.1 中的第五列。由该列的数值可看到，当 $\sigma_i<186.4$ MPa 以后，$N_i>10^7$。但由经验公式求得的 $\sigma_{0l}=214.5$ MPa，大于 186.4 MPa，说明两种假设的近似法之间有误差。本题按表 8.1 中数据计算偏于安全。

假设 $N_i\geqslant10^7$ 时，不产生疲劳损伤，则总寿命为

$$N = 1\Big/\left(\frac{0.00695}{4\times10^3}+\frac{0.0208}{6\times10^3}+\frac{0.0347}{2.5\times10^4}+\frac{0.0486}{4\times10^4}+\frac{0.0624}{1\times10^5}+\frac{0.0764}{1.7\times10^5}+\frac{0.0902}{3.5\times10^5}+\frac{0.104}{1.4\times10^6}+\frac{0.118}{8\times10^6}\right)=1.082\times10^5$$

因每天工作循环数为 144，则工作天数为

$$\frac{1.082\times10^5}{144}=752\text{ 天}$$

如起重机每年工作 360 天，则工作年数为

$$\frac{752}{360}=2.09\text{ 年}$$

即该起重机吊钩的螺杆部分的寿命为 2.09 年，如这部分为吊钩的薄弱环节，为保证安全工作，每工作 2 年后，需要更新。

8.2　基于应变-寿命法估算低周疲劳寿命

例 8.2　在本例中，材料为汽车用热轧低碳钢，其化学成分为：0.23%C、1.57%Mn、0.016%P、0.022%S、0.01%Si、0.22%Cu。材料力学性能为：强度极限 $\sigma_b=540\sim565$ MPa，屈服极限 $\sigma_s=315\sim325$ MPa，截面缩减率 $\psi=64\%\sim69\%$，弹性模量 $E=192000$ MPa，系数 $n'=0.193$，$k'=1125.9$ MPa。

解：根据所计算零件危险点处的几何形状和材料，查应力集中手册，得到危险点的有效应力集中系数为 $k_\sigma=2.60$。

零件在周期性的载荷-时间历程下工作。根据该零件每周期的载荷-时间历程转换到计算点的名义应力-时间历程，如图 8.4（a）所示。

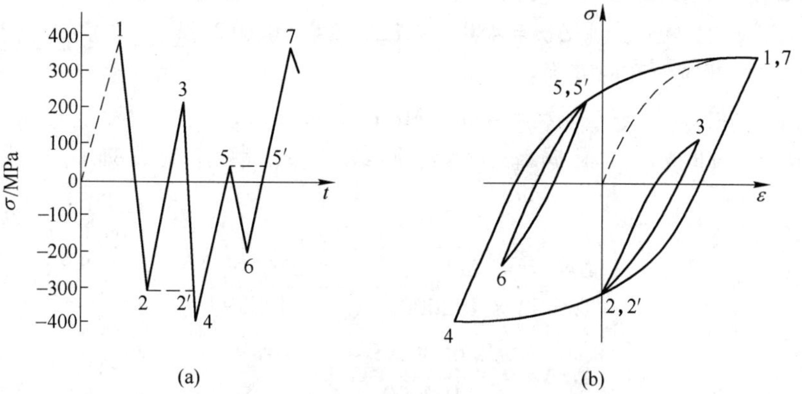

图 8.4 名义应力-时间历程及应力-应变响应

首先，对图 8.4（a）所示的名义应力-时间历程，用雨流计数法进行计数，得到如图 8.4（b）所示的 1-4-7、2-3-2′和 5-6-5′三个全循环。然后根据材料的循环 σ-ε 曲线（迟滞回线）和零件的有效应力集中系数，用诺伯法确定局部应力-应变响应。

循环 σ-ε 曲线方程为：

$$\frac{\Delta\varepsilon}{2}=\frac{\Delta\sigma}{2E}+\left(\frac{\Delta\sigma}{2k'}\right)^{\frac{1}{n'}} \tag{a}$$

根据倍增原理，上升段迟滞回线的方程为：

$$\frac{\varepsilon-\varepsilon_{\mathrm{pk}}}{2}=\frac{\sigma-\sigma_{\mathrm{pk}}}{2E}+\left(\frac{\sigma-\sigma_{\mathrm{pk}}}{2k'}\right)^{\frac{1}{n'}} \tag{b}$$

下降段迟滞回线的方程为：

$$\frac{\varepsilon_{\mathrm{pk}}-\varepsilon}{2}=\frac{\sigma_{\mathrm{pk}}-\sigma}{2E}+\left(\frac{\sigma_{\mathrm{pk}}-\sigma}{2k'}\right)^{\frac{1}{n'}} \tag{c}$$

式中，σ、ε 为局部应力、应变的流动值；σ_{pk}、$\varepsilon_{\mathrm{pk}}$ 为前一峰值点的局部应力、应变值。

应用式（7.23）的诺伯公式：

$$\Delta\sigma\Delta\varepsilon=\frac{k_\sigma^2(\Delta S)^2}{E} \tag{d}$$

即可逐个地对图 8.4（a）的各峰谷值点进行局部应力-应变分析。

计算求解的详细过程如下：

（1）从 0-1 加载时，由于是从零开始，循环 σ-ε 方程用式（a）再与诺伯公式（d）联立求解。将已知 $E=192000$ MPa，$n'=0.193$，$k'=1125.9$ MPa，$k_\sigma=2.60$ 代入两式，有

$$\begin{cases}\Delta\varepsilon=\dfrac{\Delta\sigma}{192000}+\left(\dfrac{\Delta\sigma}{1125.9}\right)^{\frac{1}{0.193}}\\[2ex]\Delta\sigma\Delta\varepsilon=\dfrac{2.6^2\times\Delta S_{01}^2}{192000}\end{cases}$$

此时，$\Delta S_{01} = 395.5\ \text{MPa}$，于是，$\Delta\sigma\Delta\varepsilon = 5.5$。解联立方程得到：

$$\Delta\sigma = 458.3\ \text{MPa},\ \Delta\varepsilon = 0.012$$

则1点的局部应力和应变为：

$$\sigma = 458.3\ \text{MPa},\ \varepsilon = 0.012$$

（2）从1-2卸载时，根据卸载迟滞回线计算。将有关数据代入式（a）和式（d），有：

$$\begin{cases} \dfrac{\Delta\varepsilon}{2} = \dfrac{\Delta\sigma}{2 \times 192000} + \left(\dfrac{\Delta\sigma}{2 \times 1125.9}\right)^{\frac{1}{0.193}} \\ \Delta\sigma\Delta\varepsilon = \dfrac{2.6^2 \times \Delta S_{12}^2}{192000} \end{cases}$$

此时，$\Delta S_{12} = 699.0\ \text{MPa}$，于是 $\Delta\sigma\Delta\varepsilon = 17.2$。解联立方程得到：

$$\Delta\sigma = 870\ \text{MPa},\ \Delta\varepsilon = 0.0198$$

则2点的局部应力和应变为：

$$\sigma = 458.3 - 870 = -411.7\ \text{MPa}$$

$$\varepsilon = 0.012 - 0.0198 = -0.0078$$

（3）从2-3加载时，根据加载迟滞回线计算。将有关数据代入式（a）和式（d），有：

$$\begin{cases} \dfrac{\Delta\varepsilon}{2} = \dfrac{\Delta\sigma}{2 \times 192000} + \left(\dfrac{\Delta\sigma}{2 \times 1125.9}\right)^{\frac{1}{0.193}} \\ \Delta\sigma\Delta\varepsilon = \dfrac{2.6^2 \times \Delta S_{23}^2}{192000} \end{cases}$$

此时，$\Delta S_{23} = 521.1\ \text{MPa}$，于是 $\Delta\sigma\Delta\varepsilon = 9.56$。解联立方程得到：

$$\Delta\sigma = 780\ \text{MPa},\ \Delta\varepsilon = 0.0122$$

则3点的局部应力和应变为：

$$\sigma = -411.7 + 780 = 368.3\ \text{MPa}$$

$$\varepsilon = -0.0078 + 0.0122 = 0.0044$$

（4）在3-4的卸载过程中，由于从3卸到2′时，形成了一个封闭的应力-应变迟滞回线，所以根据材料的记忆特性，计算4点的应力和应变时，应根据从1点出发的迟滞回线，并取应力变程 ΔS_{14} 进行计算。有：

$$\begin{cases} \dfrac{\Delta\varepsilon}{2} = \dfrac{\Delta\sigma}{2 \times 192000} + \left(\dfrac{\Delta\sigma}{2 \times 1125.9}\right)^{\frac{1}{0.193}} \\ \Delta\sigma\Delta\varepsilon = \dfrac{2.6^2 \times \Delta S_{14}^2}{192000} \end{cases}$$

此时，$\Delta S_{14} = 790.7\ \text{MPa}$，于是 $\Delta\sigma\Delta\varepsilon = 22.0$。解联立方程得到：

$$\Delta\sigma = 910\ \text{MPa},\ \Delta\varepsilon = 0.024$$

则4点的局部应力和应变为：

$$\sigma = 458.3 - 910 = -451.7\ \text{MPa}$$

$$\varepsilon = 0.012 - 0.024 = -0.012$$

（5）从4-5加载时，根据加载迟滞回线计算：

$$\begin{cases} \dfrac{\Delta\varepsilon}{2} = \dfrac{\Delta\sigma}{2 \times 192000} + \left(\dfrac{\Delta\sigma}{2 \times 1125.9}\right)^{\frac{1}{0.193}} \\ \Delta\sigma\Delta\varepsilon = \dfrac{2.6^2 \times \Delta S_{45}^2}{192000} \end{cases}$$

此时，$\Delta S_{45} = 434.1\ \text{MPa}$，于是 $\Delta\sigma\Delta\varepsilon = 6.6$。解联立方程得到：

$$\Delta\sigma = 721\ \text{MPa},\ \Delta\varepsilon = 0.0092$$

则5点的局部应力和应变为：

$$\sigma = -451.7 + 721 = 269.3\ \text{MPa}$$

$$\varepsilon = -0.012 + 0.0092 = -0.0028$$

（6）从5-6卸载时，根据卸载迟滞回线计算：

$$\begin{cases} \dfrac{\Delta\varepsilon}{2} = \dfrac{\Delta\sigma}{2 \times 192000} + \left(\dfrac{\Delta\sigma}{2 \times 1125.9}\right)^{\frac{1}{0.193}} \\ \Delta\sigma\Delta\varepsilon = \dfrac{2.6^2 \times \Delta S_{56}^2}{192000} \end{cases}$$

此时，$\Delta S_{56} = 239.9\ \text{MPa}$，于是 $\Delta\sigma\Delta\varepsilon = 2.0$。解联立方程得到：

$$\Delta\sigma = 531\ \text{MPa},\ \Delta\varepsilon = 0.0038$$

则6点的局部应力和应变为：

$$\sigma = 269.3 - 531 = -261.7\ \text{MPa}$$

$$\varepsilon = -0.0028 - 0.0038 = -0.0066$$

（7）从6-7加载时，根据图8.4（b）所示，7点的应力和应变值与1点相同。则得局部应力和应变为：

$$\sigma = 458.3\ \text{MPa},\ \varepsilon = 0.012$$

当载荷-时间历程较少时，可以用上述方法求解来完成；但当载荷-时间历程峰谷值很多时，求解过程需在计算机上进行。

将上面分析得到的三个应力-应变循环2-3-2′、5-6-5′和1-4-7中的应力幅值 σ_a、应变幅值 ε_a、平均应力 σ_m、平均应变 ε_m 及弹性应变幅分量 $\dfrac{\Delta\varepsilon_e}{2}$、塑性应变幅分量 $\dfrac{\Delta\varepsilon_p}{2}$ 列入表8.2中。

表8.2 应力-应变计算结果

应力循环	σ_a /MPa	ε_a	σ_m /MPa	ε_m	$\dfrac{\Delta\varepsilon_e}{2}$	$\dfrac{\Delta\varepsilon_p}{2}$
2-3-2′	390	0.0061	−21.7	−0.0017	0.0020	0.0041
5-6-5′	265.55	0.002	3.8	−0.0044	0.0014	0.0006
1-4-7	455	0.0120	3.30	0	0.0024	0.0096

有了局部应力-应变响应值之后，就可以进行损伤计算。计算是根据每一个应力-应变循环的幅值及均值，应用道林公式进行的。

对于2-3-2′循环，由于 $\Delta\varepsilon_p > \Delta\varepsilon_e$，故用 $\Delta\varepsilon_p$ 计算损伤。由式（7.13）

$$D_i = \frac{1}{N} = 2\left(\frac{\varepsilon_f'}{\Delta\varepsilon_p/2}\right)^{\frac{1}{c}}$$

本例中，$\varepsilon_f' = 0.26$，$c = -0.47$，因此

$$D_1 = 2\left(\frac{0.26}{0.0041}\right)^{\frac{1}{-0.47}} = 2.93 \times 10^{-4}$$

对于5-6-5′循环，由于 $\Delta\varepsilon_e > \Delta\varepsilon_p$，故用 $\Delta\varepsilon_e$ 计算损伤。将式（7.15）中的 $E\Delta\varepsilon_e/2$ 以总应力幅 σ_a 代替，则有：

$$D_2 = \frac{1}{N} = 2\left(\frac{\sigma_f' - \sigma_m}{\sigma_a}\right)^{\frac{1}{b}}$$

本例中，$\sigma_f' = 935.9\ \text{MPa}$，$b = -0.095$，$\sigma_m = 3.8\ \text{MPa}$，$\sigma_a = 265.5\ \text{MPa}$，$\varepsilon_e = 0.0014$，$E = 192000\ \text{MPa}$。于是，

$$D_2 = 2\left(\frac{935.9 - 3.8}{265.5}\right)^{\frac{1}{-0.095}} = 3.63 \times 10^{-6}$$

对于1-4-7循环，由于 $\Delta\varepsilon_p > \Delta\varepsilon_e$，故用 $\Delta\varepsilon_p$ 计算损伤。

$$D_3 = 2\left(\frac{\varepsilon_f'}{\Delta\varepsilon_p/2}\right)^{\frac{1}{c}} = 2\left(\frac{0.26}{0.0096}\right)^{\frac{1}{-0.47}} = 1.79 \times 10^{-3}$$

根据迈因纳累积损伤理论可得每一载荷周期的损伤量为：

$$\begin{aligned} D &= \sum_i D_i = D_1 + D_2 + D_3 \\ &= 2.93 \times 10^{-4} + 3.63 \times 10^{-6} + 1.79 \times 10^{-3} \\ &= 2.087 \times 10^{-3} \end{aligned}$$

达到疲劳破坏（累积损伤量为1）时的载荷循环块数（即载荷-时间历程1-7的循环次数）B 为：

$$B = \frac{1}{D} = \frac{1}{2.087 \times 10^{-3}} = 479.2$$

若每个载荷块经历的时间为 h_0，则零件的疲劳寿命为：

$$h = Bh_0$$

8.3 多轴疲劳寿命估算

由于多轴疲劳问题在工程界广泛存在，近些年来，疲劳问题的多轴效应一直是学术界备受关注的问题。多轴加载分为比例加载和非比例加载两种方式。如果外加载荷发生变化时，应力张量的各分量间以恒定比例变化，则称为比例加载，否则为非比例加载。如一封闭的薄壁圆筒结构，在内压作用下，随着内压的变化，引起的环向应力和轴向应力将始终成比例变化。

多轴疲劳研究中，主要研究方法有：等效应力-应变法、能量法、临界平面法、临界平面法与能量法组合。早期研究中，多基于单轴应力状态的疲劳数据，采用等效应力或等效应变为模型参量，该种等效应力-应变的方法不能考虑加载路径的影响，不适用于非比例加载条件；塑性功理论需要精确的本构关系，未考虑平均应力与静水应力的影响，且当塑性功较小时难以进行寿命预测；而临界平面法的概念及物理意义较明确，是应用范围较广的多轴疲劳分析方法。

8.3.1　多轴疲劳的有效应力

多轴疲劳问题中，对于对称循环加载，基于 Von Mises 等效应力式（3.19），应用主应力幅来描述等效应力幅值，则有

$$\sigma_{a,eq}=\frac{1}{\sqrt{2}}\sqrt{(\sigma_{1a}-\sigma_{2a})^2+(\sigma_{2a}-\sigma_{3a})^2+(\sigma_{3a}-\sigma_{1a})^2} \tag{8.1}$$

则此时的多轴应力-寿命方程为：

$$\sigma_{a,eq}=\sigma_f'(2N_f)^b \tag{8.2}$$

式中的待定参数均为采用光滑试样对称单轴循环加载试验获得。

当考虑平均应力效应时，由主应力的平均值表示的有效平均应力为：

$$\sigma_{m,eq}=\frac{1}{\sqrt{2}}\sqrt{(\sigma_{1m}-\sigma_{2m})^2+(\sigma_{2m}-\sigma_{3m})^2+(\sigma_{3m}-\sigma_{1m})^2} \tag{8.3}$$

再与 Goodman 方程式（7.4）结合起来，即可考虑平均应力效应计算出有效应力，再应用式（8.2）确定多轴应力状态下的疲劳寿命。

此外，Ellyin 等提出了总应变能理论，认为疲劳损伤是循环应变能密度的函数，得有效总应变能-寿命方程为：

$$\Delta\sigma_{eq}\Delta\varepsilon_{eq}=K(2N_f)^C \tag{8.4}$$

式中，参数 K、C 由单轴疲劳试验确定。

8.3.2　临界平面法

1973 年 Brown 和 Miller 首先提出了低周疲劳的临界平面法概念，认为疲劳裂纹的扩展由最大剪应变及其所在平面上的法向应变控制。无论对于比例加载或非比例加载，均认为疲劳失效发生在某一特定的平面上，损伤或开裂发生的临界平面（如最大拉应力平面或最大剪应力平面）与加载轴存在固定的关系。

目前，在多轴疲劳问题中，多数将多轴疲劳损伤等效成单轴损伤的形式，再采用单轴疲劳理论来预测寿命。其中，较常用的是采用临界损伤平面法，该方法将材料最大损伤平面上的应力、应变或能量参数作为模型参量，具有较好的物理基础。

基于临界平面法的多轴疲劳分析，首先需根据应力-应变状态分析确定临界平面，再应用临界平面上的应力-应变或能量参数进行疲劳寿命计算。

临界平面的确定可以通过坐标变换法进行。如图 8.5 所示，任一材料平面可由两个参考角定义。θ 为某一材料平面同表面交线与试样轴向（x 向）间的夹角，φ 是材料平面法向（z'）与 z 轴间的夹角。则在新坐标系 $x'y'z'$ 下应力及应变为：

$$\sigma_{ij}'=Q_{ki}\sigma_{kl}Q_{lj},\quad \varepsilon_{ij}'=Q_{ki}\varepsilon_{kl}Q_{lj} \tag{8.5}$$

其中，转换矩阵为

$$
\boldsymbol{Q}_{ij} = \begin{bmatrix} \cos\theta & -\cos\varphi\sin\theta & \sin\varphi\sin\theta \\ \sin\theta & \cos\varphi\sin\theta & -\sin\varphi\cos\theta \\ 0 & \sin\varphi & \cos\varphi \end{bmatrix} \tag{8.6}
$$

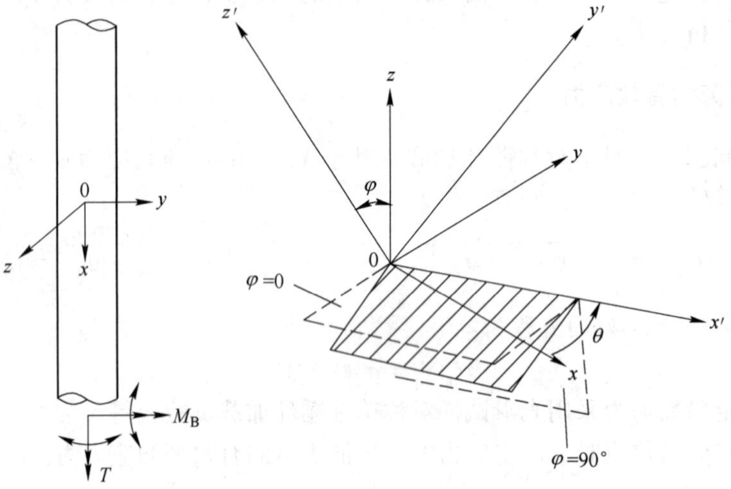

图 8.5 弯扭加载时临界平面的相关定义

因此，只要给定某种判据，如最大正/剪应力/应变或组合判据，即可确定材料损伤的关键位置及临界平面。其中，比较关键的应力分量为：正应力 $\sigma'_{z'z'}$（产生Ⅰ型裂纹）、面内剪应力 $\tau'_{z'y'}$（产生Ⅱ型裂纹），以及面外剪应力（产生Ⅲ型裂纹）。以最大交变剪应力平面为临界平面，同时考虑临界平面上的交变正应力的作用，McDiarmid 提出了一般性的多轴疲劳破坏条件：

$$
\tau_{\max} + \alpha\sigma_n = \beta \tag{8.7}
$$

基于 Von Mises 强度条件，应用主应变幅来描述等效应变幅，则有

$$
\varepsilon_{a,eq} = \frac{\Delta\varepsilon_{eq}}{2} = \frac{1}{\sqrt{2}(1+\mu)}\sqrt{(\varepsilon_{1a}-\varepsilon_{2a})^2+(\varepsilon_{2a}-\varepsilon_{3a})^2+(\varepsilon_{3a}-\varepsilon_{1a})^2} \tag{8.8}
$$

此时的多轴应变-寿命方程可以描述为：

$$
\varepsilon_{a,eq} = \frac{\sigma'_f}{E}(2N_f)^b + \varepsilon'_f(2N_f)^c \tag{8.9}
$$

式中，待定参数采用光滑试样对称单轴循环加载试验获得。

由轴向应变与切向应变的关系

$$
\gamma_{a,eq} = \frac{1+\mu}{2}\varepsilon_{a,eq} \tag{8.10}
$$

采用 Tresca 强度条件，弹性变形时取 $\mu = 0.3$，塑性变形时取 $\mu = 0.5$，式（8.9）可改写为

$$
\gamma_{a,eq} = 1.3\frac{\sigma'_f}{E}(2N_f)^b + 1.5\varepsilon'_f(2N_f)^c \tag{8.11}
$$

在多轴疲劳中低周疲劳情况下的非比例效应比高周疲劳情况要大，采用等效应力-应变方法估算多轴疲劳寿命的误差会更大，下面给出几个影响力较大可以考虑非比例效应的基于临界平面法的多轴疲劳寿命估算模型，它们大多与 Coffin-Manson 方程相联系。

（1）Smith-Watson-Topper 模型（SWT）。Smith、Watson 和 Topper 将最大主应变平面定义为临界平面：

$$\sigma_{\mathrm{n,max}}\frac{\Delta\varepsilon_{1,\max}}{2}=\varepsilon_{\mathrm{f}}'\sigma_{\mathrm{f}}'(2N_{\mathrm{f}})^{b+c}+\frac{\sigma_{\mathrm{f}}'^{2}}{E}(2N_{\mathrm{f}})^{2b} \tag{8.12}$$

式中，$\frac{\Delta\varepsilon_{1,\max}}{2}$ 为最大主应变幅；$\sigma_{\mathrm{n,max}}$ 为最大主应变幅平面上的最大正应力。

（2）Fatemi-Socie 模型（FS）。Fatemi 和 Socie 将最大剪应变幅平面定义为临界平面，提出模型：

$$\frac{\Delta\gamma_{\max}}{2}\left(1+k\frac{\sigma_{\mathrm{n,max}}}{\sigma_{\mathrm{y}}}\right)=\gamma_{\mathrm{f}}'(2N_{\mathrm{f}})^{c_{\gamma}}+\frac{\tau_{\mathrm{f}}'}{G}(2N_{\mathrm{f}})^{b_{\gamma}} \tag{8.13}$$

式中，$\frac{\Delta\gamma_{\max}}{2}$ 为最大剪应变幅；$\sigma_{\mathrm{n,max}}$ 为最大剪应变幅平面上的最大正应力；σ_{y} 为屈服应力；k 是材料常数。在缺少试验数据时材料常数可近似取为：$k\approx1.0$，$\sigma_{\mathrm{y}}\approx\sigma_{\mathrm{f}}'$，$\tau_{\mathrm{f}}'\approx\sigma_{\mathrm{f}}'/\sqrt{3}$，$b_{\mathrm{r}}\approx b$，$\gamma_{\mathrm{f}}'\approx\sqrt{3}\varepsilon_{\mathrm{f}}'$，$c_{\mathrm{r}}\approx c$。

（3）Shang-Wang 模型（SW）。Shang 和 Wang 在多轴常幅疲劳加载下，利用最大剪应变幅平面上 $\frac{\Delta\gamma_{\max}}{2}$ 和最大剪应变相邻折返点间正应变的最大变程 $\varepsilon_{\mathrm{n}}^{*}$ 建立寿命估算模型：

$$\left[\varepsilon_{\mathrm{n}}^{*2}+\left(\frac{\Delta\gamma_{\max}}{2}\right)^{2}\Big/3\right]^{\frac{1}{2}}=\frac{\sigma_{\mathrm{f}}'}{E}(2N_{\mathrm{f}})^{b}+\varepsilon_{\mathrm{f}}'(2N_{\mathrm{f}})^{c} \tag{8.14}$$

该模型中损伤参数的建立不需其他材料常数，形式简单，便于应用。

8.3.3 计算实例

试验数据取自文献［68］，多轴疲劳试验所用材料为 45 钢，取自直径为 60 mm 的热轧棒材，化学成分含量见表 8.3。将棒材加工成毛坯后，对其进行正火处理。热处理工艺为：加热到 850 ℃，保温 50 min 后空冷。材料热处理后的力学性能参数见表 8.4，材料疲劳性能参数见表 8.5。

表 8.3 45 钢化学成分含量

化学元素	C	Si	Mn	S	P	Ni	Cr	Cu
含量（质量分数）/%	0.44	0.28	0.06	0.01	0.02	0.03	0.05	0.14

表 8.4 45 钢力学性能参数

力学性能参数	E/MPa	G/MPa	σ_{s}/MPa	σ_{b}/MPa	δ_{5}/%	ψ/%
数值	190000	79000	370	610	28.4	64.0

表 8.5 45 钢疲劳性能参数

疲劳性能参数（拉伸）	σ_f'/MPa	b	ε_f'	c	K'/MPa	n'
	843	−0.1047	0.3269	−0.5458	448.3	0.209
疲劳性能参数（扭转）	τ_f'/MPa	b'	γ_f'	c'	K_τ'/MPa	n_τ'
	559.0	−0.1079	0.4959	−0.4690	261.7	0.231

试样加工成薄壁管状，其标距段外径为 25 mm，内径为 21 mm。长度为 60 mm。试验机为 MTS809-250 kN 拉扭电液伺服疲劳试验机，试验在室温空气介质中进行。选用轴向与切向应变同时控制的加载方式，试件标距段上安装标距为 55 mm 的 MTS632.68C-01 型拉扭引伸仪。每隔一定的循环数对四个通道进行数据采集，并用 X—Y 记录仪记录应力-应变响应滞回线。试验频率为 0.08～0.16 Hz。疲劳破坏定义为拉伸或扭转载荷下降 25%时的循环数，此时滞回环已发生严重畸变，试件表面已出现可见裂纹。试验采用正弦波加载：

$$\varepsilon = \varepsilon_a \sin(\omega t) \tag{8.15}$$

$$\gamma = \gamma_a \sin(\omega t - \varphi) = \lambda \varepsilon_a \sin(\omega t - \varphi) \tag{8.16}$$

式中，幅值比 $\lambda = \gamma_a/\varepsilon_a$；$\varepsilon_a$，$\gamma_a$ 分别为加在试件上的轴向应变幅和切向应变幅；ε，γ 分别为瞬时轴向应变和切向应变；φ 为相位角。

Von Mises 等效应力和等效应变分别为：

$$\sigma_{eq} = (\sigma^2 + 3\tau^2)^{1/2} \tag{8.17}$$

$$\varepsilon_{eq} = (\varepsilon^2 + \gamma^2/3)^{1/2} \tag{8.18}$$

多轴疲劳试验所采用的应变加载路径如图 8.6 所示，（a）为纯扭加载路径；（b）为多轴比例加载路径；（c）～（f）为多轴非比例加载路径。其加载控制参数及试验寿命如表 8.6 所示。

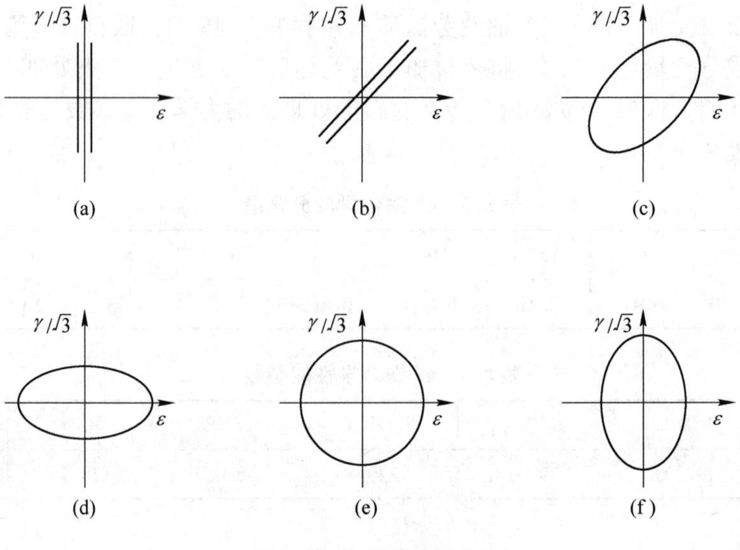

图 8.6 加载路径示意图

从表 8.6 中可以看出，非比例加载疲劳寿命低于相同等效应变下比例及单轴加载的疲劳寿命。相位角越大，疲劳寿命越短。如等效应变为 0.8%，相位角为 60°非比例加载时的疲劳寿命仅为相同等效应变条件下比例加载疲劳寿命的 50%，纯扭加载疲劳寿命的 33%。同时可以看出，相同等效应变条件下幅值比 λ 越小，疲劳寿命越短。如同样是 90°非比例加载路径条件，$\lambda = \sqrt{3}/2$ 时的疲劳寿命低于相同等效应变幅下 $\lambda = 2\sqrt{3}$ 时的疲劳寿命。

表 8.6 常幅多轴疲劳试验控制参数及试验结果

应变路径	λ	φ/(°)	ε_a/%	γ_a/%	ε_{eq}/%	N_f/次
a	—	—	—	1.039	0.6	3715
a	—	—	—	1.386	0.8	1671
b	$\sqrt{3}$	0	0.566	0.979	0.8	1085
c	$\sqrt{3}$	45	0.566	0.979	0.8	681
c	$\sqrt{3}$	45	0.800	1.386	1.13	278
c	$\sqrt{3}$	60	0.566	0.979	0.8	544
d	$\sqrt{3}/2$	90	0.800	0.693	0.9	440
e	$\sqrt{3}$	90	0.800	1.386	1.13	384
f	$2\sqrt{3}$	90	0.400	1.386	0.9	662

用前述三种临界平面方法对多轴疲劳寿命进行预测，首先确定临界平面，然后用临界平面上的应力-应变组成多轴疲劳损伤参量进行疲劳寿命预测。

8.3.3.1 多轴应力-应变状态

图 8.7 是薄壁管试件在拉扭载荷作用下的示意图。x 轴为试件轴线方向，z 轴试件的外法线平行。

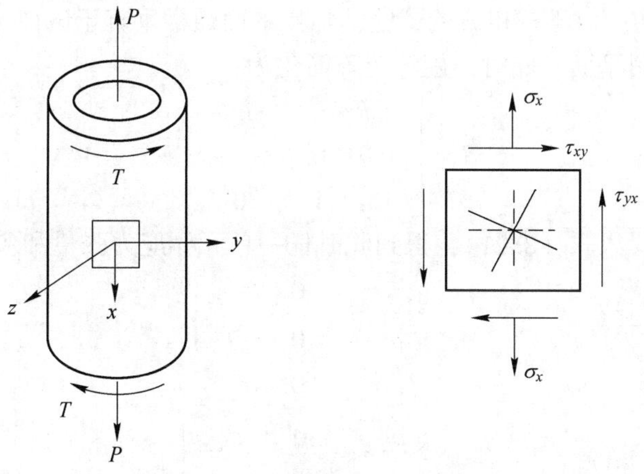

图 8.7 拉扭应力状态示意图

试件外径与壁厚的比值较大时，沿着壁厚方向的应力梯度可以忽略不计，因此在试件的横截面上只有两个非零应力。其应力-应变状态可以由平面应力状态来描述。材料中任一单元体应力张量形式为：

$$\boldsymbol{\sigma}_{ij}=\begin{bmatrix}\sigma_{xx} & \sigma_{xy} & \sigma_{xz}\\ \sigma_{yx} & \sigma_{yy} & \sigma_{yz}\\ \sigma_{zx} & \sigma_{zy} & \sigma_{zz}\end{bmatrix}=\begin{bmatrix}\sigma_{x} & \tau_{xy} & 0\\ \tau_{xy} & 0 & 0\\ 0 & 0 & 0\end{bmatrix} \tag{8.19}$$

应变张量形式为：

$$\boldsymbol{\varepsilon}_{ij}=\begin{bmatrix}\varepsilon_{xx} & \varepsilon_{xy} & \varepsilon_{xz}\\ \varepsilon_{yz} & \varepsilon_{yy} & \varepsilon_{yz}\\ \varepsilon_{zx} & \varepsilon_{zy} & \varepsilon_{zz}\end{bmatrix}=\begin{bmatrix}\varepsilon_{xx} & \frac{1}{2}\gamma_{xy} & 0\\ \frac{1}{2}\gamma_{xy} & -\nu\varepsilon_{xx} & 0\\ 0 & 0 & -\nu\varepsilon_{xx}\end{bmatrix}=\begin{bmatrix}\varepsilon & \frac{1}{2}\gamma & 0\\ \frac{1}{2}\gamma & -\nu\varepsilon & 0\\ 0 & 0 & -\nu\varepsilon\end{bmatrix} \tag{8.20}$$

任意一个材料平面可借助两个参考角度定义，如图 8.5 所示。角 θ 是材料平面同表面交线与试件轴向（x 轴）之间的夹角；角 φ 是材料平面法线与 z 轴之间的夹角，即图中 z' 与 z 轴之间的夹角。在图中定义了一组新的坐标轴系 $x'y'z'$，该坐标系可以由 xyz 坐标系旋转得到。阴影平面可以由 x-y 平面首先绕 z 轴逆时针旋转 θ 角，然后绕新的 x' 轴逆时针旋转角 φ 得到。采用这种坐标变换方法，$x'y'z'$坐标系中的应力张量和应变张量分别为：

$$\sigma'_{ij}=\boldsymbol{S}^{T}\sigma_{ij}\boldsymbol{S},\ \varepsilon'_{ij}=\boldsymbol{S}^{T}\varepsilon_{ij}\boldsymbol{S} \tag{8.21}$$

式中 $\boldsymbol{S}$ 为坐标转换矩阵：

$$\begin{aligned}\boldsymbol{S}=\boldsymbol{S}_1\cdot\boldsymbol{S}_2&=\begin{bmatrix}\cos\theta & -\sin\theta & 0\\ \sin\theta & \cos\theta & 0\\ 0 & 0 & 1\end{bmatrix}\begin{bmatrix}1 & 0 & 0\\ 0 & \cos\varphi & -\sin\varphi\\ 0 & \sin\varphi & \cos\varphi\end{bmatrix}\\ &=\begin{bmatrix}\cos\theta & -\cos\varphi\sin\theta & \sin\varphi\sin\theta\\ \sin\theta & \cos\varphi\cos\theta & -\sin\varphi\cos\theta\\ 0 & \sin\varphi & \cos\varphi\end{bmatrix}\end{aligned} \tag{8.22}$$

一般来说，对于有非比例应力波动的多轴加载，临界平面取向的确定可能很复杂。但大量的疲劳试验证明，对于拉扭疲劳试验，临界平面通常垂直于试件自由表面，所以可以只考虑 $\phi=90°$的材料平面。此时，旋转矩阵简化为：

$$\boldsymbol{S}=\begin{bmatrix}\cos\theta & 0 & \sin\theta\\ \sin\theta & 0 & -\cos\theta\\ 0 & 1 & 0\end{bmatrix} \tag{8.23}$$

将式（8.23）代入式（8.21），得到此时任一单元体应力张量和应变张量为：

$$\boldsymbol{\sigma}'_{ij}=\begin{bmatrix}\sigma_{x'x'} & 0 & \sigma_{x'z'}\\ 0 & 0 & 0\\ \sigma_{z'x'} & 0 & \sigma_{z'z'}\end{bmatrix} \tag{8.24}$$

$$\boldsymbol{\varepsilon}'_{ij}=\begin{bmatrix}\varepsilon_{x'x'} & 0 & \varepsilon_{x'z'}\\ 0 & \varepsilon_{y'y'} & 0\\ \varepsilon_{z'x'} & 0 & \varepsilon_{z'z'}\end{bmatrix} \tag{8.25}$$

平面应力条件下，垂直于自由表面，并与试件轴线呈任一 θ 角平面上瞬时正应力、正应变、剪应力和剪应变分别为

$$\sigma_\theta = \sigma_{z'z'},\quad \tau_\theta = \sigma_{z'x'},\quad \varepsilon_\theta = \varepsilon_{z'z'},\quad \gamma_\theta = 2\varepsilon_{z'x'} \tag{8.26}$$

8.3.3.2 最大剪应变平面

材料中某单元体处于平面应力状态，轴向应变为 ε_x，周向应变为 ε_y，切向应变为 γ_{xy}，则平面法线方向与试件轴线方向呈 θ 角的材料平面上剪应变为：

$$\frac{\gamma_\theta}{2} = \frac{\varepsilon_x - \varepsilon_y}{2}\sin2\theta - \frac{\gamma_{xy}}{2}\cos2\theta \tag{8.27}$$

其中，最大剪应变大小与方向分别为：

$$\frac{\gamma_{\max}}{2} = \sqrt{\left(\frac{\varepsilon_x - \varepsilon_y}{2}\right)^2 + \left(\frac{\gamma_{xy}}{2}\right)^2} \tag{8.28}$$

$$\tan2\theta_\gamma = -\frac{\varepsilon_x - \varepsilon_y}{\gamma_{xy}} \tag{8.29}$$

当 $\gamma_{xy} > 0$ 时，有

$$\theta_\gamma = \frac{\pi}{2} + \frac{1}{2}\arctan\left(-\frac{\varepsilon_x - \varepsilon_y}{\gamma_{xy}}\right)$$

当 $\gamma_{xy} < 0$ 时，有

$$\theta_\gamma = \frac{1}{2}\arctan\left(-\frac{\varepsilon_x - \varepsilon_y}{\gamma_{xy}}\right)$$

当 $\gamma_{xy}=0$ 时，如果 $\varepsilon_x > \varepsilon_y$，则 $\theta_\gamma = \frac{\pi}{4}$；如果 $\varepsilon_x < \varepsilon_y$，$\theta_\gamma = -\frac{\pi}{4}$；如果 $\varepsilon_x = \varepsilon_y$，$\theta_\gamma$ 可为任意角度。

由式（8.27）可得到：

$$\frac{\gamma_{\theta+\pi}}{2} = \frac{\gamma_\theta}{2},\quad \frac{\gamma_{\theta+\pi/2}}{2} = -\frac{\gamma_\theta}{2}$$

这说明各材料平面的剪应变是周期为 π 的函数，研究剪应变只需考虑 $0\sim\pi$ 范围内的平面。又因为夹角为 $\pi/2$ 两平面的剪应变大小相等，方向相反，而剪应变对材料损伤的影响与正应变对材料损伤的影响不同，前者与方向无关，后者与方向有关。所以在忽略剪应变方向的条件下，可在 $0\sim\pi/2$ 的范围内研究各材料平面剪应变的变化情况。

8.3.3.3 最大主应力平面

材料中某单元体处于平面应力状态，轴向应力为 σ_x，周向应力为 σ_y，切向应力为 τ_{xy}，则平面法线方向与试件轴线方向呈 θ 角的材料平面上正应力为：

$$\sigma_\theta = \frac{\sigma_x + \sigma_y}{2} + \frac{\sigma_x - \sigma_y}{2}\cos2\theta - \tau_{xy}\sin2\theta \tag{8.30}$$

其中，最大正应力大小与方向分别为：

$$S_{1,2} = \frac{\sigma_x + \sigma_y}{2} \pm \sqrt{\left(\frac{\sigma_x - \sigma_y}{2}\right)^2 + \tau_{xy}^2} \tag{8.31}$$

$$\tan 2\theta_{S_1} = \frac{2\tau_{xy}}{\sigma_x - \sigma_y} \tag{8.32}$$

当$\sigma_x > \sigma_y$时，有

$$\theta_{S_1} = \frac{1}{2}\arctan\left(\frac{2\tau_{xy}}{\sigma_x - \sigma_y}\right)$$

当$\sigma_x < \sigma_y$时，有

$$\theta_{S_1} = \frac{\pi}{2} + \frac{1}{2}\arctan\left(\frac{2\tau_{xy}}{\sigma_x - \sigma_y}\right)$$

当$\sigma_x = \sigma_y$时，如果$\tau_{xy} > 0$，则$\theta_{S_1} = \frac{\pi}{4}$；如果$\tau_{xy} < 0$，$\theta_{S_1} = -\frac{\pi}{4}$；如果$\tau_{xy} = 0$，$\theta_{S_1}$可为0~π的任意角度。

设主应力$\sigma_1 > \sigma_2 > \sigma_3$，有：

$S_1 > 0$，$S_2 > 0$时，$\sigma_1 = S_1$，$\sigma_2 = S_2$，$\sigma_3 = 0$；

$S_1 > 0$，$S_2 < 0$时，$\sigma_1 = S_1$，$\sigma_2 = 0$，$\sigma_3 = S_2$；

$S_1 < 0$，$S_2 < 0$时，$\sigma_1 = 0$，$\sigma_2 = S_1$，$\sigma_3 = S_2$。

8.3.3.4　临界平面上多轴损伤参量的确定

拉扭正弦波应变控制下的薄壁管试件，由式（8.26）求得多轴加载条件下材料平面上剪应变为：

$$\begin{aligned}\gamma = 2\varepsilon_{x'z'} &= \lambda\varepsilon_a\sin(\omega t - \varphi)\cos 2\theta - (1 + \nu)\varepsilon_a\sin(\omega t)\sin 2\theta \\ &= \varepsilon_a\{[\lambda\cos 2\theta\cos\varphi - (1 + \nu)\sin 2\theta]\sin(\omega t) - (\lambda\cos 2\theta\sin\varphi)\cos(\omega t)\} \\ &= \varepsilon_a\{[\lambda\cos 2\theta\cos\varphi - (1 + \nu)\sin 2\theta]^2 + (\lambda\cos 2\theta\sin\varphi)^2\}^{1/2}\sin(\omega t - \eta)\end{aligned} \tag{8.33}$$

其中

$$\tan\eta = \frac{\lambda\cos 2\theta\sin\varphi}{\lambda\cos 2\theta\cos\varphi - (1 + \nu)\sin 2\theta} \tag{8.34}$$

正应变为：

$$\begin{aligned}\varepsilon = \varepsilon_{z'z'} &= \varepsilon_a\sin(\omega t)(\sin^2\theta - \nu\cos^2\theta) - (1/2)\lambda\varepsilon_a\sin(\omega t - \varphi)\sin 2\theta \\ &= (1/2)\varepsilon_a\{[2(\sin^2\theta - \nu\cos^2\theta) - \lambda\sin 2\theta\cos\varphi]\sin(\omega t) + (\lambda\sin 2\theta\sin\varphi)\cos(\omega t)\} \\ &= (1/2)\varepsilon_a\{[2(1 + \nu)\sin^2\theta - 2\nu - \lambda\sin 2\theta\cos\varphi]^2 + (\lambda\sin 2\theta\sin\varphi)^2\}^{1/2}\sin(\omega t + \xi)\end{aligned} \tag{8.35}$$

其中

$$\tan\xi = -\frac{\lambda\sin 2\theta\sin\varphi}{(1 + \nu)\cos 2\theta - (1 - \nu) + \lambda\sin 2\theta\cos\varphi} \tag{8.36}$$

显然，γ 和 ε 都随加载波形做正弦变化，二者之间的相位差为（$\eta+\xi$）。它们的幅值 $(\gamma)_a$、$(\varepsilon)_a$ 分别为：

$$(\gamma)_a=\varepsilon_a\{[\lambda\cos2\theta\cos\varphi-(1+\nu)\sin2\theta]^2+(\lambda\cos2\theta\sin\varphi)^2\}^{1/2} \tag{8.37}$$

$$(\varepsilon)_a=(1/2)\varepsilon_a\{[2(1+\nu)\sin^2\theta-2\nu-\lambda\sin2\theta\cos\varphi]^2+(\lambda\sin2\theta\sin\varphi)^2\}^{1/2} \tag{8.38}$$

为了求出最大剪应变幅及其位向，可将式（8.37）对 θ 求导，并令其等于零，即

$$\frac{\partial(\gamma)_a}{\partial\theta}=0 \tag{8.39}$$

得到最大剪应变幅平面的位向为：

$$\theta_\gamma=\frac{1}{4}\tan^{-1}\{2\lambda(1+\nu)\cos\varphi/[(1+\nu)^2-\lambda^2]\} \tag{8.40}$$

则最大剪应变幅为：

$$\frac{\Delta\gamma_{max}}{2}=\varepsilon_a\{[\lambda\cos2\theta_\gamma\cos\varphi-(1+\nu)\sin2\theta_\gamma]^2+(\lambda\cos2\theta_\gamma\sin\varphi)^2\}^{1/2} \tag{8.41}$$

最大剪应变幅平面上的正应变幅度为：

$$\Delta\varepsilon_n=\varepsilon_a\{[2(1+\nu)\sin^2\theta_\gamma-2\nu-\lambda\sin2\theta_\gamma\cos\varphi]^2+(\lambda\sin2\theta_\gamma\sin\varphi)^2\}^{1/2} \tag{8.42}$$

最大剪应变折返点间的正应变变程可由下式计算：

$$\varepsilon_n^*=\frac{1}{2}\Delta\varepsilon_n[1+\cos(\eta+\xi)] \tag{8.43}$$

将最大剪应变幅平面上 $\frac{\Delta\gamma_{max}}{2}$ 与 ε_n^* 两参数合成一个等效应变，可以得到多轴疲劳损伤参量，带入式（8.14）中可得到 SW 模型的疲劳寿命预测值。

同理得到三种方法（SWT、FS、SW）的预测结果如图 8.8 所示，从图中可以看出，几种模型的误差分散带基本上在 2 个因子以内。其中，SW 模型的误差最小，其次是 FS 模型，SWT 模型预测结果偏低。

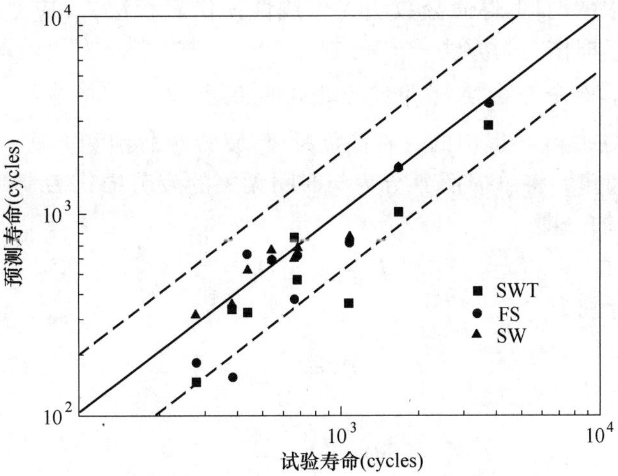

图 8.8　多轴疲劳试验寿命与预测寿命的比较

8.4 蠕变-疲劳交互作用寿命估算

8.4.1 蠕变-疲劳交互作用

许多高温下工作的构件承受交变载荷时，疲劳性能明显降低。通常，高温疲劳指工作温度高于蠕变临界温度（(0.3~0.5) T_m，T_m 为熔点）时的疲劳。温度高于 $0.5T_m$ 时，往往是蠕变-疲劳交互作用使材料的强度显著下降。

例如，航空发动机涡轮的工作叶片在高温燃气包围和循环载荷下工作，它要承受转子高速旋转时叶片自身的离心力、气动力、热载荷等负荷，必须确定高温工作叶片的塑性变形量（即当叶片的工作温度超过蠕变临界温度时，应考虑高温蠕变强度），及蠕变-疲劳交互作用所产生的影响。已有外场使用实践证明：蠕变-疲劳交互作用所导致的断裂已成为叶片的主要失效模式之一。

材料高温下的蠕变-疲劳交互作用寿命预测问题，从 1940 年起至今，已提出很多模型。但由于高温下材料损伤机制的复杂性，且常与环境（氧化）作用相关，使寿命预测存在一定的困难，仍是国际上较为关注的研究领域。

8.4.2 蠕变-疲劳交互作用的寿命预测方法

蠕变-疲劳交互作用的寿命预测方法可分为传统参数关系法、Bui-Quoc 学派的连续损伤法、Lemaitre 和 Chaboche 学派的连续损伤力学方法及细观损伤力学方法等。从实际应用角度来看，国内外一些机构（如 NASA、GE 等）在蠕变-疲劳交互作用下的结构件寿命评估中，由于存在材料数据及计算工作量的限制等原因，目前传统参数关系法的应用仍比较广泛。

传统参数关系法是目前国内外航空发动机设计中常采用的一类方法。它包括两个体系：时间-寿命分数法；“Coffin-Manson 方程”体系。各模型间的演化关系如图 8.9 所示，相关理论模型详见文献［50］。

本节主要介绍目前得到较多认可，并在航空领域内有较广泛应用的几种模型方法。包括传统参数关系法中的时间-寿命分数法（即线性损伤累积法）、应变范围区分法和应变能区分法，以及连续损伤力学方法。

8.4.2.1 时间-寿命分数法（即线性损伤累积法）

时间-寿命分数法是较早提出的一种高温蠕变-疲劳寿命预测方法，它综合了 Miner 和 Robinson 的损伤相加律。将总损伤 D 分为与时间无关的疲劳损伤 D_f 和时间相关的蠕变损伤 D_C，进行线性相加，即

$$D = D_f + D_C \tag{8.44}$$

定义 D_f和 D_C 分别为：

$$D_f = \frac{N}{N_f} \tag{8.45}$$

$$D_C = \frac{N \cdot t_h}{t_r} \tag{8.46}$$

式中，N为蠕变-疲劳载荷循环数；N_f为纯疲劳失效循环数；t_r为蠕变断裂时间；t_h为每一循环中所引入的保持时间。

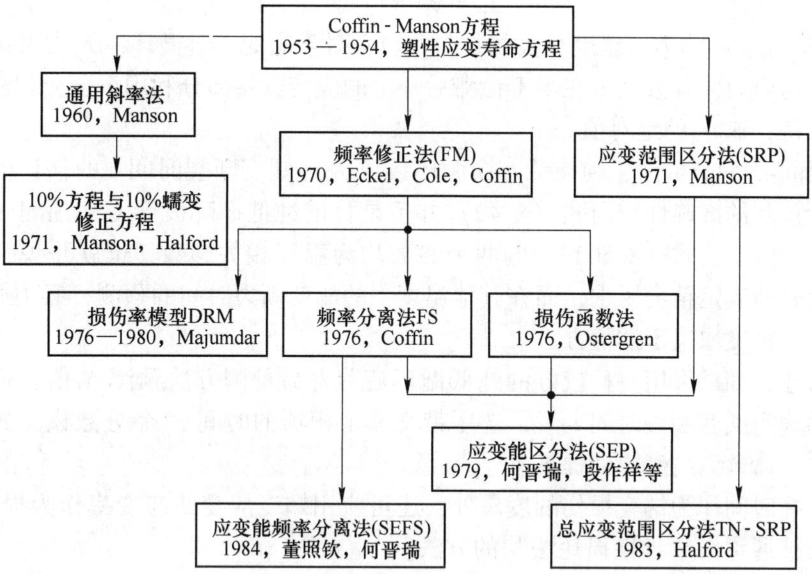

图 8.9 “Coffin-Manson 方程”体系

如果实际材料接近线性损伤，无蠕变-疲劳交互作用，则总损伤值接近 1。如果 D 值偏离 1，则说明存在蠕变-疲劳交互作用的影响。

1971 年，Lagneberg 提出增加交互作用项来表示蠕变-疲劳的交互作用：

$$D_C + B\,(D_C D_f)^{0.5} + D_f = 1 \tag{8.47}$$

其后，谢锡善提出另一种表达式

$$D_C + AD_C^n D_f^{(1-n)} + D_f = 1 \tag{8.48}$$

式中，A 和 B 为交互作用系数，反映交互作用的强弱；n 和 $(1-n)$ 分别为蠕变损伤指数和疲劳损伤指数。

与式（8.44）相比，式（8.47）和式（8.48）增加了交叉乘积项，可以一定程度地调整线性累计法所带来的误差，式（8.48）中同时还考虑了蠕变和疲劳在同一循环中对材料造成损伤程度的不同。

式（8.47）及式（8.48）中的交互作用系数和损伤指数，可利用试验数据在 D_f-D_C 坐标系下的曲线（图 8.10）得到。当 B（或 A）>0 时，为正交互作用；当 B（或 A）<0 时，为负交互作用；当 B（或 A）= 0 时，符合线性累积损伤法则。

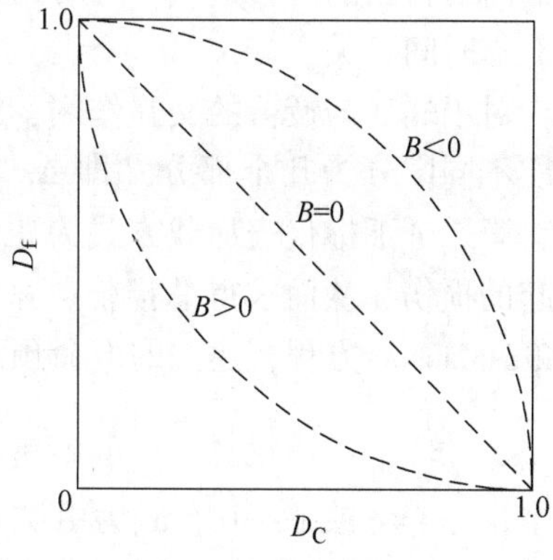

图 8.10 累积损伤图

时间-寿命分数法同样适用于复杂加载条件，只需对每一循环所造成的损伤进行累计即可。

Malakondaiah 和 Nichoals 认为，纯疲劳寿命和纯蠕变断裂时间分别受总应变幅值 $\Delta\varepsilon_t/2$ 和蠕变时的外加应力控制，关系式为：

$$N_f = A\left(\frac{\Delta\varepsilon_t}{2}\right)^{-n} \tag{8.49}$$

$$t_r = B(\sigma_a)^{-m} \tag{8.50}$$

式中，A、B、n、m 均为与温度相关的材料常数；对于应变保时循环，σ_a为保持期间内材料承受的平均应力，其数值可在半寿命滞后环上的应变保持部分利用黄金分割法求得。对压缩应变保持，取σ_a的绝对值。

对于时间-寿命分数法，纯疲劳寿命循环数N_f及纯蠕变断裂时间t_r的估计值直接影响到模型寿命预测的准确性。而式（8.49）并不是目前纯低循环疲劳寿命预测中常用的预测精度较高的方法；式（8.50）中的两个参数均为温度相关参数，也就是说，在试验温度下能够较好地满足精度要求，而在其他温度下的蠕变断裂时间的预测，必须通过数值插值方法获得，精度取决于插值方法。

综上所述，如果采用一种较好的纯低循环疲劳寿命预测方法预测N_f值，再根据材料的蠕变特性确定蠕变断裂时间t_r后，选用带交叉乘积项的时间-寿命分数模型式，必然使此类方法的寿命预测精度得到提高。

除了选择时间作为蠕变损伤的度量外，还可应用蠕变应变或应变率作为损伤的度量，也就是现在被通称为“延性损耗法”的方法。

对于一般地面动力机械，多年来基本使用的是时间-寿命分数法。该方法已被列入美国机械工程学会的压力容器和管道规范（ASME Code Case N-47）。

8.4.2.2 应变范围区分（SRP）法

应变范围区分（SRP）法由 Manson 等在 20 世纪 70 年代初提出，是目前国内外航空领域广泛应用的一类寿命预测方法。该方法认为：导致材料发生蠕变-疲劳失效的主要因素是材料的非弹性应变。考虑到不同性质的非弹性应变所造成的损伤量的不同，将非弹性应变范围区分为 4 种不同性质的应变范围分量（如图 8.11 所示为应变范围区分法中的几种基本载荷循环类型），假设每种分量均符合 Coffin-Manson 方程，计算出每个应变范围分量对应的损伤，再根据线性损伤累计法则，将各分量引起的损伤叠加，得到每个循环的总损伤，从而预测出蠕变-疲劳交互作用的寿命。

SRP 法认为导致材料在应变保持循环期间发生失效的主导因素是材料的非弹性应变。在高温低循环疲劳中，材料的损伤包括疲劳损伤和蠕变损伤。疲劳主要与塑性应变有关，由晶内滑移面的滑移造成，与时间无关；蠕变应变主要是由晶间相对滑移和原子扩散而形成，与时间相关。

对于蠕变与疲劳的交互作用，SRP 法把一个应力-应变循环中的非弹性应变变程，按性质不同区分为几个部分（即 $\Delta\varepsilon_{pp}$、$\Delta\varepsilon_{cp}$、$\Delta\varepsilon_{pc}$、$\Delta\varepsilon_{cc}$，第一个下标代表加载方式为拉伸，第二个下标代表加载方式为压缩，下标 c 代表蠕变，p 代表塑变），确定每一部分所引起的损伤，从而求得总损伤，来进行寿命预测。各应变分量与相应的寿命循环数满足 Coffin-Manson 方程，建立的寿命预测基本方程为：

$$N_{ij} = A_{ij}(\Delta\varepsilon_{ij})^{\alpha_{ij}} \tag{8.51}$$

式中，i，j=c 或 p；A_{ij}、α_{ij}为由试验确定的材料常数；N_{ij}为各型加载对应的寿命循环数；$\Delta\varepsilon_{cp}$、$\Delta\varepsilon_{pc}$不同时存在于滞后环中。

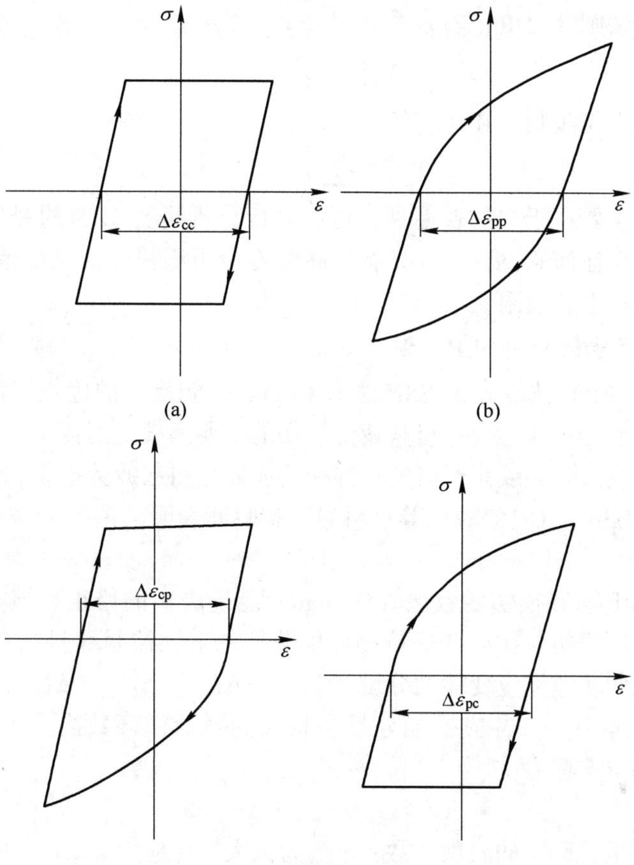

图 8.11 基本载荷循环类型

（a）拉伸蠕变与反向压缩蠕变；（b）纯疲劳；（c）拉伸蠕变与压缩疲劳；（d）拉伸疲劳与压缩蠕变

N_{pp}为 pp 型加载试验的实测寿命，由于无法进行纯 cp、pc、cc 型加载试验，因而对应的寿命循环数需根据 pp 型加载数据处理结果导出。一般 cp、pc 型加载中只含有 pp 分量；对于拉伸-压缩等时应变保持循环，cc 型中也只含有 pp 分量。按交互作用损伤法则计算各分量为：

$$N_{cp} = \frac{F_{cp}}{\dfrac{1}{N_f} - \dfrac{F_{pp}}{N_{pp}}} \tag{8.52}$$

$$N_{pc} = \frac{F_{pc}}{\dfrac{1}{N_f} - \dfrac{F_{pp}}{N_{pp}}} \tag{8.53}$$

$$N_{cc} = \frac{F_{cc}}{\dfrac{1}{N_f} - \dfrac{F_{pp}}{N_{pp}}} \tag{8.54}$$

式中，F_{ij}为各应变范围分量分数；N_f为各型加载的实测疲劳寿命。

$$F_{ij} = \Delta\varepsilon_{ij}/\Delta\varepsilon_{in} \tag{8.55}$$

应用线性损伤法则（LDR）有：

$$N_{\text{pre}}^{-1} = \sum N_{ij}^{-1} \tag{8.56}$$

应用交互作用损伤法则（IDR）有：

$$N_{\text{pre}}^{-1} = \sum F_{ij} \cdot N_{ij}^{-1} \tag{8.57}$$

SRP 法的优点主要在于它的普遍性，可以直接分析蠕变-疲劳的滞后环路径，而不必对复杂的应变循环作任何假设，因此具有较高的寿命预测精度，预测范围也较广。另外，它还可以建立寿命的上、下限。

8.4.2.3 应变能区分（SEP）法

应变能区分（SEP）法综合了 SRP 法和 Ostergren 能量法的优点，由何晋瑞、段作祥等提出。其基本思想是：认为决定材料疲劳损伤的主要因素是消耗于裂纹扩展时所需的非弹性应变能，并假设只有裂纹张开时的拉伸滞后能才会引起疲劳损伤，使裂纹扩展。他们分别对 GH33A、GH36、1Cr18Ni9Ti 等材料的试验验证表明，模型的寿命预测能力较 SRP 法有所改进。

SEP 法是对 SRP 法和损伤函数法（Ostergren 能量法）的修正。该方法认为蠕变与疲劳是两种性质不同的损伤，在应变保持循环加载条件下，控制材料蠕变-疲劳交互作用损伤的主要参量是拉伸非弹性应变能的分量（ΔU_{pp}、ΔU_{cp}、ΔU_{pc}、ΔU_{cc}，其中 ΔU_{cp}、ΔU_{pc} 不同时存在于滞后环中）。各应变能分量与相应的寿命循环数满足 Coffin-Manson 方程，建立的寿命预测基本方程为：

$$N_{ij} = C_{ij}\ (\sigma_{\max} \cdot \Delta\varepsilon_{ij})^{\beta_{ij}} \tag{8.58}$$

式中，C_{ij}、β_{ij}为由试验确定的材料常数；$\sigma_{\max}$为最大拉伸应力。

对于线性损伤法则（LDR）有：

$$N_{\text{pre}}^{-1} = \sum N_{ij}^{-1} \tag{8.59}$$

对于交互作用损伤法则（IDR）有：

$$N_{\text{pre}}^{-1} = \sum F_{ij}^{*} \cdot N_{ij}^{-1} \tag{8.60}$$

$$F_{ij}^{*} = \Delta U_{ij}/\Delta U_{in} \tag{8.61}$$

式中，F_{ij}^{*} 为各应变能分量分数；ΔU_{in}为拉伸非弹性应变能。

由于考虑了与平均应力直接相关的最大拉伸应力的作用，对于高强度低延性材料的寿命预测精度较 SRP 法有所改善。它的缺点与 SRP 法相似，即在塑性应变范围很小时不易划分准确。还有人指出，该方法的模型假设存在不完善之处，在微观裂纹产生之前不存在“裂纹的扩展与张开”。

8.4.3 计算实例

试验数据取自文献［64］，结合航空发动机涡轮叶片的使役条件，试验材料为 GH4049 合金，温度范围在 700~850 ℃，试验包括未引入保持（No hold）和三种不同应变保时循环波形（Equal hold、Tensile hold、Compressive hold）的疲劳-蠕变寿命行为。

图 8.12（a）~（c）所示分别为 GH4049 合金在 700 ℃、800 ℃和 850 ℃以及不同应变

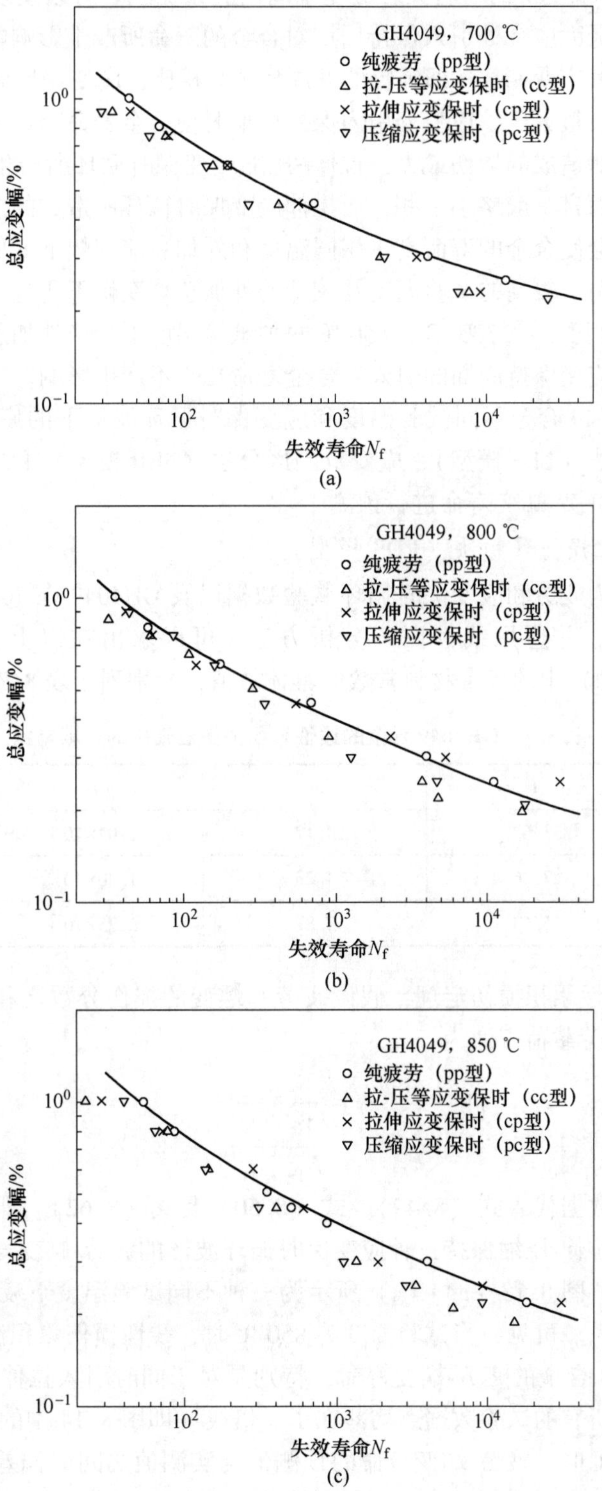

图 8.12　GH4049 合金在不同试验温度下的名义总应变幅-寿命曲线

（a）700 ℃；（b）800 ℃；（c）850 ℃

循环波形下的疲劳-蠕变寿命与名义总应变幅间的关系曲线。可以发现，对于大多数应变保时循环试验，在最大应变处引入保持周期对合金的寿命所产生影响的总的趋势为：与未引入保持周期的连续应变循环（即纯粹的低周疲劳）相比，应变保持周期的引入将使合金的寿命降低，而且在最大压缩应变处引入保持周期时使合金寿命降低的幅度通常最大，即压缩应变保持循环所造成的损伤最大，拉伸-压缩应变保时循环所产生的损伤程度相对于压缩应变保时循环而言一般略小一些，而拉伸应变保时循环所造成的损伤大多数情况下是最小的，有时甚至会使合金的寿命高于相同温度和外加总应变幅下的低周疲劳寿命，而这种现象大多出现在两个较高的试验温度及较低的外加总应变幅下所进行的拉伸应变保时循环试验中。此外还发现，在 700 ℃和 850 ℃两种试验温度下，当外加总应变幅处于某些中低水平值时，拉伸应变保持周期的引入对合金寿命几乎不产生影响。

为了预测 GH4049 合金不同试验温度和应变保时循环波形下的疲劳-蠕变寿命，分别采用线性损伤累积法（LDS 模型）、应变范围区分法（SRP 模型）和应变能区分法（SEP 模型）三种方法对疲劳-蠕变寿命进行预测。

8.4.3.1　线性损伤累积法（LDS 模型）

根据本例中低周疲劳和应变保时循环试验数据以及 GH4049 在 700℃、800℃和 850℃下的持久试验数据，并应用线性回归分析方法，可以求出在以上三个试验温度下式（8.49）和式（8.50）中的各个材料常数的具体数值，分别列于表 8.7 中。

表 8.7　GH4049 合金的线性累积损伤法则中的材料常数

试验温度/℃	A	n	B	m
700	33.62	4.12	2.02×10^{31}	10.14
800	27.06	4.23	1.80×10^{23}	8.01
850	35.63	3.87	3.25×10^{17}	6.13

仿照 Minner 线性累积损伤定理，假设疲劳和蠕变的损伤分数之和等于 1 时试样发生断裂，可得蠕变-疲劳载荷寿命为：

$$N = \frac{1}{\dfrac{1}{N_f} + \dfrac{t_h}{t_r}} \tag{8.62}$$

将相应的试验数据代入式（8.49）、式（8.50）及式（8.62），即可得到对应于拉伸保持、压缩保持和拉伸-压缩保持三种应变保时循环波形的疲劳-蠕变寿命的线性累积损伤法则的理论预测值。图 8.13（a）~（c）所示为三种不同试验温度下疲劳-蠕变寿命的预测值与实测值间的关系。可见，当试验温度为 850 ℃时，线性损伤累积法（LDS）能够较为精确地预测 GH4049 合金的疲劳-蠕变寿命，特别是对于同时引入拉伸-压缩保持周期的应变保时循环试验，所有的试验数据点均落在了二倍线（即图 8.14 中的虚线）以内。然而，当试验温度为 800 ℃时，疲劳-蠕变寿命的预测值与实测值之间的偏差较大。在 700 ℃的试验温度下，LDS 方法除了对拉伸应变保时循环试验的寿命预测结果比较理想之外，对其他两种应变保时循环试验的寿命预测结果则较差，特别是在实测的疲劳-蠕变寿命高于 200 周时，根据 LDS 方法所获得的预测寿命值与实测寿命值之间具有较大的差异。此外，还可注意到在试验温度为 700 ℃ 时，绝大部分试验的预测寿命值高于相应的实测寿命值。

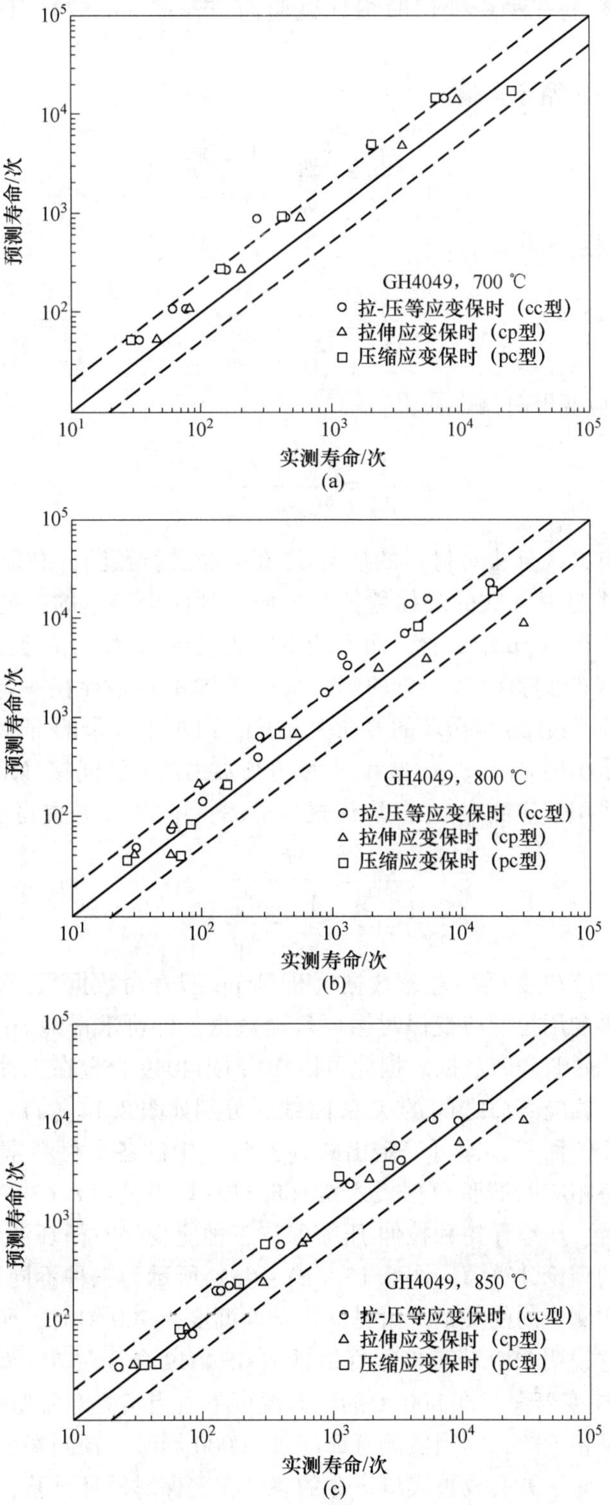

图 8.13　CH4049 合金的 LDS 预测寿命-实测寿命关系曲线

（a）700 ℃；（b）800 ℃；（c）850 ℃

8.4.3.2 应变范围区分法（SRP 模型）

对于本例所进行的三种应变保时损坏试验而言，式（8.57）可以分别简化成如下形式：

对于拉伸应变保时循环实验：

$$\frac{1}{N_{\mathrm{f}}}=\frac{F_{\mathrm{pp}}}{N_{\mathrm{pp}}}+\frac{F_{\mathrm{cp}}}{N_{\mathrm{cp}}} \tag{8.63}$$

对于压缩应变保时循环实验：

$$\frac{1}{N_{\mathrm{f}}}=\frac{F_{\mathrm{pp}}}{N_{\mathrm{pp}}}+\frac{F_{\mathrm{pc}}}{N_{\mathrm{pc}}} \tag{8.64}$$

对于拉伸-压缩应变保时循环实验：

$$\frac{1}{N_{\mathrm{f}}}=\frac{F_{\mathrm{pp}}}{N_{\mathrm{pp}}}+\frac{F_{\mathrm{cc}}}{N_{\mathrm{cc}}} \tag{8.65}$$

为了利用应变范围区分法对材料的疲劳-蠕变寿命进行预测，必须首先由实验确定出式（8.51）中的各个材料常数的具体数值，进而得到四个基本的应变范围-寿命关系式。实际上，只能直接进行纯 pp 型实验，而不能直接进行纯 cp 型、pc 型或 cc 型实验，这是因为对于后三种形式的实验而言，总的塑性应变范围中总是存在一定量的 $\Delta\varepsilon_{\mathrm{pp}}$。因此，只能直接确定出对应于纯 pp 型循环的寿命关系式，而对于其余的寿命关系式，则只能通过由实测寿命数据求出纯 cp 型、pc 型和 cc 型寿命数据的方法间接确定。例如，对于拉伸应变保时循环实验，用其实测寿命 N_{o} 取代式（8.63）中的 N_{f} 并重写该式，即可得到：

$$N_{\mathrm{cp}}=\frac{F_{\mathrm{cp}}}{\dfrac{1}{N_{\mathrm{o}}}-\dfrac{F_{\mathrm{pp}}}{N_{\mathrm{pp}}}} \tag{8.66}$$

这样，根据已知的连续应变循环寿命数据（即纯 pp 型寿命数据），可以得到式（8.51）的具体表达形式，再利用拉伸应变保时循环寿命数据，即可求得纯 cp 型寿命。同理，也可求得纯 pc 型和纯 cc 型寿命数据。据此可以作出 GH4049 合金在三种试验温度下的被区分的塑性应变范围与相应寿命之间的关系曲线，分别如图 8.14（a）~（c）所示。对图中所给出的数据进行线性回归，即可确定出式（8.51）中的各个材料常数的具体数值，结果如表 8.8 所示。将相应的试验数据代入式（8.51）以及式（8.63）~式（8.65），即可得到对应于拉伸保持、压缩保持和拉伸-压缩保持三种应变保时循环波形的疲劳-蠕变寿命的应变范围区分法的理论计算值。图 8.15（a）~（c）所示为三种不同试验温度下疲劳-蠕变寿命的计算值与实测值间的关系。可见，当试验温度为 700 ℃时，所有试验数据点均落在了二倍线以内，这说明 SRP 模型能很好地预测 GH4049 合金在 700 ℃以及各种应变保时循环波形下的疲劳-蠕变寿命。在 800 ℃的试验温度下，当实测寿命值低于 6000 周时，预测寿命与实测寿命是相近的，而当实测寿命超过 10000 周时，预测寿命则偏低。当试验温度升高至 850 ℃时，对于具有较长实测寿命的各种应变保时循环试验，SRP 模型则不能给出令人满意的疲劳-蠕变寿命预测结果。

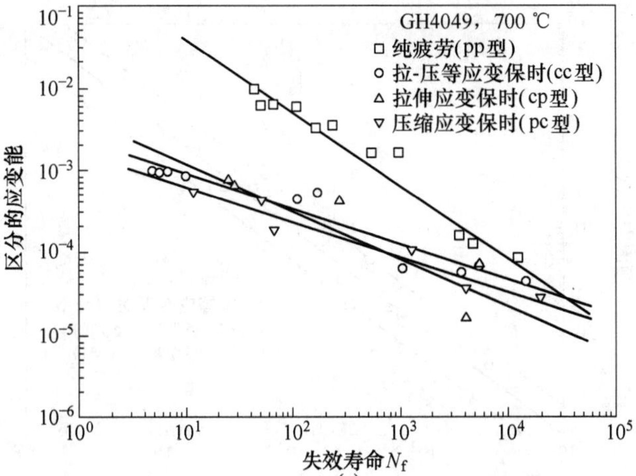

(a)

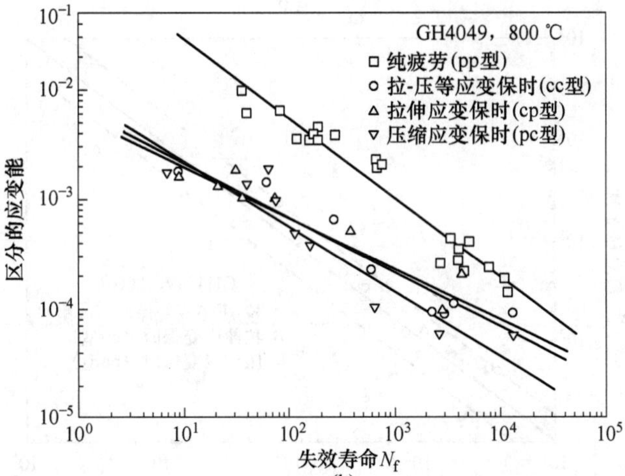

(b)

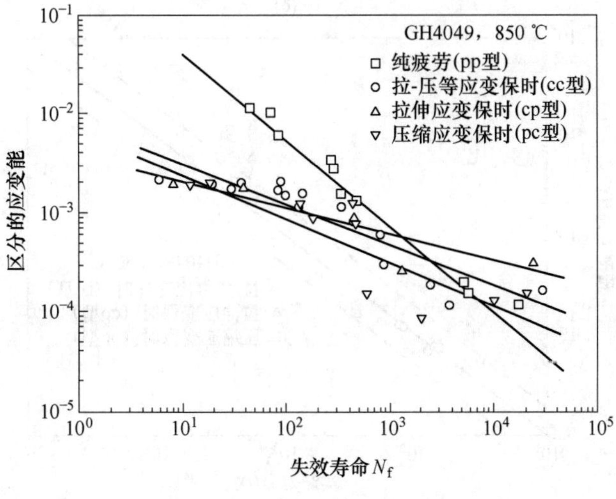

(c)

图 8.14 GH4049 合金的被区分的应变范围-寿命关系曲线

（a）700 ℃；（b）800 ℃；（c）850 ℃

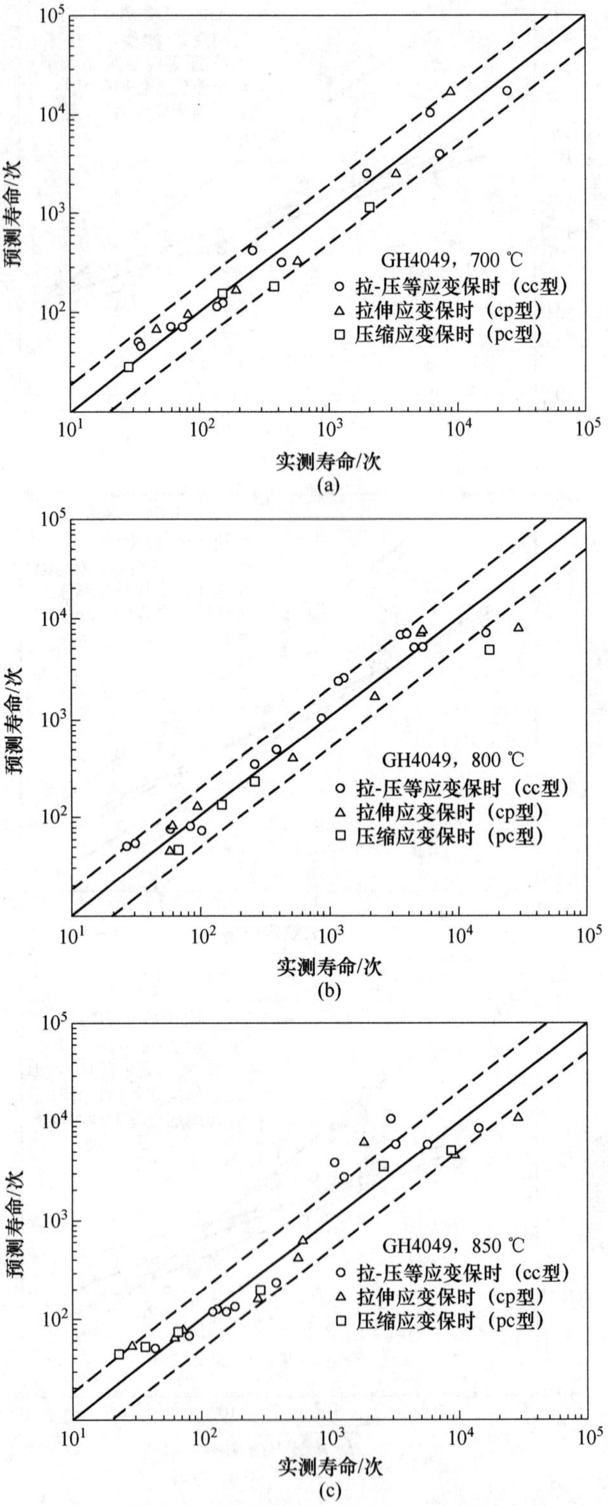

图 8.15　GH4049 合金的 SRP 预测寿命-实测寿命关系曲线

(a) 700 ℃；(b) 800 ℃；(c) 850 ℃

表 8.8 GH4049 合金的应变范围区分法中的材料常数

试验温度/℃	A_{pp}	α_{pp}	A_{cp}	α_{cp}	A_{pc}	α_{pc}	A_{cc}	α_{cc}
700	0.405	1.065	6.69×10^{-4}	1.493	7.38×10^{-7}	2.241	1.01×10^{-5}	2.022
800	0.121	1.296	1.13×10^{-4}	1.888	2.41×10^{-3}	1.433	1.77×10^{-4}	1.823
850	0.346	1.107	1.25×10^{-6}	2.754	2.77×10^{-4}	1.847	1.02×10^{-4}	2.096

8.4.3.3 应变能区分法（SEP 模型）

对于每种应变保时循环而言，式（8.58）中的最大拉伸应力的具体数值可由中值寿命处的应力-应变滞回线上求得。显然，只要四个被区分的塑性应变范围和最大拉伸应力是已知的，那么就可以按照与本章的 8.4.3.2 中所介绍的方法相同的方法确定出式（8.58）中的八个材料常数的具体数值，进而得到四个基本寿命关系式的具体表达形式。图 8.16（a）~（c）所示分别为 GH4049 合金在三种试验温度下的被区分的塑性应变能与相应寿命之间的关系曲线。对图中所给出的数据进行线性回归，即可确定出上述八个材料常数的具体数值，结果如表 8.9 所示。

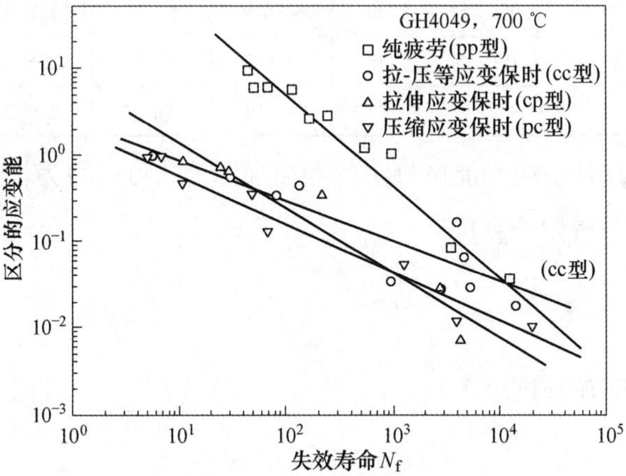

(a)

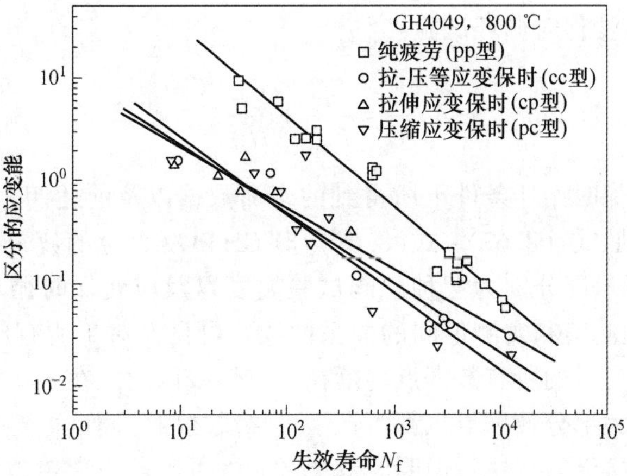

(b)

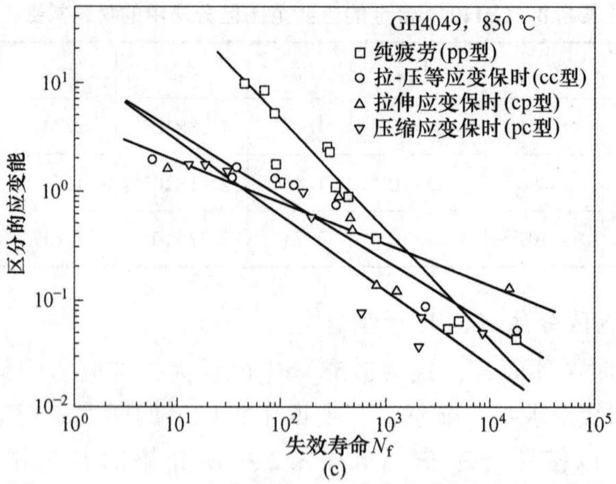

图 8.16　GH4049 合金的被区分的应变能-寿命关系曲线

(a) 700 ℃；(b) 800 ℃；(c) 850 ℃

表 8.9　应变能区分法中的材料常数

试验温度/℃	C_{pp}	β_{pp}	C_{cp}	β_{cp}	C_{pc}	β_{pc}	C_{cc}	β_{cc}
700	449.19	0.920	12.79	1.706	19.10	1.223	12.79	1.706
800	510.25	1.102	39.46	1.372	40.11	1.516	39.46	1.372
850	453.14	0.952	94.32	1.519	75.70	2.072	94.32	1.519

按照交互作用损伤律，应变能区分法的寿命预测等式可以写为：

对于拉伸应变保时循环试验：

$$\frac{1}{N_f} = \frac{F_{pp}^*}{N_{pp}} + \frac{F_{cp}^*}{N_{cp}} \tag{8.67}$$

对于压缩应变保时循环试验：

$$\frac{1}{N_f} = \frac{F_{pp}^*}{N_{pp}} + \frac{F_{pc}^*}{N_{pc}} \tag{8.68}$$

对于拉伸-压缩应变保时循环试验：

$$\frac{1}{N_f} = \frac{F_{pp}^*}{N_{pp}} + \frac{F_{cc}^*}{N_{cc}} \tag{8.69}$$

利用在各种应变保时循环条件下所得到的寿命数据以及前述四个基本的应变能分量-寿命关系式，即可按照式（8.67）~式(8.69）对 GH4049 合金的疲劳-蠕变寿命进行预测。图 8.17（a）~（c）所示即分别为三种不同试验温度以及应变保时循环波形下 GH4049 合金的疲劳-蠕变寿命预测值和实测值间的关系曲线。可见，对于所有应变保时循环试验而言，试验温度为 700 ℃时的所有数据点均落在了二倍线以内。在 800 ℃和 850 ℃两种试验温度下，所获得的绝大部分数据点也都落在了二倍线之内，而这种寿命预测结果对于实际工程材料通常是可以接受的。这就说明应变能区分法可以较为理想地预测 GH4049 合金在应变保时循环加载条件下的疲劳-蠕变寿命。

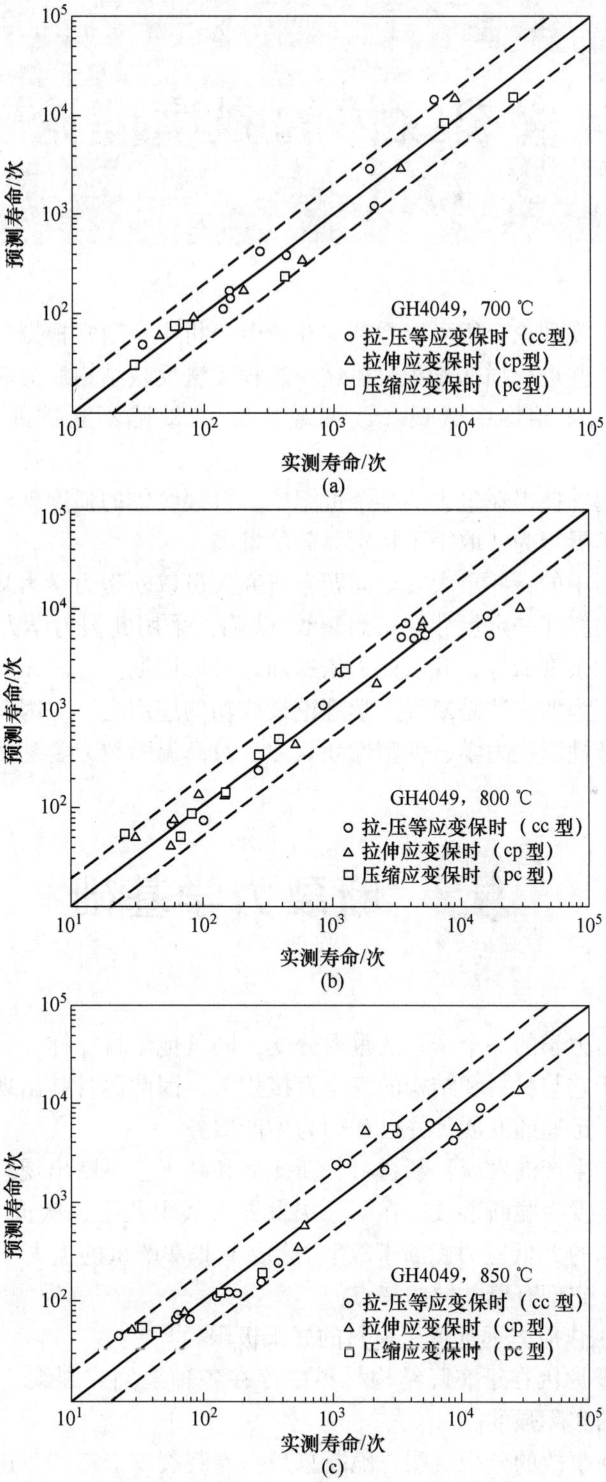

图 8.17 GH4049 合金的 SEP 预测寿命-实测寿命关系曲线

（a）700 ℃；（b）800 ℃（c）850 ℃

第Ⅲ篇

含裂纹体的强度理论

由第Ⅱ篇疲劳强度理论介绍可以看到，在疲劳分析中，通常根据经验或试验结果假定一种疲劳损伤规律，并进行损伤累积。但这一过程无法反映结构疲劳断裂的本质过程，即疲劳断裂实质上是由于结构中微观（或细观）裂纹/缺陷不断扩展至宏观裂纹，直至断裂。

断裂力学的兴起，使得在过去的半个世纪中，含裂纹体的强度理论，即用断裂力学理论来描述疲劳裂纹扩展行为，取得了特别显著的发展。

为解决工程实际中的一些重大安全问题，研究人员以断裂力学为基础，建立了损伤容限准则。即假定结构存在一定尺寸的初始裂纹/缺陷，采用断裂力学方法，计算临界裂纹尺寸、剩余强度、剩余寿命等，并以此为依据确定检修周期。

疲劳裂纹扩展行为的描述是断裂力学理论最成功的应用之一。因而本篇将集中介绍与疲劳问题相关的线弹性断裂力学、弹塑性断裂力学及高温断裂力学基础知识。

9 断裂力学基础

断裂理论是固体力学的一个新兴的重要分支，同其他学科一样，是在生产实践中产生和发展起来的。由于它与材料和结构的安全直接相关，因此尽管其出现的时间很短，却在实验和理论上均有了迅速的发展，并已开始为生产服务。

随着现代科技和生产的发展，新材料、新产品和新工艺不断出现，在产品安装、试验和运行过程中，经常发生脆断事故。在第二次世界大战中及第二次世界大战后，军事上、工程上发生了一系列的“低应力脆断事故”，造成了非常严重的损失。人们通过对大量破坏事故的研究发现，它们有着共同的特点：

（1）破坏时的工作应力远远低于材料的屈服极限。

（2）破坏的主要原因在于实际结构材料中存在各种缺陷或裂纹，这些裂纹的存在显著降低了结构材料的实际强度。

对一些典型脆断事故的分析表明，脆断总是由宏观裂纹引起的。这种裂纹多由于冶金夹杂物、加工、装配、疲劳载荷和工作环境（如介质、高温等）等一种或几种的联合作用而产生。对于大多数结构和零件来说，宏观裂纹的存在是不可避免的。含裂纹材料的强度，取决于材料对裂纹抵抗的能力，这种抗力由材料性质所决定。从材料或构件中存在宏观裂纹这一点出发，应用弹、塑性理论和实验技术，研究裂纹尖端附近的应力、应变场以及裂纹扩展规律的学科，就是断裂力学。简言之，断裂力学就是研究含裂纹材料或结构的强度及裂纹扩展规律的一门学科，亦称之为“裂纹体力学”或“裂纹力学”。

断裂力学认为，构件的断裂往往可以分为三个阶段：

(1) 裂纹的形成：由于疲劳、腐蚀介质、高温或环境等影响，在构件的应力集中处，经过一段服役时间后形成微小裂纹；或材料及构件中原来就存在缺陷或裂纹。

(2) 裂纹的亚临界扩展：在服役过程中，裂纹缓慢地扩展形成宏观裂纹。

(3) 裂纹失稳扩展：在应力作用下，裂纹逐渐扩展，达到临界长度，构件突然失稳断裂。

断裂力学方法是在大量实验的基础上研究带裂纹材料的断裂韧性，研究带裂纹构件在各种服役条件下裂纹的扩展和止裂的规律，并应用这些规律进行设计，以保证产品的安全可靠。

由于断裂力学能把含裂纹构件的抗断裂能力和裂纹大小以及材料抵抗裂纹扩展的能力定量地联系在一起，所以它不仅能圆满地解释常规设计不能解释的“低应力脆断”现象，还为避免这类事故找到了办法。同时，也为发展新材料、创造新工艺指明了方向，为材料的强度设计打开了一个新的领域。

断裂力学的理论基础是固体力学，根据线弹性理论发展成为脆性断裂的线弹性断裂力学。目前线弹性断裂力学发展得比较成熟，并在生产中得到广泛应用。

由于裂纹尖端附近的应力集中，必然产生塑性区，当塑性区达到一定尺寸时，它对材料的影响不可忽略，线弹性理论已不适用。因此，又发展了弹塑性断裂力学。目前，在这方面的研究还不够成熟，是当前断裂力学研究的一个重要课题。

当裂纹失稳扩展后，裂纹迅速扩展，这又属于断裂动力学的范畴。这方面的研究工作已经开始，并应用于某些特殊领域。

近年来，疲劳断裂问题的相关研究正向着从宏观到细观、微观、原子尺度逐级深入，并将多尺度相结合的方向发展，以期对断裂机理有更深入全面的理解。

9.1　裂纹的基本类型

实际零构件中的缺陷和裂纹是多种多样的，根据裂纹的位置特征，可以概括为：穿透裂纹、表面裂纹和埋藏裂纹三种，如图 9.1 所示。

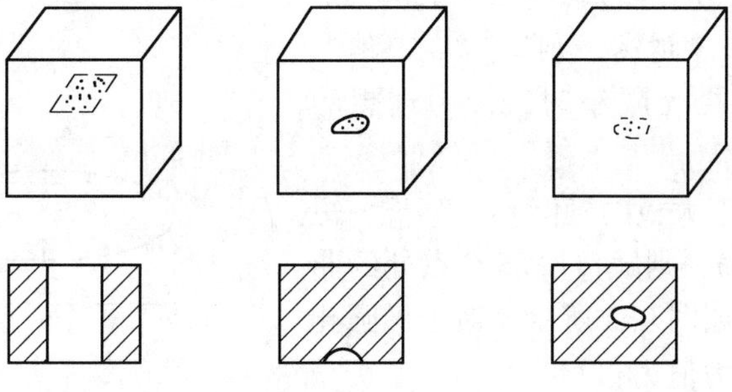

(a)　　(b)　　(c)

图 9.1　结构件中典型的裂纹（或缺陷）形式

(a) 穿透裂纹；(b) 表面裂纹；(c) 埋藏裂纹

在相同环境条件下，根据受力情况的不同，裂纹体的变形也不同。图 9.2 显示了三种基本断裂模式下，裂纹上、下表面间不同的相对位移。据此，将裂纹分为下列三种基本形式：

(1) 张开型（Ⅰ型）裂纹：裂纹体受垂直于裂纹表面的拉应力的作用，裂纹上、下两表面沿 y 轴相对张开而扩展，见图 9.2（a）。

(2) 滑开型（Ⅱ型）裂纹：受平行于裂纹面且垂直于裂纹前缘的剪应力的作用，裂纹上、下两表面沿 x 轴相对滑开而扩展，见图 9.2（b）。

(3) 撕开型（Ⅲ型）裂纹：受平行于裂纹前缘的剪应力的作用，裂纹上、下两表面沿 z 轴相对滑开，即撕开扩展，见图 9.2（c）。

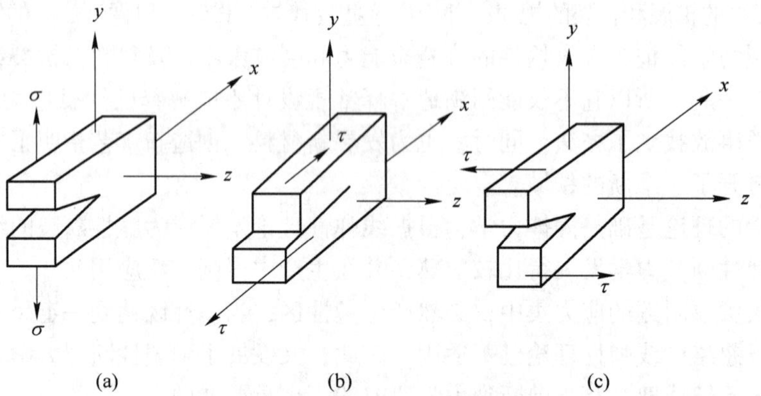

图 9.2　裂纹扩展的三种基本形式

(a) Ⅰ型；(b) Ⅱ型；(c) Ⅲ型

在这三种裂纹扩展形式中，以Ⅰ型裂纹最常见，也最危险，易引起低应力脆断。若构件同时受到正应力和剪应力作用，或裂纹面与正应力成某一角度，将会出现复合型裂纹。

9.2　裂纹尖端附近的应力场和位移场

9.2.1　张开型裂纹尖端附近的应力和位移

对于在单向拉力作用下的缺口件（缺口底部的曲率半径为 ρ），缺口越深，则应力集中越严重。当缺口底部的半径无限小时，即为理想的裂纹。

假设垂直穿透无限大板的椭圆孔，其长、短轴长度分别为 $2a$ 和 $2b$，则缺口底部 C 点处的曲率半径为 $\rho = b^2/a$，如图 9.3 所示。对于椭圆孔主轴上的 C 点，其应力值为：

$$\sigma_C = \sigma\left(1 + \frac{2a}{b}\right) \tag{9.1}$$

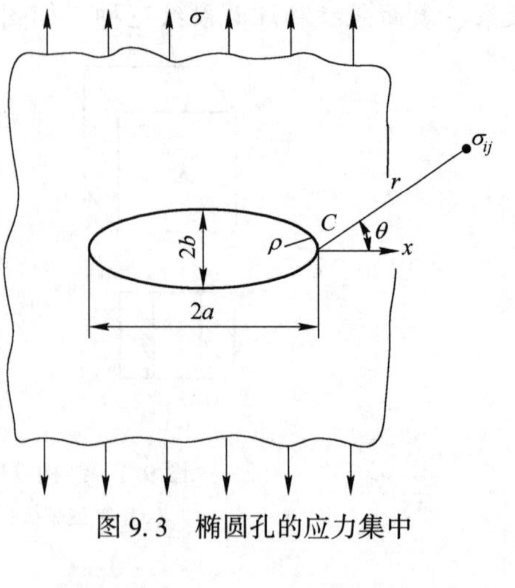

图 9.3　椭圆孔的应力集中

当 a 相对 b 增加时，椭圆孔将变为一个尖的裂纹形式，此时采用曲率半径的形式可以很方便地将式（9.1）表示为：

$$\sigma_C = \sigma\left(1 + 2\sqrt{\frac{a}{\rho}}\right) \approx 2\sigma\sqrt{\frac{a}{\rho}} \tag{9.2}$$

当 $\rho \ll a$ 时，缺口顶端附近沿 x 轴方向的应力分布近似为：

$$\left.\begin{aligned} \frac{(\sigma_y)_{y=0}}{\sigma} &= \sqrt{\frac{a}{2r+\rho}}\left(1 + \frac{\rho}{2r+\rho}\right) + \left(\frac{\rho}{2r+\rho}\right) \\ \frac{(\sigma_x)_{y=0}}{\sigma} &= \sqrt{\frac{a}{2r+\rho}}\left(1 - \frac{\rho}{2r+\rho}\right) \end{aligned}\right\}(0 \leqslant r \ll a,\ \ \rho \ll a) \tag{9.3}$$

对于裂纹体，$\rho/a \ll 1$，此时有：

$$(\sigma_x)_{y=0} \approx (\sigma_y)_{y=0} \approx \frac{\sigma\sqrt{a}}{\sqrt{2r}}(\rho \ll r \ll a) \tag{9.4}$$

式（9.4）说明，裂纹尖端应力场具有 $r^{1/2}$ 奇异性。裂纹尖端应力场强与外力场 σ 和裂纹大小 a 的平方根均成正比。

若 $\rho = 0$，则为理想的裂纹情况。以下采用弹性力学方法，研究如图 9.4 所示的无限大板，其中心有一长度为 $2a$ 的 I 型穿透裂纹，受双向拉伸应力作用时，裂纹尖端的应力场及位移场。

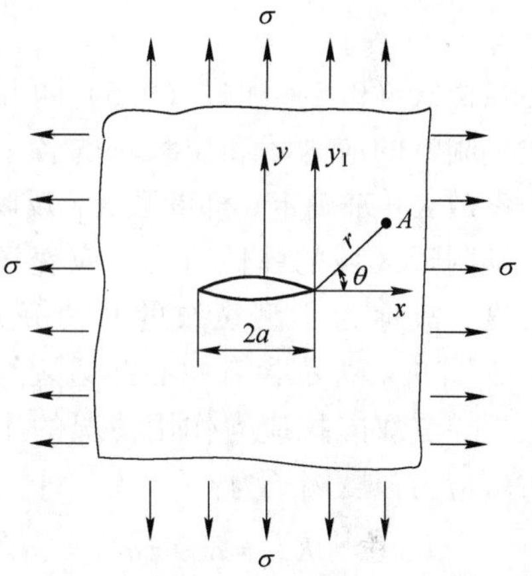

图 9.4 拉应力作用下的 I 型裂纹

由于裂纹贯穿整个板厚，所以，每一个 xy 截面都是等同的，这是一个平面问题。其边界条件为：

（1）$y=0$，$x \to \pm\infty$ 时，$\sigma_x = \sigma_y = \sigma$。因为远离裂纹，裂纹造成的应力集中效应消失，应力与外加应力相等。

（2）$y = 0$，$|x| > a$ 时，$\sigma_y > \sigma$ 且越接近 a，σ_y 越大。这是因为裂纹顶端有高应力集中。

（3）$y=0$，$-a < x < a$ 时，$\sigma_y = 0$。因为裂纹内部（$|x| < a$）是空腔，与空气接触，不受力。

根据以上边界条件，按弹性力学的平面问题求解，略去高次项，得到裂纹尖端区域 A 点附近的应力场和位移场如下：

$$\left.\begin{aligned} \sigma_x &= \frac{K_{\mathrm{I}}}{\sqrt{2\pi r}}\cos\frac{\theta}{2}\left(1 - \sin\frac{\theta}{2}\sin\frac{3\theta}{2}\right) \\ \sigma_y &= \frac{K_{\mathrm{I}}}{\sqrt{2\pi r}}\cos\frac{\theta}{2}\left(1 + \sin\frac{\theta}{2}\sin\frac{3\theta}{2}\right) \\ \tau_{xy} &= \frac{K_{\mathrm{I}}}{\sqrt{2\pi r}}\cos\frac{\theta}{2}\sin\frac{\theta}{2}\cos\frac{3\theta}{2} \\ \tau_{xz} &= \tau_{yz} = 0 \\ \sigma_z &= \mu(\sigma_x + \sigma_y) \quad \text{（平面应变）} \\ \sigma_z &= 0 \quad \text{（平面应力）} \end{aligned}\right\} \tag{9.5}$$

$$\left.\begin{aligned} u &= \frac{K_{\mathrm{I}}}{4G}\sqrt{\frac{r}{2\pi}}\left[(2k-1)\cos\frac{\theta}{2}-\cos\frac{3\theta}{2}\right] \\ v &= \frac{K_{\mathrm{I}}}{4G}\sqrt{\frac{r}{2\pi}}\left[(2k+1)\sin\frac{\theta}{2}-\sin\frac{3\theta}{2}\right] \\ w &= 0 \qquad\qquad\qquad\qquad (\text{平面应变}) \\ w &= -\int\frac{\mu}{E}(\sigma_x+\sigma_y)\,\mathrm{d}z \quad (\text{平面应力}) \end{aligned}\right\} \tag{9.6}$$

式中，r、θ 为裂纹尖端附近点的极坐标；u、v、w 为位移分量；σ_x、σ_y、τ_{xy}、σ_z、τ_{xz}、τ_{yz} 为正、剪应力分量，见图 9.5；E、μ、G 为材料的弹性模量、泊松比、剪切弹性模量。

$$k=\begin{cases}3-4\mu & (\text{平面应变})\\ \dfrac{3-\mu}{1+\mu} & (\text{平面应力})\end{cases}$$

由式（9.5）和式（9.6）可见，裂纹尖端附近的应力场和位移场的各个分量均由参数 K_{I} 来确定。即参数 K_{I} 反映了裂纹尖端附近区域的弹性应力、应变场的强弱程度，故称为Ⅰ型裂纹的应力强度因子。对于图 9.4 所示含有中心穿透裂纹的无限大板，受双向拉应力作用情况的Ⅰ型裂纹尖端应力强度因子为：

$$K_{\mathrm{I}}=\sigma\sqrt{\pi a} \tag{9.7}$$

应力强度因子的量纲为[力]·[长度]$^{-3/2}$，常用的单位有：$\mathrm{MPa}\cdot\sqrt{\mathrm{m}}$、$\mathrm{N}\cdot\mathrm{m}^{-3/2}$、$\mathrm{N}\cdot\mathrm{mm}^{-3/2}$、$\mathrm{ksi}\cdot\mathrm{in}^{-3/2}$等。

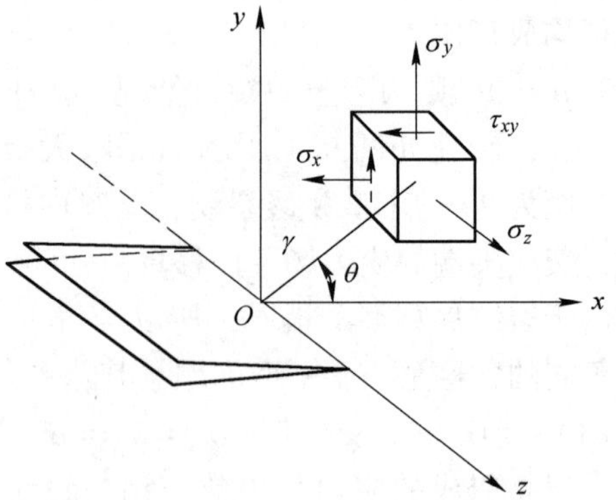

图 9.5　裂纹附近受力单元体

9.2.2　滑开型裂纹尖端附近的应力和位移

设有一无限大板，中心有一长度为 $2a$ 的穿透裂纹，无穷远处受剪应力作用，如图 9.6 所示。

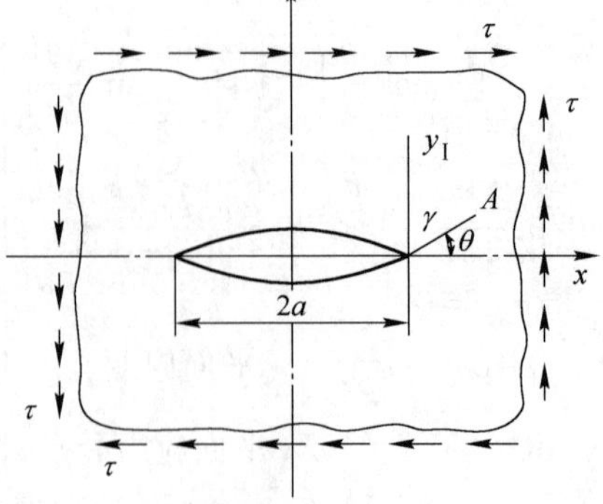

图 9.6　Ⅱ型裂纹

同样按弹性力学平面问题求解，得出Ⅱ型裂纹尖端附近的应力场和位移场如下：

$$\left.\begin{aligned}
\sigma_x &= \frac{-K_{\mathrm{II}}}{\sqrt{2\pi r}}\sin\frac{\theta}{2}\left(2+\cos\frac{\theta}{2}\cos\frac{3\theta}{2}\right)\\
\sigma_y &= \frac{K_{\mathrm{II}}}{\sqrt{2\pi r}}\sin\frac{\theta}{2}\cos\frac{\theta}{2}\cos\frac{3\theta}{2}\\
\tau_{xy} &= \frac{K_{\mathrm{II}}}{\sqrt{2\pi r}}\cos\frac{\theta}{2}\left(1-\sin\frac{\theta}{2}\sin\frac{3\theta}{2}\right)\\
\tau_{xz} &= \tau_{yz} = 0\\
\sigma_z &= \mu(\sigma_x+\sigma_y) \quad (\text{平面应变})\\
\sigma_z &= 0 \quad (\text{平面应力})
\end{aligned}\right\} \tag{9.8}$$

$$\left.\begin{aligned}
u &= \frac{K_{\mathrm{II}}}{4G}\sqrt{\frac{r}{2\pi}}\left[(2k+3)\sin\frac{\theta}{2}+\sin\frac{3\theta}{2}\right]\\
v &= -\frac{K_{\mathrm{II}}}{4G}\sqrt{\frac{r}{2\pi}}\left[(2k-2)\cos\frac{\theta}{2}+\cos\frac{3\theta}{2}\right]\\
w &= 0 \quad (\text{平面应变})\\
w &= -\frac{\mu}{E}\int(\sigma_x+\sigma_y)\,\mathrm{d}z \quad (\text{平面应力})
\end{aligned}\right\} \tag{9.9}$$

式（9.8）和式（9.9）中，各符号意义同式（9.5）和式（9.6）。Ⅱ型裂纹尖端应力强度因子为：

$$K_{\mathrm{II}} = \tau\sqrt{\pi a} \tag{9.10}$$

9.2.3 撕开型裂纹尖端附近的应力和位移

设有一无限大板，中心有一长度为 $2a$ 的穿透裂纹，无穷远处受沿 z 轴方向的均匀剪切应力，如图 9.7 所示。其位移特点是 $u=v=0$，只有沿 z 轴方向的位移 $w(x, y)$ 不为零。这实际上是反平面应变问题，即纯剪变形问题。

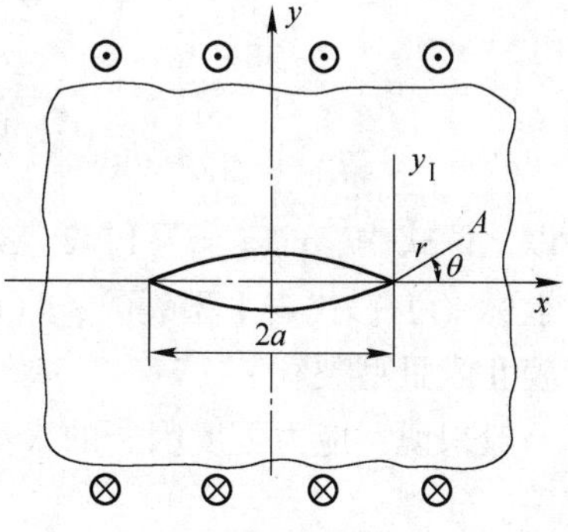

图 9.7 Ⅲ型裂纹

按弹性力学反平面应变问题求解，得出裂纹尖端附近的应力场和位移场如下：

$$\left.\begin{aligned}
\tau_{xz} &= -\frac{K_{\mathrm{III}}}{\sqrt{2\pi r}}\sin\frac{\theta}{2}\\
\tau_{yz} &= \frac{K_{\mathrm{III}}}{\sqrt{2\pi r}}\cos\frac{\theta}{2}\\
\sigma_x &= \sigma_y = \sigma_z = \tau_{xy} = 0
\end{aligned}\right\} \tag{9.11}$$

$$
\left.\begin{aligned} w &= \frac{K_{\mathrm{III}}}{G}\sqrt{\frac{2r}{\pi}}\sin\frac{\theta}{2} \\ v &= u = 0 \end{aligned}\right\} \tag{9.12}
$$

式（9.11）和式（9.12）中符号意义同式（9.5）和式（9.6）。应力强度因子为：

$$
K_{\mathrm{III}} = \tau\sqrt{\pi a} \tag{9.13}
$$

上述三种裂纹的求解方法，仅限于载荷和位移对于裂纹中点的坐标轴是对称或反对称的简单情况，而且所研究的问题限于含穿透裂纹的无限大板。除此以外，对于一般的裂纹问题，要用其他的方法求解。

9.3 应力强度因子及其求法

应力强度因子是控制裂尖附近应力场强的基本量，可以用于预测结构的失效，其求解是线弹性断裂力学及损伤容限设计方法中的重要内容。应力强度因子与结构的承载条件、裂纹几何参数、结构的几何构形密切相关。

目前关于应力强度因子的确定方法可以分为解析法、数值法、实验法。其中，解析法通常限于裂纹及边界条件简单的无限大板几何构形；对于较复杂的情形，一般采用数值法或实验法。本节主要介绍解析法及几种常用构形的应力强度因子计算公式。

9.3.1 应力强度因子及其一般表达式

综合以上三种情况，各种类型裂纹尖端附近的应力场和位移场有相似之处，因此可将它们简写为如下形式：

$$
\sigma_{ij}^{(\mathrm{I})} = \frac{K_{\mathrm{I}}}{\sqrt{2\pi r}} f_{ij}^{(\mathrm{I})}(\theta) \tag{9.14}
$$

$$
u_i^{(\mathrm{I})} = K_{\mathrm{I}}\sqrt{\frac{r}{\pi}}\, g_i^{(\mathrm{I})}(\theta) \tag{9.15}
$$

以上两式中，$\sigma_{ij}(i、j=1, 2, 3)$ 代表各个应力分量；$u_i(i=1, 2, 3)$ 代表各个位移分量；上标（Ⅰ）代表Ⅰ型裂纹；$f_{ij}(\theta)$ 和 $g_i(\theta)$ 代表极角 θ 的函数。如上标写成Ⅱ或Ⅲ，则代表Ⅱ或Ⅲ型裂纹。

一般来说，应力强度因子的大小，与加载方式、载荷大小、裂纹长度及裂纹体几何构形有关。

应力场关系式（9.14）具有如下特点：

（1）在裂纹尖端即 $r=0$ 处，应力趋于无限大，应力在裂纹尖端出现奇异点。

（2）应力强度因子 K_{I} 在裂纹尖端是一个有限量。

（3）裂纹尖端附近区域的应力分布是 r 和 θ 的函数。

由于裂纹尖端附近应力存在着上述特点，以应力为参量来建立传统的强度条件，就失去了意义。但是，应力强度因子是有限量，它不代表某一点的应力，而是代表应力场的强度的物理量，用它来作为参量建立破坏条件是恰当的。概括说来，应力强度因子具有如下物理意义：

（1）应力强度因子是裂纹尖端应力和应变场强度的度量。

由式（9.14）及式（9.15）可见，当 r、θ 给定时，裂纹尖端的应力和位移由应力强度因子 K_{I} 唯一决定。K_{I} 越大，则裂纹尖端附近的应力和应变就越大。即 K_{I} 是裂纹尖端应力和应变场强度的度量。

（2）应力强度因子是裂纹尖端应力-应变场奇异性的度量。

由式（9.14）可见，当 $r \to 0$ 时，应力→∞。这称为应力场在 $r \to 0$ 处有奇异性，即具有 $r^{-\frac{1}{2}}$ 阶奇异性。K_{I} 正是这种奇异性的度量。

（3）应力强度因子的临界值 K_{IC} 是材料本身的固有属性。

由式（9.7）、式（9.10）、式（9.13）可见，当裂纹长度 a 一定时，K_{I} 随施加的远场应力的增大而增大。对于脆性断裂情形，一般认为：当 K_{I} 达到某一临界值 K_{IC} 时，裂纹尖端的应力也达到了临界值，裂纹开始失稳扩展，使构件发生断裂。脆性断裂破坏主要包括：1）脆性材料的断裂或结晶材料在特定结晶面上的开裂；2）低温、高速应变等特定条件下，塑性变形很小时的断裂问题。

K_{IC} 是材料本身的固有属性，其数值与构件的几何形状、加载状况、试验环境均有关，但在一定条件下，某种材料可有稳定的 K_{IC} 值。理论分析和试验结果表明，Ⅰ型裂纹最易发生脆断，且平面应变比平面应力状态下的裂纹更易失稳扩展，故一般用Ⅰ型裂纹厚板进行试验，以测得平面应变状态下的应力强度因子的临界值 K_{IC}。该值称为材料的平面应变断裂韧性，表征材料抵抗脆性断裂的能力。

Ⅰ型裂纹的应力强度因子一般表达式为：

$$K_{\mathrm{I}} = Y\sigma\sqrt{\pi a} \tag{9.16}$$

式中，σ 为名义应力（指裂纹位置处按无裂纹时计算得到的应力）；a 为裂纹尺寸（裂纹的长度或深度）；Y 为形状系数（与裂纹大小、位置等有关）。

9.3.2　应力强度因子的求法和叠加原理

由于应力强度因子 K_{I} 是裂纹尖端应力场强度及奇异性的度量，同时由其一般表达式（9.16）可见，K_{I} 与裂纹形状、大小密切相关，即 K_{I} 能够对不同裂纹的严重性进行描述。因此，计算各种构件或试件的应力强度因子，是线弹性断裂力学的一项重要任务。

人们在寻找应力强度因子的过程中，发展了几十种求应力强度因子的方法。已发表的应力强度因子的解也有几百种。这些方法归纳于图 9.8 中。在这些方法中，理论方法中的解析计算法只能计算简单的问题，对于大多数问题需要采用数值解法。当前工程上广泛采用的数值解法是有限单元法。对于复杂的问题，如三维裂纹问题等，用数值解法仍有困难，可以通过实验标定的方法来解决。

工程中为了使用方便，已将各种构件或试件在不同载荷条件下的应力强度因子的计算公式，汇编成《应力强度因子手册》，可作为近似估算的参考。在实际问题计算时，可以查手册获得基本裂纹体的计算公式，再应用叠加原理计算复杂情形下裂纹体的应力强度因子。

叠加原理的应用有以下两方面内容：

- K_{I}的获得
  - 理论方法
    - 1. 分析法
      - (1) Westergaard 应力函数法
      - (2) Mushkelishvili 应力函数法
    - 2. 边界配置法
      - (1) Williams 应力函数法
      - (2) 复变应力函数法
    - 3. 保角映射法
    - 4. 应力集中法
    - 5. Green 函数法
    - 6. 积分变换和位错模型法
    - 7. 力与位移匹配法
    - 8. 交替法
    - 9. 有限元法
      - (1) 应力法
      - (2) 能量法
      - (3) 裂纹尖端特殊单元法
  - 实验方法
    - 1. 柔度法
    - 2. 光弹性法
    - 3. 疲劳裂纹扩展速率法
    - 4. 干涉法和全息摄影法

图 9.8 应力强度因子的获得方法

（1）对于同一类型的裂纹问题，例如都是Ⅰ型裂纹问题或都是Ⅱ型裂纹问题，当几个载荷共同作用时，可以先求出每一个载荷单独作用下的应力强度因子 K 值，然后把各载荷作用下的 K 值相叠加，得到诸载荷共同作用时的 K 值。

应用这一原理，通常可将一个复杂的受力问题，分解为数个简单受力问题，利用现有公式进行计算。这对于求解同时有残余应力的裂纹体问题比较方便。

必须注意的是，对于不同类型的裂纹问题，不能将 K 直接相加，而须应用复合型准则。

（2）对于载荷复杂或形状复杂的裂纹体，求解裂纹尖端的应力强度因子时，可以先假定其为无裂纹，按常规计算方法，求出裂纹所在截面的裂纹表面处的应力值，然后将求得的应力以相反的方向作用于裂纹表面，求出在此分布应力作用下裂纹尖端的应力强度因子，其值就是原构件在载荷作用下的应力强度因子。

现举例简要说明如下：

图 9.9（a）所示具有中心裂纹的平板，在两端较远处受均匀拉应力 σ 作用，求其应力强度因子。

解此问题时，须先求出裂纹所在截面的应力值 σ。如图 9.9（b）所示。然后将此应力以相反的方向作用于裂纹表面，求出如图 9.9（c）所示的平板的应力强度因子值，即为图 9.9（a）所示的具有中心裂纹平板的应力强度因子。这是因为图 9.9（a）所示的裂纹体受力情况等效于图 9.9（b）、（c）表示的两种情况的叠加，而图 9.9（b）为无裂纹板，其应力强度因子 $K=0$，因此图 9.9（c）情况的应力强度因子等于图 9.9（a）情况的应力强度因子。

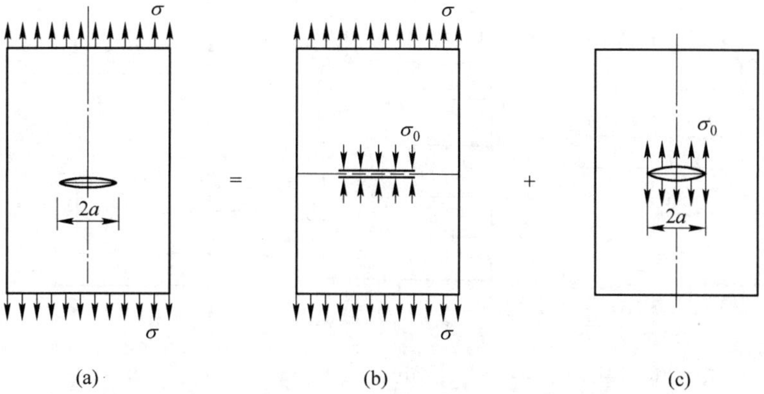

图 9.9　应力强度因子的叠加原理示例

（a）含裂纹体；（b）无裂纹体；（c）裂纹面作用与 σ_0 等值反向的分布力

9.3.3　几种常用的应力强度因子公式

9.3.3.1　含单个裂纹的无限大板

对于如图 9.10（a）所示的无限大板，且所受均布拉应力垂直于裂纹时，有

$$K_{\mathrm{I}} = \sigma\sqrt{\pi a} \tag{9.17}$$

对于如图 9.10（b）所示的无限大板，斜裂纹受均布拉应力，有

$$K_{\mathrm{I}} = \sigma\sqrt{\pi a}\,\sin^2\beta \tag{9.18}$$

对于如图 9.10（c）所示有单侧裂纹的无限大板，有

$$K_{\mathrm{I}} = 1.1215\sigma\sqrt{\pi a} \tag{9.19}$$

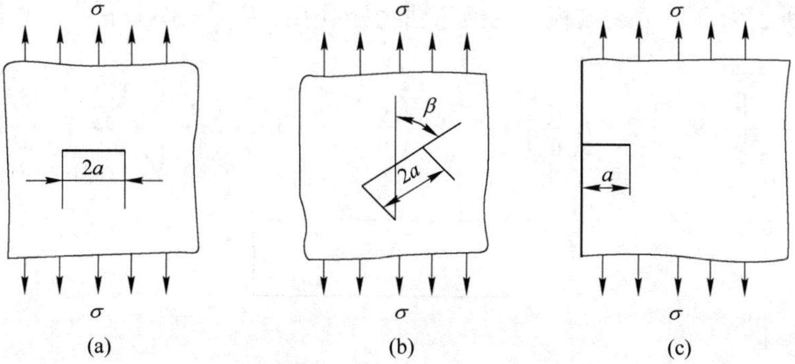

图 9.10　含单个裂纹的无限大板

9.3.3.2　含多个裂纹的无限大板

对于如图 9.11（a）~（c）所示的无限大板，且所受均布拉应力垂直于裂纹时，有

$$K_{\mathrm{I}} = Y\sigma\sqrt{\pi a} \tag{9.20}$$

式中，对于含有周期性共线裂纹板（图 9.11（a）），形状系数 Y 可查表获得，或由下式确定：

$$Y = \sqrt{\frac{2b}{\pi a}\tan\frac{\pi a}{2b}} \tag{9.21}$$

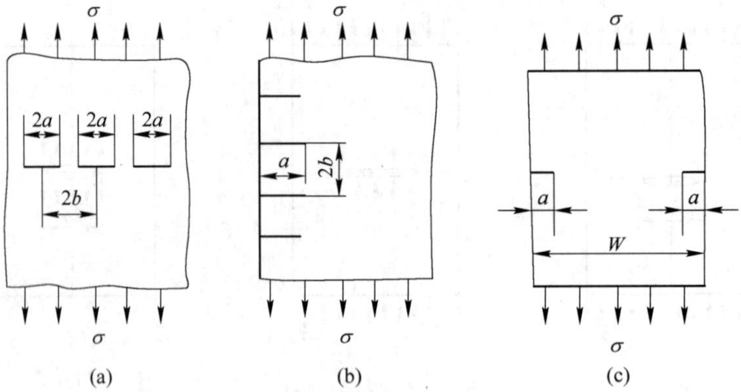

图 9.11　含多个裂纹的无限大板

对于单边有无限个等距离裂纹的无限大板，如图 9.11（b）所示，形状系数 Y 见表 9.1。

表 9.1　单边存在无限个等距离裂纹时的形状系数 Y

$a/(a+b)$	0	0.1	0.2	0.3	0.4	0.5	0.6	0.7	0.8	0.9	1.0
Y	1.12	1.10	1.01	0.87	0.72	0.58	0.46	0.37	0.28	0.19	0

对于图 9.11（c）所示的有限宽长条板，其两侧有对称裂纹，受均匀拉应力，此时

$$Y = \frac{1}{\sqrt{\pi}}\left[1.98 + 0.36\left(\frac{2a}{W}\right) - 2.12\left(\frac{2a}{W}\right)^2 + 3.42\left(\frac{2a}{W}\right)^3\right] \tag{9.22}$$

9.3.3.3　其他情形

图 9.12 所示为含单边裂纹板，受纯弯曲力矩作用，$K_{\mathrm{I}} = Y\sigma\sqrt{\pi a}$，式中系数 Y 用下式求得：

$$Y = \frac{1}{\sqrt{\pi}}\left[1.99 - 2.47\left(\frac{a}{W}\right) + 12.97\left(\frac{a}{W}\right)^2 - 23.17\left(\frac{a}{W}\right)^3 + 24.8\left(\frac{a}{W}\right)^4\right] \tag{9.23}$$

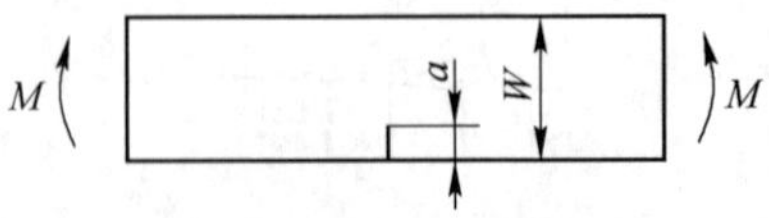

图 9.12　单边裂纹受弯板

对图 9.13 所示含中心圆片状裂纹的圆杆，有：

（1）受轴向拉力 P 时，

$$K_{\mathrm{I}} = Y_{\mathrm{P}}\frac{P}{\pi(b^2 - a^2)}\sqrt{\pi a} \tag{9.24a}$$

（2）受弯矩 M 时，

$$K_{\mathrm{I}} = Y_{\mathrm{M}} \frac{4Ma}{\pi(b^4 - a^4)} \sqrt{\pi a} \tag{9.24b}$$

系数 Y_{P}、Y_{M} 见表9.2。

表9.2 含中心圆片状裂纹的圆杆的形状系数

系数 \ a/b	0	0.1	0.2	0.3	0.4	0.5	0.6	0.7	0.8	0.9	1.0
Y_{P}	0.64	0.63	0.62	0.59	0.56	0.52	0.46	0.41	0.34	0.25	0
Y_{M}	0.42	0.42	0.42	0.42	0.42	0.41	0.39	0.36	0.32	0.24	0

对图9.14所示的含环形裂纹的圆杆，有

（1）受轴向拉力 P 时，

$$K_{\mathrm{I}} = Y_{\mathrm{P}} \frac{P}{\pi c^2} \sqrt{\pi a} \tag{9.25a}$$

（2）受弯矩 M 时，

$$K_{\mathrm{I}} = Y_{\mathrm{M}} \frac{2M}{\pi c^3} \sqrt{\pi a} \tag{9.25b}$$

系数 Y_{P}、Y_{M} 见表9.3。

表9.3 带环形裂纹圆杆的形状系数

系数 \ a/b	0	0.1	0.2	0.3	0.4	0.5	0.6	0.7	0.8	0.9
Y_{P}	1.12	0.95	0.79	0.67	0.57	0.49	0.40	0.32	0.25	0.16
Y_{M}	1.12	0.88	0.66	0.56	0.45	0.37	0.30	0.24	0.18	0.13

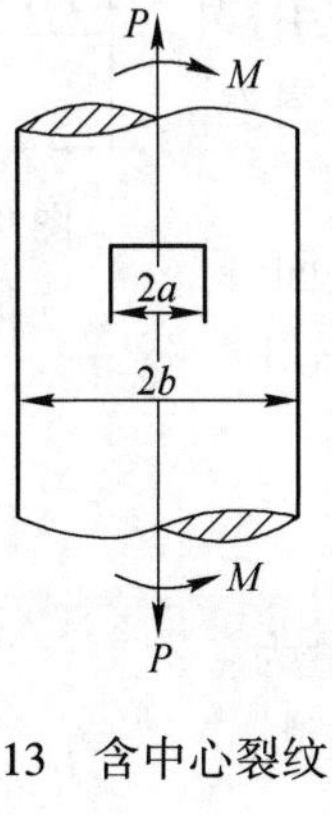

图9.13 含中心裂纹圆杆

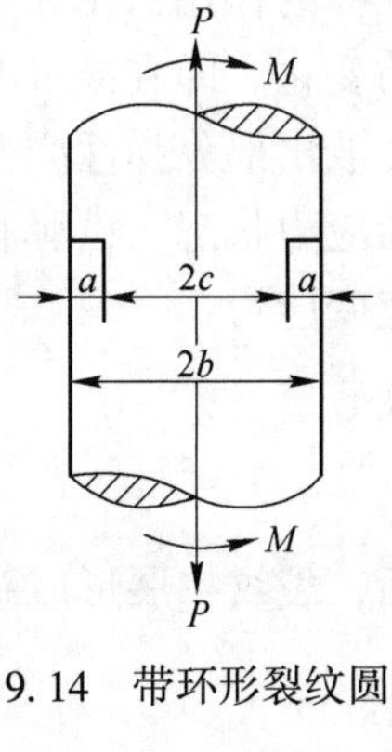

图9.14 带环形裂纹圆杆

9.4 脆性断裂的K准则及其应用

断裂力学研究问题的主要思路是：研究裂纹尖端的应力及位移场，确定裂纹扩展的驱动力，并通过试验测试及分析材料抵抗裂纹扩展的阻力，建立因裂纹扩展而导致的结构失效的条件，即断裂准则。线弹性断裂准则有：K 准则、G 准则及复合型断裂准则。

前面对含裂纹体从应力的角度进行了研究，后面将从能量的角度，进一步研究裂纹失稳扩展的临界条件。

能量法最早是由 Griffith 提出来的。1920 年，Griffith 在研究玻璃、陶瓷等材料的断裂问题时，认为玻璃内部的细小缺陷或裂纹的存在和发展是造成断裂的原因，使得玻璃的实际强度只相当于理论强度的 $10^{-3} \sim 10^{-1}$。他从能量观点出发，提出裂纹失稳扩展的条件：如果裂纹扩展释放的弹性应变能，克服了材料阻力所做的功，则裂纹将失稳扩展，即 G 准则。通过分析，建立了完全脆性材料的断裂强度和裂纹尺寸之间的关系。

1957 年，Irwin 用弹性理论分析了裂纹端部场，提出了简单实用的公式，使得应力强度因子 K 成为断裂力学中的基本力学量，应用于判断裂纹失稳扩展的临界条件，即 K 准则。相对于 G 准则，K 准则简单方便，更适合工程应用。

线弹性断裂力学在处理 I 型裂纹问题中，取得了成功。但在实际工程中，裂纹体通常处于复杂的应力及变形状态，因而大多情况下为 K_{I}、K_{II}、K_{III} 均不为 0 的复合型裂纹。此时需要建立复合型断裂准则。

本节将主要围绕上述线弹性断裂准则相关理论展开论述。

9.4.1 应变能释放率与 G 准则

设有一厚度为 B 的无限大玻璃板，如图 9.15 所示。将板拉长后，固定其两端。如板受均匀拉伸应力 σ 作用，则板内单位体积储蓄的应变能为：

$$\frac{1}{2}\sigma\varepsilon = \frac{1}{2}\frac{\sigma^2}{E}$$

如在弹性板中心包含一长度为 $2a$ 的内部裂纹，弹性体外边界上受到外加载荷的作用，由于裂纹的形成、几何情况的改变引起弹性应变能的变化。即在裂纹形成时，裂纹面两侧的约束力突然松弛，从而释放出部分弹性应变能。

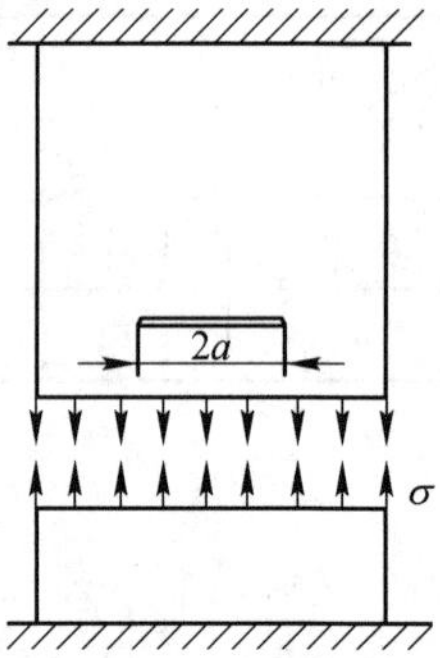

图 9.15 受拉无限大玻璃板

对于平面应力状态，由弹性力学理论得到产生裂纹新表面释放出的弹性应变能为：

$$U = \frac{\pi\sigma^2 a^2 B}{E} \tag{9.26}$$

另一方面，裂纹扩展形成新的表面，系统需要吸收的能量为：

$$S = 4aB\gamma \tag{9.27}$$

式中，γ 为形成单位面积新表面需要的自由表面能；$4aB$ 为裂纹上、下两个表面的面积和。

如果应变能释放率 $\mathrm{d}U/\mathrm{d}A$（$\mathrm{d}A = 2B\mathrm{d}a$）恰好等于形成新表面所需要吸收的能量率 $\mathrm{d}S/\mathrm{d}A$，则裂纹达到临界状态；如果需要吸收的能量率大于应变能释放率，则裂纹稳定；如果应变能释放率大于需要吸收的能量率，则裂纹不稳定。由此可写出：

$$\left.\begin{aligned}&\frac{d}{dA}(U-S)>0,\text{ 裂纹不稳定}\\&\frac{d}{dA}(U-S)=0,\text{ 临界状态}\\&\frac{d}{dA}(U-S)<0,\text{ 裂纹稳定}\end{aligned}\right\}\tag{9.28}$$

现分别以 G_{I}、G_{IC} 代表应变能释放率和能量吸收率，即

$$G_{\text{I}}=\frac{dU}{dA},\ G_{\text{IC}}=\frac{dS}{dA}$$

下标Ⅰ代表Ⅰ型裂纹，则裂纹失稳的临界条件即G准则为：

$$G_{\text{I}}=G_{\text{IC}}\tag{9.29}$$

对于带中心裂纹无限大玻璃板，受拉伸作用且两端固定边界的情况，有：

$$G_{\text{I}}=\frac{dU}{dA}=\frac{\sigma^2\pi a}{E}\tag{9.30}$$

$$G_{\text{IC}}=\frac{dS}{dA}=2\gamma\tag{9.31}$$

根据临界条件，式（9.29）有：

$$\frac{\sigma^2\pi a}{E}=2\gamma\tag{9.32}$$

式（9.32）写成临界应力形式为：

$$\sigma_{\text{C}}=\sqrt{\frac{2E\gamma}{\pi a}}\tag{9.33}$$

式（9.33）表示在平面应力状态下无限大平板内长为 $2a$ 的裂纹失稳扩展时拉应力的临界值，称为裂纹平板的剩余强度。

式（9.32）写成临界裂纹长度形式为：

$$a_{\text{C}}=\frac{2E\gamma}{\pi\sigma^2}\tag{9.34}$$

式（9.34）表示无限大板在工作应力 σ 作用下，裂纹的临界长度。

G_{IC} 是材料常数，表征材料对裂纹扩展的抵抗能力，由实验来确定。G_{I} 是裂纹长度 a 和工作应力 σ 的函数。只有当 $G_{\text{I}}>G_{\text{IC}}$ 时，裂纹才会失稳扩展。

必须指出的是，用上述理论计算结构的断裂强度，局限于完全脆性材料，例如玻璃板等。对于有一定塑性的金属材料，上述理论不完全适用。

将能量平衡理论应用于金属材料，需要更广泛的概念，即材料抵抗裂纹扩展能力的概念，这种能力应该包括两部分：形成裂纹新表面所需吸收的表面能和裂纹扩展所需吸收的塑性变形能（或塑性功）。

对于金属材料来说，材料抵抗裂纹扩展的能力是一个常数，只有应变能释放率大于此常数时，裂纹才会失稳扩展。

设裂纹扩展单位面积所需的塑性变形能为 P，根据上述广泛的吸收能量率的概念，式（9.31）中的 γ 应该用 $\gamma+P/2$ 代替。对金属材料来说，P 比 γ 一般要大几个数量级，γ 与

P 相比较是极小微量，可忽略不计。因此，金属材料的

$$G_{IC} = P \tag{9.35}$$

于是，具有中心裂纹且两端固定、受拉伸作用的无限大金属板的临界条件 $G_I = G_{IC}$，可以写成：

$$\frac{\sigma^2 \pi a}{E} = P \tag{9.36}$$

从而得出剩余强度与临界裂纹长度分别为：

$$\sigma_C = \sqrt{\frac{EP}{\pi a}} \tag{9.37}$$

$$a_C = \frac{EP}{\pi \sigma^2} \tag{9.38}$$

9.4.2 应力强度因子与应变能释放率之间的关系

将无限大板中心穿透裂纹的应变能释放率公式（9.30）与应力强度因子公式（9.7）相比，不难看出，K_I 的平方和 G_I 都包含 $\sigma^2 a$。因此，K_I 和 G_I 之间应有一定的关系，这将进一步揭示应力强度因子的物理意义。

由式（9.30）和式（9.7）可得：

$$G_I E = \pi \sigma^2 a, \quad K_I^2 = \pi \sigma^2 a \tag{9.39}$$

故

$$G_I = \frac{K_I^2}{E} \tag{9.40a}$$

进一步可证明

$$G_I = \frac{K_I^2}{E'} \tag{9.40b}$$

式中，$E' = E$（平面应力情况）；$E' = \dfrac{E}{1-\mu^2}$（平面应变情况）。

由此可见，应力强度因子和应变能释放率有对应关系，K_I 不仅表示裂纹尖端附近弹性应力场的强度，而且其平方也确定了裂纹扩展时所释放出的能量率。所以，在讨论线弹性断裂问题时，应用 K_I 和 G_I 为参数都是等价的。

对于Ⅱ型和Ⅲ型裂纹也有类似关系：

$$G_{II} = \frac{K_{II}^2}{E'} \tag{9.41}$$

$$G_{III} = \frac{(1+\mu) K_{III}^2}{E} \tag{9.42}$$

注意：Ⅰ型、Ⅱ型裂纹问题有平面应力和平面应变的区别，反平面Ⅲ型问题没有这一区别。

如果是复合型加载，同时存在Ⅰ、Ⅱ、Ⅲ型，并且裂纹是直的，则有：

$$G = \frac{K_I^2}{E'} + \frac{K_{II}^2}{E'} + \frac{K_{III}^2}{E}(1+\mu) \tag{9.43}$$

9.4.3 脆性断裂的 K 准则

前面式（9.29）表示脆性材料裂纹失稳扩展的临界条件为

$$G_{\mathrm{I}} = G_{\mathrm{IC}}$$

根据式（9.40）可以得到以应力强度因子表示的裂纹失稳扩展的临界条件为

$$K_{\mathrm{I}} = K_{\mathrm{IC}} \tag{9.44}$$

式（9.44）称为脆性断裂的K准则，它表示裂纹尖端的应力强度因子K_{I}达到某一临界值K_{IC}时，裂纹将失稳扩展。式中，K_{IC}与G_{IC}类似，是材料常数，称为材料的平面应变断裂韧性。不难看出，在线弹性条件下

$$G_{\mathrm{IC}} = \frac{K_{\mathrm{IC}}^2}{E'} \tag{9.45}$$

必须指出，K_{I}和K_{IC}是两个不同的概念，应力强度因子K_{I}是由载荷及裂纹体的形状和尺寸决定的量，是表示裂纹尖端应力场强度的一个参量，可以用弹性理论的方法进行计算；而断裂韧性K_{IC}是材料具有的一种力学性能，表示材料抵抗脆性断裂的能力，由试验测定。

实验和理论分析的结果都表明，材料的断裂韧性随试件厚度B的增加而下降，如图9.16所示。这是因为薄板的裂纹尖端处于平面应力状态，裂纹不易扩展，其断裂韧性值较高，一般用K_{C}表示平面应力断裂韧性。随着板厚度的增加，裂纹尖端处于平面应变状态的部分增加，裂纹较易于扩展，因而其断裂韧性降低。当板的厚度增加到某一定值以后，断裂韧性降至最低值，成为平面应变断裂韧性，用K_{IC}表示。

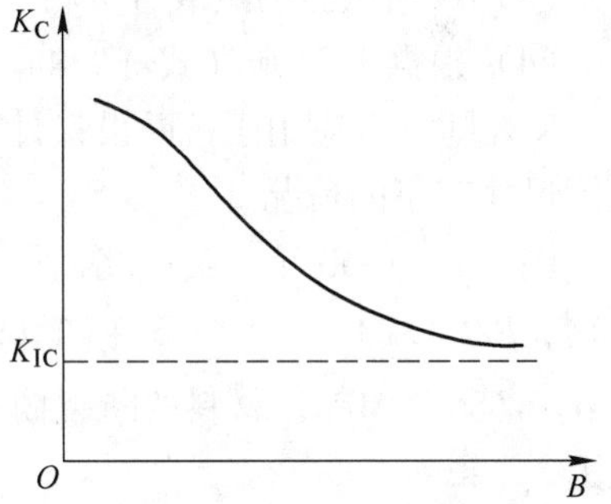

图9.16 断裂韧性与板厚度的关系

式（9.44）表示Ⅰ型裂纹在平面应变条件下的脆性断裂准则。对于金属材料，在平面应力条件下，裂纹尖端产生较大的塑性变形，此时在线弹性基础上建立的K准则不适用，而要采用弹塑性断裂力学的断裂准则。

式（9.29）所表示的脆性断裂临界准则称为G准则。对于线弹性断裂问题，采用G准则或K准则所得的结果是完全一样的。由于应用弹性理论可直接计算各种裂纹体的应力强度因子K_{I}，同时用试验测定K_{IC}比测定G_{IC}方便，因此工程中一般常用K准则。

根据断裂准则式（9.44），可以计算剩余强度σ_{C}（临界应力）和临界裂纹长度a_{C}，从而进行断裂安全分析。例如，对于具有中心裂纹的无限大板，受双轴拉应力作用时，其应力强度因子$K_{\mathrm{I}} = \sigma\sqrt{\pi a}$。如试验测得材料的断裂韧性为$K_{\mathrm{IC}}$，则根据断裂准则式（9.44）有

$$K_{\mathrm{I}} = \sigma\sqrt{\pi a} = K_{\mathrm{IC}} \tag{9.46}$$

由此可得临界应力σ_{C}为

$$\sigma_{\mathrm{C}} = \frac{K_{\mathrm{IC}}}{\sqrt{\pi a}} \tag{9.47}$$

临界裂纹长度a_{C}为

$$a_{\mathrm{C}} = \frac{K_{\mathrm{IC}}^2}{\pi\sigma^2} \tag{9.48}$$

对不同的结构，应力强度因子 K_{I} 的表达式不同。具体进行断裂安全分析的方法，应视具体问题而定。

9.4.4　K 准则的工程应用

目前在工程上，作为线弹性断裂判据的 K 准则已广泛应用于航天及航空结构（如飞机加筋板结构、火箭外壳等）、船舶及水工结构、桥梁、化工容器及锅炉、核能工程及电站设备、大锻件等工程领域。应用 K 准则，对于含裂纹体的构件，在已知工作应力 σ 时，可求得裂纹的临界尺寸（裂纹容限）a_C；或反过来已知 a，亦可求得 σ_C，进而可求得构件的最大可承受载荷。

K 准则的应用一般遵循以下步骤：

(1) 通过无损检测等手段，确定构件中的裂纹尺寸 a 及位置。

(2) 通过对缺陷的分析，由计算或通过查手册，确定应力强度因子 K_{I} 的表达式。

(3) 根据试验测定或查资料，确定 K_{IC} 值。

(4) 根据 K 准则（式 (9.44)），进行断裂力学分析。

K 准则一般应用于抗断设计计算、疲劳寿命估算、选材及指导工艺等，适用于相对塑性区尺寸较小的情况。

例 9.1　1950 年，美国北极星导弹发动机壳体发生爆炸。已知壳体材料为 D6GC 高强度钢，$R/t=110$，$\sigma_s=1373.4\sim1569.6$ MPa，传统检验合格，水压实验时爆炸，破坏应力为 $\sigma_C=686.7$ MPa。材料的断裂韧性为 $K_{\mathrm{IC}}=55.8\sim62\ \mathrm{MPa}\cdot\sqrt{\mathrm{m}}$，试分析其低应力脆断的原因。

解： 考虑如图 9.17 所示的压力容器。

由弹性力学知，

周向应力
$$\sigma_2=\frac{Rp}{t}\tag{a}$$

轴向应力
$$\sigma_1=\frac{Rp}{2t}\tag{b}$$

考虑极限情况，取 $\sigma_2=\sigma_b$，则由式 (a) 可知，爆破压力

$$p_{爆}=\frac{\sigma_b t}{R}\tag{c}$$

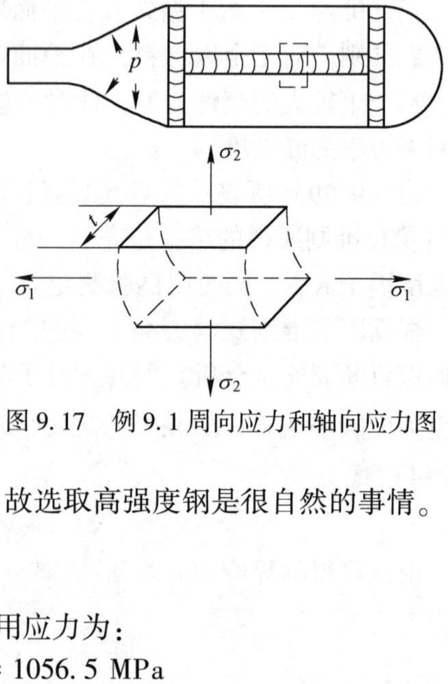

图 9.17　例 9.1 周向应力和轴向应力图

由式 (c) 知，当 R 及 $p_{爆}$ 一定时，σ_b 越高，则壁厚 t 可越薄，于是壳体重量减轻，火箭推力可更大。故选取高强度钢是很自然的事情。

首先按常规设计进行校核。

由于
$$R/t=110$$

取 $\sigma_s=1373.4$ MPa，安全系数 $n=1.3$，则设计许用应力为：

$$[\sigma]=\sigma_s/n=1373.4/1.3=1056.5\ \mathrm{MPa}$$

设计压力

$$p=\frac{t[\sigma]}{R}=\frac{1056.5}{110}=9.6\ \mathrm{MPa}$$

水压实验时压力

$$p_{水} = 1.1P = 1.1 \times 9.6 = 10.6\ \text{MPa}$$

此时，σ_C(686.7 MPa) < [σ]，理论上不应该发生爆炸事件。因此需要进行断裂分析。

按K准则，当构件K_I达到K_{IC}时，裂纹起裂。设裂纹为表面半椭圆纹，查表得应力强度因子：

$$K_I = 1.12\sigma\sqrt{\pi a}$$

由式（9.44），可得：

$$a_C = \frac{1}{\pi \times 1.12^2}\left(\frac{K_{IC}}{\sigma_s}\right)^2 = 0.22\left(\frac{K_{IC}}{\sigma_s}\right)^2$$

取$\sigma_s = 1373.4\ \text{MPa}$，$K_{IC} = 55.8\ \text{MPa}\cdot\sqrt{\text{m}}$，则

$$a_C = 0.22\left(\frac{55.8}{1373.4}\right)^2 = 0.36\ \text{mm}$$

这样小的裂纹在一般的探伤灵敏度下，很容易漏检，故发生爆炸不足为奇。

若按传统理论，提高强度σ_s，则K_{IC}/σ_s将更小，a_C也更小，更容易爆炸。想安全，却适得其反，反而更不安全。

工程上如果可以确保检测出$a = 1.0\ \text{mm}$的裂纹，则只要保证$K_{IC} \geqslant 2\sigma_s$，此时的临界裂纹尺寸为

$$a_C = 0.22 \times 2^2 = 0.88\ \text{mm}$$

就可防止脆断事故。

例 9.2 由32SiMnMoV合金钢制成的构件，工作应力$\sigma = 1000.62\ \text{MPa}$，$K_{IC} = 82.1\ \text{MPa}$，应力强度因子$K_I = 1.12\sigma\sqrt{\pi a}$。试确定裂纹的临界长度$a_C$。

解：由$K_I = 1.12\sigma\sqrt{\pi a}$，将$K_I$、$a$用$K_{IC}$、$a_C$代入，则有

$$a_C = \left(\frac{K_{IC}}{1.12\sigma}\right)^2\Big/\pi = \frac{82.1^2}{1.12^2 \times 1000.62^2 \times 3.14} = 1.71\ \text{mm}$$

9.4.5 复合型断裂准则

实际工程结构中，裂纹多处于复合型变形状态。例如，大型旋转构件如发动机轴、大型传动轴等，多承受弯扭组合作用，它们的裂纹往往是张开型和扭转形成的撕开型并存（Ⅰ型、Ⅲ型）的复合型裂纹。航空器和船舶结构中的加强筋和板，它们的裂纹往往是张开型和滑开型并存（Ⅰ型、Ⅱ型）的复合型裂纹。对于两种或两种以上组合材料与纤维增强的复合材料，情况更为复杂。有的裂纹形式上是Ⅰ型或Ⅱ型裂纹，但开裂与破坏形式并不遵循Ⅰ型裂纹或Ⅱ型裂纹的规律。因此，研究复合型裂纹的失稳与扩展规律有重要的工程意义，是线弹性断裂力学研究的一个重要方向。

复合型裂纹一般不按裂纹原方向开裂与扩展，失稳的条件也比较复杂。因此，在复合型裂纹问题中，需要研究以下两个问题：

（1）裂纹沿什么方向（即开裂角）开裂；

（2）裂纹在什么条件（即断裂准则）下开裂。

目前国内外提出的复合型断裂准则，可归纳为三个主要方面：（1）以应力为参数的准则；（2）以位移为参数的准则；（3）以能量为参数的准则。这些参数虽有一定的联系，但由于研究者所考虑的角度和观点不同，对宏观断裂机理的解释不同，因而所得的结果有

一定的差异。这里只介绍几种最流行的复合型断裂准则。

9.4.5.1 最大应力准则

1963年，爱登根（Erdogan）和薛昌明（G. C. Sih）根据具有中心斜裂纹且承受均匀拉伸的树脂玻璃板的实验结果，提出了最大周向应力复合型断裂准则，简称最大应力准则。

Ⅰ-Ⅱ复合型问题中，裂纹尖端附近应力场由式（9.5）和式（9.8）相迭加而成，即

$$\left.\begin{aligned}\sigma_x &= \frac{K_{\mathrm{I}}}{\sqrt{2\pi r}}\cos\frac{\theta}{2}\left(1-\sin\frac{\theta}{2}\sin\frac{3\theta}{2}\right)-\frac{K_{\mathrm{II}}}{\sqrt{2\pi r}}\sin\frac{\theta}{2}\left(2+\cos\frac{\theta}{2}\cos\frac{3\theta}{2}\right)\\ \sigma_y &= \frac{K_{\mathrm{I}}}{\sqrt{2\pi r}}\cos\frac{\theta}{2}\left(1+\sin\frac{\theta}{2}\sin\frac{3\theta}{2}\right)+\frac{K_{\mathrm{II}}}{\sqrt{2\pi r}}\sin\frac{\theta}{2}\cos\frac{\theta}{2}\cos\frac{3\theta}{2}\\ \tau_{xy} &= \frac{K_{\mathrm{I}}}{\sqrt{2\pi r}}\cos\frac{\theta}{2}\sin\frac{\theta}{2}\cos\frac{3\theta}{2}+\frac{K_{\mathrm{II}}}{\sqrt{2\pi r}}\cos\frac{\theta}{2}\left(1-\sin\frac{\theta}{2}\sin\frac{3\theta}{2}\right)\end{aligned}\right\}\tag{9.49}$$

按材料力学方法，将上式以极坐标形式给出（见图9.18），有

$$\left.\begin{aligned}\sigma_r &= \frac{\cos\frac{\theta}{2}}{2\sqrt{2\pi r}}K_{\mathrm{I}}(3-\cos\theta)+\frac{\sin\frac{\theta}{2}}{2\sqrt{2\pi r}}K_{\mathrm{II}}(3\cos\theta-1)\\ \sigma_\theta &= \frac{\cos\frac{\theta}{2}}{2\sqrt{2\pi r}}\left[K_{\mathrm{I}}(1+\cos\theta)-3K_{\mathrm{II}}\sin\theta\right]\\ \tau_{r\theta} &= \frac{\cos\frac{\theta}{2}}{2\sqrt{2\pi r}}\left[K_{\mathrm{I}}\sin\theta+K_{\mathrm{II}}(3\cos\theta-1)\right]\end{aligned}\right\}\tag{9.50}$$

式中，r 为极径；θ 为极角；K_{I}、K_{II} 分别为Ⅰ和Ⅱ型的应力强度因子。

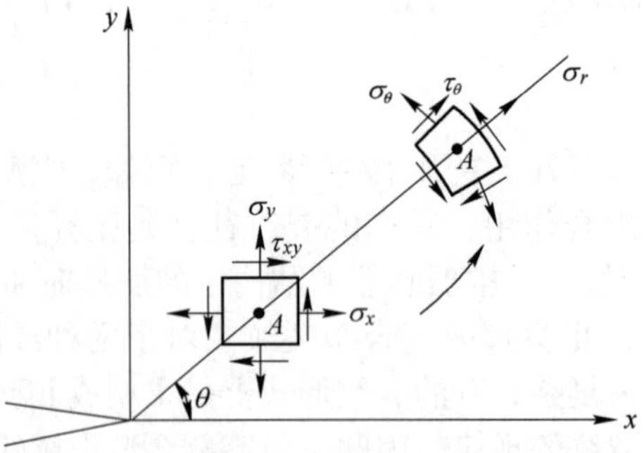

图9.18 裂纹尖端受力的直角坐标和极坐标表示

最大应力准则的基本假设为：

（1）裂纹沿最大周向应力 $\sigma_{\theta\max}$ 的方向开裂；

（2）当此方向的周向应力到达临界值时，裂纹失稳扩展。

根据上述假定，可用下式

$$\frac{\partial\sigma_\theta(K_{\mathrm{I}},\ K_{\mathrm{II}},\ \theta)}{\partial\theta}=0\tag{9.51}$$

确定裂纹的开裂方向与裂纹面的夹角，即开裂角 θ_0。将 σ_θ 表达式（9.50）代入式（9.51），得

$$K_{\mathrm{I}}\sin\theta + K_{\mathrm{II}}(3\cos\theta - 1) = 0 \tag{9.52}$$

由式（9.52）可知，只要知道裂纹尖端的应力强度因子 K_{I} 和 K_{II}，就可以求得开裂角。需要注意的是，式（9.51）仅是确定开裂角的必要条件，要使 σ_θ 达到最大值，还需要满足它对 θ 角的二阶导数小于零。

有了式（9.52），只要已知 K_{I} 和 K_{II}，就可以很容易地求得开裂角：

$$\theta_0 = \arccos\frac{3K_{\mathrm{II}}^2 + \sqrt{K_{\mathrm{I}}^4 + 8K_{\mathrm{I}}^2K_{\mathrm{II}}^2}}{K_{\mathrm{I}}^2 + 9K_{\mathrm{II}}^2} \tag{9.53}$$

开裂条件根据最大应力准则的假定（2）来确定。假定（2）认为，当沿 θ_0 方向的周向应力达到 $\sigma_{\theta C}$ 时，裂纹失稳扩展，即

$$\sigma_\theta(K_{\mathrm{I}},\ K_{\mathrm{II}},\ \theta_0) = \sigma_{\theta C} \tag{9.54}$$

临界值 $\sigma_{\theta C}$ 一般由Ⅰ型开裂条件给出，即 $\sigma_{\theta C} = \sigma_\theta(K_{\mathrm{IC}},\ 0,\ 0)$。将开裂角 θ_0 的值代入式（9.50）与式（9.54），得临界失稳扩展条件为

$$\cos\frac{\theta_0}{2}\left(K_{\mathrm{I}}\cos^2\frac{\theta_0}{2} - \frac{3}{2}K_{\mathrm{II}}\sin\theta_0\right) = K_{\mathrm{IC}} \tag{9.55}$$

为了与Ⅰ型裂纹的 K 准则对应，把上式左端看成相当应力强度因子，以 K_e 表示，则式（9.55）写成

$$K_e = K_{\mathrm{IC}} \tag{9.56}$$

这样，复合型裂纹问题就在形式上化成当量Ⅰ型裂纹问题，然后用K准则判断其是否失稳。另外，由于应力强度因子 K_{I}、K_{II} 与裂纹的尺寸和外加载荷有关，因此对于Ⅰ-Ⅱ型复合裂纹问题，按式（9.55）能够确定所需要知道的临界参数，如临界裂纹尺寸与临界载荷。

最大应力准则实际上是在以裂纹尖端为圆心的同心圆上比较周向应力得出的准则，其中至少有两点考虑得不够全面：一是该准则没有综合考虑其他应力分量的作用；二是该准则不能将广义的平面应力和平面应变两类问题区分开来。为此，有很多研究人员对该准则提出了一些修正的方法，如王铎和杜善义提出了一个最大应力准则的修正准则：假定裂纹沿裂纹尖端塑性区边界上最大周向应力的方向开裂，开裂条件定为沿此方向的周向应力达到某临界值。这一准则物理意义更加明确，同时可将平面应力和平面应变两种情况分开。

最大应力准则比较简单，而且在复合型的Ⅱ型成分不大时，与实验结果相差无几，因此人们比较愿意使用。但是，当Ⅱ型成分较多时，特别是纯Ⅱ型时，与实验结果的差距较大。因此，对Ⅱ型成分较大的复合型裂纹的断裂问题，还需要进一步地研究。

9.4.5.2　应变能密度因子准则

应变能密度因子准则是薛昌明提出的，简称S准则。该准则综合考虑了裂纹尖端附近六个应力分量的作用，计算出裂纹尖端附近局部的应变能密度，并在以裂纹尖端为圆心的同心圆上比较局部的应变能密度，从而提出裂纹失稳开裂的判据。

该准则定义一个应变能密度因子 S 来描述裂纹尖端应力、应变场的应变能强度，并提出如下基本假设：

（1）裂纹沿 S 的极小值方向开裂；

（2）当 S_{min} 达到临界值 S_C 时，裂纹失稳扩展。

S_C 与 G_{IC}、K_{IC} 类似，是材料常数，标志材料抵抗裂纹扩展的能力。不论Ⅰ型或复合型，由试验得到的 S_C 应该相同，由此可以建立 S_C 与 G_{IC}、K_{IC} 间的定量关系。

应变能密度准则获得了一些实验的支持，薛昌明和他的合作者用该准则分析了许多种类的复合型裂纹问题，如分叉裂纹、干涉裂纹、弧形裂纹、组合材料裂纹、孔边放射裂纹、板壳裂纹和三维复合型裂纹等问题。

9.4.5.3　应变能释放率准则

对于Ⅰ型裂纹，应变能释放率准则即为 G 准则。有人将这一准则推广到复合型，认为对于Ⅰ、Ⅱ、Ⅲ复合型的裂纹问题，当其应变能释放率之和达到临界值时，裂纹开始扩展，即

$$G_{\mathrm{I}} + G_{\mathrm{II}} + G_{\mathrm{III}} = G_{\mathrm{IC}} \tag{9.57a}$$

或

$$K_{\mathrm{I}}^2 + K_{\mathrm{II}}^2 + \frac{1}{1-\mu}K_{\mathrm{III}}^2 = K_{\mathrm{IC}}^2 \tag{9.57b}$$

式（9.57）表达的关系，是根据裂纹仍然沿其延长线方向扩展而得到的。但某些实验表明：复合型裂纹不一定沿其延长线方向扩展，因此式（9.57）不一定成立。此后，人们又提出了新的应变能释放率准则，其假设如下：

（1）裂纹沿着应变能释放率达到最大的方向扩展，即由

$$\frac{\partial G_\theta}{\partial \theta} = 0, \quad \frac{\partial^2 G_\theta}{\partial \theta^2} < 0 \tag{9.58}$$

可求得开裂角 θ_0；

（2）当此方向（$\theta = \theta_0$）上的应变能释放率达到临界值时，裂纹开始扩展，即

$$G_\theta \big|_{\theta=\theta_0} = G_{\mathrm{IC}} \tag{9.59}$$

式中，G_θ 为裂纹扩展成极角为 θ 的分支裂纹时的应变能释放率（图 9.19）。

应变能释放率准则提出的一些计算方法，其结果都不一致，又缺少试验验证，在实际工程应用中还存在着一些问题。

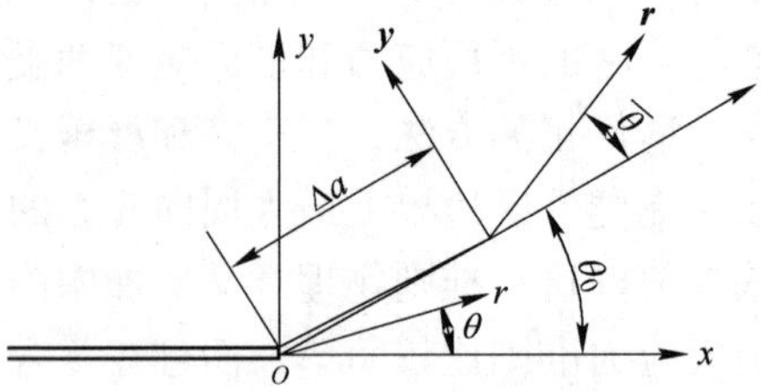

图 9.19　极角为 θ 的分支裂纹

9.4.5.4　复合断裂的工程经验公式

前面介绍的几种复合型断裂准则，虽然都有各自的物理意义和适用性，但是应用于工程上仍存在着问题。由于受裂纹检测水平的限制，目前还不能对裂纹的性质、尺寸、形状和方位做出准确的判断。同时，各种理论在一些情况下预测的结果与试验结果尚存在一定的差距。因此，用上述理论进行计算，还不如用基于试验资料得到的一些经验公式更适用些。根据这一想法，人们通过实验，总结归纳出一些复合型断裂准则的经验公式。这里介绍一些常用公式。

A　K_{I}-K_{II} 复合型问题

由复合型裂纹的实验结果，得到如图 9.20 的规律，图中数据从下列实验中测得：

（1）11 mm 厚的 7178-T651 铝合金板，具有中心斜裂纹，受拉伸作用。

（2）10~13 mm 厚的 DTD5050 铝合金板，具有中心斜裂纹，受拉伸作用。

（3）7.5 mm 厚的 7075-T7651 和 2024-T3 铝合金板，受剪切作用。

（4）7.5 mm 厚的 7075-T651 铝合金板，具有斜边裂纹，受拉伸作用。

（5）6.5 mm 厚的 4340 钢板材，具有中心斜裂纹，受拉伸作用，试验温度为−200 ℉。

图中同时画出最大应力准则和应变能密度因子准则的结果。由图可见，实验数据分散，很难判断前述哪个准则符合实验结果。从偏于安全的角度，取实验数据的下限作为 K_{I}-K_{II} 复合型准则，即

$$K_{\mathrm{I}}+K_{\mathrm{II}}=K_{\mathrm{IC}} \tag{9.60}$$

B　K_{I}-K_{III} 复合型问题

图 9.21 列出了下述Ⅰ-Ⅲ复合型裂纹实验的结果。

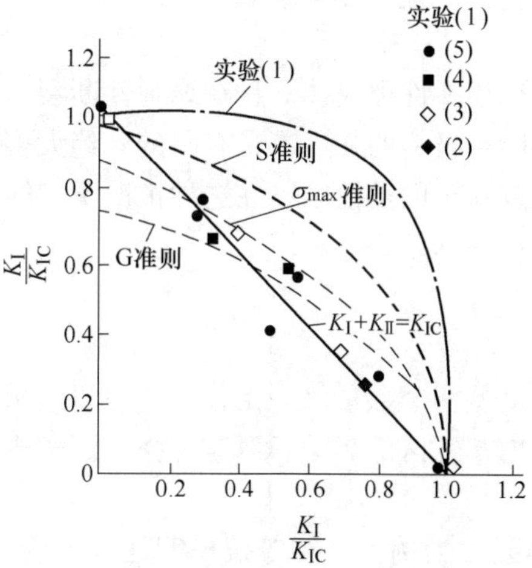

图 9.20　K_{I}-K_{II} 复合型问题实验结果

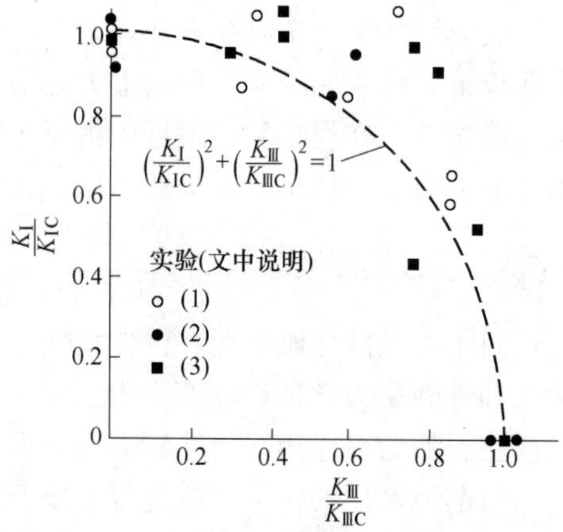

图 9.21　K_{I}-K_{III} 复合型问题实验结果

（1）4340 钢圆周裂纹的圆试样，在室温下，受拉伸和扭转复合载荷作用。

（2）4340 钢表面裂纹平板试样，在−200℉温度下作拉伸试验。

（3）4340 钢表面裂纹圆试样，在室温下作拉伸和扭转复合载荷试验。

由图中可以看出，当 $K_{\mathrm{I}}\leqslant 0.7K_{\mathrm{IC}}$ 时，K_{I} 值的变化对 K_{III} 的临界值影响不大；当 $K_{\mathrm{III}}\leqslant 0.7K_{\mathrm{IIIC}}$ 时，K_{III} 对 K_{I} 的临界值影响不大。工程中一般应用的是：当 $K_{\mathrm{III}}<0.5K_{\mathrm{I}}$ 时，可不考虑 K_{III} 的影响；当 $K_{\mathrm{I}}<0.5K_{\mathrm{III}}$ 时，可不考虑 K_{I} 的影响。图 9.21 中还画有应变能密度因子准则和应变能释放率准则表示的曲线，

$$\left(\frac{K_{\mathrm{I}}}{K_{\mathrm{IC}}}\right)^2+\left(\frac{K_{\mathrm{III}}}{K_{\mathrm{IIIC}}}\right)^2=1 \tag{9.61}$$

位于实验结果的下限，因此用于Ⅰ-Ⅲ复合型问题是偏于安全的。

对于应变能密度因子准则，可得Ⅰ-Ⅲ复合型问题计算公式如下：

$$K_{\mathrm{I}}^2+\frac{K_{\mathrm{III}}^2}{1-2\mu}=K_{\mathrm{IC}}^2 \tag{9.62}$$

对于应变能释放率准则，可得Ⅰ-Ⅲ复合型问题计算公式如下：

$$K_{\mathrm{I}}^{2} + \frac{K_{\mathrm{III}}^{2}}{1-\mu} = K_{\mathrm{IC}}^{2} \tag{9.63}$$

C Ⅰ-Ⅱ-Ⅲ复合型问题

对于Ⅰ-Ⅱ-Ⅲ复合型问题，经验计算公式如下：

$$(K_{\mathrm{I}} + K_{\mathrm{II}})^{2} + \frac{K_{\mathrm{III}}^{2}}{1-2\mu} = K_{\mathrm{IC}}^{2} \tag{9.64}$$

式（9.62）~式（9.64）各式中，μ 为泊松比。

关于复合型断裂准则，除了以上介绍的以外，还有其他一些准则。另外，对复合型断裂的其他分支，如复合型疲劳与蠕变裂纹、复合型裂纹弹塑性断裂、复合型裂纹动态扩展和复合材料裂纹断裂等问题的研究还不够成熟，有待进一步的研究。

9.5 线弹性断裂力学在小范围屈服中的推广

线弹性断裂力学以线弹性理论为基础，只适用于纯线弹性裂纹体。且在线弹性断裂力学假设下裂纹尖端的应力理论上为无限大，而实际上所有材料的强度都是有限的。绝大多数金属材料，在裂纹尖端附近，由于应力集中必然形成一定的塑性区。在这种情况下，线弹性断裂力学的理论是否仍然适用，这就是本节要讨论的问题。

9.5.1 等效模型概念

对于小范围屈服情况，譬如塑性区尺寸比裂纹长度差一个数量级，工程中一般仍然采用线弹性断裂力学理论计算应力强度因子，但是要考虑塑性区的影响，对应力强度因子进行修正，然后再应用线弹性断裂力学理论进行计算。

目前最常用的修正方法是等效模型法。现以Ⅰ型裂纹为例，介绍等效模型法的概念。其他型的裂纹与Ⅰ型裂纹类似，不再列举。

研究裂纹平面内的法向应力，先不考虑塑性区的影响，根据线弹性解式（9.5），当 $\theta=0$ 时，

$$\sigma_{y} = \frac{K_{\mathrm{I}}}{\sqrt{2\pi r}} \tag{9.65}$$

裂纹尖端附近的应力分布曲线见图 9.22 中虚线 FBD。忽略材料的应变硬化（即理想弹塑性材料），对塑性区尺寸最简单的近似估计为：

$$\sigma_{y} = \frac{K_{\mathrm{I}}}{\sqrt{2\pi r_{y}}} = \sigma_{s} \tag{9.66}$$

或

$$r_{y} = \frac{1}{2\pi}\frac{K_{\mathrm{I}}^{2}}{\sigma_{s}^{2}} = \frac{a}{2}\left(\frac{\sigma}{\sigma_{s}}\right)^{2} \tag{9.67}$$

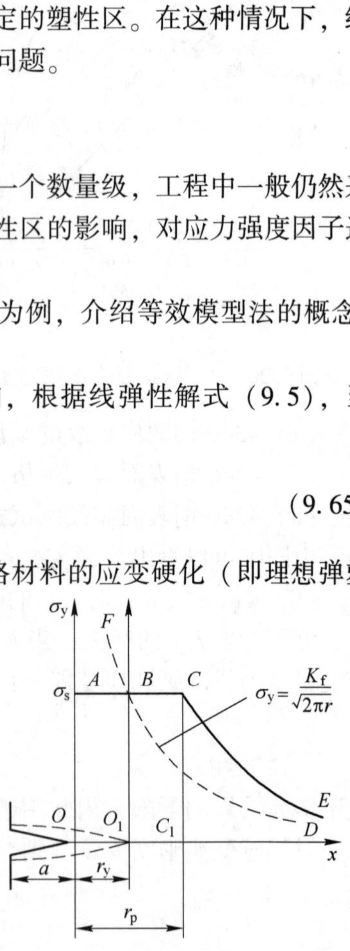

图 9.22 裂纹尖端附近应力分布

当材料不存在明显的屈服极限时，取 $\sigma_s=\sigma_{0.2}$。估计的 r_y 值一般比实际值偏低，因为它忽略了 AB 以上的应力分布部分。实际材料中，由于裂纹尖端附近的塑性变形导致应力重新分布。作为一次逼近，把在裂纹平面

上 $0 < r < r_y$ 区域内材料的屈服变为在该平面上屈服范围扩展成长度为 r_p 上的均匀分布载荷，即

$$\int_0^{r_y} \sigma_y \mathrm{d}r = \sigma_s r_p \tag{9.68}$$

由此得：

$$r_p = 2r_y = \frac{1}{\pi}\frac{K_I^2}{\sigma_s^2} = a\left(\frac{\sigma}{\sigma_s}\right)^2 \quad (\text{平面应力}) \tag{9.69}$$

即：如果裂纹尖端附近出现微小塑性区，在塑性区内应力和应变不再呈线性关系，所以法向应力不再由式（9.65）表示，而由图中 *ABC* 和 *CE* 两段实线来表示。

对于平面应变问题，由于侧向收缩受到限制，有效屈服应力明显增加（将应力 $\sigma_z = \mu(\sigma_x + \sigma_y)$ 代入 Von Mises 准则），可知塑性区显著减小。常用的关系式为：

$$r_p = \frac{1}{3\pi}\frac{K_I^2}{\sigma_s^2} = \frac{a}{3}\left(\frac{\sigma}{\sigma_s}\right)^2 \quad (\text{平面应变}) \tag{9.70}$$

可见，平面应变状态的塑性屈服区比平面应力状态小得多。以上两式均认为裂尖存在一塑性区，而不考虑塑性区的形状。

想象裂纹尖端向前移动距离 r_p，使虚线 *BD* 与实线 *CE* 重合，这样按裂纹长 $\bar{a} = a + r_p$ 计算的线性解 *BD* 部分，将与有塑性区时的弹性部分 *CE* 相等。$\bar{a}$ 称为等效裂纹长度。等效裂纹模型法就是以 $\bar{a}$ 代替原裂纹长 a，对应力强度因子进行修正。这种修正说明，塑性区的存在相当于裂纹长度增加，即裂纹体的柔度增加，因而裂纹的应变能释放率 G_I 也增加。

9.5.2 塑性区的形状和尺寸

前述式（9.66）~式（9.70）仅提供了塑性区大小的估算方法，本节将继续讨论塑性区的形状及尺寸。

先讨论平面应力情况。按材料力学公式，裂纹尖端附近各点的主应力为

$$\sigma_1, \sigma_2 = \frac{\sigma_x + \sigma_y}{2} \pm \sqrt{\left(\frac{\sigma_x - \sigma_y}{2}\right)^2 + \tau_{xy}^2}$$

将式（9.5）中的应力 σ_x、σ_y、τ_{xy} 代入上式，得

$$\left.\begin{aligned} \sigma_1 &= \frac{K_I}{\sqrt{2\pi r}}\cos\frac{\theta}{2}\left(1 + \sin\frac{\theta}{2}\right) \\ \sigma_2 &= \frac{K_I}{\sqrt{2\pi r}}\cos\frac{\theta}{2}\left(1 - \sin\frac{\theta}{2}\right) \\ \sigma_3 &= 0 \end{aligned}\right\} \tag{9.71}$$

应用 Von Mises 屈服条件：

$$(\sigma_1 - \sigma_2)^2 + (\sigma_2 - \sigma_3)^2 + (\sigma_3 - \sigma_1)^2 = 2\sigma_s^2 \tag{9.72}$$

将式（9.71）代入上式，化简后求出极径与极角的关系式

$$r = \frac{K_I^2}{2\pi\sigma_s^2}\cos^2\frac{\theta}{2}\left(1 + 3\sin^2\frac{\theta}{2}\right) \tag{9.73}$$

根据上式画出（r，θ）曲线（见图 9.23 中实线），在曲线上各点的相当应力等于屈服极限，曲线内部各点则超过屈服极限。这条闭合曲线表示裂纹尖端附近材料出现塑性区的周边形状，不过其内部未考虑应力松弛效应。在裂纹面（$\theta=0$）上，塑性区周边到裂纹尖端的距离为

$$r_y=\frac{1}{2\pi}\left(\frac{K_I}{\sigma_s}\right)^2 \tag{9.74}$$

式中，r_y 为塑性区尺寸。

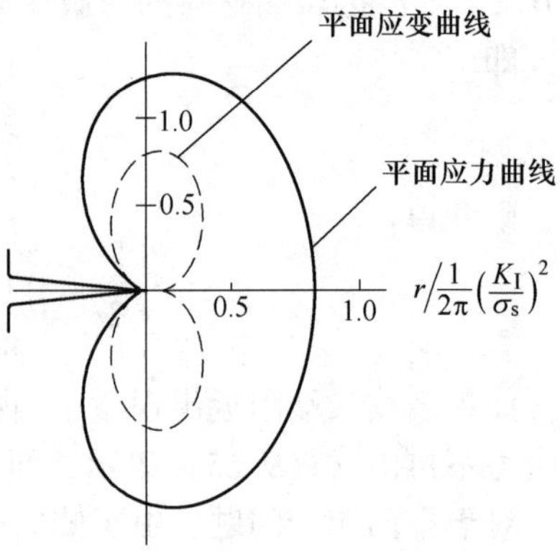

图 9.23　裂纹尖端塑性区形状

在平面应变情况下，除 σ_1 和 σ_2 外，还有

$$\sigma_3=\mu(\sigma_1+\sigma_2)=2\mu\frac{K_I}{\sqrt{2\pi r}}\cos\frac{\theta}{2} \tag{9.75}$$

代入式（9.72），得平面应变塑性区周界方程为

$$r=\frac{1}{2\pi}\left(\frac{K_I}{\sigma_s}\right)^2\cos^2\frac{\theta}{2}\left[(1-2\mu)^2+3\sin^2\frac{\theta}{2}\right] \tag{9.76}$$

当 $\mu=0.3$ 时，其图像如图 9.23 中虚线所示。同理，在裂纹面上周边到裂纹尖端的距离为

$$r_y=\frac{1}{2\pi}\left(\frac{K_I}{\sigma_s}\right)^2(1-2\mu)^2 \tag{9.77}$$

若取 $\mu=0.3$，则

$$r_y=0.16\frac{1}{2\pi}\left(\frac{K_I}{\sigma_s}\right)^2 \tag{9.78}$$

由图看出，平面应变的塑性区远小于平面应力的塑性区。这是因为，在平面应变状态下，沿厚度方向约束所产生的 σ_z 是拉应力，在三向应力状态下，材料不易屈服而变脆。

取一厚板，厚度中心部分受 z 方向约束大，处于平面应变状态；由中心移向表面，约束逐渐减小，因此向平面应力状态过渡；接近表面时，约束极小，处于平面应力状态。在厚板的前沿上，板中心的塑性区较小，越接近表面越大。变化情况如图 9.24 所示。

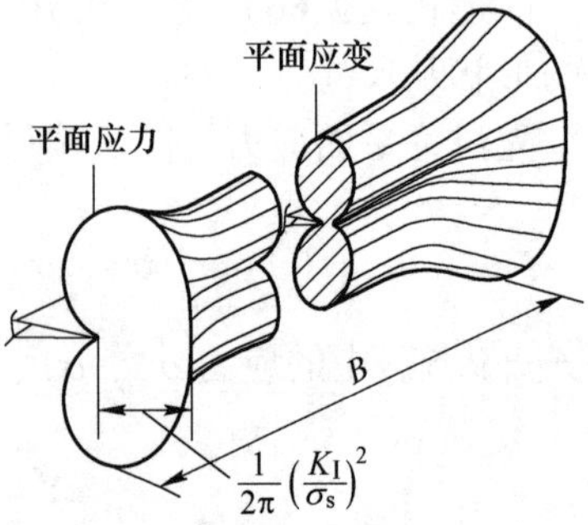

图 9.24　厚板的裂纹尖端塑性区变化

9.5.3　应力松弛的修正

上述分析，无论是平面应力状态，还是平面应变状态，均未考虑塑性区内塑性变形引起的应力松弛，其结果使得到的塑性区偏小。如果考虑应力松弛的影响，则塑性区将扩大。

应力松弛对塑性区的影响，可粗略估计如下：

设应力松弛发生前，应力分布按弹性解如图 9.22 中 *FBD* 虚线。应力松弛发生后，应力分布如图 9.22 中 *AC* 和 *CE* 两段实线组成，*CE* 为平移后的弹性解，*AC* 为理想塑性的 σ_s

应力值。根据力的平衡条件，应力松弛发生前后，沿 x 轴上力的和应该相等，即 FBD 虚线下的应力的积分应该与 AC 和 CE 两段实线下应力的积分和相等。现已假定 CE 与 BD 下应力积分相等，则只需 FB 下应力积分等于 AC 下应力积分即可，由此有

$$r_p\sigma_{ys} = \int_0^{r_0}\sigma_y(r)\,dr \tag{9.79}$$

式中，r_p为考虑应力松弛影响时的塑性区尺寸；σ_{ys} 为塑性区中 y 轴方向的应力。

在平面应力状态下，$\theta = 0$ 时，

$$\sigma_1 = \sigma_2 = \frac{K_I}{\sqrt{2\pi r}} = \sigma_{ys},\quad \sigma_3 = 0$$

按 Von Mises 屈服条件，$\sigma_{ys} = \sigma_s$，即 σ_{ys} 等于单向拉伸时的屈服极限 σ_s。

将式（9.65）及式（9.74）代入式（9.79），积分后得

$$r_p = \frac{1}{\pi}\left(\frac{K_I}{\sigma_s}\right)^2 \tag{9.80}$$

由式（9.80）看出，应力松弛使塑性区尺寸增加一倍。

对平面应变状态，当 $\theta = 0$ 时，$\sigma_1 = \sigma_2 = \sigma_{ys}$，而 $\sigma_3 = \mu(\sigma_1 + \sigma_2) = 2\mu\sigma_{ys}$，按 Von Mises 屈服条件，有

$$\sigma_{ys} = \frac{1}{1-2\mu}\sigma_s \tag{9.81}$$

将式（9.81）代入式（9.79），积分后得

$$r_p = \frac{1}{\pi}\left(\frac{K_I}{\sigma_s}\right)^2(1-2\mu)^2 \tag{9.82}$$

即在平面应变状态下，如考虑塑性区应力松弛的影响，塑性区也扩大一倍。

在一般文献中，根据环形缺口圆棒试件所做的拉伸试验，在三向应力状态下，

$$\sigma_{ys} = 1.7\sigma_s \approx \sqrt{2\sqrt{2}}\,\sigma_s \tag{9.83}$$

代入式（9.79），积分后得

$$r_p = \frac{1}{2\sqrt{2}\,\pi}\left(\frac{K_I}{\sigma_s}\right)^2 \tag{9.84}$$

在一般文献中，多采用式（9.84）而不是式（9.82）。

以上分析没有考虑到材料的强化。对于实际的强化材料，裂纹尖端塑性区的形状和尺寸都与上述结果有出入。材料的强化作用越大，塑性区尺寸越小。因此，上述结果对于实际材料而言是偏于安全的近似解。

9.5.4 等效裂纹强度及应力强度因子的修正

应力强度因子是裂纹尖端应力场强弱的标志。由于裂纹尖端塑性区的形成而引起应力松弛，使应力场发生变化，应力强度因子也应该随之改变。应力松弛的结果，使裂纹体刚度下降，这与裂纹长度增加效果一样。在等效模型中，取等效裂纹长度 $\bar{a} = a + r_y$，令等效裂纹尖端附近应力场的线弹性理论分布曲线，在原裂纹塑性区边界（见图 9.22 中 C_1 点）的应力等于 σ_{ys}，亦即在 $r = r_p - r_y$ 处，$\bar{\sigma}_y = \sigma_{ys}$。然而，$\bar{\sigma}_y = \bar{K}_I / \sqrt{2\pi r}$，故得

$$\frac{\bar{K}_{\mathrm{I}}}{\sqrt{2\pi(r_p - r_y)}} = \sigma_{ys} \tag{9.85}$$

$\bar{K}_{\mathrm{I}}$ 是应力松弛后的应力强度因子。上式简化后得

$$r_y = r_p - \frac{\bar{K}_{\mathrm{I}}^2}{2\pi\sigma_{ys}^2} \tag{9.86}$$

在平面应力状态下，$\sigma_{ys} = \sigma_s$，$r_p = \dfrac{1}{\pi}\left(\dfrac{K_{\mathrm{I}}}{\sigma_s}\right)^2$，代入式（9.86），并作一次近似 $K_{\mathrm{I}} \approx \bar{K}_{\mathrm{I}}$，则有

$$r_y = \frac{1}{2\pi}\left(\frac{\bar{K}_{\mathrm{I}}}{\sigma_s}\right)^2 \tag{9.87}$$

在平面应变状态下，如按 $r_p = \dfrac{1}{\pi}\left(\dfrac{K_{\mathrm{I}}}{\sigma_s}\right)^2 (1-2\mu)^2$，$\sigma_{ys} = \dfrac{1}{1-2\mu}\sigma_s$，则有

$$r_y = \frac{1}{2\pi}\left(\frac{\bar{K}_{\mathrm{I}}}{\sigma_s}\right)^2 (1-2\mu)^2 \tag{9.88}$$

如按一般采用的公式 $r_p = \dfrac{1}{2\sqrt{2}\pi}\left(\dfrac{K_{\mathrm{I}}}{\sigma_s}\right)^2$，$\sigma_{ys} = \sqrt{2\sqrt{2}}\sigma_s$，则有

$$r_y = \frac{1}{4\sqrt{2}\pi}\left(\frac{\bar{K}_{\mathrm{I}}}{\sigma_s}\right)^2 \tag{9.89}$$

求得 r_y 后，即可按 $a + r_y$ 计算等效裂纹长度，然后再按等效裂纹长度计算等效应力强度因子 $\bar{K}_{\mathrm{I}}$。一般工程应用中，取 $\bar{K}_{\mathrm{I}} = K_{\mathrm{I}}$。

因 $K_{\mathrm{I}} = Y\sigma\sqrt{\pi a}$，用等效裂纹长度 $a + r_y$ 代替 a，有

$$\bar{K}_{\mathrm{I}} = Y\sigma\sqrt{\pi(a + r_y)} \tag{9.90}$$

在平面应力状态下，将式（9.87）代入式（9.90），得

$$\bar{K}_{\mathrm{I}} = \frac{Y\sigma\sqrt{\pi a}}{\sqrt{1 - \dfrac{Y^2}{2}\left(\dfrac{\sigma}{\sigma_s}\right)^2}} \tag{9.91}$$

在平面应变状态下，将式（9.89）代入式（9.90），得

$$\bar{K}_{\mathrm{I}} = \frac{Y\sigma\sqrt{\pi a}}{\sqrt{1 - \dfrac{Y^2}{4\sqrt{2}}\left(\dfrac{\sigma}{\sigma_s}\right)^2}} \tag{9.92}$$

两种状态下的应力强度因子都扩大，扩大系数分别为

$$\frac{1}{\sqrt{1 - \dfrac{Y^2}{2}\left(\dfrac{\sigma}{\sigma_s}\right)^2}} \quad 和 \quad \frac{1}{\sqrt{1 - \dfrac{Y^2}{4\sqrt{2}}\left(\dfrac{\sigma}{\sigma_s}\right)^2}}$$

严格地讲，上述表达式只是近似的，因设 $\overline{K}_{\mathrm{I}} \approx K_{\mathrm{I}}$ ，而且未考虑等效裂纹长度对形状因子 Y 的影响。对于复杂问题，r_{y} 是 $\overline{K}_{\mathrm{I}}$ 的函数，而 $\overline{K}_{\mathrm{I}}$ 又是 r_{y} 的函数，要用逐次逼近法求 $\overline{K}_{\mathrm{I}}$ ，步骤如下：

（1）先将 a 代入 $K_{\mathrm{I}} = Y\sigma\sqrt{\pi a}$ ，计算出的 K_{I} ，作为 K_{I}^{0}。

（2）将 K_{I}^{0} 代入 r_{y} 表达式(9.87)、式(9.88) 或式(9.89)，计算出的 r_{y} ，作为 r_{y}^{0}。

（3）将 $a + r_{\mathrm{y}}^{0}$ 代入式 (9.90)，计算 $K_{\mathrm{I}}^{(1)}$。

（4）将 $K_{\mathrm{I}}^{(1)}$ 代入 r_{y} 表达式 (9.87)、式 (9.88) 或式 (9.89)，求出 $r_{\mathrm{y}}^{(1)}$。

如此反复计算，直至 $K_{\mathrm{I}}^{(n-1)}$ 和 $K_{\mathrm{I}}^{(n)}$ 之差满足一定要求时为止。

9.6 弹塑性断裂力学

线弹性断裂力学是把裂纹体看成理想的线弹性体，充分地运用传统的线弹性理论基础和方法，使它的理论和实验技术得到飞速发展，从而建立了裂纹失稳扩展的准则，并在材料的脆性破坏、疲劳和应力腐蚀等方面得到了应用。它已成为断裂力学中发展得最成熟的一大分支。

尽管如此，线弹性断裂力学尚有一定的局限性。事实上，由于裂纹尖端附近的应力高度集中，在裂纹尖端附近必然存在着塑性区。如果塑性区与裂纹的尺寸相比很小，即所谓小范围屈服情况，可以认为塑性区对绝大部分的弹性区应力场影响不大。这时，应力强度因子（或对其进行适当修正后）可以近似地表征裂纹尖端附近的应力场，线弹性断裂力学的分析方法和结论仍然是适用的。

但是，对于中、低强度钢制造的中小型构件、薄壁结构、焊接结构的拐角处和压力容器的接管处，以及在较高温度下工作的构件，都可能在裂纹尖端附近发生大范围或全面的屈服，其塑性区尺寸与裂纹长度相比，已经达到同数量级，断裂发生在接近屈服应力时刻。在这种情况下，线弹性断裂力学的结论不再适用。必须充分地考虑裂纹体的弹塑性行为，以及在弹塑性情况下裂纹的扩展规律和断裂准则。

另外，在测试材料的断裂韧性 K_{IC} 时，要求保证平面应变条件，即试样厚度 B 必须大于或等于 $2.5(K_{\mathrm{IC}}/\sigma_{\mathrm{s}})^{2}$。若是中、低强度钢，$K_{\mathrm{IC}} = 93\ \mathrm{MPa}\cdot\sqrt{\mathrm{m}}$，$\sigma_{\mathrm{s}} = 49.5\ \mathrm{MPa}$ ，则厚度 $B \geqslant 90\ \mathrm{mm}$ ；若为标准三点弯曲试样，则试样尺寸为 $B \times W \times L = B \times 2B \times 2B = 0.0117\ \mathrm{m}^3$，重量可达 100 kg。这样的大试件给试验带来了诸多困难，一是要大吨位试验机，二是浪费材料。因此也要求研究弹塑性断裂力学，寻求新的衡量材料断裂韧性的指标，以实现用小试件测定材料的 K_{IC} 。

综上所述，发展非线性断裂力学（弹塑性断裂力学），研究大范围屈服断裂（弹塑性断裂与全面屈服断裂）已成为断裂力学研究的迫切任务。

由于弹塑性力学涉及裂纹尖端局部区域的弹塑性行为研究，它在理论、实验技术及应用上都比线弹性断裂力学复杂得多。30 年来，尽管由于工程需要的迫切性，弹塑性理论发展很快，也已经提出了一些断裂准则，能够分析和解决部分问题，但是理论上仍然不够成熟，尚需不断发展、充实和完善。

弹塑性断裂力学主要是从能量和应变场强度两个角度，来研究大范围屈服时，裂纹尖端的应力-应变场，从而提出弹塑性断裂准则。弹塑性准则又分为两类：一类以裂纹开裂为依据，如 COD 准则，J 积分准则；另一类以裂纹失稳为依据，如 R 阻力曲线法，非线性断裂韧性 $\tilde{G}$ 法。本节介绍第一类准则。

9.6.1　塑性区条形简化模型

1960 年，达格得尔（Dugdale）通过对带裂纹软钢薄壁构件的实验观察结果，提出了条形塑性区简化模型，认为在裂纹尖端前沿，沿裂纹方向的一段直线上，材料构成一带状的理想塑性体。达格得尔对这种物理模型，采用 Muskhelishvili 方法避开了复杂的弹塑性分析，得出了弹塑性断裂力学参数的表达式。这一模型简称 M-D（Muskhelishvili-Dugdale）模型，其内容如下。

如图 9.25 所示的无限大板，受拉伸应力 σ 作用，裂纹长 $2a$ 。在平面应力作用下，裂纹尖端带状塑性区长度为 r_p。尖端塑性区为理想塑性，在其中产生的应力为屈服应力。设理想塑性区被剖开，在两表面分别作用均匀分布拉应力 σ_s。

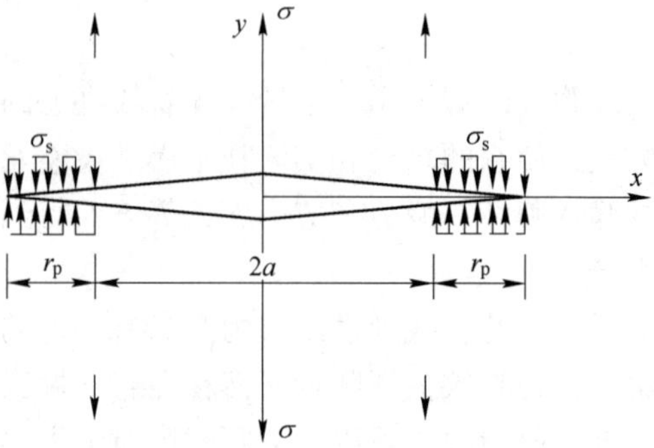

图 9.25　M-D 模型

将图 9.25 所示的裂纹尖端附近的应力场化为三个应力场的叠加（见图 9.26），其受力情况分别如下：

（1）无裂纹的无限大板，在远处受均布的拉应力 σ 作用，见图 9.26（b）。

（2）具有 $2c = 2(a + r_p)$ 长裂纹的无限大板，远处不受力，在裂纹表面上作用均布的压应力 σ ，见图 9.26（c）。

（3）具有 $2c = 2(a + r_p)$ 长裂纹的无限大板，远处不受力，在裂纹表面的两个塑性区 r_p上各作用均布的拉应力 σ_s ，见图 9.26（d）。

显然，将三者叠加后，其受力情况与图 9.25 中裂纹无限大板受力情况相同，如图 9.26（a）所示。这样，就将一个平面应力条件下的弹塑性裂纹问题，转化为线弹性断裂问题。

三者叠加后，要求在 $2(a + r_p)$ 长裂纹的尖端消除奇异性，应力应是有限量。换一种说法，要求应力强度因子为零。根据这一条件，可求出塑性区尺寸 r_p。

图 9.26（b），无裂纹无限大板的应力强度因子 $K' = 0$。

图 9.26（c），具有 $2(a + r_p)$ 长裂纹的无限大板，无限远处不受力，在裂纹表面作用均布的压应力，其应力强度因子与在无限远处受均布应力 σ 而表面不受力情况相同，为 $K'' = \sigma\sqrt{\pi(a + r_p)}$ 。

图 9.26（d），具有 $2(a + r_p)$ 长裂纹的无限大板，在裂纹表面两个塑性区作用均布拉应力 σ_s ，其应力强度因子按下式计算：

$$K''' = 2\sqrt{\frac{a + r_p}{\pi}}\int_a^{a+R}\frac{-\sigma_s}{\sqrt{(a + r_p)^2 - x^2}}dx$$
$$= -\sigma_s\sqrt{\pi(a + r_p)}\ \frac{2}{\pi}\arccos\frac{a}{a + r_p}$$

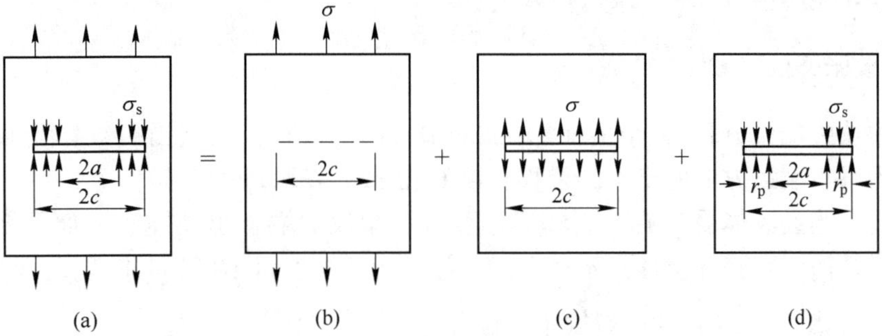

图 9.26 裂纹尖端附近应力场的叠加

三种状态的应力强度因子相加，如果等于零，才能消除裂纹尖端应力的奇异性，使应力为有限量，即

$$K = K' + K'' + K''' = \sigma\sqrt{\pi(a + r_p)} - \sigma_s\sqrt{\pi(a + r_p)}\,\frac{2}{\pi}\arccos\frac{a}{a + r_p} = 0$$

消去 $\pi(a + r_p)$，化简后得

$$\frac{a}{a + r_p} = \cos\frac{\pi\sigma}{2\sigma_s}$$

求上式倒数

$$\frac{a + r_p}{a} = \sec\frac{\pi\sigma}{2\sigma_s}$$

于是，得到塑性区尺寸

$$r_p = a\left(\sec\frac{\pi\sigma}{2\sigma_s} - 1\right) \tag{9.93}$$

式（9.93）即为 M-D 模型求塑性区尺寸的一般公式。

将裂纹前缘塑性区简化为窄条形状，使问题简化，并且得到一些结果，在工程中得到一些应用。但是这种模型与实验所得到的塑性区形状不同。

用莫瑞（Moire）蚀刻法测定裂纹尖端附近的应变，得到的等应变曲线如图 9.27 所示。根据实验结果，将真实的塑性区形状与 M-D 的假设模型相比，证明实际的塑性区呈鱼尾形状，而 M-D 模型将其压缩成一薄片，与实验不符。

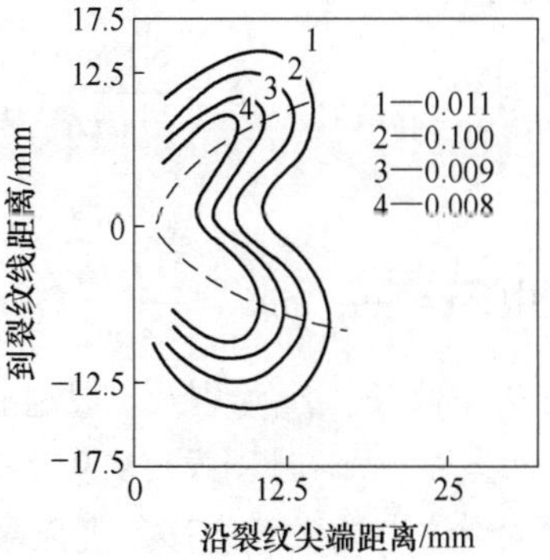

图 9.27 实验得到的塑性区形状

M-D 模型与下面将要提到的裂纹张开位移结合起来，可以将裂纹张开位移法扩大到大范围的屈服问题中去。

对于强化材料，仍采用窄条简化模型，将作用在裂纹表面两塑性区上的均布拉应力 σ_s，改为非均布的或阶梯形的拉应力，则可修正上述理想塑性模型的结果。在工程上，对强化材料一般用屈服极限与强度极限的平均值代替 M-D 模型中的 σ_s，求近似解。

9.6.2 裂纹张开位移 COD 准则

所谓裂纹尖端张开位移（Crack Opening Displacement），是指当裂纹体受载后，在原裂纹尖端沿垂直裂纹方向所产生的位移，以 COD 或 δ 表示。

实际上，当裂纹体受载后，裂纹逐渐张开，裂纹尖端将出现钝头，如图 9.28 所示，因此裂纹尖端的实际张开位移并不存在。一般是将裂纹表面 AB 段向前延长，与尖端 D 的垂线相交于 E 点，用 $\overline{2DE}$ 度量裂纹张开位移。

但是，也有人提出，应该以弹塑性区的交界点作为测量点。他们认为，对于金属材料，塑性形变是导致破坏的重要因素，OD 的垂线 CF 反映裂纹尖端塑性区的形变程度，主张用 $\overline{2CF}$ 量度裂纹张开位移。图 9.28 中 C 点表示裂纹前沿弹性区与塑性区的交界处，可由实验测定，或用有限元方法计算。由上可见，裂纹张开位移的物理概念似乎很简单，但是确切的定义与如何标定，目前尚没有很好地解决。

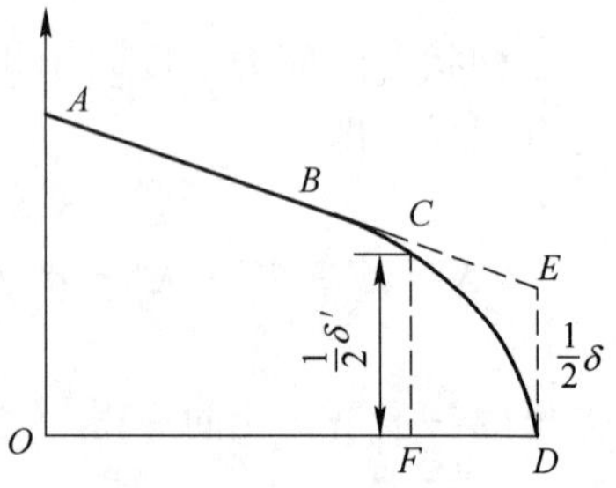

图 9.28 裂纹尖端张开位移

裂纹张开位移的计算可以根据 M-D 模型进行。在应用 M-D 模型时，由于在所设的塑性条带中，用分布力系 σ_s 代替塑性区内上、下分界面之间的结合力，因而在塑性区条带中出现位移的间断。在裂纹尖端的位移间断被认为是由于塑性变形的发展和伴随着裂纹尖端锐化而产生的张开位移。

对于无限大薄板，中间有一长度为 $2a$ 的穿透裂纹，垂直裂纹方向受拉伸应力 σ 作用的情况，可以求得其裂纹张开位移为：

$$\delta = \frac{8\sigma_s a}{\pi E'}\ln\left(\sec\frac{\pi\sigma}{2\sigma_s}\right) \tag{9.94}$$

式中，$E' = E$（平面应力）；$E' = \dfrac{E}{1-\mu^2}$（平面应变）。

对于有限宽板，具有中心裂纹或对称的边裂纹，受拉伸应力作用的情况，其裂纹张开位移为：

$$\delta = \frac{8\sigma_s\sin\theta}{\pi E'}\int_{\theta}^{\frac{\pi}{2}}\frac{\cos x}{\sqrt{1-\sin^2\alpha\,\sin^2 x}}\times\ln\left[\frac{\sin(x+\theta)}{\sin(x-\theta)}\right]\mathrm{d}x \tag{9.95}$$

式中，$\alpha = \dfrac{\pi c}{2h}$；$\sin\theta = \dfrac{\sin\left(\dfrac{\pi a}{2h}\right)}{\sin\alpha}$；$\sin x = \dfrac{\sin\left(\dfrac{\pi x}{2h}\right)}{\sin\alpha}$；$2h$ 为板宽或相邻裂纹间隔（见图 9.29）；$2a$ 为裂纹长；$2c$ 为裂纹与塑性区总长。

当 $h\to\infty$ 时，式（9.95）就化为无限大板的 COD 公式。

裂纹尖端张开位移是表征裂纹尖端应力-应变场的一个物理量，并且与其他物理参数相关。可以证明，在线弹性情况下，COD 与 K 或 G 有关。以具有中心裂纹受拉伸应力作用的无限大板为例，当工作应力远小于材料的屈服极限时，即 $\sigma \ll \sigma_s$，$\alpha = \dfrac{\pi\sigma}{2\sigma_s}$ 是极小量，应用近似公式 $\ln\sec\alpha \approx \dfrac{1}{2}\alpha^2$，代入裂纹张开位移 δ 的公式（9.94），可近似地写成：

$$\delta = \frac{8\sigma_s a}{\pi E'}\frac{1}{2}\left(\frac{\pi\sigma}{2\sigma_s}\right)^2 = \frac{\sigma^2\pi a}{E'\sigma_s}$$

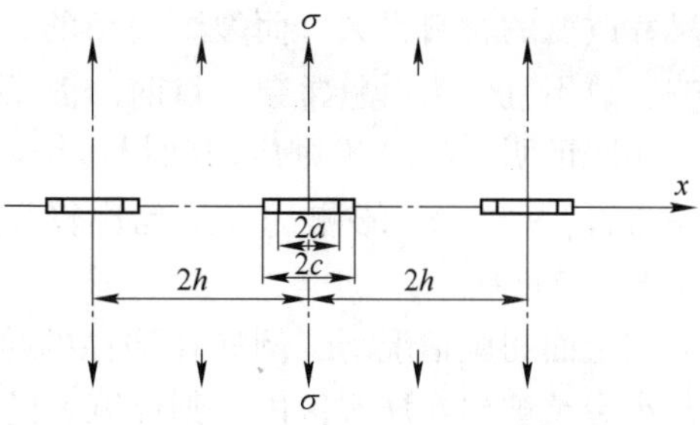

图 9.29 尺寸关系

此时的应力强度因子为 $K_{\mathrm{I}} = \sigma\sqrt{\pi a}$。代入上式后，得到：

$$\delta \approx \frac{K_{\mathrm{I}}^2}{E'\sigma_s}$$

或

$$\delta\sigma_s \approx \frac{K_{\mathrm{I}}^2}{E'} = G_{\mathrm{I}} \tag{9.96}$$

上式表明了线弹性情况下 K_{I}、G_{I} 和 δ 的简单关系。由上述关系，有理由认为 δ 也是表征材料断裂的物理参数。

COD 准则是由威尔斯（Wells）根据大量的实验和工程经验提出来的。它的基本思想是将 M-D 模型得出的张开位移作为裂纹尖端场的物理参数，并用来建立裂纹在弹塑性条件下的断裂准则。准则可陈述如下：当裂纹张开位移 δ 达到临界值 δ_C 时，裂纹将要开裂，即

$$\delta = \delta_C \tag{9.97}$$

是裂纹的临界状态；当 $\delta > \delta_C$ 时，裂纹开裂；当 $\delta < \delta_C$ 时，裂纹不开裂。

上式中的张开位移 δ，可以用实验测定，如直接观察法与蚀刻条纹法等；也可以计算求出，如有限元法与公式（9.94）等。

张开位移的临界值 δ_C，只能由实验测定。δ_C 是材料弹塑性断裂韧性的指标，是材料常数，与温度无关。

必须注意的是，δ_C 是裂纹临界开裂值，而不是裂纹最后失稳的临界值。裂纹开裂与裂纹最后失稳是两个不同的状态。在裂纹开裂以后，如果还要继续稳定地扩展，材料的阻力增加，需要继续增加载荷，直到裂纹达到失稳点，才迅速地失稳破坏。为了区别开裂与失稳两个状态下的裂纹张开位移，有人建议用不同的符号，以 δ_i 表示裂纹开裂的张开位移临界值，以 δ_{max} 表示裂纹失稳的张开位移临界值。

图 9.30 示出 C-Mn 钢在不同温度下，裂纹开裂和失稳时的裂纹张开位移临界值，图中，δ_i 和 δ_{max} 竟相差数倍。中、低强度钢压力容器爆破试验也证明，裂纹开裂的载荷要比裂纹最后失稳的载荷小得多。

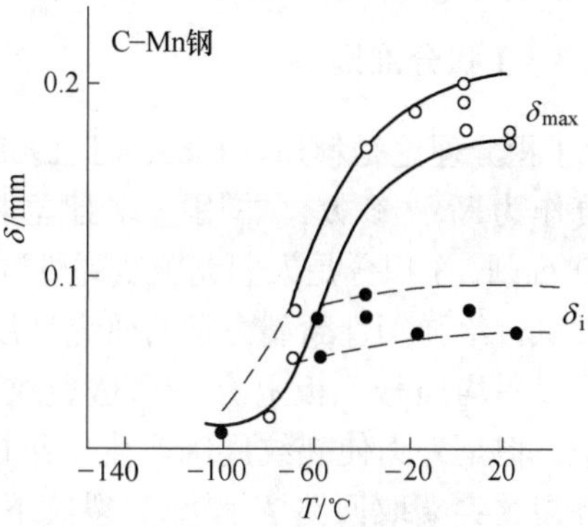

图 9.30 不同温度下裂纹开裂和失稳时的裂纹张开位移临界值

大量实验表明，裂纹开裂的 δ_i 是一个不随试

件尺寸改变的材料常数，而裂纹失稳的 δ_{max} 随试件尺寸变化较大，特别是受试件厚度的影响，故不宜作为材料常数。目前，都以 δ_i 作为裂纹张开位移临界值，一般记为 δ_C。

实践证明，COD 准则应用到焊接结构和压力容器的断裂安全分析，非常有效，而且简易可行；加之 δ_C 的测量方法也比较简单，有标准可以依据，因此在工程上应用较为普遍。

在全面屈服情况下，例如在构件的接头处有小裂纹，应力集中使接头的局部达到屈服，小裂纹被包在屈服区内，则计算 δ 的式（9.95）不再适用，因为式中 $\sigma/\sigma_s \geqslant 1$，公式无意义。在材料超过屈服极限后，一般用名义应变代表材料的状态。Wells 经过大量的宽板试验，归纳出全屈服区中小裂纹的 COD 与名义应变 e 之间的经验关系式如下：

$$\delta = 2\pi ea \tag{9.98}$$

或

$$\frac{\delta}{2\pi ae_s} = \frac{e}{e_s} \tag{9.99}$$

式中，a 为宽板试样的裂纹长度的一半；$e_s = 0.002$，是屈服应变。

蒲得金（Burdekin）等人采用中心裂纹和双边裂纹两种宽板试件做了大量实验。从偏于保守的安全设计角度出发，提出了安全设计曲线，其方程为：

$$\left.\begin{aligned} &\text{当}\frac{e}{e_s} \leqslant 0.5\text{ 时，}\frac{\delta}{2\pi e_s a} = \left(\frac{e}{e_s}\right)^2 \\ &\text{当}\frac{e}{e_s} > 0.5\text{ 时，}\frac{\delta}{2\pi e_s a} = \frac{e}{e_s} - 0.25 \end{aligned}\right\} \tag{9.100}$$

在全面屈服情况下，上式可写成

$$\delta = 2\pi a(e - 0.25e_s) \tag{9.101}$$

该式与 Wells 的公式（9.98）类似。

利用式（9.100）计算的裂纹张开位移 δ 和实验得到的临界张开位移 δ_C，根据 COD 准则，已知名义应变 e，可求出容许的最大裂纹尺寸 a_{max}。需要注意的是，由于安全设计曲线偏于安全，这样计算得到的裂纹尺寸 a_{max}，并不是临界裂纹尺寸 a_C，比它略小，从而偏于保守和安全。其安全裕度 $n = a_C/a_{max}$ 为 1.5~2.5。

9.6.3　J 积分准则

J 积分理论是赖斯（Rice）于 1968 年提出的，用 J 积分作为断裂参数，并用它来建立断裂准则。类似 COD 准则，J 积分是人们克服线弹性断裂力学缺陷的一种尝试，给弹塑性断裂力学的研究增添了活力。

设一均质板，板上有一穿透裂纹，裂纹表面无力作用，但是外力使裂纹周围产生二维的应力、应变场。围绕裂纹尖端取回路 Γ，始于裂纹下表面，终于裂纹上表面，按逆时针方向转动，如图 9.31 所示。

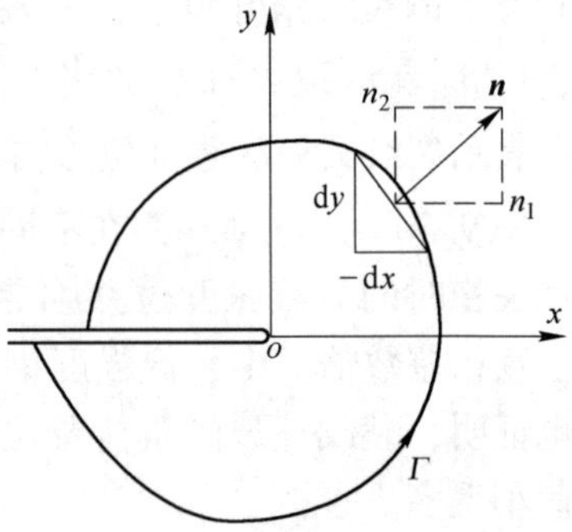

图 9.31　J 积分的定义

定义 J 积分如下

$$J = \int_{\Gamma} \left(W\mathrm{d}y - \boldsymbol{T} \cdot \frac{\partial \boldsymbol{u}}{\partial x} \mathrm{d}s \right) \tag{9.102}$$

式中，W 为板的应变能密度；$\boldsymbol{T}$ 为作用在路程边界上的力；$\boldsymbol{u}$ 为路程边界上的位移矢量；ds 为路程曲线的弧元素。

J 积分有一特性，即其积分值与所选择的路径无关，称之为 J 积分的守恒性。这种守恒性只有满足以下三个条件才成立：

（1）只适用于全量理论和单调加载情况；

（2）仅适用于小变形理论；

（3）要求 J 积分平衡方程中不存在体积力。

事实上，近年来断裂力学研究者通过多种途径的研究表明，J 积分中的某些限制条件可以放宽，这进一步扩大了 J 积分的应用范围。

按 J 积分的定义不难证明，在线弹性情况下，J 积分与应力强度因子有下述关系：

平面应力情况下
$$J = \frac{K_{\mathrm{I}}^2}{E} \tag{9.103}$$

平面应变情况下
$$J = \frac{1-\mu^2}{E} K_{\mathrm{I}}^2 \tag{9.104}$$

上两式说明，在线弹性情况下，J 积分等于应变能释放率 G_{I}，即

$$J = G_{\mathrm{I}} \tag{9.105}$$

因此，在线弹性情况下，J 积分与应变能释放率有相同的物理意义。

J 积分和 COD 的关系可作如下分析：

采用 M-D 模型，对 J 积分路线作如下选择：由裂纹下表面，紧贴着塑性区边，但在塑性区外，直到裂纹的上表面，如图 9.32 中的路线 ABC 所示。

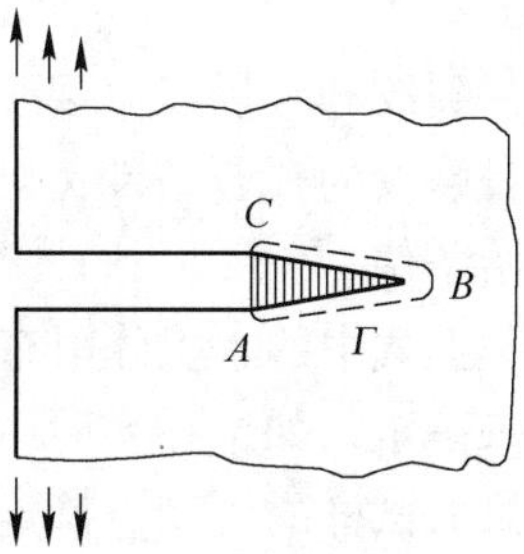

图 9.32 J 积分路线

根据 M-D 模型假设，在塑性区的两个断面上，作用着屈服拉应力 σ_{s}。塑性区长度已使塑性区的顶端无应力奇异值。在积分线路 ABC 上，d$y = 0$，故按 J 积分定义得

$$J = -\int_{ABC} \boldsymbol{T} \cdot \frac{\partial \boldsymbol{u}}{\partial x} \mathrm{d}s$$

而 $\boldsymbol{T}$ 的分量 $\sigma_{\mathrm{y}} = \sigma_{\mathrm{s}}$，其他为零。$\boldsymbol{u}$ 的分量 $v(x)$ 是 x 的函数，$\partial v/\partial x \neq 0$。因为塑性区断面上的位移 $v(x)$ 和应力 σ_{s} 都对称于 x 轴，故

$$J = -2\int_A^B \sigma_{\mathrm{s}} \left(\frac{\partial v}{\partial x} \right) \mathrm{d}x = -\int_A^B \sigma_{\mathrm{s}} \frac{\mathrm{d}}{\mathrm{d}x}(2v)\,\mathrm{d}x = -\sigma_{\mathrm{s}}[(2v)_B - (2v)_A]$$

塑性区呈窄尖劈形，B 点的位移 $v_B = 0$，A 点的张开位移 $\delta = (2v)_A$，于是得

$$J = \sigma_{\mathrm{s}} \delta \tag{9.106}$$

或
$$J = \frac{8\sigma_{\mathrm{s}}^2 a}{\pi E'} \ln\left(\sec \frac{\pi\sigma}{2\sigma_{\mathrm{s}}} \right) \tag{9.107}$$

上式说明，J 积分和 COD 有一定的关系。但是，由于 M-D 模型过于简化，将塑性区考虑为理想塑性，塑性区断面受常力 σ_{s} 作用，而实际上许多材料都存在硬化现象，在塑性区断面所受的力 $\sigma_{\mathrm{y}}(x)$ 是 x 的函数，与材料的硬化指数 n 有关。因此许多试验结果都表

明上式不能普遍适用，应该在上式右方加一系数 k。k 称为 COD 的降低系数，数值在 1~3 之间。即

$$J = k\sigma_s\delta \tag{9.108}$$

罗宾逊（Robinson）指出，k 随塑性区的增加而增加。在塑性区较小时，$k=1$。k 最大可达到 2.6。薛（Sih）的计算结果表明，k 随硬化指数 n 的增加而减少。另外，k 还与裂纹试样尺寸和裂纹形式有关。

J 积分是弹塑性断裂力学的一个重要参数。寻求断裂力学参数的目的，旨在建立合理的断裂准则，判断裂纹的扩展条件和裂纹结构的可靠性。而以上的分析表明，J 积分是一个合理的参数。这主要因为：

（1）J 积分与所取回路无关的特性，给弹塑性分析带来很大方便，避免了分析裂纹尖端附近塑性区的复杂性质的麻烦。

（2）J 积分与线弹性断裂力学的应力强度因子类似，只取决于外加载荷和裂纹的几何尺寸。

（3）J 积分的物理意义表明，它代表了作用于裂纹尖端的一个广义力，一般简称为裂纹扩展力或能量释放率。

（4）应用 M-D 模型可得出 J 积分与 COD 的定量关系。

根据以上几点，贝格莱（Bagley）和兰德斯（Landes）等人做了大量的实验，认为 J 积分作为衡量裂纹开裂的参量是适宜的，从而建立了 J 积分准则。该准则提出：当围绕裂纹尖端的 J 积分达到临界值 J_C 时，裂纹开始扩展，即当

$$J = J_C \tag{9.109}$$

时，裂纹开始扩展。裂纹扩展分稳定的和不稳定的两种形式。对于稳定的缓慢扩展，上式代表裂纹的开裂条件；对于不稳定的快速扩展，上式代表裂纹的失稳条件，即结构的断裂开始条件。

上式中的 J 积分用有限元法计算或用实验的方法得到；J_C 则代表材料性能，必须由实验来确定。如果在实验中取试样的开裂点确定 J_C，则公式（9.109）是裂纹的开裂判据。如果取试样的失稳点确定 J_C，则公式（9.109）是裂纹的失稳判据。大量实验结果证明，用裂纹开裂点确定 J_C，其数据比较稳定，与材料尺寸无关；而用裂纹失稳点确定的 J_C，受材料尺寸影响很大，不宜作为材料常数。因此，一般都认为式（9.109）是裂纹的开裂判据。

J 积分准则和其他准则相比，具有如下优点：

（1）与 COD 准则比较，理论根据严格，定义明确。

（2）用有限元法能够计算不同受力情况下各种形状结构的 J 积分（平面问题），而 COD 准则的计算公式仅限于几种最简单的几何形状和受力情况。

（3）实验求 J_C，简易可行。

如果塑性区的范围与物体的其他特征尺寸相比足够小，则离这一区域足够远的位置，变形场与不考虑这一区域的弹性解只有微小的差异。对远离回路来说，有

$$J = G_{\mathrm{I}} = K_{\mathrm{I}}^2/E = \sigma_s\delta \tag{9.110}$$

也就是说，J 积分、应变能释放率、应力强度因子和裂纹尖端张开位移，在小屈服范围内都是等价的断裂力学参数。因此，断裂准则可以采用其中任意一个来表示。实际应用中，

可以根据是否便于计算或测量来做选择。例如 J 积分，很容易采用有限元方法进行计算。

9.7 高温断裂力学

金属材料在高于 30% 融熔温度的高温环境中，通常就会产生蠕变变形。在核动力、航空燃气涡轮发动机、航天装置中，为了不断地提高效率，许多构件的工作温度已超过材料的蠕变临界温度，结构存在明显的蠕变变形。

在传统的高温服役机械设计中，通常假设结构是无缺陷的。因此必须进行定期的频繁的强制性检测，以确保后续使用的安全性。然而一旦检测到裂纹，便需要确定裂纹是否可以被接受，它是否会引起安全性问题，结构是否必须进行维修或是退出服役。因此需要引入高温断裂力学及极限分析的方法来处理此类问题。

由于蠕变变形具有时间相关性，在高温情况下，一个构件的使用寿命总可以通过与时间相关的裂纹扩展规律来确定。

本节将介绍由于高温蠕变裂纹扩展引起的与时间相关的断裂问题。从不同蠕变状态影响下稳态裂纹尖端附近的应力和应变场出发，确定适当的载荷参数，以研究蠕变裂纹扩展问题。

9.7.1 载荷参数 C^* 积分

当对一高温服役结构进行加载时，即会产生一弹性或弹塑性应力场，此时结构初始的裂尖场可以通过 K 或 J 积分来描述。但当蠕变发生时，必须对裂尖场进行修正。在长时蠕变及常载条件下，稳态蠕变将起主导作用。

考虑材料变形符合蠕变律

$$\dot{\varepsilon}^{c} = \dot{\varepsilon}_0 \left(\frac{\sigma}{\sigma_0}\right)^n \tag{9.111}$$

式中，n、$\dot{\varepsilon}_0$、σ_0 为常数。

对于符合式（9.111）的蠕变体，由于其与塑性条件下的幂律硬化模型相似，其稳态裂尖应力场的确定，可以将塑性条件下裂尖场载荷参数 J 积分替换成稳态蠕变断裂参数 C^*，此时的裂尖应力可以表示为

$$\sigma_{ij} = \sigma_0 \left(\frac{C^*}{I_n \sigma_0 \dot{\varepsilon}_0 r}\right)^{1/(n+1)} \tilde{\sigma}_{ij}(\theta,\ n) \tag{9.112}$$

式中，$\tilde{\sigma}_{ij}$ 为 θ 和 n 的无量纲函数；对平面应变和平面应力情况，I_n 随 n 的变化曲线如图 9.33 所示。

同样，裂尖应变率场与式（9.112）形式类似，为

$$\dot{\varepsilon}^{c}_{ij} = \dot{\varepsilon}_0 \left(\frac{C^*}{I_n \sigma_0 \dot{\varepsilon}_0 r}\right)^{n/(n+1)} \tilde{\varepsilon}_{ij}(\theta,\ n) \tag{9.113}$$

与塑性条件下的应力-应变场类似，式（9.112）与式（9.113）所表示的应力及应变率场通常被称做 HRR 场。

对于蠕变材料，如前所述的稳态蠕变与塑性的相似性，使得稳态蠕变载荷参数 C^* 可

以用一类似 J 积分的线积分来定义为：

$$C^* = \int_\Gamma [W_s^* \mathrm{d}y - T_i(\partial \dot{\boldsymbol{u}}_i / \partial x)\mathrm{d}s] \tag{9.114}$$

式中，$\dot{\boldsymbol{u}}_i$ 为位移率矢量；W_s^* 为应变能率密度，其定义为

$$W_s^* = \int_0^{\dot{\varepsilon}_{ij}^c} \sigma_{ij} \mathrm{d}\dot{\varepsilon}_{ij}^c \tag{9.115}$$

对于符合幂律蠕变关系式（9.111）的材料，式（9.115）变为

$$W_s^* = \frac{n}{n+1}\sigma_{ij}\dot{\varepsilon}_{ij}^c \tag{9.116}$$

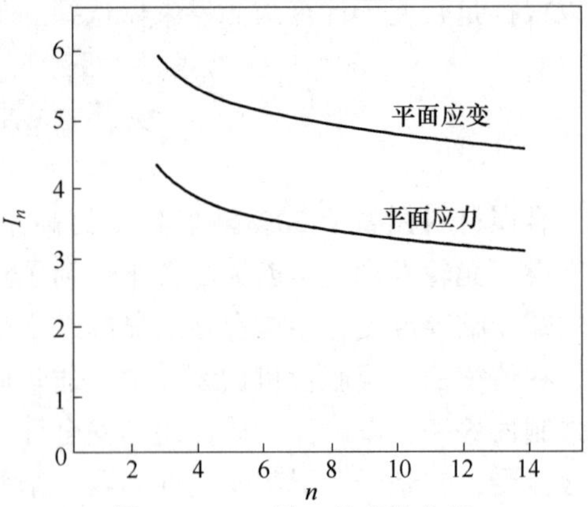

图 9.33　I_n 随 n 的变化曲线

式（9.115）中，当整个物体中的弹性应变率可以忽略时，该积分是与积分路径 Γ 无关的。如果围线充分接近裂尖，则式（9.112）与式（9.113）所描述的应力和应变率场与式（9.114）的 C^* 积分定义相一致。这就使得对于接近裂尖的围线积分定义，用来描述稳态蠕变前的重分布阶段成为可能。

正如 J 积分可以与载荷-位移曲线间的面积相关联，对于蠕变材料，C^* 积分同样可以与载荷-蠕变位移率曲线间的面积相关联。如图 9.34 所示，对于含长度为 a 及 $a + \mathrm{d}a$ 的裂纹体，画出载荷-蠕变位移率函数曲线，则 C^* 积分可以由阴影面积获得，即

$$C^* = \frac{\mathrm{d}U^*}{B\mathrm{d}a} \tag{9.117}$$

式中，$\mathrm{d}U^*$ 为载荷-位移率曲线间的阴影面积。

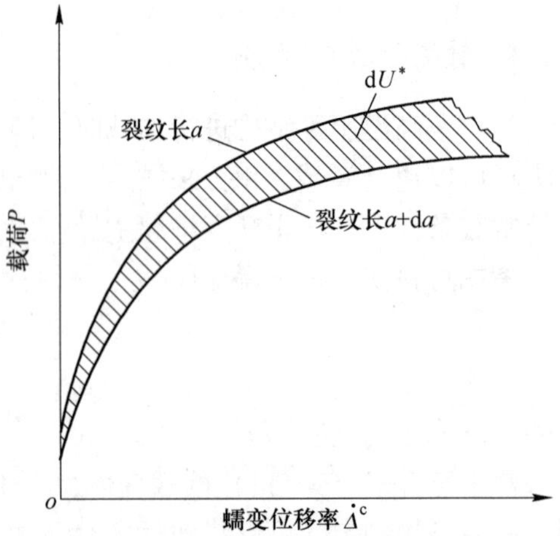

图 9.34　当裂纹尺寸增加 $\mathrm{d}a$ 时，载荷-蠕变位移率响应

这种 J 积分与 C^* 积分的相似性仅仅指数学形式上的，而非物理上的相似。图 9.34 中的曲线代表在不同加载载荷值下，将裂纹体中稳态蠕变位移率数据点相连接。这种数学上的相似性，其用途在于：它使得估算 J 积分时所发展的试验和计算方法可以用于估算 C^* 积分。

由前面所讨论的可知，对幂律蠕变情况，稳态蠕变中的载荷-点位移率可以表示为：

$$\dot{\Delta}^c = C_n P^n \tag{9.118}$$

式中，C_n 可以看作裂纹体的蠕变柔量。根据蠕变与塑性载荷参数的数学相似性，有：

对常载下的裂纹扩展，

$$C^* = \frac{P}{(n+1)B} \left.\frac{\partial \dot{\Delta}^c}{\partial a}\right|_P \tag{9.119}$$

对常位移率下的裂纹扩展，

$$C^* = \frac{n}{n+1}\frac{\dot{\Delta}^{c}}{B}\frac{\partial P}{\partial a}\bigg|_{\dot{\Delta}^{c}} \tag{9.120}$$

式中，B 为含裂纹体的厚度。

式（9.119）与式（9.120）可以用于发展由试验数据估算 C^* 积分的方法中。关于 C^* 积分数值的估算及试验方法，详见文献［49］，［76］。

需要指出的是，在小范围屈服条件下的短时间内，应力强度因子控制着裂纹尖端场强度。由渐近分析可以得出：K 和 C^* 分别是小范围蠕变区和大范围蠕变区极限情况下的载荷参数。用哪一个进行控制，取决于相对构件尺寸和裂纹长度的蠕变区的大小。

9.7.2 载荷参数 $C(t)$ 积分

以往研究表明：在裂纹体中，近裂尖解与稳中有降态解没有明显差异。可以证明，对于幂律蠕变材料，当靠近裂尖时，与蠕变应变率相比，弹性应变率可以忽略。这表明，近尖端应力和应变率场必然是 HRR 场。但这些场由稳态值 C^* 变化而来，通常记作 $C(t)$，且有 $C(t)>C^*$。因此，在非稳态条件下有：

$$\sigma_{ij} = \sigma_0\left(\frac{C(t)}{I_n\sigma_0\dot{\varepsilon}_0 r}\right)^{1/(n+1)}\tilde{\sigma}_{ij}(\theta,\ n) \tag{9.121}$$

$$\dot{\varepsilon}_{ij}^{c} = \dot{\varepsilon}_0\left(\frac{C(t)}{I_n\sigma_0\dot{\varepsilon}_0 r}\right)^{n/(n+1)}\tilde{\varepsilon}_{ij}(\theta,\ n) \tag{9.122}$$

对符合蠕变律式（9.111）的材料，当 $r\to 0$ 时，上两式成立。式（9.121）对时间 t 求导后，可以证明：与蠕变应变率相比，当 $r\to 0$ 时，弹性应变率可以忽略。因为前者以 $r^{-1/(n+1)}$ 正比于应力变化率，而后者以 $r^{-n/(n+1)}$ 正比于应力变化率。

尽管当 $r\to 0$ 时，式（9.121）与式（9.122）必然成立，但它们成立的区域的扩展取决于蠕变变形量。在开始加载的较短时间内，显著的蠕变变形出现在裂尖小范围的高应力区域内，这与在塑性问题中的情况相似。实际上，在加载的瞬间 $t=0$ 时，弹性和弹塑性解在全部范围内都成立，且当 $t\to 0$，使式（9.121）与式（9.122）成立的距离 r 缩小为 0。

由于在短时间内塑性与蠕变变形的相似性，使得在较小尺度蠕变条件下蠕变区的大小可以被定义。相似于塑性问题，蠕变区域的扩展是通过式（9.121）的 HRR 场中等效应力等于弹性场的等效应力时，离裂尖的距离来确定。这样就可以给出蠕变区域尺寸 r_C：

$$r_C(\theta,\ t) = \beta_C(\theta,\ n)\left(\frac{K^2}{2\pi}\right)^{(n+1)/(n-1)}\left(\frac{I_n\dot{\varepsilon}_0}{\sigma_0^n C(t)}\right)^{2/(n-1)} \tag{9.123}$$

式中，$\beta_C(\theta,\ n)$ 为一无量纲函数，它综合了在式（9.5）和式（9.121）中的角函数。

当式（9.121）和式（9.122）的应力和应变率场为 HRR 场时，如果把它们连同位移率场插入到式（9.114）右端，则 $C(t)$ 值必然可以像 C^* 积分由式（9.112）和式（9.113）插入到式（9.114）一样来获得。因此，$C(t)$ 积分可以如线积分定义为：

$$C(t) = \int_{\Gamma\to 0}\left[W_s^*\,\mathrm{d}y - T_i(\partial\dot{u}_i/\partial x)\,\mathrm{d}s\right] \tag{9.124}$$

其中，$\Gamma \to 0$ 表示积分必须是在近裂纹尖端围线（即趋于0）处，此时弹性应变率与蠕变应变率相比可以忽略。应用此式可以进行详细的有限元分析来估算 $C(t)$ 值。但对于稳态加载，在稳态蠕变条件估算前的转换时间内，可以简化 $C(t)$ 的估算方法。

对在 $t=0$ 时刻加载而后载荷保持恒定的结构，在加载的瞬时，裂尖场用 K 或 J 来描述；当 $t>0$ 时，裂尖场用 $C(t)$ 来描述，如式（9.121）和式（9.122）所示。而在较短的时间内，仅仅很高的裂尖应力松弛，仅在裂尖很小的局部为 HRR 场，其余区域的应力分布接近于在 $t=0$ 加载时的情况。这一周围的应力分布，可以用于估算 $C(t)$ 积分的值，可以得到

当 $t \to 0$ 时
$$C(t) = \frac{J_0}{(n+1)t} \tag{9.125}$$

式中，J_0 为在 $t=0$ 时刻的 J 值。

在本节的其余部分，假设初始响应本质上是弹性的，因此 $J_0 = K^2/E'$。则式（9.125）变为：

当 $t \to 0$ 时
$$C(t) = \frac{K^2}{(n+1)E't} \tag{9.126}$$

尽管在 $t=0$ 时上式预测的 $C(t)$ 值为无限大，但如前所述，在 $t=0$ 时刻式（9.121）和式（9.122）成立的区域缩小为0。对较短的时间条件下，式（9.126）已经得到了数值分析结果的证实。

如果对较长的时间式（9.126）成立，那么在某一时间内，$C(t)$ 降低到 C^*。这个时间通常称为过渡时间，即：

$$t_T = \frac{K^2}{(n+1)E'C^*} \tag{9.127}$$

实际上，裂尖场的松弛率随时间的增加而减小，并以与简支梁横截面的应力松弛减小率类似的方式减小。当 $t \to \infty$ 时，$C(t)$ 渐渐趋近于 C^*。数值估算的 $C(t)$ 的松弛曲线形状如图 9.35 所示。可以发现，松弛曲线可由经验插值公式很好地拟合，即

$$C(t) = C^*\left(1 + \frac{t_T}{t}\right) \tag{9.128}$$

也可以描述为：

$$C(t) = C^*\left\{\frac{[1 + t/(n+1)t_T]^{n+1}}{[1 + t/(n+1)t_T]^{n+1} - 1}\right\} \tag{9.129}$$

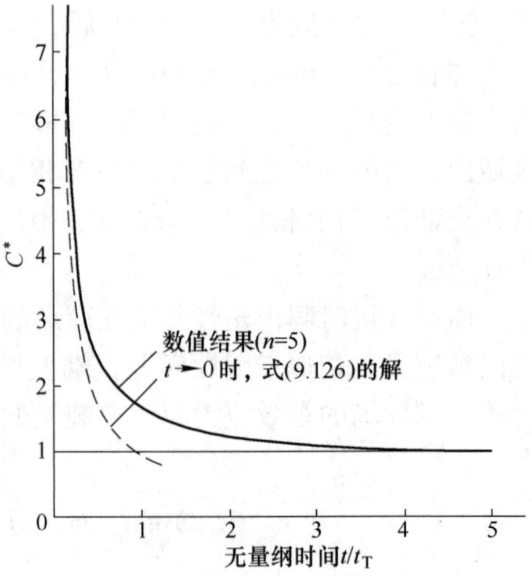

图 9.35　$n=5$ 时，$C(t)$ 随时间的松弛

式（9.128）是短时解式（9.126）和长时解 $C(t) = C^*$ 的简单相加。通过估算 J 为初始值 J_0 和稳态值 $J = C^* t$ 之和，可以获得式（9.129），然后由 $C(t)$ 来描述近尖端场。$C(t)$ 可以用发生整体蠕变应变时 J 积分的增加值来估计。尽管式（9.129）看起来比式（9.128）复杂，但它对于积分确定裂尖附近的累积蠕变应变的近似表达式很方便。蠕变裂纹的萌生与扩展模型的发展涉及累积蠕变应变量。

式（9.128）、式（9.129）与图 9.35 表明：当时间是 t_T 的较小倍数时，$C(t)$ 近似趋近于 C^*。由式（9.129）可知，当 $t>(n+1)$ 且 $n \geqslant 2.5$ 时，$C(t)$ 是 C^* 的 10%。因此，当时间大于应力重分布时间时，式（9.127）近似为

$$t_{red} = (n + 1)t_T \tag{9.130}$$

此时，过渡蠕变效应可以忽略，可以认为裂尖场有稳态的 C^* 值。

$C(t)$ 参数可以用于估算由式

$$\varepsilon^c = A\sigma^n F(t) \tag{9.131}$$

描述的第一和第三阶段蠕变的 HRR 场效应。假设时间硬化方程的相应蠕变率为

$$\dot{\varepsilon}^c = A\sigma^n F'(t) \tag{9.132}$$

如果将式（9.121）和式（9.122）中的 $\dot{\varepsilon}_0/\sigma_0^n$ 用 $F'(t)$ 代替，则应力和应变率场满足平衡和相容条件。因此，当弹性应变可以忽略且第一和第三阶段蠕变普遍存在的时候，方程可以唯一定义裂尖场，得到，

$$C(t) = \left(\frac{F'(t)}{\dot{\varepsilon}_0/\sigma_0^n}\right)C^* \tag{9.133}$$

式中，C^* 为对满足蠕变律方程（9.111）时估算的裂尖值。代入式（9.121）可知，应力分布只与应力指数 n 相关，与蠕变律中的其他项无关。在稳态时应是恒定的，因此它也不受时间硬化或应变硬化律的影响。

研究表明，在蠕变条件下，热应力和残余应力随时间松弛，因而在长时条件下，$C(t)$ 达到的稳定值与机械载荷相关。但热应力和残余应力确实会影响短时 $C(t)$ 值。

除了 $C(t)$ 用于定义裂尖场的瞬态值外，另外一个替代参数是 C_t。它是描述材料达到稳态蠕变前的裂尖场参数。在小范围蠕变条件下，参数 C_t 正比于蠕变区的扩展速率，即

$$C_t \propto K^2 \dot{r}_C \tag{9.134}$$

因加载点位移与蠕变区尺寸相关，因而可以推出参数 C_t。蠕变区对加载点位移的影响，可以通过假设体具有弹性位移，而等效的裂纹尺寸为物理裂纹尺寸 a 与蠕变区尺寸 r_C 之和。在常载和小范围屈服条件下，$t \to 0$ 时有

$$C_t \propto \dot{\Delta}_C \tag{9.135}$$

关于 C_t 参数在短时和长时蠕变条件下的具体论述，及 C_t 与 $C(t)$ 的差别（时间相关性不同等），详见文献［49］。在大范围第一、二阶段蠕变条件下，主要采用 C^* 来作为裂尖特性描述的参数，$C(t)$ 和 C_t 的引入，仅用于发生应力重分布时瞬态条件下。

复习思考题

9-1 应力强度因子有何物理意义？

9-2 进行应力强度因子的叠加时，应考虑哪些问题？

9-3 应力强度因子与应变能释放率之间有什么关系？

9-4 试述脆性断裂的 K 准则。分析线弹性断裂力学的断裂判据与弹性力学的强度条件有何异同。

9-5 试述复合型断裂准则的类型及相应的基本假定。

9-6 为什么裂纹尖端塑性区尺寸在平面应变状态比平面应力状态小？

9-7 在小范围屈服情况下，线弹性断裂力学的理论公式能否应用，如何应用？

9-8 “无限大”薄平板，受双向拉应力作用，板中铆钉孔边上有一裂纹，如图 9.36 所示。已知 $2\sigma_1 = \sigma_2 = 180$ MPa，$R = 25$ mm，材料的 $\sigma_s = 800$ MPa，$K_{IC} = 130\ MN/m^{3/2}$，试分别计算进行塑性修正前后的应力强度因子 K_I 值。若要求安全系数 $n = 2.5$，试问此结构是否安全。

9-9 如图 9.37 所示裂纹长 $2a = 17.5$ mm，$\theta = 35°$，$\sigma = 640$ MPa，$\tau = 360$ MPa，试求 K_I、K_{II}、K_{III} 值。

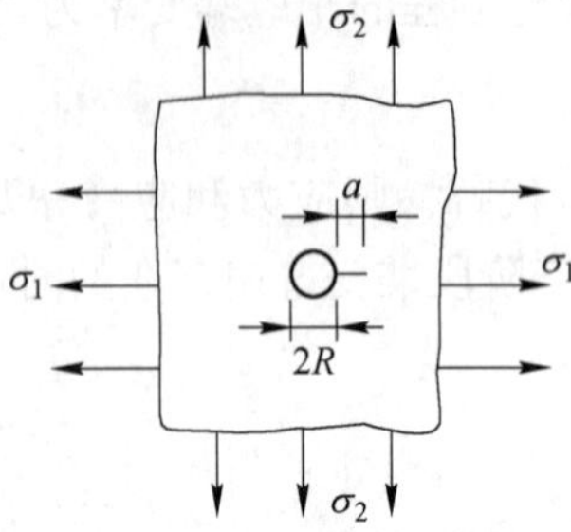

图 9.36　题 9-8 图

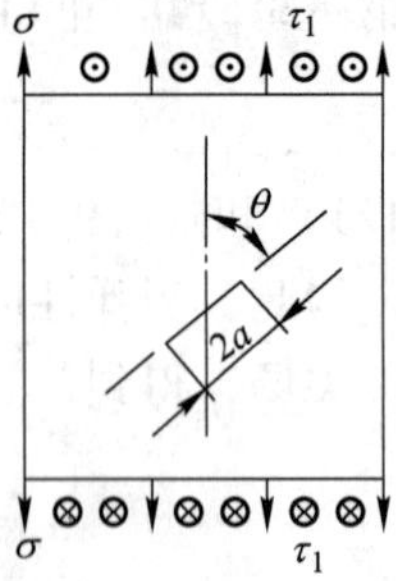

图 9.37　题 9-9 图

9-10 高强度铝合金厚板，中心具有长度为 80 mm 的穿透裂纹，板的宽度为 200 mm，在垂直于裂纹方向受到均匀拉伸作用。当裂纹发生失稳扩展时，施加的拉伸应力 $\sigma_p = 100$ MPa，试计算：

（1）材料的断裂韧性值为多少？

（2）当板为“无限大”时，断裂失效应力为多少？

（3）当板的宽度为 120 mm 时，断裂失效应力为多少？

9-11 图 9.38 所示高压气瓶，壁厚 $t = 18$ mm，内径 $D = 380$ mm。检验发现沿气瓶轴向有一表面裂纹，长度 $2c = 3.8$ mm。在-40 ℃时，气瓶材料的 $\sigma_b = 843.7$ MPa，$K_{IC} = 51.5\ MPa\cdot\sqrt{m}$。试计算该气瓶在-40 ℃时的临界压力。

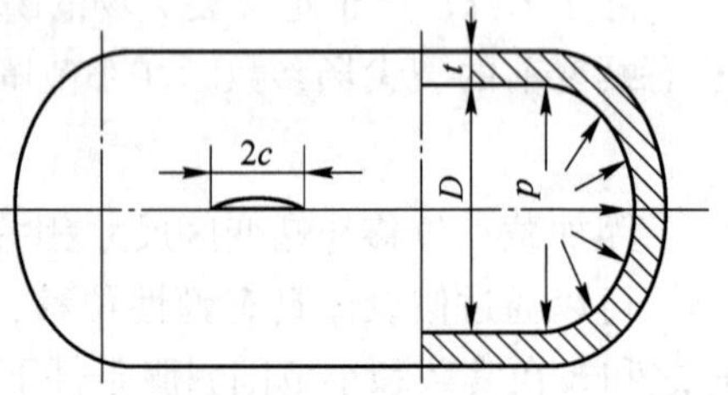

图 9.38　题 9-11 图

9-12 为什么裂纹尖端张开位移 COD 和 J 积分可用来描述弹塑性裂纹问题，这两者之间有何联系？

9-13 试阐述 COD、J 积分、K 三者之间有何区别和联系。

9-14 J 积分实用定义的限制条件是什么？

9-15 试述高温蠕变条件下的几个载荷参数的主要适用范围。

10 疲劳裂纹扩展

第9章介绍了静载荷作用下的断裂力学参数及断裂准则。对于大多数工程实际问题，构件上承受的载荷或应力往往随时间变化，即承受循环交变载荷。构件在交变应力作用下产生的破坏为疲劳破坏。因此，在所有断裂力学研究中，关于疲劳裂纹扩展的研究工作受到广泛关注，研究比较充分。

对于疲劳裂纹扩展的预测理论及其应用，一般借助于“相似”概念。其预测过程主要是建立在与使用状况相似条件下获得的试验数据基础之上，进而考虑如何建立疲劳裂纹扩展的可靠预测模型。

另外，在环境作用下亦存在裂纹扩展问题。例如，在高温条件下，断裂力学参数随时间变化，裂纹不断地扩展；在腐蚀环境下，材料存在腐蚀损伤时，裂纹的扩展问题；环境作用下材料产生损伤后，对后续疲劳裂纹扩展寿命产生的影响；等等。

本章将着重讲述宏观裂纹扩展的断裂力学评价相关问题。

10.1 疲劳辉纹的形成

根据观察现象，第Ⅰ阶段疲劳可以描述为一系列邻近的晶面发生挤入、挤出而形成滑移带。在这些滑移带中，孔洞形核并聚结扩展，并最终形成微裂纹，如图10.1（a）所示。

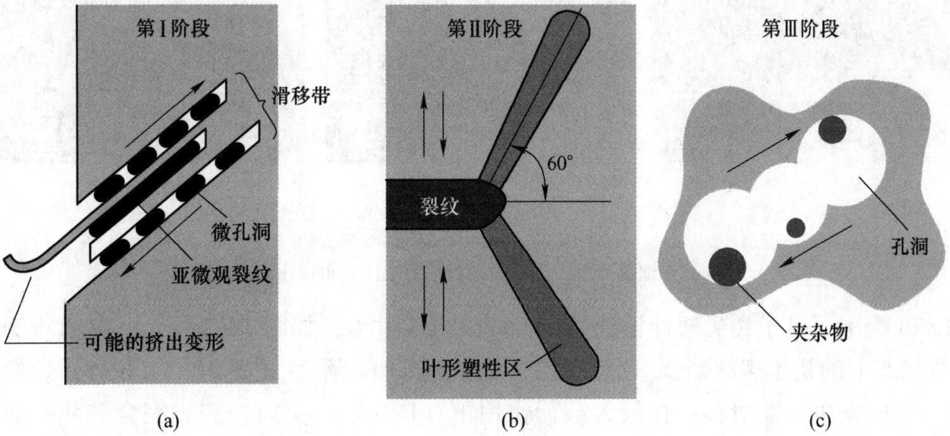

图10.1 裂纹扩展形貌

（a）第Ⅰ阶段疲劳；（b）第Ⅱ阶段疲劳；（c）第Ⅲ阶段疲劳

在疲劳第Ⅱ阶段，微裂纹合并形成一条宏观裂纹。此时裂纹的长度使其足以摆脱剪应力控制，而由正应力驱动。随着载荷循环，裂纹扩展不再沿晶面进行，而是垂直于外载荷方向。在裂纹前端，由于应力集中而产生两个叶状的塑性区，如图 10.1（b）所示。由线弹性断裂力学可知，平板的表面边裂纹在拉伸时产生的叶状的塑性区方向与裂纹面呈 60°角。随着循环加载及卸载（或反向加载）的作用，裂纹不断地张开与闭合，这一过程在断口上会留下疲劳条纹（后面章节将具体讲述）。

在疲劳第Ⅲ阶段的裂纹扩展分两步。首先由于疲劳载荷的作用裂纹继续扩展，其驱动应力场强持续增高。即使对高周疲劳，随着裂纹前端剩余韧带的减小也将变成低周疲劳，此时的裂纹扩展是沿着与最大应力呈 45°角的方向进行的。最后，将以剩余韧带的最终破坏而结束，即 1/4 周的载荷使剩余部分破坏。

一般认为，在疲劳破坏过程中，疲劳辉纹的形成是材料在循环载荷作用下，于裂纹前沿留下的塑性变形的痕迹。理论上，在高倍放大光学显微镜、扫描电镜或透射电镜下，可以观测到一次载荷循环留下的痕迹，即疲劳条纹。它是用来辨识是否存在疲劳裂纹扩展的微观特征。在出现间歇加载、应力变化较大或疲劳裂纹扩展中遇阻而暂时停歇等情况时，都可能在断口上形成疲劳辉纹。

疲劳辉纹有塑性辉纹和脆性辉纹之分。以塑性疲劳辉纹为例，主要有两种描述形成模型：（1）基于裂纹尖端塑性滑移的模型；（2）基于裂纹尖端塑性松弛的模型。

基于裂纹尖端塑性滑移的模型认为：在加载过程中，正应力引起裂纹尖端的塑性滑移而使裂纹张开（由断裂力学可预测滑移沿两个对称方向发生）。这一过程中，与位错进入裂尖或应力集中作用相关的材料分离使裂尖钝化和扩展；在卸载过程中，钝化区被压扁，新的自由表面保持为具有尖锐裂尖的裂纹前沿，这一不可逆过程使裂纹前沿向前扩展了 Δa 。每个载荷循环作用下裂尖的逐步钝化-锐化，便在裂纹扩展路径上留下了一条条疲劳条纹。图 10.2 给出了在拉压加载过程中观测到的裂尖塑性变形的情况。

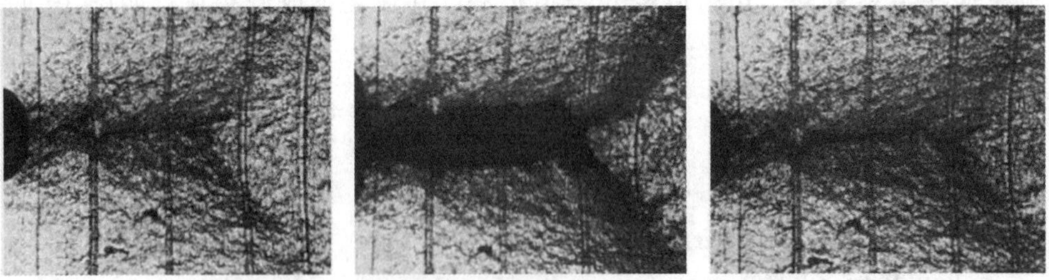

(a) (b) (c)

图 10.2 裂尖的塑性变形

（a）压缩载荷后；（b）拉伸载荷后；（c）再次压缩后

Laird 提出了基于裂尖塑性松弛的疲劳辉纹形成过程，如图 10.3 所示。其过程为：对未加载状态下的初始裂纹情况（图 10.3（a）），施加载荷后（图 10.3（b）），裂尖位置沿 ±45°方向发生塑性滑移；在最大载荷作用下（图 10.3（c）），裂尖完全钝化；随着载荷反向（图 10.3（d）），发生反向塑性流动，使裂纹尖端闭合，从而产生了与初始状况相同的尖锐裂尖，新形成的自由表面表明裂纹发生了扩展（如图 10.3（e）），即裂纹前沿向前扩展了一个条纹，裂纹长度增加 Δa ；图 10.3（f）为与（b）类似的新的加载阶段。

这里Laird所述的塑性松弛，是基于裂尖在卸载和闭合过程中产生塑性破坏而使裂尖凹陷的前提。

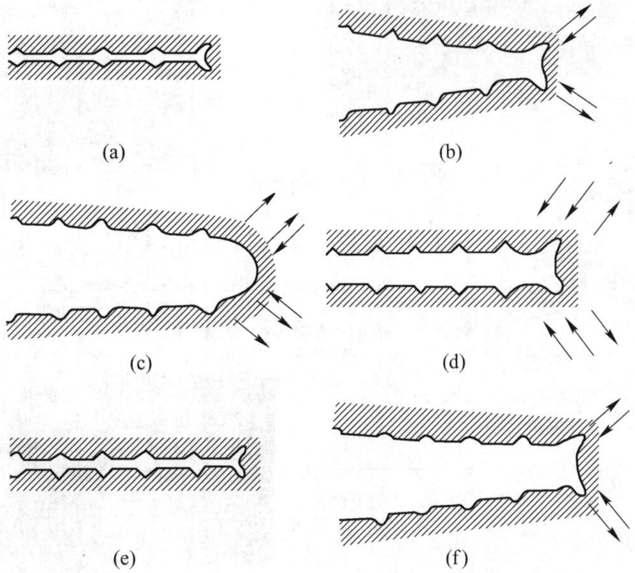

图 10.3 Laird基于裂尖塑性松弛的疲劳辉纹形成过程

疲劳辉纹的形状是由疲劳裂纹在材料内不同位向上的扩展速度所决定，疲劳条纹的数量和间距主要与材料的抗疲劳性能、循环应力大小、环境和温度等因素有关，也反映了裂纹扩展速度的快慢。

10.2 疲劳裂纹扩展的三个阶段

疲劳裂纹的扩展分为三个阶段，如图10.4所示。

在第Ⅰ阶段中，疲劳裂纹的萌生及微裂纹的扩展，是在剪应力达到临界值的晶面上发生的。由于晶格取向的随机分布，在表面晶粒上最大剪应力平面的取向不同，因而微裂纹扩展路径是锯齿形的。这一阶段的疲劳裂纹扩展主要受冶金因素的制约，如夹杂物、第二相、冶金中间相、晶界等，可能会阻碍微裂纹扩展。

进入疲劳裂纹扩展第Ⅱ阶段，此时已形成宏观裂纹（至少有0.2~0.4 mm，即两三个大晶粒或十几个小晶粒大小），不再依赖于局部冶金因素的影响，裂纹从由局部剪应力控制的区域进入正应力控制区域，并沿垂直于外载荷的平面扩展，疲劳条纹主要在此阶段产生。在疲劳第Ⅱ阶段，裂纹扩展速率与第Ⅰ阶段末的速度为同量级，约为10^{-7}~10^{-6} mm/周，而后增长至10^{-2}~10^{-1} mm/周。已有的研究表明：至少对于高周疲劳来讲，在开始的永久驻留滑移线、带及挤入挤出的触发下，材料经过第Ⅰ阶段硬/软化后，几乎立刻产生微裂纹。

随着裂纹在第Ⅱ阶段的扩展，裂纹前端韧带面积进一步减小，使过载现象更严重，从而激发了第Ⅲ阶段疲劳，即剪应力引起的过载断裂。

因此，在疲劳第Ⅰ阶段疲劳裂纹萌生，而第Ⅱ阶段是疲劳裂纹扩展阶段。通常在疲劳测

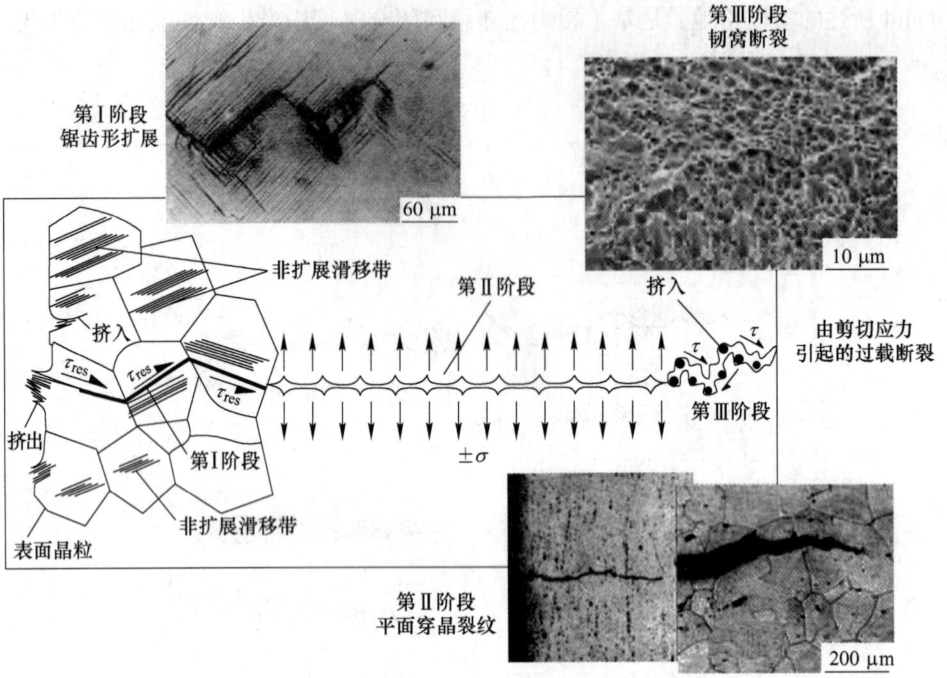

图 10.4　疲劳裂纹扩展的三个阶段

试 S-N 曲线中，记录的寿命 N 是失效的载荷循环周次，而不是裂纹萌生的载荷循环周次 N_i。

10.3　疲劳裂纹扩展速率

在循环载荷作用下，裂纹不断扩展至临界值 a_C，此时最大应力强度因子也随之增加到 K_{IC}，裂纹发生失稳扩展而断裂。在失稳扩展前，疲劳裂纹扩展较缓慢。其定量表示用 $\Delta a/\Delta N$ 或 da/dN，ΔN 是交变应力的循环次数增量，Δa 是相应的裂纹长度的增量。$\Delta a/\Delta N$（或 da/dN）称为裂纹扩展速率，表示交变应力每循环一次裂纹长度的平均增量。它是裂纹长度 a、应力幅度或应变幅度的函数。

如果对一个含裂纹（长度为 a）的试样施加循环载荷变程 ΔF，则每个载荷循环会使裂纹发生微小的扩展量 Δa。画出不同载荷变程下某一载荷循环时裂纹扩展量与载荷循环周次曲线，如图 10.5 所示，则曲线上任意一点处的斜率为疲劳裂纹扩展速率 da/dN，亦可知道裂纹总长度 a，计算出 ΔK 值。ΔK 是由交变应力的最大值 σ_{max} 和最小值 σ_{min} 计算得到的应力强度因子值之差，即 $\Delta K = K_{max} - K_{min}$。

从图 10.5 中计算可知：施加相同的 ΔK，将引起相同的裂纹扩展率，即施加的 ΔK 决定了裂纹扩展率。知道了裂纹尖端场，即可将 da/dN 与 ΔK 相关联。研究裂纹扩展速率的目的，是为了获得裂纹的扩展理论，建立 da/dN 与 a、$\Delta\sigma$（或 $\Delta\varepsilon$）以及材料性质之间的关系，从而对疲劳裂纹扩展寿命进行评估。

研究疲劳裂纹扩展规律的重要性在于：计算裂纹体及含缺陷（缺陷可以当量为一定长度的裂纹）结构的剩余寿命，为设计者提供选择材料的依据。尤其对于飞机结构、核压力容器等对安全性要求较高的结构，疲劳裂纹扩展量是安全评定理论方法的一个重要依据。

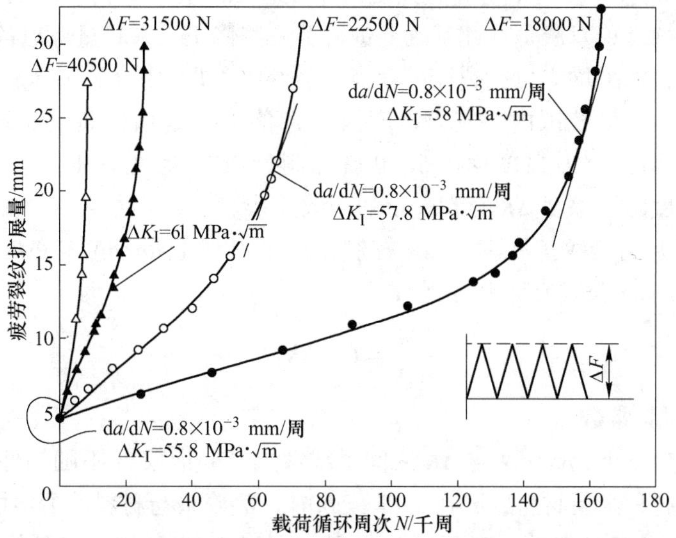

图 10.5　不同载荷变程下裂纹扩展量与载荷循环周次关系曲线

如果已知瞬时裂纹扩展速率 $\mathrm{d}a/\mathrm{d}N$，初始裂纹长度 a_0 与临界裂纹长度 a_C，则可求得裂纹扩展至断裂的循环次数为

$$N_p = \int_{a_0}^{a_C} \frac{\mathrm{d}a}{\mathrm{d}a/\mathrm{d}N} \tag{10.1}$$

研究疲劳裂纹的扩展规律，一般通过两种途径：一种是通过实验观察，根据实验结果，直接总结出表达裂纹扩展规律的经验公式；另一种是结合微观实验研究，提出裂纹扩展规律的假设模型，推导出裂纹扩展规律的理论公式。

在工程中，常常遇到高周疲劳和低周疲劳的概念。当构件所受的应力较低，疲劳裂纹在弹性区中扩展，裂纹扩展至断裂所经历的应力循环次数较高，或裂纹形成寿命较长时，称为*高周疲劳*，也称为*应力疲劳*；当构件所受的应力较高，或因存在孔、槽、圆角等应力集中区，局部应力已超过材料的屈服极限，并形成较大的塑性区，裂纹主要在塑性区中扩展，裂纹扩展所经历的应力循环次数较低，或裂纹形成寿命较短时，称为*低周疲劳*，又称*塑性疲劳*或*应变疲劳*。高周疲劳和低周疲劳的裂纹扩展规律不相同。

10.4　疲劳裂纹扩展律的经验公式

波音公司在 1960 年前后的工作，对断裂力学应用于疲劳裂纹扩展研究起到关键性作用。1960 年，Paris 和 Erdogan，以及此后 Paris 本人、Gomez 和 Anderson 首次发现断裂力学可为疲劳裂纹扩展问题研究提供一个有效的分析预测工具，宏观裂纹的扩展是裂纹尺寸、几何构形及施加载荷的函数。这一研究发现在科学界中产生了极大的影响，甚至一度被认为一劳永逸地解决了疲劳问题，后来被人们称为 Paris 公式（一些学者认为，称为 Paris-Erdogan 公式更恰当）。但事实上，它只是一个经验公式，不能解释裂纹的门槛值现象，很多不确定性因素仍然存在，如冶金结构和能垒的影响，过载及大范围塑性对疲劳裂纹扩展的延迟作用。但这一工作代表了疲劳研究的一个转折点，时至今日仍被科学界广泛接受，即裂纹扩展速率 da/dN 与应力强度因子变程 ΔK 呈幂律关系，ΔK 是疲劳裂纹扩展的驱动力。后续的理论发展是在此基础上进行了一些修正，来尽量考虑各种可能影响疲劳裂纹扩展的因素，如平均应力、裂纹尺寸（小裂纹）、裂纹闭合效应等。

在线弹性断裂力学范围内，应力强度因子 K 能恰当地描述裂纹尖端的应力场强度。大量的实验也证明，应力强度因子 K 也是控制裂纹扩展速率 da/dN 的主要参量，即 da/dN 与应力强度因子幅度 ΔK 存在一定的函数关系。

Paris 确认了疲劳裂纹扩展率由 ΔK 控制，最早得到了 da/dN 与 ΔK 之间的经验关系式，即 Paris-Erdogan 公式或称 Paris 公式：

$$\frac{da}{dN} = C\ (\Delta K)^m \tag{10.2}$$

式中，C、m 是材料常数。

在双对数坐标系下，da/dN 与 ΔK 之间呈线性关系。指数 m 不随构件的形状和载荷性质而改变，对于各种金属材料，m 在 2~7 范围内。常数 C 与材料的力学性质（例如 σ_s 和硬化指数等）、试验条件有关。对于同一材料，可以得到 da/dN - ΔK 的同一关系式。式（10.2）主要用于描述稳态疲劳裂纹扩展行为，但分布在 ΔK 值的整个范围中实际数据间的参量关系，还需要根据实际情况对上式进行修正。

Paris 等人对 A533B 钢材收集的实验数据，如图 10.6 所示，在室温下 $R=0.1$ 时，疲劳裂纹扩展呈现了三个不同的特征区域。

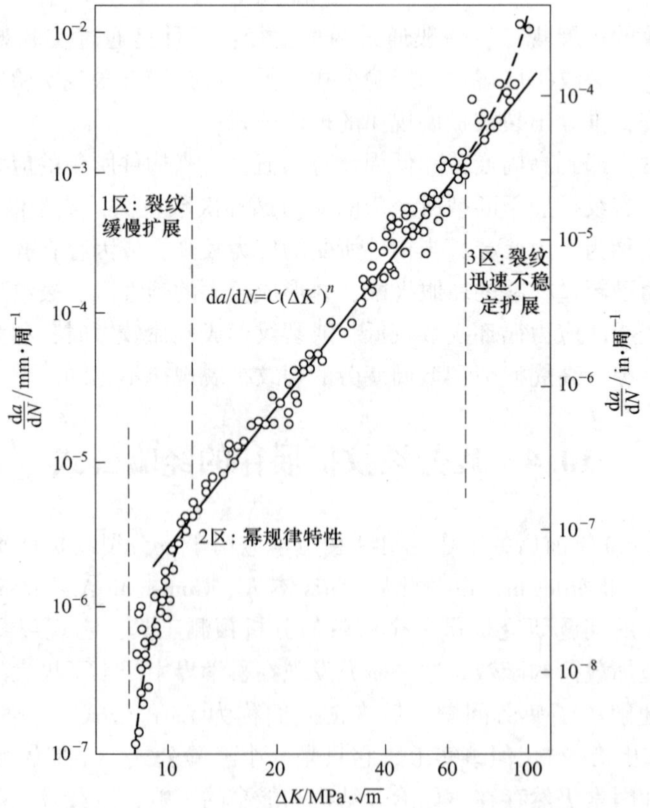

图 10.6　在室温下 $R=0.1$ 时 A533B 钢材的疲劳裂纹扩展曲线

一般认为，da/dN-ΔK 关系曲线通常在双对数坐标纸上可以分成如图 10.7 所示的三个区域。

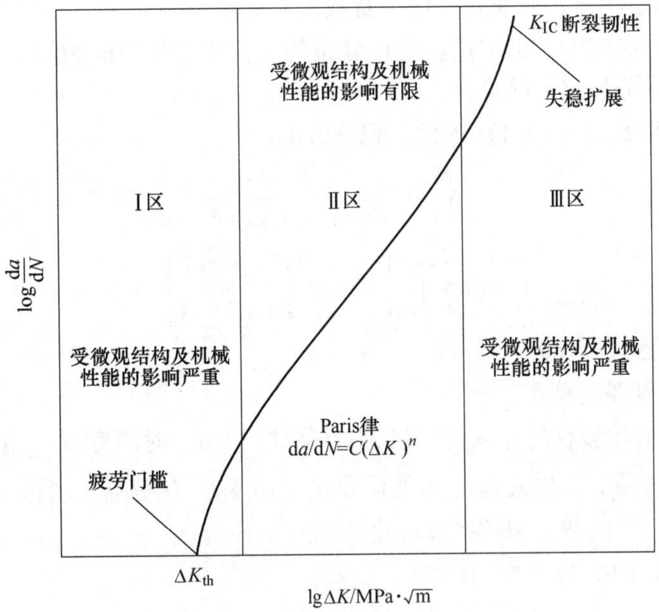

图 10.7 典型的金属材料疲劳裂纹扩展速率的 S 形曲线

在第Ⅰ区域，存在 ΔK 的某一个下限值 ΔK_{th}，临近 ΔK_{th} 时，ΔK 的微小降低，会引起 da/dN 的急剧下降。ΔK_{th} 称为应力强度因子幅度的门槛值或临界应力强度因子幅度。ΔK_{th} 受循环特性 R 的影响很大，保持 $R=K_{min}/K_{max}$ = 常数，做试验可得到 ΔK_{th}。

第Ⅱ区域是一个直线带，表明式（10.2）恒成立。大量实验结果表明，m 与 C 之间存在如下关系，即

$$C=AB^m \tag{10.3}$$

式中，B 约为 1/55，A 对普通钢约为 1/20000，铝合金约为 1/2500。

在第Ⅲ区域，即当 $K_{max}\to K_C$ 时，试样迅速发生断裂。实际上存在一个上限值 K_{fL}，当 $K_{fL}/K_{th}\approx 0.6$ 时，da/dN 急剧增加，一般用垂直渐近线表示。有时也将上限应力强度因子 K_{fL} 称为疲劳断裂韧性。对于压力容器用钢，$K_{fL}^2/E\sigma_s\approx 0.04$ mm。

在图 10.6 曲线的末端可以看到，当 K_{max} 接近 K_C 时 ΔK 很大，裂纹迅速扩展。考虑到此特点及平均应力的影响，福尔曼（Forman）提出公式：

$$\frac{da}{dN}=\frac{C(\Delta K)^m}{(1-R)K_C-\Delta K} \tag{10.4}$$

上式考虑了材料的断裂韧性 K_C 和循环特性 R 对疲劳裂纹扩展速率 da/dN 的影响。

在图 10.6 曲线的开始端，考虑到应力强度因子幅度的门槛值 ΔK_{th} 的影响，Donahue 等人得到了推广关系式：

$$\frac{da}{dN}=C(\Delta K-\Delta K_{th})^m \tag{10.5}$$

同时考虑高 ΔK 和低 ΔK 时产生的试验数据对幂律关系的偏离，Priddle 给出了关系式：

$$\frac{\mathrm{d}a}{\mathrm{d}N} = C\left(\frac{\Delta K - \Delta K_{\mathrm{th}}}{K_{\mathrm{C}} - K_{\max}}\right)^m \tag{10.6}$$

式中，门槛值 ΔK_{th} 随着 R 值变化，而非常数。

实际寿命预测应用中，根据试验数据分布特征，建立相应的裂纹扩展速率模型公式，再对其积分求出疲劳裂纹扩展寿命。

以式（10.2）及式（10.4）为例，积分可得：

$$\int_0^{N_{\mathrm{C}}} \mathrm{d}N = \int_{a_0}^{a_{\mathrm{C}}} \frac{\mathrm{d}a}{C\,(\Delta K)^m} \tag{10.7}$$

$$\int_0^{N_{\mathrm{C}}} \mathrm{d}N = \int_{a_0}^{a_{\mathrm{C}}} \left[\frac{(1-R)K_{\mathrm{C}} - \Delta K}{C\,(\Delta K)^m}\right] \mathrm{d}a \tag{10.8}$$

式中　a_0 ——初始裂纹尺寸；

a_{C} ——临界裂纹尺寸；

N_{C} ——从初始裂纹尺寸 a_0 扩展到临界裂纹尺寸 a_{C} 时的寿命（循环数）。

取 $\Delta K = Y\Delta\sigma\sqrt{\pi a}$，代入式（10.7）和式（10.8），积分后可得疲劳裂纹扩展寿命。

（1）常幅应力下的疲劳裂纹扩展寿命估算。

将 ΔK 代入式（10.2）时，有

$$\frac{\mathrm{d}a}{\mathrm{d}N} = C_1\,(\Delta\sigma)^m a^{\frac{m}{2}} \tag{10.9}$$

式中，$C_1 = CY^m\pi^{m/2}$，则裂纹扩展寿命为：

当 $m \neq 2$ 时，

$$N_{\mathrm{C}} = \frac{1}{\left(1 - \frac{m}{2}\right) C_1\,(\Delta\sigma)^m}\left(a_{\mathrm{C}}^{1-\frac{m}{2}} - a_0^{1-\frac{m}{2}}\right) \tag{10.10}$$

当 $m = 2$ 时，

$$N_{\mathrm{C}} = \frac{1}{C_1\,(\Delta\sigma)^2}\ln\frac{a_{\mathrm{C}}}{a_0} \tag{10.11}$$

将 ΔK 代入式（10.4），则裂纹扩展寿命为：

当 $m \neq 2$ 及 $m \neq 3$ 时，

$$N_{\mathrm{C}} = \frac{2}{\pi C\,(\Delta\sigma)^2}\left\{\frac{\Delta K}{m-2}\left[\frac{1}{(\Delta K)_0^{m-2}} - \frac{1}{(\Delta K)_{\mathrm{C}}^{m-2}}\right] - \frac{1}{m-3}\left[\frac{1}{(\Delta K)_0^{m-3}} - \frac{1}{(\Delta K)_{\mathrm{C}}^{m-3}}\right]\right\} \tag{10.12}$$

当 $m = 2$ 时，

$$N_{\mathrm{C}} = \frac{2}{\pi C\,(\Delta\sigma)^2}\left[(\Delta K)_{\mathrm{C}}\ln\frac{(\Delta K)_{\mathrm{C}}}{(\Delta K)_0} + (\Delta K)_0 - (\Delta K)_{\mathrm{C}}\right] \tag{10.13}$$

当 $m = 3$ 时，

$$N_{\mathrm{C}} = \frac{2}{\pi C\,(\Delta\sigma)^2}\left\{(\Delta K)_{\mathrm{C}}\left[\frac{1}{(\Delta K)_0} - \frac{1}{(\Delta K)_{\mathrm{C}}} + \ln\frac{(\Delta K)_0}{(\Delta K)_{\mathrm{C}}}\right]\right\} \tag{10.14}$$

（2）变幅应力下的疲劳裂纹扩展寿命估算。

零构件承受变幅应力时，如 $\pm\sigma_1$ 应力水平下经历 n_1 次循环，再转 $\pm\sigma_2$ 水平下经历 n_2 次循环而破坏，则可由式（10.7）或式（10.8）分段积分求得。

在估算零构件的裂纹扩展寿命时，除了要确定疲劳裂纹扩展速率的表达式外，还必须确定以下几点：(1) 初始裂纹尺寸 a_0；(2) 临界裂纹尺寸 a_C；(3) 零构件裂纹尖端的应力强度因子表达式。

应力强度因子的确定参照第 9 章的内容来进行，初始和临界裂纹尺寸则依据一定的工程原则来确定：

(1) 初始裂纹尺寸 a_0 的确定。

初始裂纹的尺寸、形状、位置和取向，是指开始计算寿命时，零构件中的最大原始缺陷的尺寸、形状、位置和方向，这些可用无损探伤技术检测出来。但无损探伤一般适用于确定原始尺寸的上限。

若无损探伤没有发现零构件中有缺陷，则认为该零件的最大缺陷，刚好在所用的无损探伤仪器的灵敏度水平以下。于是，假定这种缺陷尺寸就是仪器灵敏度的尺寸。对于超声波探伤，一般取为 2 mm。此外，还应假设这种初始裂纹发生于关键零件的关键部位。所谓关键部位，一般指在最大应力区内，并假设该裂纹面垂直于最大拉应力方向。对于表面裂纹和内部裂纹，裂纹形状应这样假定：要使其应力强度因子值在整个裂纹扩展阶段为最大。这样处理比较安全。

(2) 临界裂纹尺寸 a_C 的确定。

确定临界裂纹尺寸 a_C 应遵循下述原则：

1）零构件的净截面应力应小于或等于拉伸强度极限 σ_b；

2）零构件的应力强度因子 K_I 应小于或等于材料的断裂韧性 K_{IC}（平面应变）或 K_C（平面应力）。

按上述条件确定的较小裂纹尺寸，即为最后断裂时的临界裂纹尺寸 a_C。

应该指出，若用静载荷计算净截面应力时，应乘以动载系数。此外，材料的断裂韧性与断裂时的加载速率有关，应该在与实际情况相同的加载速率下进行试验，测出 K_{IC} 值。如果是按标准测出的 K_{IC} 值，也应乘以加载速率的影响系数。

10.5 影响裂纹扩展速率的因素

通过实验发现，除了 ΔK 是控制裂纹亚临界扩展的重要物理量外，其他如平均应力、应力条件、加载频率、温度和环境等，对 da/dN 均有影响。

10.5.1 平均应力的影响

图 10.8 是在不同循环特性 $R = K_{min}/K_{max}$ 条件下，用 Paris 公式整理得到的 $da/dN - \Delta K$ 曲线，反映出平均应力对 da/dN 有明显的影响。在同一 ΔK 下，平均应力越高，da/dN 越大。而前面的 Forman 公式（10.4）既反映了 $K_{max} \to K_C$ 时的特性，又考虑了平均应力的影响。图 10.9 是将图 10.8 的数据按 $(da/dN)[(1-R)K_C - \Delta K] - \Delta K$ 整理成一条直线，说明试验结果符合 Forman 公式。

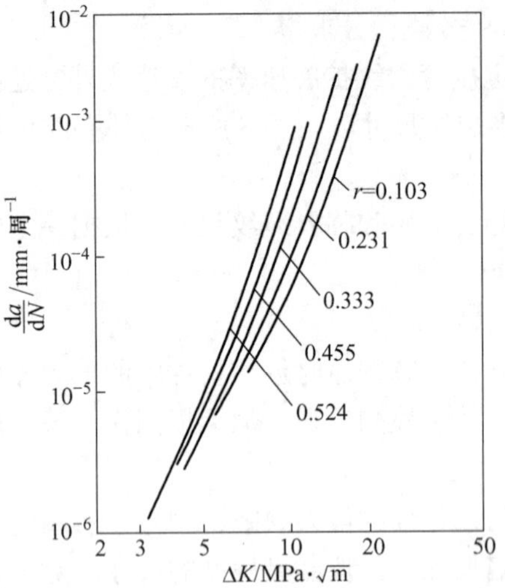

图 10.8 按 Paris 公式整理的裂纹扩展速率

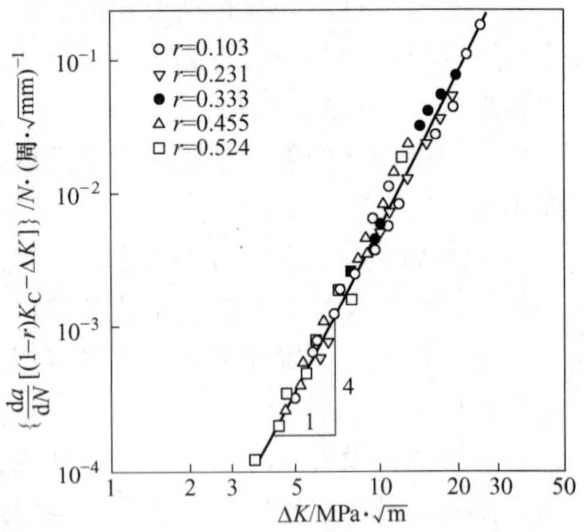

图 10.9 按 Forman 公式整理的裂纹扩展速率

根据上述实验结果，如果平均应力为压应力，则在相同的 ΔK 下，与平均应力为拉应力或为零相比，疲劳裂纹扩展速率 da/dN 降低。在一般情况下，构件表面残余拉应力会使交变应力中的平均应力水平增高；反之，表面残余压应力会使交变应力中的平均水平降低，从而降低构件的疲劳裂纹扩展速率。人们利用这一特性，往往在构件表面层（0.08～0.40 mm）引入残余压应力，如采用渗碳、渗氮、渗铝、表面淬火、外表面滚压、内表面挤压以及近年来在航空工业中广泛采用的喷丸强化等工艺，造成表面残余压应力，以提高疲劳寿命。

10.5.2 超载的影响

当构件承受一个由各种幅值组成的载荷谱时，在整个载荷谱中，高低幅值的载荷交替地并且是无序地出现。大量实验表明，过载峰对随后的低载恒幅下的裂纹扩展速度有明显的延缓作用。图 10.10 表示过载峰对 2024-T3 铝合金裂纹扩展速率的影响。延缓作用仅限于一段循环周期，在此周期之后，da/dN 又逐渐恢复正常。

惠勒（Wheeler）提出的模型认为，过载峰 ΔK_{max} 使裂纹尖端形成大塑性区 R^*，如图 10.11 所示，而塑性区 R^* 是随后在恒定 ΔK 作用下裂纹扩展的主要障碍，使裂纹扩展产生停滞效应。延缓裂纹扩展速率应该是大塑性区尺寸 R^* 及大塑性区与弹性区交界面的位置 a_p 的函数，经整理写成：

$$\left.\frac{da}{dN}\right|_{延缓} = C\left(\frac{R_y}{a_p - a}\right)^n (\Delta K)^m \tag{10.15}$$

式中，R_y 为恒定 ΔK 引起的塑性区尺寸；n 是形状参数，通过在试样上施加载荷谱的试验求出，对钢 $n \approx 1.3$，钛合金 $n \approx 3.4$。

埃尔伯（Elber）模型则认为，由于超载后裂纹的闭合效应，使得裂纹扩展速率 da/dN 下降；疲劳裂纹尖端的塑性变形，在裂纹穿过之后，裂纹面上存在残余拉伸变形，对裂纹开闭有干涉作用。当施加一过载峰时，裂纹尖端产生一残余张开位移（负向），过载峰后，在随后的恒定 ΔK 作用下逐渐卸载过程中，因尖端已形成残余拉应变，结果使裂纹尖端过早地发生闭合。这就是所谓的裂纹闭合效应。这种效应的存在使裂纹尖端的有效应力强度因子幅值 ΔK_{eff} 比实际外加值 ΔK 小，从而延缓了裂纹扩展速率。

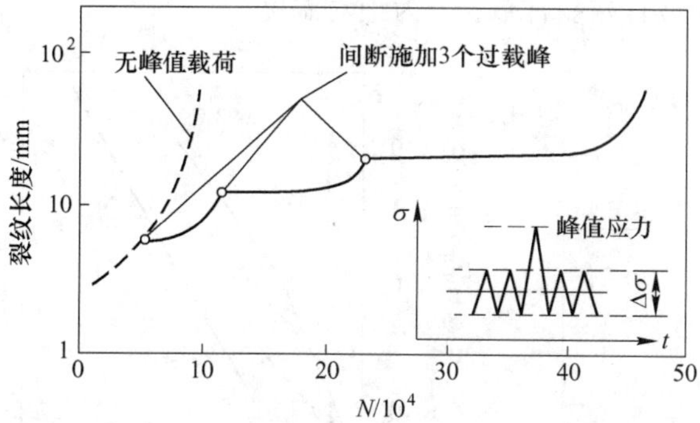

图 10.10 过载峰对裂纹扩展速率的影响

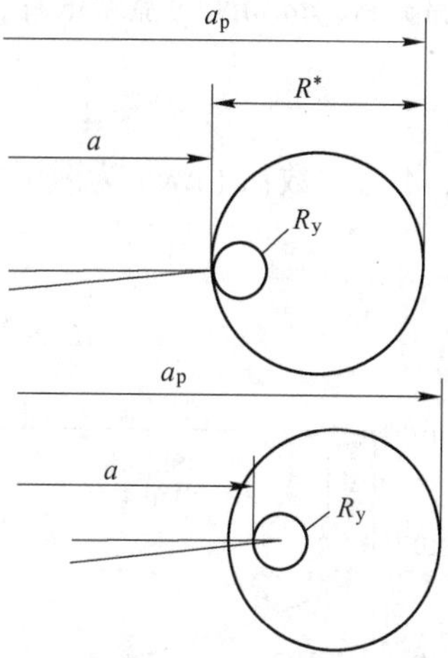

图 10.11 Wheeler 模型塑性区尺寸示意图

10.5.3 加载频率的影响

加载频率减小，裂纹扩展速率增大。但是，随着 ΔK 的减小，其影响逐渐减少（如图 10.12 所示），在 ΔK 某转折点以上，加载频率越低，da/dN 越高。

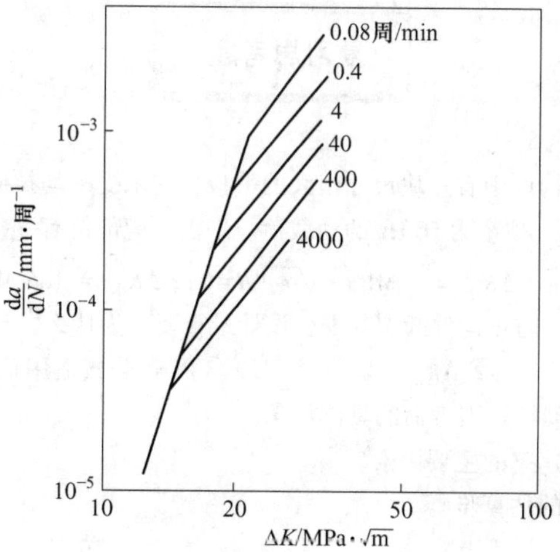

图 10.12 加载频率对 304 型不锈钢高温（538 ℃）裂纹扩展速度的影响

在高温下，加载频率对裂纹扩展速率的影响大一些，如图 10.13 所示。

加载频率的影响可用解析式表达如下：

$$\frac{da}{dN} = A(f)\ [\Delta K]^m \tag{10.16}$$

式中, $A(f)$ 为加载频率 f 的函数，如图 10.13 所示。

10.5.4 温度的影响

随着温度的增高, da/dN 随之增加。图 10.14 是用于核反应堆压力容器的 304 不锈钢的高温资料。da/dN 的温度依存关系可表达为：

$$\frac{da}{dN} = A\exp\left[-\frac{u(\Delta K)}{R_0 T}\right] \tag{10.17}$$

式中，A 为常数；$u(\Delta K)$ 为激活能；R_0为玻耳兹曼常数；T 为绝对温度。

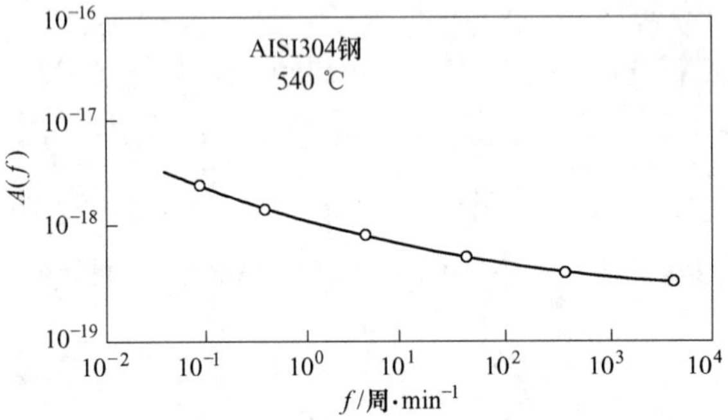

图 10.13 高温下加载频率的影响

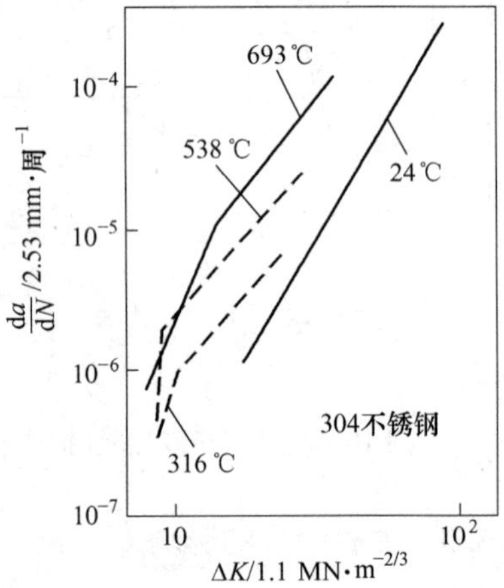

图 10.14 温度的影响

复习思考题

10-1 某构件每天运行 10 h，构件中有一块尺寸很大的平板，它承受平均拉应力为 200 MPa，并且由于振动叠加了一幅值 15 MPa、频率为 50 Hz 的动载荷。平板关键部位有一条与外载荷垂直的裂纹。材料的 $K_{\mathrm{IC}} = 100\ \mathrm{MPa}\cdot\sqrt{\mathrm{m}}$，$\Delta K_{th} = 3\ \mathrm{MPa}\cdot\sqrt{\mathrm{m}}$ $(R=0)$；$\Delta K_{th} = 1.5\ \mathrm{MPa}\cdot\sqrt{\mathrm{m}}$ $(R=0.85)$。问：

（1）下列因素中哪一个对防止构件断裂的安全设计最重要，为什么？

①K_{IC}　②ΔK_{th}　③Paris 公式适用范围的裂纹扩展率

（2）给出计算平板疲劳裂纹扩展寿命的具体步骤。

10-2 试述影响疲劳裂纹扩展速率的主要因素。

10-3 试述疲劳裂纹扩展寿命的估算步骤。

11 疲劳裂纹扩展寿命预测实例

前面两章介绍了断裂力学基础以及宏观裂纹扩展的断裂力学评价理论。本章通过案例分析，讲述有关疲劳裂纹扩展寿命预测、预腐蚀-疲劳寿命预测、蠕变-疲劳裂纹扩展这三类较常见的问题。

11.1 疲劳裂纹扩展寿命预测

图 11.1（a）为汽轮发动机转子示意图。转子材料为 34CrNi3Mo，材料机械性能为：$\sigma_b = 700$ MPa，$\sigma_s = 560$ MPa，$K_{IC} = 2.45\ \mathrm{kN/mm^{3/2}}$，最危险的裂纹位置及尺寸为：$H = 350$ mm，$2a = 70$ mm（假设为圆片状裂纹）。轴的转速为 3600 r/min。求该转子达到破坏时的疲劳裂纹扩展寿命。

求解过程如下。

转子的横截面形状如图 11.1（b）所示。为计算应力，做如下假设：

（1）转子嵌线槽根部以外区域作“片状”结构处理（图 11.1（b）），“片状”结构部分的密度按铜线密度 ρ_1 计算。

（2）从中心孔到线槽根部，作为一个轴处理，此轴受上述均匀外载荷和自身的离心力作用。

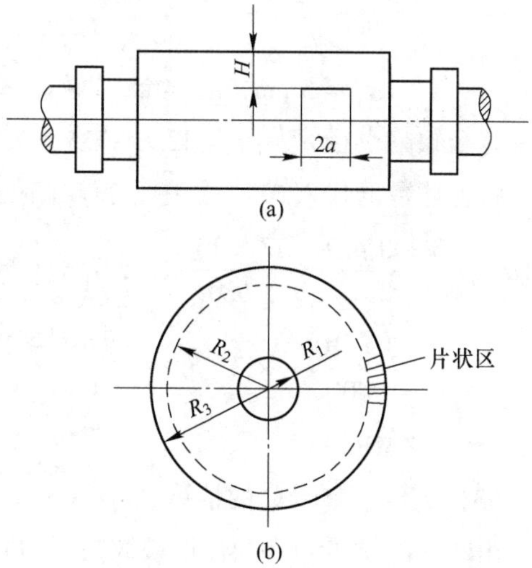

图 11.1　汽轮发动机转子中的裂纹示意图

在上述假设的基础上进行计算。

（1）均布外载荷 P 的计算。

由片状区的平均密度为 ρ_1，转子的角速度为 ω，所以

$$PR_2\mathrm{d}\theta = \int_{R_2}^{R_3} \rho_1 r \mathrm{d}\theta \mathrm{d}r \omega^2 r$$

于是得

$$P = \frac{1}{3}\rho_1 \omega^2 (R_3^3 - R_2^3)/R_2$$

（2）周向应力的计算。

设转子体的密度为 ρ，泊松系数为 ν。

在半径为 R_2 的圆周上，由于 P 的作用而引起的周向（或称切向）应力 σ_t，按厚壁圆筒公式计算：

$$\sigma_t' = \frac{PR_2^2}{R_2^2 - R_1^2}\left(1 + \frac{R_1^2}{r^2}\right) \tag{a}$$

由转子本体（片状区内）的离心力引起的应力为：

$$\sigma_t'' = \frac{3 + V}{8}\rho\omega^2\left(R_2^2 + R_1^2 + \frac{R_1^2 R_2^2}{r^2} - \frac{1 + 3\nu}{3 + \nu}r^2\right) \tag{b}$$

转子的总周向应力为：

$$\begin{aligned}\sigma_t &= \sigma_t' + \sigma_t'' \\ &= \frac{3 + V}{8}\rho\omega^2\left(R_2^2 + R_1^2 + \frac{R_1^2 R_2^2}{r^2} - \frac{1 + 3\nu}{3 + \nu}r^2\right) + \\ &\quad \rho_1\omega^2\frac{(R_3^3 - R_2^3)R_2}{3(R_2^2 - R_1^2)}\left(1 + \frac{R_1^2}{r^2}\right)\end{aligned} \tag{c}$$

式中，$V = \frac{\nu}{1 - \nu}$，取 $\nu = 0.3$ 时，$V = \frac{0.3}{1 - 0.3} = 0.429$。

对于钢　$\rho = 77 \times 10^{-3}/980\ (\mathrm{N \cdot s^2})/\mathrm{cm^4}$

对于铜　$\rho_1 = 88.3 \times 10^{-3}/980(\mathrm{N \cdot s^2})/\mathrm{cm^4}$

$$\omega = \frac{2\pi n}{60} = \frac{2\pi \times 3600}{60} = 377\ \mathrm{rad/s}$$

$$R_1 = 5\ \mathrm{cm},\ R_2 = 28.3\ \mathrm{cm},\ R_3 = 42.6\ \mathrm{cm}$$

并令缺陷半径 r 为：$r = 42.6 - 35 = 7.6\ \mathrm{cm}$。

将上述数值代入式（c）中，得缺陷处的周向应力为：

$$\begin{aligned}\sigma_t = &\frac{3 + 0.429}{8} \times \frac{77 \times 10^{-3}}{980} \times 377^2 \times \left(28.3^2 + 5^2 + \frac{5^2 \times 28.3^2}{7.6^2} - \frac{1 + 3 \times 0.3}{3 + 0.3} \times 7.6^2\right) + \\ &\frac{88.3 \times 10^{-3}}{980} \times 377^2 \times \frac{(42.6^3 - 28.3^3) \times 28.3}{3 \times (28.3^2 - 5^2)} \times \left(1 + \frac{5^2}{7.6^2}\right) \\ = &177\ \mathrm{MPa}\end{aligned}$$

（3）裂纹扩展寿命的估算。

由断裂力学可知，圆片形裂纹的应力强度因子为：

$$K_{\mathrm{I}} = \frac{2}{\pi}\sigma\sqrt{\pi a}$$

当 $K_{\mathrm{I}} = K_{\mathrm{IC}}$ 时，$a = a_{\mathrm{C}}$，由此求得临界裂纹尺寸 a_{C} 为：

$$a_{\mathrm{C}} = \frac{\left(K_{\mathrm{IC}}\frac{\pi}{2\sigma}\right)^2}{\pi} = \frac{\left(2450 \times \frac{\pi}{2 \times 177}\right)^2}{\pi} = 152\ \mathrm{mm}$$

裂纹从 $a_0 = 35\ \mathrm{mm}$ 扩展到 $a_{\mathrm{C}} = 152\ \mathrm{mm}$ 时的裂纹扩展寿命，可用式（10.10）计算。

由手册查得 34CrNi3Mo 的裂纹扩展速率公式中的参数：

$$C = 0.00437 \times 10^{-9};\quad m = 2.5$$

考虑汽轮发电机转子在启动和停车时为脉动循环变应力，即

$$\Delta\sigma = \sigma = 177\ \text{MPa}$$

$$C_1 = CY^m \pi^{\frac{m}{2}} = 0.00437 \times 10^{-9} \times \left(\frac{2}{\pi}\right)^{2.5} \times \pi^{\frac{2.5}{2}} = 0.0059 \times 10^{-9}$$

将上述数值代入式（10.10）中，得：

$$\begin{aligned} N_C &= \frac{1}{\left(1-\frac{m}{2}\right) C_1 (\Delta\sigma)^m}\left(a_C^{1-\frac{m}{2}} - a_0^{1-\frac{m}{2}}\right) \\ &= \frac{1}{\left(1-\frac{2.5}{2}\right) \times 0.0059 \times 10^{-9} \times 177^{2.5}} \times \left(152^{1-\frac{2.5}{2}} - 35^{1-\frac{2.5}{2}}\right) \\ &= 2.07 \times 10^5\ \text{周} \end{aligned}$$

即为该汽轮发电机转子到达破坏时的启动-停车次数，也即裂纹扩展寿命。

11.2　预腐蚀-疲劳寿命预测

在工程实际中，结构件的工作环境各异，当存在腐蚀介质时，可能会引发材料的腐蚀，进而影响结构的抗疲劳性能。考虑腐蚀损伤对材料疲劳性能的影响有两类问题：

（1）腐蚀疲劳问题，它是环境、材料微观组织结构和循环载荷之间的交互作用的过程。

（2）预腐蚀–疲劳问题，指材料在腐蚀环境作用下引起损伤后，腐蚀损伤对其后续服役疲劳性能的影响，腐蚀损伤与疲劳加载是交替作用的。

这两个问题的共同特点是：材料的疲劳伴随腐蚀损伤，而引起材料在它的一般疲劳极限之下就发生断裂。

以飞机结构的日历寿命评估为背景，如在多雨、潮湿、高温的沿海地区或工业发达地区，飞机结构在地面长期停放过程中将产生环境腐蚀损伤。尤其对军用飞机，其飞行强度低，绝大部分时间处于地面停放状态，环境腐蚀的问题更为严重，对结构后续飞行疲劳性能会产生较大的影响。一般认为，在 3000 m 以上的高空，环境温度低，二氧化硫等酸性介质和盐分含量较少，起主要腐蚀作用的空气湿度通常低于飞机金属结构产生腐蚀的临界相对湿度，腐蚀损伤不明显，飞机结构在高空遭受的损伤可以近似看作纯疲劳损伤。本节主要讲述这种预腐蚀-疲劳交替作用模式下的寿命预测方法。

11.2.1　腐蚀坑-裂纹当量方法

由于腐蚀坑存在分形特征，其形貌十分复杂，其存在导致材料的疲劳裂纹萌生寿命大大降低，疲劳裂纹扩展寿命占疲劳全寿命的绝大部分，因而近似认为：一旦加载，存在腐蚀损伤的材料即产生裂纹。这一特点使得基于断裂力学原理进行预腐蚀-疲劳寿命预测成为研究的主流。

将腐蚀坑当量为裂纹的方法主要有：

（1）蚀坑当量为半椭圆表面裂纹，此方法多将蚀坑深度和平均宽度作为等效半椭圆

表面裂纹的初始尺寸进行疲劳寿命预测。

（2）蚀坑当量为半圆形表面裂纹，该方法依据面积相等的原则将萌生裂纹的蚀坑等效为半圆形初始表面裂纹。

（3）等效裂纹尺寸（ECS）方法，其主要思想是：先通过恒幅疲劳实验得到构件的疲劳寿命分布，由疲劳寿命分布反推到 0 次加载得到构件的 EIFS（当量初始缺陷尺寸）分布，将该分布输入结构完整性模型，即可预测任意谱载下的疲劳寿命，如图 11.2 所示。

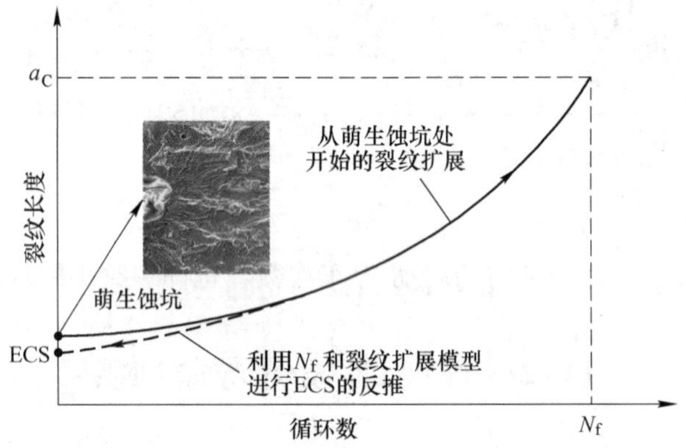

图 11.2 等效裂纹尺寸（ECS）方法原理

等效裂纹尺寸 ECS 可通过反推的方法获得，其流程如图 11.2 所示。首先参考主导蚀坑的尺寸和形态选定等效裂纹的初始值，包括等效裂纹的半宽度 a、半宽度与深度之比 a/c。已知试件尺寸、裂纹类型、材料力学特性参数和载荷谱等信息，可对样品进行疲劳寿命预测，获得寿命预测值 N_{pre}。将预测值与试验寿命 N_{exp} 对比，当两者的相对误差在±3%的范围之内时，此时的裂纹尺寸即为待求的等效裂纹尺寸 ECS；若相对误差超出±3%，则调整裂纹尺寸重新进行寿命预测，直至满足误差条件为止，即得到与腐蚀坑等效的裂纹初始尺寸 ECS。

在主导等效裂纹的疲劳扩展过程中，可以不考虑其他腐蚀坑对裂纹扩展速率的影响。文献［81］针对 7475 铝合金 SENT（single edge notch tension）试件的疲劳试验研究发现：对预腐蚀件和未腐蚀件，裂纹从 100 μm 扩展到失效对应的寿命是相同的，所以可认为周围腐蚀坑在裂纹扩展过程中不起作用。即：由疲劳寿命反推获得的当量初始裂纹尺寸，在相同的加载条件下，含该裂纹的结构与实际从主导蚀坑处萌生裂纹的结构可以认为近似具有相同的疲劳寿命。只要确立了主导蚀坑与等效裂纹之间的当量关系，就可以利用断裂力学方法实现预腐蚀结构的疲劳寿命预测。

实际结构主导蚀坑的腐蚀形貌描述参数较多，在将其当量成裂纹的过程中，如蚀坑深度 *Depth*、宽度 *Width*、深宽比 *Aspect*、面积 *Area*、深度与深宽比的乘积 *DepAsp*、深度与面积的乘积 *DepArea* 等众多参数中，究竟选取哪一组参数进行当量，需要依据腐蚀坑参数与等效裂纹参数之间的相关性分析来确定相关性最高的一对参数，以提高预腐蚀-疲劳寿命预测的精度。

在对高强铝合金的研究工作中发现：对于单裂纹的情况，腐蚀坑的 *DepAsp* 和等效裂纹的 ECS（*DepAsp*）为最相关的参数对，单裂纹的当量方法适合于较低应力水平下使用；

对多裂纹情况，腐蚀坑的 *Aspect* 和等效裂纹的 ECS（*DepAsp*）为最相关的参数对，多裂纹的当量方法适合于中/高应力水平下使用。

11.2.2 EIFS 法进行寿命预测实例

针对一 7075-T6 预腐蚀样品，以 S_{max} = 190 MPa、$R = 0.5$ 的疲劳加载条件为例，利用单裂纹试件腐蚀坑-等效裂纹的当量方法，具体说明试件寿命预测的过程。

11.2.2.1 腐蚀损伤表征及当量裂纹尺寸

首先采用白光共聚焦显微镜对腐蚀表面 250×1000（μm^2）面积内的蚀坑进行坐标位置和蚀坑尺寸的统计。因为单裂纹的当量方法中，蚀坑 *DepAsp* 和等效裂纹的 ECS（*DepAsp*）是相关性最高的参数对，故首先计算所有蚀坑的 *DepAsp* 参数，并绘制基于蚀坑位置的 *DepAsp* 尺寸分布图，如图 11.3 所示。图中数据点位置表示蚀坑在试件表面的相对位置，不同的数据标识代表不同的蚀坑 *DepAsp* 参数尺寸范围。

单裂纹试件腐蚀坑-等效裂纹的线性当量关系式为：

$$\mathrm{ECS}(DepAsp) = -3.95 + 0.73 \times (DepAsp) \tag{11.1}$$

根据式（11.1），由蚀坑的 *DepAsp* 参数可计算获得等效裂纹的 ECS（*DepAsp*）参数。图 11.4 给出了所有蚀坑基于所在位置的 ECS（*DepAsp*）尺寸分布。再由 ECS（*DepAsp*）参数获得寿命预测所需的等效裂纹半宽度 a 和半宽度与深度之比 a/c。

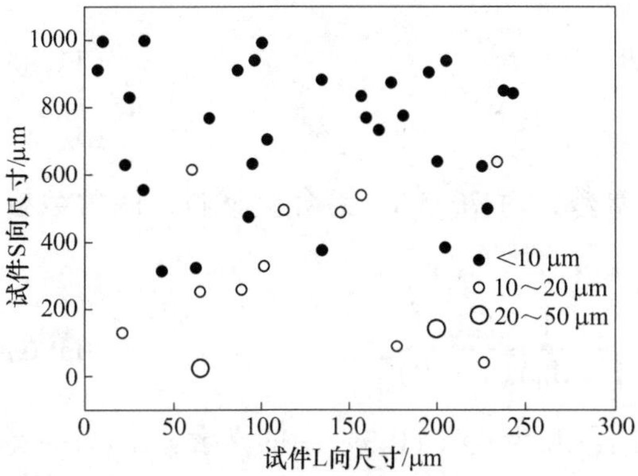

图 11.3 基于蚀坑位置的 *DepAsp* 尺寸分布

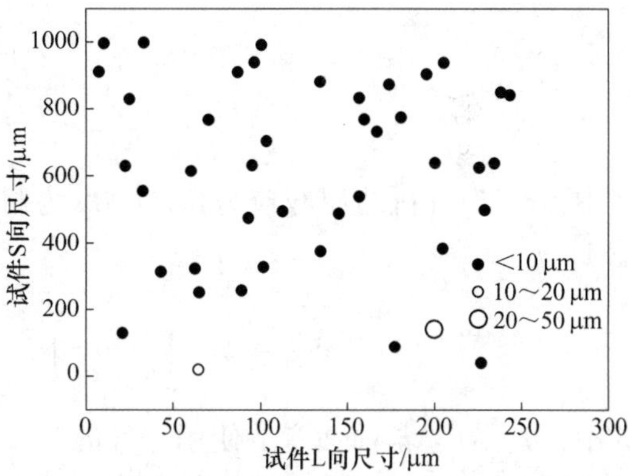

图 11.4 基于蚀坑位置的 ECS（*DepAsp*）尺寸分布

11.2.2.2 材料力学性能参数及裂纹扩展模型

7075-T6 铝合金材料的极限应力 σ_b、屈服应力 σ_{ys}、部分穿透断裂强度 K_{Ie} 和平面应变断裂强度 K_{IC} 等参数，分别为 524 MPa、461.9 MPa、938.2 MPa · $\sqrt{mm}$ 和 729.7 MPa · $\sqrt{mm}$。

本例中使用的疲劳裂纹扩展表达式为：

$$\frac{da}{dN} = C\left[\left(\frac{1-f}{1-R}\right)\Delta K\right]^n \frac{\left(1-\dfrac{\Delta K_{th}}{\Delta K}\right)^p}{\left(1-\dfrac{K_{max}}{K_C}\right)^q} \tag{11.2}$$

它可以同时考虑高 ΔK 和低 ΔK 时疲劳裂纹扩展的变化情况。式中，C、n、p 和 q 为材料参数，对 7075-T6 铝合金，取值分别为 9.686×10^{-12}、3、0.5 和 1；f 为裂纹张开函数，由下式定义：

$$f=\begin{cases}\max(R,\ A_0+A_1R+A_2R^2+A_3R^3) & R\geqslant 0\\ A_0+A_1R & -2\leqslant R\leqslant 0\end{cases}\tag{11.3}$$

式中，R 为应力比，其他系数定义如下：

$$A_0=(0.825-0.34\alpha+0.05\alpha^2)\left[\cos\left(\frac{\pi}{2}\frac{S_{\max}}{\sigma_0}\right)\right]^{1/\alpha}$$

$$A_1=(0.415-0.071\alpha)S_{\max}/\sigma_0$$

$$A_2=1-A_0-A_1-A_3$$

$$A_3=2A_0+A_1-1$$

α 为平面应力/应变约束因子，是材料常数，通常平面应力情况下取 1，平面应变情况下取 3，其他情况介于两者之间；$S_{\max}$ 为施加的最大应力；σ_0 为流变应力，可定义为屈服应力和极限应力的平均值；本材料的 α 和 $S_{\max}/\sigma_0$ 分别为 2 和 0.3。

K_C 表示材料的平面应力断裂韧度，随着板厚度的增加，裂纹尖端处于平面应变状态的部分增加，裂纹较易扩展，因而其断裂韧度降低；当板的厚度增加到某一定值之后，裂纹韧度降至最低值，称为平面应变断裂韧度，用 K_{IC} 表示。

K_C 与 K_{IC} 关系式为：

$$K_C/K_{\mathrm{IC}}=1+B_k\mathrm{e}^{-(A_kt/t_0)^2}\tag{11.4}$$

$$t_0=2.5\,(K_{\mathrm{IC}}/\sigma_{ys})^2\tag{11.5}$$

式中，σ_{ys} 为材料的屈服应力；A_k、B_k 为材料常数，对 7075-T6 铝合金材料，两常数皆取 1。

$$\Delta K_{th}=\Delta K_0\left(\frac{a}{a+a_0}\right)^{1/2}\Bigg/\left[\frac{1-f}{(1-A_0)(1-R)}\right]^{1+C_{th}R}\tag{11.6}$$

式中，a、R、f 与前面章节使用符号的意义相同；A_0 为式（11.3）中的常数；C_{th} 为一经验常数；a_0 为固有裂纹长度，推荐值为 38.1 μm。

11.2.2.3　寿命预测及结果

本例中，几何模型为带中心孔表面裂纹的板材，如图 11.5 所示，其中 t、W_s 和 D_s 分别为试件的厚度、宽度和中心孔的直径，本研究中具体数值分别为 2 mm、15 mm 和 3 mm；c 和 a 分别为等效裂纹的深度和半宽度。半宽度 a 的初始输入值可参考主导蚀坑的半宽度值来选定，通常比主导蚀坑的略小；等效裂纹的 a/c 取主导蚀坑的半宽度与深度之比（即 $1/R_d$）。

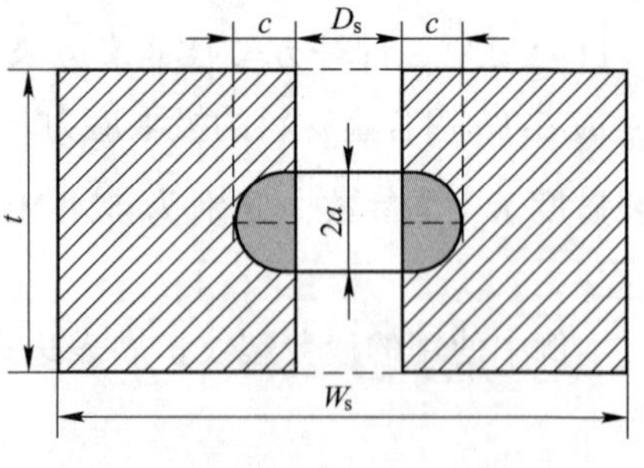

图 11.5　中心孔表面裂纹示意图

由上述的 7075-T6 材料的腐蚀形貌表征、材料特性和裂纹扩展模型，在 $\sigma_{\max}=190$ MPa、

$R=0.5$ 的加载条件下，对所有蚀坑进行疲劳寿命预测，所得寿命预测值按蚀坑所在位置的分布如图 11.6 所示。其中所有蚀坑预测寿命的最小值为 71.481 千周，对应图 11.6 中箭头所指的蚀坑，故认为该试件在当前应力水平下的预测寿命 $N_{pre}=71.481$ 千周。对该结构进行 4 个有效试样的疲劳试验，其中最低测试寿命为 $N_{exp}=74.6$ 千周。从寿命预测结果看，在所验证的实验条件下，该寿命预测方法具有较高的精度。关于本实例的具体预测过程及更详细的试验数据，参见文献［80］。

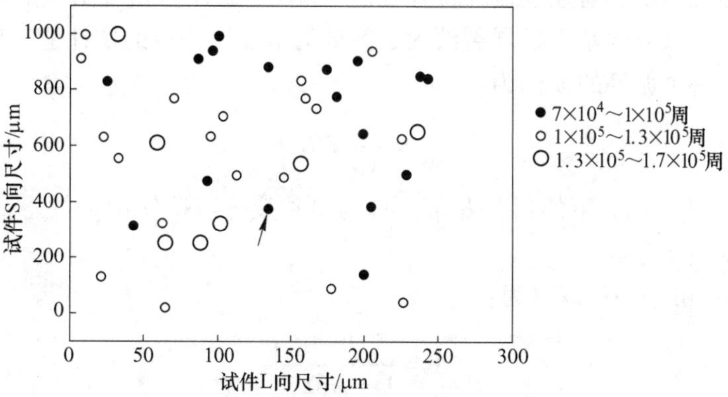

图 11.6 基于蚀坑位置的预测寿命分布

（$\sigma_{max}=190$ MPa，$R=0.5$）

11.3 蠕变-疲劳裂纹扩展

在高温下，高加载频率和低应力比 R 条件下，循环载荷控制的过程最可能起主导作用；而在低频、高温和高应力比 R 条件下，则是蠕变和环境机制引起断裂过程的时间相关性，这一过程可显著加快裂纹扩展，使构件的寿命降低。

当蠕变-疲劳交互作用明显时，裂纹扩展过程将由循环载荷相关的穿晶模式和时间相关的沿晶模式共同控制，弹性断裂力学的应用将明显受到限制。此时，影响材料的蠕变-疲劳裂纹扩展的主要因素包括：应力比、载荷频率、环境、温度等。

工程实际中，常采用损伤累积的概念考虑各种交互作用的效应。对高温下材料在蠕变-疲劳交互作用下的裂纹扩展问题，这一思想依然适用。

对大量镍基合金的试验结果验证了蠕变-疲劳交互作用下，裂纹扩展的频率相关性，在低频下每一循环的裂纹扩展随着频率的降低而逐步增加，温度越高，频率效应越显著。每一循环的总裂纹扩展量由循环载荷和时间相关控制分量两部分之和给出，并考虑频率的影响，有：

$$\frac{\mathrm{d}a}{\mathrm{d}N}=\left(\frac{\mathrm{d}a}{\mathrm{d}N}\right)_F+\frac{\dot{a}}{f} \tag{11.7}$$

式中，f 为循环加载频率；$\dot{a}$ 为由于蠕变引起的裂纹扩展速率。这一表达式的构建方法与蠕变-疲劳交互作用的应变范围划分法等经验处理方法类似。等式右侧第一项表示疲劳循环载荷的贡献项（用角标 F 标识），第二项是蠕变的贡献项。

式（11.7）的蠕变-疲劳累积损伤律中，裂纹扩展的蠕变分量可由如下静态蠕变裂纹

扩展律来确定，即

$$\dot{a} = D_0 C^{*\varphi} \tag{11.8}$$

如果采用 Paris 公式和式（11.8），可将式（11.7）重写为：

$$\frac{\mathrm{d}a}{\mathrm{d}N} = C\Delta K^m + \frac{D_0 C^{*\varphi}}{f} \tag{11.9}$$

由于在实际应用中，对连续循环位移控制情况 C^* 的计算相对困难，对此提出了一种替代的求解过程。该方法基于扩展裂纹附近区域的蠕变损伤量的估计值。假设在蠕变和疲劳共同作用下，一个循环的损伤为：

$$\frac{1}{N} = \frac{1}{N_F} + D_C \tag{11.10}$$

式中，N 为蠕变-疲劳加载下的耐久寿命；N_F 为单独疲劳载荷作用下的寿命；D_C 为每一个载荷循环中蠕变损伤分数。

式（11.10）可进一步改写为：

$$N = \frac{N_F}{1 + N_F D_C} \tag{11.11}$$

对式（11.11）取微分并整理后得：

$$\frac{\mathrm{d}a}{\mathrm{d}N} = \left(\frac{\mathrm{d}a}{\mathrm{d}N}\right)_F (1 + N_F D_C)^2 \tag{11.12}$$

将式（11.10）代入式（11.11），因而得到

$$\frac{\mathrm{d}a}{\mathrm{d}N} = \left(\frac{\mathrm{d}a}{\mathrm{d}N}\right)_F (1 + N D_C)^{-2} \tag{11.13}$$

可见，当 $D_C = 0$，即不存在蠕变损伤时，式（11.12）可退化为纯疲劳问题。上式反映了蠕变-疲劳裂纹扩展过程中，在裂纹前端由于蠕变损伤而引起的裂纹加速扩展的作用。对很多合金材料，通过试验都发现了蠕变损伤对疲劳裂纹扩展速率的加速作用，如图 11.7 所示。

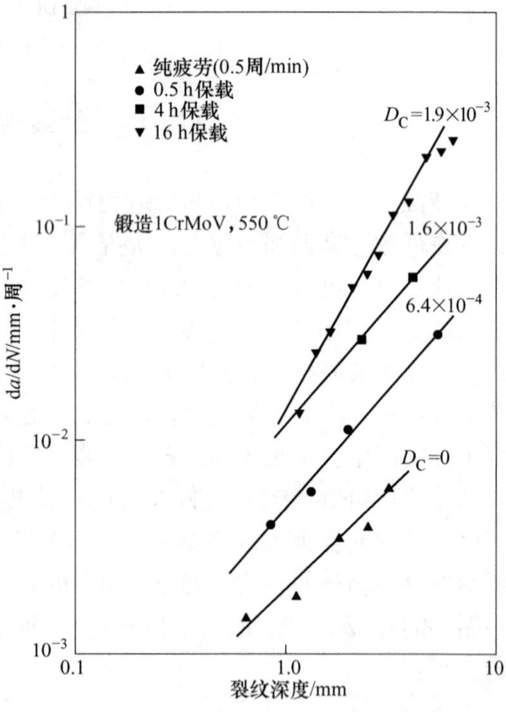

图 11.7　蠕变损伤对裂纹扩展速率的影响

（1CrMoV，550 ℃，总应变范围 0.08）

当疲劳作用很小可以忽略时，式（11.11）和式（11.12）将无法使用。此时，仍由式（11.10）预测局部的蠕变破坏，即

$$D_C N = 1 \tag{11.14}$$

上述各式中，蠕变损伤分数 D_C 可以由应变分数或寿命分数来确定，从而避免了 C^* 积分计算困难的问题。采用损伤参量的代替方法对于小裂纹适用性较好，也可以拓展到深裂纹的情况。

复习思考题

11-1 某商用喷气飞机样机的机身直径为 2.6 m，飞机铝合金蒙皮厚度为 0.9 mm。其材料特性为：$E=75$ GPa，$\sigma_y=400$ MPa，$K_{IC}=30\ \text{MPa}\cdot\sqrt{\text{m}}$，应力强度因子范围门槛值 $3.0\ \text{MPa}\cdot\sqrt{\text{m}}$（$R=0$ 时），$\Delta K=5$ 和 $\Delta K=9$ 时，裂纹扩展速率分别为 10^{-6} mm/次和 10^{-5} mm/次。飞机一般平均每天短途飞行 6 次，每次飞行时机舱加压至 52 MPa。

（1）飞机检修时，由于疏忽，机身蒙皮上一条长 0.4 mm 平行于机身纵向穿透性裂纹漏检。如设计时允许在所加压力下存在 100 mm 长的纵向裂纹，那么该飞机从检修时算起，其剩余安全寿命是多少？

（2）如果漏检裂纹取向为沿机身周向，其剩余寿命是多少？

11-2 阐述三种最常用的腐蚀坑-裂纹当量方法。

11-3 试述损伤累积方法的基本思想，并以此为基础建立蠕变-疲劳裂纹扩展的描述方程。

参考文献

[1] Sadd M H. Elasticity Theory, Applications, and Numerics [M]. Burlington: Elsevier Butterworth-Heinemann, 2005.

[2] Isaac T, Pearson K. A History of the Theory of Elasticity and of the Strength of Materials from Galilei to Lord Kelvin, Vol. Ⅱ, Part Ⅱ [M]. Cambridge: Cambridge University Press, 1893.

[3] Love A E H. A Treatise on the Mathematical Theory of Elasticity [M]. 4th ed. New York: Dover Publications Inc., 2003.

[4] Timoshenko S P. A History of Strength of Materials [M]. New York: Dover Publications Inc., 1983.

[5] Barber J R. Elasticity (3rd Revised Edition) [M]. New York: Springer, 2010.

[6] 冯康，石钟慈. 弹性结构的数学理论 [M] 2 版. 北京：科学出版社，2010.

[7] Gurtin M E. An Introduction to Continuum Mechanics [M]. New York: Academic Press, 1981.

[8] Temam R, Miranville A. Mathematical Modeling in Continuum Mechanics [M]. Cambridge: Cambridge University Press, 2001.

[9] Patnaik S N, Hopkins D A. Strength of Materials: A Unified Theory [M]. Burlington: Elsever Butterworth-Heinemann, 2004.

[10] 陆明万，罗学富. 弹性理论基础 [M]. 2 版. 北京：清华大学出版社，施普林格出版社，2001.

[11] 王龙甫. 弹性理论 [M]. 北京：科学出版社，1984.

[12] 王敏中. 弹性力学教程（修订版）[M]. 北京：北京大学出版社，2002.

[13] 钱伟长，叶开沅. 弹性力学 [M]. 北京：科学出版社，1956.

[14] 俞茂宏，何丽南，刘春阳. 广义双剪应力屈服准则及其推广 [J]. 科学通报，1992，37（2）：182-185

[15] Yu M H, He L N, Liu C Y. Generalized twin shear stress yield criterion and its generalization [J]. Chinese Science Bulletin, 1992, 37 (2): 2085-2089.

[16] 俞茂宏. 岩土类材料的统一强度理论及其应用 [J]. 岩土工程学报，1994，16（2）：1-9.

[17] Yu M H, He L N. A new model and theory on yield and failure of material under the complex stress state [C]. In: Jono M, Inoue, eds. Mechanical Behavior of Materials-Ⅵ (ICM-6). Vol 3. Oxford: Pergamon Press, 1991: 841-846.

[18] 余同希. 塑性力学 [M]. 北京：高等教育出版社，1987.

[19] Mendelson A. Plasticity: Theory and Application [M]. Macmillan, 1968.

[20] Lubliner J. Plasticity Theory [M]. San Antonio: Pearson Education, 2006.

[21] Kachanov L M. Foundations of the Theory of Plasticity [M]. Amsterdam London: North-Holland Publishing Company, 1971.

[22] Doltsinis I. Elements of Plasticity: Theory and Computation [M]. 2nd Ed. Southampton: WIT Press, 2010.

[23] 徐秉业. 应用弹塑性力学 [M]. 北京：清华大学出版社，1995.

[24] 杨桂通. 弹塑性力学 [M]. 北京：人民教育出版社，1980.

[25] 徐秉业. 塑性力学 [M]. 北京：高等教育出版社，1988.

[26] Kanninen M F, Popelar C H. Advanced Fracture Mechanics [M]. New York: Oxford University Press, 1985.

[27] Sangid M D. The physics of fatigue crack initiation [J]. Fatigue, 2013, 57: 58-72.

[28] Stephen R I, Fatemi A, Stephens R R, et al. Metal fatigue in engineering [M]. Wiley-IEEE Press, 2001.

[29] Suresh S. 材料的疲劳 [M]. 2 版. 王中光，译. 北京：国防工业出版社，1999.

[30] Sangid M D, Maier H J, Sehitoglu H. A physically based fatigue model for prediction of crack initiation from persistent slip bands in polycrystals [J]. Acta Mater, 2011, 59: 328-341.

[31] Sangid M D, Maier H J, Sehitoglu H. The role of grain boundaries on fatigue crack initiation -an energy approach [J]. Plast, 2011, 27: 801.

[32] Sangid M D, Maier H J, Sehitoglu H. An energy-based microstructure model to account for fatigue scatter in polycrystals [J]. J Mech Phys Solids, 2011, 59: 595-609.

[33] Sangid M D, Sehitoglu H, Maier H J, et al. Grain boundary characterization and energetics of superalloys [J]. Mater Sci Eng A, 2010, 527: 7115.

[34] Sangid M D, Ezaz T, Sehitoglu H, et al. Energy of slip transmission and nucleation at grain boundaries [J]. Acta Mater, 2011, 59: 283-296.

[35] Sangid M D, Ezaz T, Sehitoglu H. Energetics of residual dislocations associated with slip-twin and slip-GBs interactions [J]. Mater Sci Eng A, 2012, 542: 21-30.

[36] Wong S L, DaWson P R. Evolution of the crystal stress distributions in face-centered cubic polycrystals subjected to cyclic loading [J]. Acta Mater, 2011, 59: 6901-6916.

[37] Manonukul A, Dunne F P E. High- and low-cycle fatigue crack initiation using polycrystal plasticity [J]. ProcRoy Soc Lond Ser A (Math Phys Eng Sci), 2004, 460: 1881.

[38] Chakraborty P. Wavelet transformation based multi-time scale method for fatigue crack initiation in polycrystalline alloys [M]. Thesis: The Ohio State University, 2012.

[39] Jaap Schijve. Fatigue of Structures and Materials [M]. New York: Kluwer Academic Publishers, 2004.

[40] Lee Y L, Pan J, Hathaway R B, et al. Fatigue Testing and Analysis (Theory and Practice) [M]. Oxford: Elsevier Butterworth Heinemann, 2005.

[41] Manson S S, Halford G R. Fatigue and Durability of Structural Materials [M]. Ohio: ASM International, 2006.

[42] 高镇同，蒋新桐，熊峻江，等. 疲劳性能试验设计和数据处理 [M]. 北京：北京航空航天大学出版社，1999.

[43] 徐灏. 疲劳强度 [M]. 北京：高等教育出版社，1988.

[44] 王德俊. 疲劳强度设计理论与方法 [M]. 沈阳：东北工学院出版社，1991.

[45] 尚德广. 多轴疲劳强度 [M]. 北京：科学出版社，2007.

[46] 曾春华，邹十践. 疲劳分析方法及应用 [M]. 北京：国防工业出版社，1991.

[47] 赵少汴. 抗疲劳设计方法 [M]. 北京：机械工业出版社，1994.

[48] 陈立杰. 某航空发动机低压涡轮叶片蠕变-疲劳交互作用寿命预测 [C]. 东北大学博士学位论文，2005.

[49] Webster G A, Ainsworth R A. High Temperature Component Life Assessment [M]. London: Chapman & Hall, 1994.

[50] 何晋瑞. 金属高温疲劳 [M]. 北京：科学出版社，1988.

[51] ASME. Boiler and Pressure Vessel Code An International Code, Section Ⅲ, Code Case N-47 [S]. 1995.

[52] 涂善东. 高温结构完整性原理 [M]. 北京：科学出版社，2003.

[53] 周道祥，孙训方. 结构元件蠕变与疲劳寿命估算方法研究进展 [N]. 安徽建筑工业学院学报（自然科学版），1999，7（1）：1-8.

[54] Bui-Quoc T. An engineering approach for cumulative damage in metals under creep loading [J]. ASME J. Eng. Mat. Tech., 1979, 101: 337-343.

[55] Bui-Quoc T, Julien D, André B, et al. Cumulative fatigue damage under strain controlled conditions [J]. Journal of Materials, 1971, 6 (3): 718-737.

[56] Lagneberg R, Atterno R. The effect of combined low-cycle fatigue and creep on the life of austenitic stainless steels [J]. Metallurgical Trans, 1971, 7: 1821-1827.

[57] Manson S S, Halford G R, Hirschberg M H. Symposium on design for elevated temperature environment [J]. New York, 1971: 12-24.

[58] Mansson S S, Halford G R, Hirschberg M H. Creep-fatigue analysis by strain-range partitioning [J]. NASA TM X-67838, 1971.

[59] Mansson S S. The challenge to unify treatment of high temperature fatigue—A partisan proposal based on strain range partitioning [J]. ASTM STP 520, 1973: 744.

[60] Halford G R, Hirschberg M H, Manson S S. Temperature effects on the strainrange partitioning approach for creep fatigue analysis [A]. ASTM STP 520, 1973: 658.

[61] Ostergren W J. A damage function and associated failure equations for prediction hold time and frequency effects in elevated temperature, low cycle fatigue [J]. Testing and Evaluation, JTEVA, 1976, 4 (5): 327-339.

[62] He J R, Dong Z Q, Duan Z X, et al. New strain energy model of time dependent fatigue life prediction [J]. Chinese Journal of Mechanical Engineering, 1989, 2 (2): 130-137.

[63] 何晋瑞，段作祥，宁有连，等. 应变能区分法及其对 GH33A 与 1Cr18Ni9Ti 的应用 [N]. 金属学报，1985，21 (1): A54-A61.

[64] 陈立佳. 两种镍基高温合金低周疲劳及疲劳-蠕变交互作用的研究 [M]. 沈阳：中共科学院金属研究所，1999.

[65] Smith K N, Watson P, Topper T H J Mater, A Stress-Strain Function for the Fatigue of Metals [J]. J of Materials, 1970, 5 (4): 767-778.

[66] Fatemi A, Socie D F, A critical plane approach to multiaxial fatigue damage including out-of phase loading [J], Fatigue Eng. Mater. Struct, 1988, 11 (3): 149-165.

[67] Shang D G, Wang D J. A new multiaxial fatigue damage model based on the critical plane approach [J]. Int. J. Fatigue, 1998, 20 (3): 241-245.

[68] 尚德广. 多轴疲劳损伤与寿命预测研究 [D]. 沈阳：东北大学，1996.

[69] 李庆芬. 断裂力学及其工程应用 [M]. 哈尔滨：哈尔滨工程大学出版社，1997.

[70] 王铎. 断裂力学 [M]. 哈尔滨：哈尔滨工业大学出版社，1989.

[71] 杨广里，等. 断裂力学及其应用 [M]. 北京：中国铁道出版社，1990.

[72] 傅祥炯. 结构疲劳与断裂 [M]. 西安：西北工业大学出版社，1995.

[73] 胡传忻. 断裂力学及其工程应用 [M]. 北京：北京工业大学出版社，1989.

[74] 徐灏主. 机械设计手册 [M]. 北京：机械工业出版社，1991.

[75] 张祖明. 机械零件强度的现代设计方法 [M]. 北京：航空工业出版社，1990.

[76] 洪其麟，郑光华，郑祺选，等. 高等断裂力学 [M]. 北京：北京航空学院出版社，1987.

[77] Milella P P. Fatigue and Corrosion in Metals [M]. Italia: Springer-Verlag Italia Press, 2013.

[78] McEvily A J, Johnston T L. Internationa [M]. Conference on Fracture, Sendai, 1965.

[79] Laird C. The influence of metallurgical structures on the mechanism of fatigue crack propagation [M]. FORD Scientific Laboratory, Dearborn, 1966.

[80] 黄永芳. 铝合金 7075-T6 的预腐蚀疲劳试验研究及寿命预测 [D]. 厦门：厦门大学，2014.

[81] Medved J J, Breton A M, Irving P E. Corrosion pit size distributions and fatigue lives-a study of the EIFS technique for fatigue design in the presence of corrosion [J]. Int. J. Fatigue, 2004, 26 (1): 71-80.